축산물 및 특별위생관리식품 수입위생요건 모음집

식품의약품안전처

축산물 및 특별위생관리식품 수입위생요건 모음집 목차

CONTETNS

축산물

1. 네덜란드
네덜란드산 가금육 및 가금생산물 수입위생조건 ·········· 1
네덜란드산 돼지고기 및 돼지생산물 수입위생조건 ·········· 6
네덜란드산 쇠고기 수입위생요건 ·········· 10
Import Health Requirements for Beef from Netherlands ·········· 13
네덜란드산 쇠고기 수입위생조건 ·········· 18

2. 뉴질랜드
뉴질랜드산 우제류 동물 및 그 생산물 수입위생조건 ·········· 22

3. 덴마크
덴마크산 가금육 및 가금생산물 수입위생조건 ·········· 27
덴마크산 돼지고기 및 돼지생산물 수입위생조건 ·········· 32
덴마크산 쇠고기 수입위생요건 ·········· 36
Import Health Requirements for Beef from Denmark ·········· 39
덴마크산 쇠고기 수입위생조건 ·········· 44

4. 독일
독일산 돼지고기 및 돼지생산물 수입위생조건 ·········· 48

5. 리투아니아
리투아니아산 가금육 수입위생요건 ·········· 52
Import Sanitation Requirements on Poultry Meat from Lithuania ·········· 55
리투아니아산 가금육 및 가금제품 수입위생조건 ·········· 59

CONTETNS

6. 멕시코
멕시코산 돼지고기 및 돼지생산물 수입위생조건 ·················· 63
멕시코산 쇠고기 수입위생조건 ·················· 67

7. 미국
미국산 가금육 및 가금생산물 수입위생조건 ·················· 70
미국산 쇠고기 및 쇠고기 제품 수입위생조건 ·················· 75
미국산 식품용란 수입위생조건 ·················· 80
미국산 우제류 동물 및 그 생산물 수입위생조건 ·················· 84

8. 벨기에
벨기에산 돼지고기 및 돼지생산물 수입위생조건 ·················· 89

9. 북한
북한산 가금육 반입위생조건 ·················· 93

10. 브라질
브라질 산따까따리나주(州)산 돼지고기 및 비식용 돼지생산물 수입위생조건 · 96
브라질산 가금육 및 가금생산물 수입위생조건 ·················· 100

11. 스웨덴
스웨덴산 가금육 및 가금생산물 수입위생조건 ·················· 105
스웨덴산 돼지고기 및 돼지생산물 수입위생조건 ·················· 110

12. 스위스
스위스산 돼지고기 및 돼지생산물 수입위생조건 ·················· 114

CONTETNS

13. 스페인
스페인산 돼지고기 및 돼지생산물 수입위생조건 ········· 118

14. 슬로바키아
슬로바키아산 돼지고기 및 돼지생산물 수입위생조건 ········· 122

15. 아르헨티나
아르헨티나 및 우루과이산 자비우육 수입위생조건 ········· 126

16. 아일랜드
아일랜드산 돼지고기 및 돼지생산물 수입위생조건 ········· 128

17. 영국
영국산 가금육 및 가금생산물 수입위생조건 ········· 132
영국산 돼지고기 및 돼지생산물 수입위생조건 ········· 137

18. 오스트리아
오스트리아산 돼지고기 및 돼지생산물 수입위생조건 ········· 141

19. 우루과이
우루과이산 쇠고기 수입위생조건 ········· 145
아르헨티나 및 우루과이산 자비우육 수입위생조건 ········· 149

20. 이탈리아
이탈리아산 돼지고기 가공품 수입위생조건 ········· 151

CONTETNS

21. 일본
일본산 가금육 및 가금생산물 수입위생조건 ·················· 155
일본산 돼지 및 그 생산물 수입위생조건 ·················· 160

22. 중국
중국산 열처리된 가금육 제품 수입위생조건 ·················· 165

23. 칠레
칠레산 가금육 및 가금생산물 수입위생조건 ·················· 168
칠레산 돼지고기 및 돼지생산물 수입위생조건 ·················· 173
칠레산 쇠고기 수입위생조건 ·················· 177

24. 캐나다
캐나다산 가금육 및 가금생산물 수입위생조건 ·················· 180
캐나다산 쇠고기 수입위생조건 ·················· 185
캐나다산 우제류동물 및 그 생산물 수입위생조건 ·················· 189

25. 태국
태국산 가금육 수입위생조건 ·················· 194
태국산 식용란 및 알가공품 수입위생요건 ·················· 199
Import Sanitation Requirements for Edible Eggs and
Processed egg products from Thailand ·················· 202

26. 포르투갈
포르투갈산 돼지고기 및 비식용 돼지생산물 수입위생조건 ·················· 207

CONTETNS

27. 폴란드
- 폴란드산 가금육 및 가금생산물 수입위생조건 ··· 211
- 폴란드산 돼지고기 및 돼지생산물 수입위생조건 ··· 216

28. 프랑스
- 프랑스산 가금육 및 가금생산물 수입위생조건 ··· 220
- 프랑스산 돼지고기 및 돼지생산물 수입위생조건 ··· 225

29. 핀란드
- 핀란드산 가금육, 식용란 및 알가공품 수입위생요건 ····································· 229
- Import Sanitation Requirements on Poultry Meat, Edible Eggs and Processed Egg Products from Finland ······································· 234
- 핀란드산 가금육 및 가금제품 수입위생조건 ··· 242
- 핀란드산 돼지고기 및 돼지생산물 수입위생조건 ··· 246

30. 필리핀
- 필리핀산 닭고기 수입위생조건 ·· 250

31. 헝가리
- 헝가리산 가금육 및 가금생산물 수입위생조건 ··· 254
- 헝가리산 돼지고기 및 돼지생산물 수입위생조건 ··· 259

32. 호주
- 호주산 가금육 및 가금생산물 수입위생조건 ··· 263
- 호주산 우제류 동물 및 그 생산물 수입위생조건 ··· 268

CONTETNS

기타

말고기, 비식용 말 생산물 및 농장 채취 말 태반 수입위생조건 ············ 273
사슴 및 그 생산물 수입위생조건 ·· 277
식품용란 수입위생조건 ··· 280
우제류 동물 유래 천연케이싱 수입위생조건 ······································· 282
토끼육 수입위생조건 ··· 285

축산물의 수입허용국가(지역) 및 수입위생요건 ···································· 287
Countries (Regions) Allowed for Import of
Livestock Products and Import Sanitation Requirements ············· 291

특별위생관리식품

특별위생관리식품의 수입위생요건 등에 관한 고시 ······························ 297

※ 법적 근거
「수입식품안전관리 특별법」 제11조(축산물의 수입위생평가 등) : 수입위생요건(식약처 고시)
「수입식품안전관리 특별법」 제10조의2(특별위생관리식품의의 수입위생평가 등) : 수입위생요건(식약처 고시)
「가축전염병 예방법」 제34조(수입을 위한 검역증명서의 첨부) : 수입위생조건(농식품부 고시)

✓ 수입위생요건 및 수입위생조건은 2020.11월 현재 자료입니다. 이후 제·개정 사항이나 별표 등 세부 붙임자료는 해당 고시를 확인해주시기 바랍니다.

네덜란드산 가금육 및 가금생산물 수입위생조건

[시행 2015. 10. 15.] [농림축산식품부고시 제2015-119호, 2015. 9. 15., 전부개정.]

농림축산식품부(검역정책과), 044-201-2076

제1조(목적) 이 고시는 가축전염병 예방법 제34조제2항의 규정에 따라 네덜란드(이하 "수출국"이라 한다)에서 대한민국으로 수출하는 가금육 및 가금생산물(이하 "가금육 등"이라 한다)에 대한 수출국의 검역내용 및 위생상황 등을 규정함을 목적으로 한다.

제2조(정의) 이 수입위생조건에서 사용하는 용어의 뜻은 다음과 같다.
 1. "가금"은 닭·오리·거위·칠면조·메추리 및 꿩 등을 말한다.
 2. "가금육"은 가금에서 유래한 신선, 냉장 또는 냉동 고기, 열처리가금육, 식육부산물 및 식육가공품을 말한다.
 3. "열처리 가금육"은 중심부 온도를 기준으로 60℃에서 507초, 65℃에서 42초, 70℃에서 3.5초, 73.9℃에서 0.51초 이상 또는 이와 동등 이상의 효력이 있는 방법으로 처리된 가금육을 말한다.
 4. "식육부산물"은 지육, 정육 이외에 식용을 목적으로 하는 가금의 내장, 머리, 발 등의 부분을 말한다.
 5. "식육가공품"이란 햄류, 소시지류, 건조저장육류, 양념육류, 그 밖의 식육을 원료로 하여 가공한 것을 말한다.
 6. "비식용 가금생산물"은 식용을 목적으로 하지 않은 가금 유래 생산물과 이를 원료로 하여 가공한 것을 말한다.
 7. "수출국 정부"는 수출국의 동물·축산물 검역당국으로 말한다.
 8. "수출국 정부 수의관"은 수출국 정부 소속 수의사로서 검역관을 말한다.
 9. "수출작업장"은 대한민국으로 수출되는 가금육 등을 생산, 가공, 포장 또는 보관하는 도축장, 식육포장처리장, 가공장 또는 보관장을 말한다.
 10. "고병원성 조류인플루엔자"는 인플루엔자 A 바이러스에 의한 감염병 중 세계동물보건기구(OIE) 육상동물 위생규약에서 고병원성으로 분류하는 가금전염병을 말한다.
 11. "저병원성 조류인플루엔자"는 고병원성 조류인플루엔자를 제외한 H5 또는 H7 아형 인플루엔자 A 바이러스에 의한 가금전염병을 말한다.

12. "뉴캣슬병"은 뉴캣슬병 바이러스에 의한 감염병 중 세계동물보건기구 육상동물 위생규약에서 정의하는 가금전염병을 말한다.

제3조(출생·사육조건) 가금육 등을 생산하는데 사용된 가금은 수출국내에서 부화되어 사육된 것이어야 한다.

제4조(가축전염병 비발생 조건) ① 수출국은 가금육 등 수출 전 1년간 고병원성 조류인플루엔자의 발생이 없어야 한다. 다만, 수출국이 고병원성 조류인플루엔자에 대하여 효과적인 살처분 정책을 수행하고 있다고 대한민국 농림축산식품부장관이 인정하는 경우 그 기간을 세계동물보건기구 규정에 따라 단축할 수 있다.

② 가금육 등을 생산하는데 사용된 가금의 사육농장을 중심으로 반경 10km 이내의 지역은 가금 도축 전 3개월간 저병원성 조류인플루엔자 및 뉴캣슬병의 발생이 없어야 한다.

③ 가금육 등을 생산하는데 사용된 가금의 사육농장은 도축 전 1년간 가금콜레라, 추백리, 가금티푸스, 전염성F낭병, 마렉병, 오리바이러스성간염(오리육에 한함) 및 오리바이러스성장염(오리육에 한함)의 발생이 없어야 한다.

제5조(수출작업장 조건) ① 수출작업장 또는 제조시설은 수출국의 관련 규정에 따라 등록된 곳으로 수출국 정부가 위생점검을 실시하여 적합한 작업장을 대한민국 정부에 통보하고 그 중 대한민국 정부가 현지점검 또는 그 밖의 방법을 통하여 승인한 곳이어야 한다.

② 수출작업장은 수출국 정부의 감독 하에 있어야 하며 수출국 정부가 실시하는 정기적인 위생 점검 결과 이상이 없어야 한다.

③ 수출작업장은 자체위생관리기준(SSOP) 및 축산물안전관리인증기준(HACCP)을 적용하여야 하며, 살모넬라균 검사 등을 실시하여야 한다.

④ 수출작업장은 제4조에 열거된 가축전염병의 감염지역내에 위치하여서는 아니되며, 가금육을 생산하는 동안에는 대한민국 정부가 가금 또는 가금육의 수입을 허용하지 않은 국가에서 수입된 가금 또는 가금육을 취급하여서는 아니된다.

제6조(가금육 등의 조건) ① 가금육 등은 수출작업장 내에서 수출국 정부수의관이 실시하는 생체 및 해체검사 결과 건강한 가금으로부터 생산된 것이어야 한다.

② 가금육 등은 가축전염병의 병원체에 오염되지 않도록 처리되어야 한다.

③ 가금육 등은 공중위생상 위해를 일으킬 수 있는 잔류물질(항균제·농약·호르몬제·중금속 등), 미생물, 식품조사(food irradiation), 이온화처리 및 식품첨가물(보존료, 연육제 등) 등에 관한 대한민국 규정에 적합해야 한다.

④ 가금육 등을 포장하는 포장지는 위생적이고 인체에 무해한 것이어야 한다. 포장면에는 수출작업장 번호가 표시되어야 하며, 가금육 등이 공중위생상 위해가 없는 방법으로 처리되었다는 합격표시가 있어야 한다. 동 합격표시는 사전에 대한민국 정부에 통보되어야 한다.

제7조(수출검역증명서의 기재사항) 수출국 정부 수의관은 가금육 등의 선적 전 다음의 각 사항을 한글 또는 영문으로 상세히 기재한 수출검역증명서를 발급하여야 한다.

1. 가금육
    (1) 제3조, 제4조, 제5조제4항 및 제6조에 명시된 사항
    (2) 품명(축종포함), 포장형태, 포장수량 및 중량 (N/W) : 최종 식육포장 또는 가공작업장별로 기재
    (3) 도축장, 식육포장처리장, 가공장, 보관장의 명칭, 주소 및 승인번호
    (4) 도축기간, 식육포장처리기간 및/또는 가공기간 : 개시일자 및 종료일자
    (5) 컨테이너 번호 및 봉인번호
    (6) 선박명 또는 항공기명, 선적일자 및 선적지명
    (7) 수출자 및 수입자의 주소, 성명(업체명)
    (8) 수출검역증명서 발급일자, 발급장소, 발급자의 소속, 직책, 성명 및 서명
2. 비식용 가금생산물
    (1) 제3조 및 제4조에 명시된 사항. 다만, 열처리가금육의 온도조건 이상으로 처리된 제품에 대하여는 기재하지 않을 수 있다.
    (2) 제6조제1항에 명시된 사항
    (3) 품명(축종포함), 포장형태, 포장수량 및 중량 (N/W) : 제조시설별로 기재
    (4) 제조시설의 명칭 및 주소 (승인번호가 있을 경우 승인번호 기재)
    (5) 컨테이너 번호 및 봉인번호
    (6) 선박명 또는 항공기명, 선적일자 및 선적지명
    (7) 수출자 및 수입자의 주소, 성명(업체명)
    (8) 수출검역증명서 발급일자, 발급장소, 발급자의 소속, 직책, 성명 및 서명

제8조(열처리 가금육) ① 제4조제1항의 규정에도 불구하고, 열처리 가금육은 수출국내 고병원성 조류인플루엔자 발생과 무관하게 대한민국으로 수출할 수 있다.

② 수출국 정부수의관은 열처리 가금육 선적 전 제7조제1호의 규정에 의한 수출검역증명서 또는 다음 각 호의 사항을 기재한 수출검역증명서를 발급하여야 한다.
    (1) 제3조, 제4조제2항 및 제3항, 제5조제4항 및 제6조에 명시된 사항
    (2) 열처리가금육을 생산하는데 사용된 가금의 사육농장을 중심으로 반경 10km 이내의 지역은 가금 도축 전 3개월간 고병원성 조류인플루엔자의 발생이 없어야 한다.
    (3) 열처리가금육을 생산하는 수출작업장은 원료처리 등 가열처리전 시설, 가열처리·제품포장 등 가열처리 후 시설로 각각 구획되어야 하며, 오염을 방지하기 위해 각 시설별로 작업자가 구분·운영되어야 한다.
    (4) 열처리가금육에 처리된 열처리 온도 및 시간
    (5) 품명(축종포함), 포장형태, 포장수량 및 중량(N/W) : 최종 가공작업장별로 기재
    (6) 도축장, 식육포장처리장, 가공장, 보관장의 명칭, 주소 및 승인번호
    (7) 도축기간, 식육포장처리기간 및/또는 가공기간 : 개시일자 및 종료일자

(8) 컨테이너 번호 및 봉인번호

(9) 선박명 또는 항공기명, 선적일자 및 선적지명

(10) 수출자 및 수입자의 주소, 성명(업체명)

(11) 검역증명서 발급일자, 발급장소, 발급자의 소속, 직책, 성명 및 서명

제9조(운송) 가금육 등은 수출국 정부 수의관의 감독 하에 봉인되어 대한민국 도착 시까지 가축의 전염성 질병의 병원체에 오염되지 않고 변질, 부패 등 공중위생상 위해가 없도록 안전하게 수송되어야 하며, 수송 중에는 대한민국 정부가 가금 또는 가금육의 수입을 허용하지 않은 지역을 경유하여서는 아니 된다. 다만, 급유 등의 이유로 단순 기항(착)하는 것은 예외로 한다.

제10조(수출국내 질병발생시 조치) ① 수출국 정부는 자국내에 고병원성 조류인플루엔자가 발생되는 즉시 가금육 등(열처리된 제품은 제외)을 대한민국으로 선적하는 것을 중지함과 동시에 그 사실을 FAX 등을 통하여 대한민국 정부에 통보하여야 하며, 수출을 재개하고자 하는 경우 대한민국 농림축산식품부와 협의하여야 한다.

② 수출국 정부는 자국에서 실시하는 가금 전염병 방역 프로그램과 그 실시결과를 매년 대한민국 정부에 통보하여야 한다.

제11조(수출작업장 현지점검) ① 대한민국 정부 수의관은 승인된 수출작업장 또는 제조시설의 현지점검 및 기록원부를 조사할 권한을 가지며, 이 수입위생조건과 일치하지 않은 사항을 발견 시 대한민국으로 가금육 등의 수출을 중지시킬 수 있다. 이때 수출국 정부는 대한민국 정부 수의관의 현지점검 등에 적극 협조하여야 한다.

② 수출국 정부는 수출작업장 또는 제조시설이 파산, 영업장 폐쇄 등의 사유로 수출 작업을 중단한 경우 해당 수출작업장 또는 제조시설의 승인을 취소하고 즉시 이를 대한민국 정부에 통보하여야 한다.

③ 대한민국 정부는 수출작업장 또는 제조시설로 승인한 날 또는 최종 수출일로부터 3년 이상 대한민국으로 가금육 등의 수출 실적이 없는 수출작업장 또는 제조시설에 대하여는 그 승인을 취소할 수 있다. 대한민국 정부는 승인 취소 결정 전 수출국 정부에 이러한 사항을 통보하고 수출국 정부와 협의해야 한다.

④ 수출작업장에는 일일도축, 가공 및 보관에 대한 기록원본이 2년 이상 보관되어야 하며, 대한민국으로 수출된 가금육에 대한 원산농장 등 관련 자료를 구비하고 있어야 한다.

제12조(국가잔류물질 검사 프로그램 등) 수출국 정부는 가금육에 대한 유해잔류물질 검사 프로그램과 그 실시결과(검사기관의 시설, 인력, 연간검사계획, 검사방법, 검사결과 등을 명시할 것)를 영문으로 작성하여 매년 대한민국 정부에 제출하여야 한다.

제13조(불합격 조치 등) 대한민국 정부는 가금육 등에 대한 수입검역·검사 중 이 수입위생조건에 부적합한 사항이 발견되는 경우에는 해당 가금육 등에 대하여 반송 또는 폐기처분을 명할 수 있으며, 가금육 등에 대한 검역중단 또는 해당 수출작업장에 대해 수출중단 조치를 취할 수 있다.

부칙 〈제2015-119호, 2015. 9. 15.〉

제1조(시행일)이 고시는 2015. 10. 15일부터 시행한다.

제2조(재검토기한)농림축산식품부 장관은 이 고시에 대하여 2016년 1월 1일을 기준으로 매3년이 되는 시점(매 3년째의 12월 31까지를 말한다)마다 그 타당성을 검토하여 개선 등의 조치를 하여야 한다.

제3조(이 고시의 적용배제)이 고시에도 불구하고 개별 수입위생조건 또는 수입조건이 정해진 경우에는 이 고시를 적용하지 아니한다.

제4조(경과조치)이 고시 시행 당시 「네덜란드산 가금육 및 가금생산물 수입위생조건」(농림축산식품부 고시 제2013-180호, 2013. 10. 07.)에 따라 수입된 가금육 등은 이 수입위생조건을 따른 것으로 본다.

네덜란드산 돼지고기 및 돼지생산물 수입위생조건

[시행 2015. 11. 1.] [농림축산식품부고시 제2015-61호, 2015. 7. 22., 제정.]

농림축산식품부(검역정책과), 044-201-2076

제1조(목적) 이 고시는 가축전염병 예방법 제34조제2항의 규정에 따라 네덜란드(이하 "수출국"이라 한다)에서 대한민국으로 수출하는 돼지고기 및 돼지생산물(이하 "돼지고기 등"이라 한다)에 대한 수출국의 검역 내용 및 위생 상황 등을 규정함을 목적으로 한다.

제2조(용어의 정의) 이 수입위생조건에서 사용하는 용어의 뜻은 다음과 같다.
 1. "돼지고기"는 가축화된 사육돼지(domestic pigs)에서 유래한 식용을 목적으로 하는 신선, 냉장 또는 냉동 고기, 식육부산물 및 식육가공품을 말한다.
 2. "식육부산물"은 내장, 머리 등 지육(枝肉), 정육(精肉) 이외의 부분을 말한다.
 3. "식육가공품"이란 햄류, 소시지류, 베이컨류, 건조저장육류, 양념육류, 그 밖의 식육을 원료로 하여 가공한 것을 말한다.
 4. "비식용 돼지생산물"은 식용을 목적으로 하지 않는 돼지 유래 생산물과 이를 원료로 하여 가공한 것을 말한다.
 5. "수출국 정부"는 수출국의 동물·축산물 검역당국을 말한다.
 6. "수출국 정부 수의관"은 "수출국 정부" 소속 수의사로서 검역관을 말한다.
 7. "수출작업장"은 대한민국으로 수출되는 돼지고기 등을 생산, 가공, 포장 또는 보관하는 도축장, 식육포장처리장, 가공장 및 보관장을 말한다.

제3조(출생·사육조건) 돼지고기 등을 생산하기 위한 돼지는 수출국내에서 출생하여 사육되었거나, 대한민국 정부가 대한민국으로 돼지고기의 수출자격이 있는 것으로 인정한 국가에서 수출국으로 수입되어 도축 전 3개월 이상 사육된 것이어야 한다.

제4조(국가 질병 비발생 조건) ① 수출국은 수출 전 1년간 구제역, 수출 전 2년간 수포성구내염·돼지수포병·우역, 수출 전 3년간 아프리카돼지열병의 발생사실이 없어야 하며, 이들 질병에 대한 예방접종을 실시하지 않아야 한다. 다만, 수출국 정부가 효과적인 살처분정책을 수행하고 있다고 대한민국 농림축산식품부장관이 인정하는 질병에 대하여 그 기간을 세계동물보건기구(OIE) 기준에 따라 단축할 수 있다.

② 수출국은 수출 전 1년간 돼지열병(야생돼지의 발생은 제외한다)이 발생한 사실이 없거나 대한민국 정부가 청정 국가로 인정하여야 하며 이 질병에 대하여 예방접종을 실시하지 않아야 한다. 만일 수출국내에 돼지열병이 발생한 경우 돼지고기 등은 대한민국 정부가 인정한 돼지열병 청정 지역에서 유래하여야 한다.

제5조(농장 질병 비발생 조건) 돼지고기 등을 생산하기 위한 돼지가 출생·사육되어진 농장은 도축 전 3년간 브루셀라병, 도축 전 2년간 탄저, 도축 전 1년간 돼지오제스키병의 발생이 없는 곳이어야

하며, 또한 이들 질병과 관련하여 수출국 정부에 의한 방역상 제한조치를 받지 않고 있는 지역 내에 위치하여야 한다.

제6조(수출작업장 조건) ① 수출작업장 또는 제조시설은 수출국의 관련 규정에 의거하여 등록된 곳으로 수출국 정부에서 위생점검을 실시하여 적합한 작업장을 대한민국 정부에 통보하고 그 중 대한민국 정부가 현지점검 또는 기타 방법을 통하여 승인한 곳이어야 한다.

② 수출작업장은 수출국 정부의 위생 감독 하에 있어야 하며 수출국 정부가 실시하는 정기적인 위생점검 결과 이상이 없어야 한다.

③ 수출작업장은 제5조에 열거된 질병의 감염지역 내에 위치하여서는 아니 되며, 대한민국에 수출하기 위하여 작업을 실시하는 동안은 대한민국 정부가 우제류 동물 및 그 생산물의 수입을 허용하지 않는 국가 또는 지역을 경유한 동물 및 그 생산물을 취급하여서는 아니 된다.

제7조(돼지고기 등의 조건) ① 돼지고기 등은 수출작업장 내에서 수출국 정부 수의관이 실시하는 생체 및 해체검사 결과 건강한 돼지로부터 생산된 것으로 식용에 적합한 것이어야 한다.

② 식용을 목적으로 하는 돼지고기 등은 선모충증, 유구낭충증, 포충증에 대한 검사결과 이상이 없어야 한다.

③ 돼지고기 등을 생산하기 위하여 도축, 해체, 가공, 포장 및 보관 작업을 할 때에는 동일 장소에서 동등 이상의 위생 상태에 있지 아니한 동물 및 그 생산물을 취급하여서는 아니 되며 식육가공품의 원료육은 대한민국으로 수출이 가능한 것만 사용해야 한다.

④ 돼지고기 등은 공중위생상 위해를 일으키는 잔류물질(항균제·농약·호르몬제 등), 미생물, 방사선조사, 이온화처리 및 식품첨가물(보존료, 연육제 등) 등에 관한 대한민국 정부의 관련 규정에 적합해야 한다.

⑤ 돼지고기 등은 어떠한 가축의 전염성 질병의 병원체에도 오염되지 않는 방법으로 처리되어야 하며 돼지고기 등을 포장한 포장지는 위생적이고 인체에 무해한 것이어야 한다. 또한 내용물 또는 포장에는 작업장 번호가 표시되어야 하며 공중위생상 위해가 없는 방법으로 처리되었다는 합격표시를 받아야 한다. 이에 대한 합격표시는 사전에 대한민국 정부에 통보된 것이어야 한다.

제8조(수출검역증명서의 기재사항) 수출국 정부 수의관은 돼지고기 등의 선적 전 다음의 각 사항을 한글 또는 영문으로 상세히 기재한 수출검역증명서를 발급하여야 한다.

가. 돼지고기
  1. 제3조, 제4조, 제5조, 제6조 및 제7조에서 명시된 사항
  2. 품명, 포장형태, 포장수량 및 중량 (N/W) : 최종 식육포장 또는 가공작업장별로 기재
  3. 도축장, 식육포장처리장, 가공장, 보관장의 명칭, 주소 및 승인번호
  4. 도축기간(개시일자 및 종료일자), 식육포장처리기간 및/또는 가공기간(개시일자 및 종료일자)
  5. 컨테이너 번호 및 봉인번호
  6. 선박명 또는 항공기명, 선적일자 및 선적지명
  7. 수출자 및 수입자의 주소, 성명(업체명)

        8. 수출검역증명서 발급일자, 발급장소, 발급자의 소속, 직책, 성명 및 서명
    나. 비식용 돼지생산물
        1. 제4조 및 제7조제1항에 명시된 사항
        2. 품명, 포장형태, 포장수량 및 중량 (N/W) : 최종 제조시설별로 기재
        3. 제조시설의 명칭 및 주소 (승인번호가 있을 경우 승인번호 기재)
        4. 컨테이너 번호 및 봉인번호
        5. 선박명 또는 항공기명, 선적일자 및 선적지명
        6. 수출자 및 수입자의 주소, 성명(업체명)
        7. 수출검역증명서 발급일자, 발급장소, 발급자의 소속, 직책, 성명 및 서명
제9조(운송) 돼지고기 등은 수출국 정부 수의관의 감독 하에 봉인되어 대한민국에 도착 시까지 가축의 전염성 질병의 병원체에 오염되지 않고 변질, 부패 등 공중위생상 위해가 없도록 안전하게 수송하여야 하며, 수송 중에는 대한민국 정부가 우제류 동물 및 그 생산물의 수입을 허용하지 않는 지역을 경유하여서는 아니 된다. 다만, 급유 등의 이유로 단순 기항(착)하는 것은 예외로 한다.
제10조(수출국내 질병발생시 조치) 수출국 정부는 수출국내에서 제4조에서 정한 질병 또는 신종 악성가축전염성 질병이 발생하거나 그 의사환축이 발생한 경우 또는 동 질병에 대한 예방접종을 실시키로 한 경우에는 대한민국으로 돼지고기 등의 수출을 중지함과 동시에 그 사실을 FAX 등을 통하여 대한민국 정부에 즉시 통보하여야 하며, 수출을 재개하고자 하는 경우 대한민국 정부와 협의하여야 한다.
제11조(수출작업장 현지점검) ① 대한민국 정부 수의관은 승인된 수출작업장 또는 제조시설의 현지점검 및 기록원부를 조사할 권한을 가지며, 이 수입위생조건과 일치하지 않은 사항을 발견 시 대한민국으로의 돼지고기 등의 수출을 중지시킬 수 있다. 이때 수출국 정부는 대한민국 정부 수의관의 현지점검 등에 적극 협조하여야 한다.
② 수출국 정부는 수출작업장 또는 제조시설이 파산, 영업장 폐쇄 등의 사유로 수출 작업을 중단한 경우 해당 수출작업장 또는 제조시설의 승인을 취소하고 즉시 이를 대한민국 정부에 통보하여야 한다.
③ 대한민국 정부는 수출작업장 또는 제조시설로 승인된 날로부터 또는 최종 수출일로부터 3년 이상 대한민국으로 돼지고기 등의 수출이 없는 수출작업장 또는 제조시설에 대하여는 그 승인을 취소할 수 있다. 대한민국 정부는 승인 취소 결정 전 수출국 정부에 이러한 사항을 통보하고 수출국 정부와 협의해야 한다.
④ 수출작업장에는 일일 도축, 가공 및 보관에 대한 기록원본이 2년 이상 보관되어야 하며, 대한민국으로 수출된 돼지고기의 생산농장 등 관련 자료를 구비하고 있어야 한다.
제12조(국가잔류물질 검사 프로그램 등) 수출국 정부는 식육내 유해잔류물질 검사 프로그램과 그 실시결과(검사기관과 시설, 인력, 연간검사계획, 검사방법, 검사결과 등을 명시할 것)를 영문으로 작성하여 매년 대한민국 정부에 제출하여야 한다.

제13조(돼지고기 등의 불합격 조치 등) 대한민국 정부는 돼지고기 등에 대한 검역 중 이 수입위생조건에 부적합한 사항이 발견되는 경우에는 해당 돼지고기 등에 대하여 반송 또는 폐기처분을 명할 수 있으며, 돼지고기 등에 대한 검역중단 또는 해당 수출작업장에 대해 수출중단 조치를 취할 수 있다.

부칙 〈제2015-61호, 2015. 7. 22.〉

제1조(시행일)이 고시는 '15. 11. 01일부터 시행한다.

제2조(경과조치)이 고시 시행 당시 수입검역 신청이 접수된 수입 돼지고기 등에 대하여는 종전의 규정인「네덜란드산 돼지고기 수입위생조건」(농림축산식품부 고시 제2013-250호, 2013. 10. 07.)을 적용한다.

제3조(이 고시의 적용배제)이 고시에도 불구하고 우제류동물유래의 천연케이싱 등 개별 수입위생조건 또는 수입조건이 정해진 경우에는 이 고시를 적용하지 아니한다.

제4조(재검토기한)농림축산식품부 장관은 이 고시에 대하여 2016년 1월 1일을 기준으로 매3년이 되는 시점(매 3년째의 12월 31까지를 말한다)마다 그 타당성을 검토하여 개선 등의 조치를 하여야 한다.

네덜란드산 쇠고기 수입위생요건

[시행 2019. 5. 3.] [식품의약품안전처고시 제2019-35호, 2019. 5. 3., 제정.]

식품의약품안전처(현지실사과), 043-719-6204

제1조(목적) 이 고시는 「수입식품안전관리 특별법」제11조제2항의 규정에 따라 네덜란드에서 대한민국으로 수출하는 쇠고기에 대한 수입위생요건을 규정함을 목적으로 한다.

제2조(정의) 이 고시에서 사용하는 용어의 뜻은 다음과 같다.
 1. "수출 쇠고기"란 도축 당시 30개월령 미만의 소로부터 생산된 모든 식용부위를 포함한 대한민국(이하 "한국"이라 한다) 수출용 쇠고기를 말한다. 다만, 도축 당시 30개월령 미만 소의 뇌, 눈, 척수, 머리뼈(다만, 아래턱은 제외), 척주(다만, 꼬리뼈, 흉추·요추의 횡돌기 및 천추의 날개는 제외), 회장원위부을 포함하는 십이지장부터 직장까지의 내장, 편도, 모든 기계적 회수육/기계적 분리육, 선진 회수육, 분쇄육 및 쇠고기 가공품은 제외한다.
 2. "수출국"이란 네덜란드를 말한다
 3. "수출 작업장"이란 한국으로 수출되는 쇠고기를 생산, 절단, 포장 또는 보관하는 도축장, 식육포장처리장, 보관장 또는 해당 작업장을 운영하는 영업자를 말한다.
 4. "정부검사관"이란 수출국 정부소속의 수의사를 말한다.

제3조(다른 규정과의 관계) 이 고시는 한국의 「축산물의 수입허용국가(지역) 및 수입위생요건」에서 정하고 있는 수입위생요건에 우선하여 적용한다. 다만, 이 고시에서 규정하지 아니한 사항은 한국의 「축산물의 수입허용국가(지역) 및 수입위생요건」에서 정하는 바에 따른다.

제4조(원산지 요건) 수출 쇠고기는 네덜란드에서 출생하고 사육한 소에서 생산되거나, 한국 정부가 한국으로 쇠고기 수입을 허용한 국가에서 출생하고 사육되어 네덜란드로 합법적으로 수입된 소에서 생산되어야 한다.

제5조(수출 쇠고기 요건) ① 수출 쇠고기는 정부검사관이 실시하는 생체검사 및 정부검사관 또는 정부검사관의 통제를 받는 검사원이 실시하는 해체검사 결과 식용에 적합하여야 한다.
 ② 수출 쇠고기는 공중위생상 위해를 주거나 줄 수 있는 잔류화학물질, 병원성 미생물 등에 대하여 한국의 기준 및 규격에 적합하여야 한다.
 ③ 수출 쇠고기의 포장에 사용되는 재료는 인체에 무해한 것으로써 청결하고 위생적인 것이어야 한다.
 ④ 수출 쇠고기의 포장에는 제품명, 제조사, 작업장 번호(EST No.), 제조일(또는 유통기한), 보존온도 등이 적절하게 표시되어 있어야 한다.

제6조(수출 작업장 요건) ① 수출 작업장은 수출국 규정에 따라 허가 또는 등록되고 수출국 정부가 정기적으로 점검·관리하는 곳으로 한국 정부가 현지실사 또는 그 밖의 방법을 통하여 적합하다고 인정·등록한 작업장이어야 한다.

② 한국 수출 도축장에는 정부검사관이 상주하여 도축검사 및 위생관리를 하여야 하며, 수출국 정부는 수출 작업장에 대하여 연 1회 이상 정기적으로 위생 점검을 실시하여야 한다.

③ 수출 작업장은 안전관리인증기준관리계획(HACCP Plan) 등 식품안전관리 프로그램을 문서로 작성하여 운영하여야 하며, 해당 프로그램에 따른 모니터링 등 기록을 문서로 작성하여 최종 기록한 날로부터 2년 이상 보관하여야 한다.

④ 수출 작업장의 식품안전관리 프로그램에는 원료의 입고부터 최종 제품의 생산 및 출고까지 모든 과정에 대한 위생관리 기준이 포함되어야 한다.

⑤ 수출 작업장에서 축산물의 처리·가공에 사용하는 물은 식용에 적합한 것으로서 수출국의 음용수 관리 기준에 적합하여야 한다.

제7조(소해면상뇌증 관리) ① 수출 작업장은 도축 소의 연령확인, 특정위험물질과 한국으로 수출이 금지되는 부위의 제거 방법 및 절차, 특정위험물질 등에 의한 교차오염 방지 조치와 이를 검증하기 위한 프로그램을 문서로 작성하고 운영하여야 한다. 이 경우 수출국 정부는 해당 프로그램을 승인하고 연 1회 이상 정기적으로 해당 작업장의 이행여부에 대하여 감사를 실시하여야 한다.

② 정부검사관 또는 검사원은 수출 쇠고기를 생산하는 소 도축 시에 네델란드 소 이력관리시스템을 통하여 소의 연령을 확인하여야 한다.

③ 30개월령 이상과 30개월령 미만인 소의 도체는 도축 과정 중에 명확히 구별되어야 하고, 냉각 등 도축 이후의 공정에서는 구분하여 관리되는 등 교차오염을 방지하는 방법으로 취급되어야 한다.

④ 수출 쇠고기를 생산하는 소의 도살 시 두개강 내 가스나 압축공기를 주입하는 기구를 이용하여 기절시키는 방법이나 천자법을 사용하여서는 아니 된다.

⑤ 수출국 정부는 소해면상뇌증과 관련한 법규나 지침 등을 폐지하거나 제·개정하는 경우에 미리 한국 정부에 통보하여야 한다.

제8조(잔류물질 관리) ① 수출 작업장은 한국 정부가 통보하는 동물용의약품, 농약, 중금속 등 잔류물질에 대하여 EU 기준에 따른 자체 모니터링 계획을 수립·운영하고 해당 잔류물질의 검사결과는 한국의 잔류허용기준에 적합하여야 하며, 그 기록을 2년간 보관하여야 한다. 이 경우 검사대상이 되는 잔류물질의 종류는 한국 정부와 수출국 정부가 협의하여 조정 할 수 있다.

② 수출국 정부는 쇠고기에 대한 국가 잔류물질검사프로그램(NRP)과 그 실시 결과를 영문으로 작성하여 매년 한국 정부에 제출하여야 한다.

제9조(병원성미생물 관리) 수출 작업장은 살모넬라, 장출혈성대장균, 장내세균총 및 호기성세균수에 대하여 정기적인 모니터링 프로그램을 운영하고 그 기록을 2년간 보관하여야 한다. 또한, 살모넬라, 장내세균총 및 호기성세균수에 대한 검사 결과 EU 규정에 따른 기준을 초과하거나, 장출혈성대장균이 검출되는 경우 작업장의 위생을 개선하고 그 기록을 2년간 보관하여야 한다.

제10조(이력추적) 국가, 농장, 출생일 등의 정보를 포함한 수출 쇠고기의 이력에 대해 추적이 가능하여야 하며, 수출 작업장은 축산물에 대해 회수와 관련한 절차와 방법 그리고 처리방법(폐기 포함) 등에 관한 문서로 규정한 지침을 운영하여야 한다.

제11조(취급, 보관 및 운송) ① 수출 쇠고기 완제품은 내수용 및 다른 국가 수출용 제품과 구별하여 보관되어야 한다.

② 수출 쇠고기는 한국에 수출하기 위한 선적 전까지 위생적인 방법으로 취급·포장·보관·관리되어야 하고 재오염의 우려가 없는 방법으로 운송·취급되어야 한다.

제12조(시험검사기관) 수출 쇠고기에 대하여 검사를 하는 시험·검사기관은 수출국 정부에서 인증한 기관으로서 관련 정보가 한국 정부에 사전 통보되어야 한다.

제13조(위생요건 위반) 수출국 정부는 수출 작업장에서 상기 위생요건에 대하여 위반사항이 있는 경우 해당 작업장에 대하여 수출위생증명서의 발급을 잠정 중단하고 그 사실을 한국 정부에 통보하여야 하며, 해당 작업장의 원인규명 및 개선조치 결과를 확인하고 한국 정부에 관련 사실을 통보 후 수출위생증명서의 발급을 재개하여야 한다.

제14조(수출위생증명서) 수출국 정부는 수출 시마다 해당 수출 쇠고기에 대해 다음 각 호의 사항을 확인하고, 영문 또는 영문과 수출국의 공식 언어를 병기하여 수출국 정부와 한국 정부 간 협의한 수출위생증명서를 발급하여야 한다.
 1. 제2조제1호, 제5조제1항, 제7조제1항 및 제2항, 제8조제1항, 제9조, 제11조제2항
 2. 제품명, 포장형태, 포장수량 및 중량
 3. 작업장 등록번호, 명칭, 소재지
 4. 생산 또는 가공일자
 5. 컨테이너 번호
 6. 위생증명서 발행일자, 발행자의 소속·직책·성명 및 서명
 7. 그 밖에 수출국 정부와 한국 정부 상호 간에 협의된 사항

제15조(재검토기한) 식품의약품안전처장은 이 고시에 대하여 2019년 7월 1일을 기준으로 매 3년이 되는 시점(매 3년째의 6월 30일까지를 말한다)마다 그 타당성을 검토하여 개선 등의 조치를 하여야 한다.

부칙 〈제2019-35호, 2019. 5. 3.〉

이 고시는 고시한 날부터 시행한다.

Import Health Requirements for Beef from Netherlands

Article 1 (Purpose) The purpose of the notification is to regulate the content of import sanitary requirements of the exporting country for beef meat that are exported from Netherlands to the Republic of Korea (hereinafter referred to as Korea) in accordance with Article 11.2 of the 「Special Act on Imported Food Safety Control」.

Article 2 (Definitions) The meaning of the terminology used in this import health requirement are as follows;
1. Beef for export is the beef for export to the Korean market includes all edible parts produced from cattle of less than 30 months at the time of slaughter. However, the following materials are excluded:
   a. Brains, eyes, spinal cord, skull (excluding mandible) and vertebral column (excluding vertebrae of the tail, transverse processes of the thoracic and lumbar vertebrae and wings of the sacrum), intestines from duodenum to rectum, including distal ileum, and tonsils of cattle of less than 30 months at the time of slaughter
   b. All mechanically recovered meat (MRM) / mechanically separated meat (MSM) and advanced meat recovery products (AMR)
   c. Ground meat and processed beef products
2. "The exporting country" is Netherlands.
3. "Export establishment(s)" is the slaughterhouse, meat cutting and packaging plant or storage warehouse that is used for producing, cutting, packaging or storing edible beef meat exported to the Korean market or the business operator of such export establishment.
4. "Government inspection officer(s)" is the official veterinarian(s) of the government of the exporting country.

Article 3 (Relationship to other notification) These import sanitation requirements have priority over the import sanitation requirements specified in 「Countries (Regions) Allowed for Import of Livestock Products and Import Sanitation Requirements」. However, for others not specified in these import sanitation requirements, the requirements prescribed in「Countries (Regions) Allowed for Import of Livestock Products and Import Sanitation

Requirements shall be followed.

Article 4 (Requirement for origin) Beef for export shall be produced from cattle born and grown in the exporting country or from cattle born and grown in the country allowed by the Korean government for beef exports to the Korean market and then legally imported into the exporting country.

Article 5 (Requirements for beef for export) ① Beef for export shall be found to be suitable for human consumption after ante-mortem inspection conducted by the exporting country's government inspection officials(veterinarians) and post-mortem inspection conducted by the exporting country's government inspection officials or inspectors under control of such government inspection officials.
② Beef for export shall meet the Korean requirements and specifications for chemical residues, pathogenic microorganisms and others that pose or are likely to pose any risks to public health.
③ Beef for export shall be packaged in clean and sanitary materials that are not hazardous to humans.
④ Beef for export shall be appropriately labelled to show the product name, manufacturer, establishment number (EST No.), date of manufacture (or expiry date), storage temperature and others.

Article 6 (Requirements for export establishments) ① Export establishments shall be approved or registered in accordance with the exporting country's regulations, periodically inspected/controlled by the exporting country's government and certified/registered through the Korean government's on-site inspection or other assessment methods.
② Slaughterhouses for export to the Korean market shall have standing government official veterinarians to perform slaughter inspections and sanitary controls and the exporting country's government shall periodically perform sanitary inspection on sites intended for export to the Korean market more than once a year.
③ The establishment engaged in production of beef for export shall establish a written food safety control program, such as HACCP plan, and maintain monitoring records and other relevant records under such programs for more than 2 years from the date of documentation.
④ The export establishment's food safety control program shall include sanitary control

requirements applicable to all steps from receipt of raw materials to production and release of finished products.
⑤ Water used in processing and treatment of livestock products at establishments for export to the Korean market shall be suitable for human consumption and meet the exporting country's requirements for drinking water.

Article 7 (Control for BSE) ① The establishment engaged in production of beef for export to the Korean market shall establish written programs and procedures for check of cattle age, removal of SRMs and other import-restricted parts, and measures to prevent cross-contamination with SRMs and others, and validation of such measures. In addition, the exporting country's government shall approve such programs and audit these establishments more than once a year to verify their compliance with these programs.
② The age of the cattle for Beef for export shall be verified through the exporting country's traceability system by the government inspection officials(veterinarians) or inspectors at slaughter.
③ Carcasses and meat batches of animals over 30 months and less than 30 months of age shall be clearly identifiable throughout all stages of slaughter and during post-slaughtering process like chilling, they shall be handled in a relevant manner which prevents cross contamination. such as segregation etc.
④ Beef for export shall not be produced from cattle slaughtered through intracranial injection of gas or compressed air or pithing process.
⑤ If BSE-related laws, guidelines and others are abolished or amended, the exporting country's government shall notify it to the Korean government in advance.

Article 8 (Residue control program) ① Export establishments for beef shall establish and operate its own monitoring plan in accordance with the EU regulations for residual substances notified by the Korean government including animal drugs, agricultural chemicals, heavy metals and other relevant substances, the plan shall comply with the Korean maximum residue limits for all notified substances and all relevant records shall be maintained for 2 years. Residual substances subject to inspection may be adjusted under mutual consultation between the Korean government and the exporting country's government.
② The exporting country's government must submit the national residue test program for beef and its results (including detailed information on testing and inspection equipment,

personnel, annual plan, test methods and test results) in English to the Korean government each year.

Article 9 (Control of pathogenic microorganisms) The export establishment shall regularly perform microbiological monitoring for Salmonella, enterohemorrhagic Escherichia coli, Enterobacteriaceae and aerobic colony count and maintain its monitoring records for 2 years. In addition, if test results exceed limits in accordance with the relevant EU regulations for Salmonella, Enterobacteriaceae & aerobic colony count and/or any positive results are observed for enterohemorrhagic Escherichia coli, appropriate actions shall be taken to improve such establishment's sanitary conditions and relevant records shall be maintained for 2 years.

Article 10 (Traceability and control of recall) For "beef for export", all required information, including country, farm, birth date and others, shall be traceable. The export establishment shall have the documented procedures and methods for recall and handling (including disposal) of livestock products.

Article 11 (Control for handling, storing and shipping) ① "Finished Products for export to the Korean market" shall be kept to be identifiable from those for domestic market and for export to other countries.
② Beef for export shall be handled, packaged, stored and controlled in a sanitary manner until such beef is shipped for export to Korea. Shipping and handling shall be conducted in a manner of avoiding re-contamination.

Article 12 (Control for testing and inspection laboratories) Testing and inspection laboratories responsible for testing of products exported to the Korean market shall be certified by the exporting country's government and information on such laboratories shall be provided to the Korean government in advance.

Article 13 (Violation for requirements) If the exporting country's government found any violation of the above requirements at an export establishment, it shall temporarily stop issuance of export health certificates and notify such fact to the Korean government. The exporting country's government shall verify that such establishment identifies causes of the violation and takes corrective actions. After notifying the fact of verification to the Korean government, the exporting country's government will resume the issuance of the export health certificate.

Article 14 (Export health certificate) The exporting country's government shall check the following items for the relevant livestock products at the time of each export and issue the health certificate for export agreed between the exporting country's government and the Korean government in English or in both English and the exporting country's official language.
a. Compliance with requirements prescribed in Articles 2-1, 5-①, 7-①, 7-②, 8-①, 9 and 11-2
b. Product name, packaging type, quantity and weight
c. Establishment registration number, name, and address
d. Production or processing date
e. Container number
f. Health certificate's issuance date, information on the issuer (organization, title, name and signature)
g. Others agreed between the exporting country's government and the Korean government

Article 15 (Review date) The Minister of Food and Drug Safety shall review the validity of this notification every 3 years counting from Jul 1, 2018 and take actions, such as improvement in accordance with the「Regulations on Enforcement and Management of Directives and Established Rules」.

Addenda

These Import Sanitation Requirements shall enter into force from the date of notice.

네덜란드산 쇠고기 수입위생조건

[시행 2019. 5. 3.] [농림축산식품부고시 제2019-16호, 2019. 5. 3., 제정.]

농림축산식품부(검역정책과), 044-201-2076

제1조(목적) 이 고시는 「가축전염병 예방법」 제34조제2항의 규정에 따라 네덜란드에서 대한민국으로 수출되는 쇠고기에 대한 수출국의 검역내용, 가축전염병 비발생 조건 등을 규정함을 목적으로 한다.

제2조(용어의 정의) 이 고시에서 사용하는 용어의 뜻은 다음과 같다.
 1. "BSE"란 소해면상뇌증(Bovine spongiform encephalopathy)을 말한다.
 2. "소"란 네덜란드에서 출생·사육되거나, 대한민국 정부가 대한민국으로 쇠고기 수출 자격이 있는 것으로 인정한 국가에서 네덜란드로 합법적으로 수입된 가축화된 소과(科) 동물(Bos taurus 및 Bos indicus)을 말한다.
 3. "수출용 쇠고기"란 도축 당시 30개월령 미만의 소로부터 생산된 모든 식용부위(뼈를 포함)를 말한다. 다만, 도축 당시 30개월령 미만 소의 뇌·눈·척수·머리뼈(아래턱은 제외한다)·척주(꼬리뼈, 흉추·요추의 횡돌기 및 천추의 날개는 제외한다), 모든 기계적 회수육/기계적 분리육, 선진 회수육, 십이지장부터 직장까지의 내장, 편도, 분쇄육 및 쇠고기 가공육 제품은 제외한다.
 4. "식품 안전 위해"란 사람이 식품을 소비하기에 적합하지 않도록 할 수 있는 모든 생물학적, 화학적, 또는 물리적 속성을 말한다.
 5. "중대한 위반"이란 선적된 제품 내에서 식품 안전 위해가 발견되거나 수출국에 대한 시스템 점검 중에 발견된 식품 안전 위해를 의미한다.
 6. "공중보건 위해"란 네덜란드에서 BSE 감염 소의 일부가 사람의 식품 공급 체인에 유입된 경우와 같이 사람의 건강과 안전에 위협을 주는 것을 의미한다.

제3조(가축전염병 비발생 조건) ① 쇠고기를 선적하기 전에 네덜란드에서는 과거 12개월간 구제역이, 과거 24개월간 우역, 우폐역, 럼프스킨병과 리프트계곡열이 발생하지 않았어야 하며, 이들 질병에 대하여 예방접종을 실시하지 않았어야 한다.

② 제1항에도 불구하고 네덜란드 정부가 그러한 특정 질병에 대하여 효과적인 살처분 정책을 수행하고 있다고 대한민국 정부가 인정하는 경우, 네덜란드를 해당 질병 비발생 상태로 인정하는데 필요한 기간은 대한민국 정부가 위험분석을 실시한 후 세계동물보건기구(OIE) 기준에 의거 단축할 수 있다.

③ 제1항에 규정된 질병이 네덜란드에서 발생한 경우, 네덜란드 정부는 즉시 대한민국으로의 쇠고기 수출을 중단하여야 하며 대한민국 정부에 관련 정보를 제공하여야 한다. 네덜란드 정부가 대한민국으로의 쇠고기 수출을 재개하고자 하는 때에는 대한민국 정부와 사전에 협의하여야 한다.

제4조(BSE 예방 조치 등) ① 네덜란드 정부는 BSE의 유입과 확산을 효과적으로 탐색하고 방지하기 위한 특정위험물질의 제거, 사료금지 및 예찰 프로그램을 포함한 각종 조치들을 네덜란드의 법규에

따라 지속적으로 운영하여야 한다.

② 네덜란드 정부는 BSE와 관련한 조치나 법규를 폐지하거나 제개정하는 경우 사전에 대한민국 정부에 통보하여야 한다.

제5조(BSE 추가 발생시 조치) ① 네덜란드에서 BSE가 추가로 발생하는 경우, 네덜란드 정부는 즉시 그 사실을 대한민국 정부에 통보하고 역학정보를 포함한 관련 자료와 정보를 제공하여야 한다.

② 대한민국 정부는 네덜란드에서의 BSE 추가 발생 사실을 인지하면 네덜란드산 쇠고기에 대한 검역을 중단할 것이며, 네덜란드 정부로부터 정보를 입수한 이후 해당 수출용 쇠고기가 가축전염병예방법에 따라 대한민국 국민에게 공중보건 위해를 주지 않는다고 판단하는 경우 지체 없이 검역중단 조치를 해제할 것이다.

③ 만일 대한민국 정부가 대한민국 국민에게 공중보건 위해가 된다고 판단하게 되면, 국민의 건강과 안전을 보호하기 위해 대한민국으로의 수출용 쇠고기의 수입을 중단시키는 조치를 취할 수 있다.

제6조(수출작업장) ① 수출작업장(도축장, 식육포장처리장 및 축산물 보관장)은 대한민국에 대한 수출용 쇠고기를 생산할 자격이 있다고 네덜란드 정부로부터 지정받아야 하고, 사전에 대한민국 정부에 통보되어야 하며, 대한민국 정부에 의한 현지 점검이나 기타의 방법에 따라 승인받아야 한다.

② 대한민국으로 수출되는 쇠고기를 생산하는 수출작업장은 연령 확인, 특정위험물질 제거, 수출이 가능한 도체 및 부산물 확인, 그리고 수출에 부적합한 부위 제거 등을 위한 적절한 위생관리 프로그램을 보유 및 운영하여야 한다.

③ 네덜란드 정부는 대한민국으로의 수출용 쇠고기를 생산하는 수출작업장이 이 수입위생조건과 네덜란드 규정을 준수하는지를 보장하기 위해 정기적인 감시와 점검 프로그램을 운영하여야 한다.

④ 이러한 조치의 결과 수입위생조건에 대한 중대한 위반이 발견된 경우, 네덜란드 정부는 즉시 수출검역증명서 발급을 중단하고 대한민국 정부에 그 사안에 관한 사유와 관련 정보를 제공하여야 한다.

⑤ 시정조치가 적절하다고 네덜란드 정부가 판단하는 경우에만 생산재개가 허용될 수 있다. 해당 작업장이 위반사항에 대한 시정조치를 완료한 경우, 네덜란드 정부는 그 사실을 대한민국 정부에 통보하여야 한다.

제7조(수출작업장 점검) ① 대한민국 정부는 대한민국으로 쇠고기를 수출하는 수출작업장에 대해 현지점검을 실시하고 작업장의 기록원부를 조사할 수 있으며, 이 수입위생조건에 대한 중대한 위반이 발견된 경우 해당 작업장의 수출 중단을 포함한 조치를 취할 수 있다.

② 해당 작업장이 위반사항에 대한 시정조치를 완료하였음을 네덜란드 정부가 대한민국 정부에 통보하면, 대한민국 정부는 현지점검 등의 방법을 통해 시정조치가 적절히 취해졌는지 여부를 확인한다.

③ 대한민국 정부는 시정조치의 결과가 적절하다고 판단하는 경우, 수출중단 조치를 해제할 수 있다. 대한민국 정부는 반복적으로 중대한 위반사실이 확인된 경우, 해당 작업장의 승인을 취소할 수 있다.

제8조(소의 조건) ① 수출용 쇠고기를 생산하기 위한 소는 BSE가 의심되거나 확정된 경우 또는 BSE

감염 소의 확정된 후대나 동거축인 경우가 아니어야 한다.

② 도축 시점에서의 도축 대상 소의 연령은 네덜란드 정부가 인정한 서류에 의해 30개월 미만으로 확인되어야 한다. 다만, 문서에 의한 확인이 가능하지 않은 경우 치아감별법에 의해 소의 연령이 확인되어야 한다.

제9조(쇠고기 조건) ① 수출용 쇠고기는 대한민국 정부가 승인한 수출작업장에서 도축되었고, 네덜란드 정부 검사관이 실시하는 생체검사 및 네덜란드 정부 검사관 또는 검사관의 통제를 받는 검사원이 실시하는 해체검사 결과 식용에 적합하여야 한다.

② 수출용 쇠고기는 도살 전 두개강 내에 가스나 압축공기를 주입하는 기구를 이용하여 기절시키는 과정이나 천자법(pithing process)을 사용하지 아니한 소에서 생산되어야 한다.

③ 수출용 쇠고기는 특정위험물질, 기계적 회수육/기계적 분리육 및 선진 회수육이 혼입되지 않고 이들 제품에 의한 오염을 방지하는 방식으로 생산 및 취급되어야 한다.

제10조(운송 및 봉인) ① 수출용 쇠고기의 생산, 저장 및 운송은 가축전염병의 병원체에 의한 오염을 방지하는 방식으로 이루어져야 한다.

② 수출용 쇠고기를 운송하는 선박(항공기)의 냉동냉장실이나 컨테이너는 네덜란드 정부의 봉인 또는 네덜란드 정부가 인정한 봉인으로 봉인되어야 한다. 네덜란드 정부 수의관은 이를 검증하고 검역증명서를 발급하여야 한다.

제11조(수출검역증명서의 기재사항) 네덜란드 정부는 수출용 쇠고기를 선적하기 전 다음의 각 사항을 한글 또는 영문으로 상세히 기재한 수출검역증명서를 발급하여야 한다.

1. 상기 제3조제1항, 제6조제2항 및 제8조부터 제10조에서 명시한 사항
2. 품명(축종 포함), 포장형태, 포장수량 및 중량(N/W) : 최종 식육포장처리장별로 기재
3. 도축장, 식육포장처리장, 축산물보관장의 명칭, 주소 및 승인번호
4. 도축기간(개시일자 및 종료일자), 식육포장처리기간(개시일자 및 종료일자)
5. 컨테이너 번호 및 봉인 번호
6. 선박명 또는 항공기명, 선적일자 및 선적항명
7. 수출자 및 수입자의 주소와 성명(업체명)
8. 수출검역증명서 발급일자, 발급장소, 발급자의 소속, 직책, 성명 및 서명

제12조(불합격 조치 등) 대한민국 정부는 수출용 쇠고기에 대한 검역 중 이 수입위생조건을 위반한 사실을 발견한 경우 다음과 같은 조치를 취할 수 있다.

1. 이 수입위생조건을 위반한 경우 해당 수출용 쇠고기를 반송하거나 폐기처분 할 수 있다.
2. 검역 중 제2조제3항의 수입제외부위가 발견된 경우, 해당 작업장에 대해 수출중단 조치를 취할 수 있으며, 이 경우 대한민국 정부는 네덜란드 정부로부터 해당 작업장에 대한 시정조치가 완료되었음을 통보 받은 후 대한민국 정부의 현지점검 또는 기타의 방법으로 수출중단 조치를 해제할 수 있다.
3. 수입위생조건에 대한 중대한 위반의 경우, 대한민국 정부는 동일한 작업장에서 생산된 수출용

쇠고기에 대해 최소 5회 연속검사(위반 물량의 최소 5배 물량에 대하여)를 실시하고 그 결과 추가적인 위반이 발견되지 않을 경우 정상적인 검사절차로 복귀한다.

4. 동일한 작업장에서 생산된 수출용 쇠고기에서 최소 2회의 중대한 위반이 발견되는 경우, 대한민국 정부는 시정조치가 완료될 때까지 해당 작업장에 대해 수출중단 조치를 할 수 있다. 이 경우 대한민국 정부는 네덜란드 정부로부터 해당 작업장에 대한 시정조치가 완료되었음을 통보받은 후 대한민국 정부의 현지점검 또는 기타 방법으로 수출중단조치를 해제할 수 있다.

5. 수출작업장에 대한 수출 중단조치의 경우, 중단조치일 이전에 승인된 제품은 계속적으로 수입검역의 대상이 된다.

제13조(수입중단) 중대한 위반이 반복되는 사태와 같은 시스템 전반의 장애가 발생할 경우에는 수입위생조건의 중단을 초래할 수 있다.

제14조(재검토기한) 농림축산식품부 장관은 이 고시에 대하여 2019년 7월 1일을 기준으로 매 3년이 되는 시점(매 3년째의 6월 30까지를 말한다)마다 그 타당성을 검토하여 개선 등의 조치를 하여야 한다.

부칙 〈제2019-16호, 2019. 5. 3.〉

이 고시는 발령한 날부터 시행한다.

뉴질랜드산 우제류 동물 및 그 생산물 수입위생조건

[시행 2016. 10. 6.] [농림축산식품부고시 제2016-93호, 2016. 10. 6., 일부개정.]

농림축산식품부(검역정책과), 044-201-2076

Ⅰ. 우제류 동물 위생조건

대한민국(이하 "한국"이라 한다)으로 수출되는 소·돼지·산양·면양(이하 "수출동물"이라 한다)은 출생이래 또는 과거 최소 6개월 이상 뉴질랜드(이하 "수출국"이라 한다)에서 사육된 것으로서 수입위생조건은 다음과 같다.

1. 수출국에서는 수출 전 12개월간 구제역, 수출 전 24개월간 수포성구내염·블루텅병·돼지수포병·우역·우폐역, 수출 전 3년간 가성우역(Peste des petits ruminants)·럼프스킨병·양두·아프리카돼지열병, 수출 전 4년간 리프트계곡열 그리고 과거 5년간 소해면상뇌증의 발생사실이 없어야 하며, 이들 질병에 대한 예방접종을 실시하지 않아야 한다(동 수입위생조건상의 질병 비발생조건 및 예방접종사항과 관련하여는 축종별 감수성에 따른다). 다만, 효과적인 살처분정책을 수행하고 있다고 한국 농림축산식품부장관이 인정하는 질병에 대하여는 그 기간을 세계동물보건기구(OIE)기준에 의거 단축할 수 있다. 아울러, 수출국은 수출 전 12개월간 돼지열병(야생돼지의 발생은 제외한다)이 발생한 사실이 없거나 한국 정부가 청정국가로 인정하여야 하며 이 질병에 대하여 예방접종을 실시하지 않아야 한다. 만일 수출국내에 돼지열병이 발생한 경우에는 수출 동물 및 그 생산물은 한국 정부가 인정한 돼지열병 청정 지역에서 유래하여야 한다.
2. 수출국에서는 수출 전 2년간 돼지브루셀라병, 돼지생식기호흡기증후군, 돼지테센병, 돼지전염성위장염, Maedi-Visna, 암양의 유행성유산증, 아나플라즈마병(Anaplasm amarginale), 바베시아병(Babesia bigemina, B. bovis), 탄저병의 발생이 없어야 한다. 만일 수출국내에 이들 질병이 발생한 경우에는, 수출동물은 과거 2년간(스크래피의 경우 5년간) 동 질병이 임상적 또는 혈청학적 또는 병리학적으로 발생한 사실이 없는 생산농장에서 유래하고 제6항에 의한 검사결과 음성이라는 조건에 의한다.
3. 수출동물의 생산농장은 수출개시 전 아래에 해당하는 기간과 질병에 대하여 임상적 또는 혈청학적 또는 병리학적으로 발생된 사실이 없어야 한다.
   가. 5년간 비발생질병 : 요네병

나. 2년간 비발생질병 : 소결핵병, 타일레리아병(Theileira parva, T. annulata)

다. 1년간 비발생질병 : 돼지오제스키병, 양브루셀라병, 트리코모나스병, 산양 관절염/뇌염

라. 6개월간 비발생질병 : 렙토스피라병, 소의 생식기 캠필로박터병, 소전염성비기관염/전염성농포성 외음부질염, 돼지위축성비염

4. 수출동물은 출생이래 블루텅병, 브루셀라병 및 돼지오제스키병에 대하여 예방접종을 하지 않은 것이어야 하며, 소전염성비기관염/전염성농포성외음부질염은 선적 전 10~60일 사이에 30일 간격으로 2회 예방접종을 실시하여야 한다.

5. 수출동물은 선적 전에 수출국 정부기관이 가축방역상 안전하다고 인정한 시설에서 최소한 30일 이상 격리되어 정부수의관에 의해 수출검역을 받아야 하며, 수출검역 개시 후에는 당해 수출동물 이외의 다른 동물과 접촉되지 않아야 한다.

6. 수출동물은 제5항의 격리검역기간 중에 실시한 개체별 임상검사결과 건강한 동물이어야 하며, '별표1의 검사방법 및 기준' 그리고 수출국내 제2항의 질병이 발생한 경우에는 당해 질병에 대하여 '별표2의 검사방법 및 기준'에 의한 검사 결과 이상이 없어야 한다. 다만, 결핵병, 소류코시스에 대하여는 다음에 규정하는 시기에 실시한 '별표1의 검사방법 및 기준'에 의한 검사결과 이상이 없어야 한다.

가. 결핵병 : 선적 전 60~90일 사이에 검사실시. 다만, 돼지의 경우에는 선적 전 30일 이내에 검사실시

나. 소류코시스 : 수출 전 4개월 간격으로 2회의 검사실시(최종검사는 격리검역 기간 중에 실시하여야 한다)하거나 수출국에서 검사간격 단축에 대한 과학적 근거를 제공시 검사간격을 단축하되 3회 검사 실시(최종검사는 격리검역 기간 중에 실시하여야 한다)

7. 수출동물은 수출검역시설에서 선적 전 7일 이내에 외부기생충 및 흡혈곤충 등의 구제에 필요한 약제로 처치하여야 한다. 다만, 흡혈곤충 등의 활동시기가 아닌 경우에는 곤충구제를 위한 약제처치를 면제할 수 있으며, 이러한 경우에는 동 사항을 제12항에 의한 검역증명서에 기재하여야 한다.

8. 수출동물의 검역시설과 수출동물 운송에 사용되는 수송상자, 차량, 선박·항공기의 적재공간 등은 사용 전에 수출국정부가 인정한 소독약으로 소독하여야 하며 방역상 안전한 격리시설에 의해 수송되어져야 한다.

9. 수출동물은 한국에 도착 시까지 한국이 지정하고 있는 수입금지지역을 경유하여서는 아니 된다. 다만, 급유 등의 이유로 기항(착)하는 것은 예외로 하되 가축전염병 병원체의 오염우려가 없어야 한다.

10. 수출검역기간과 수송 중에 사용하는 건초, 깔짚 및 사료 등은 전염성 질병의 병원체에 오염되지 아니한 위생적인 것으로서 수출검역개시 전에 격리시설에 저장되어 있어야 하며, 수송도중에 추가로 구입하여서는 아니 된다.

11. 수출국 정부기관은 자국 내에 제1항 질병의 발생이 확인되는 경우에는 즉시 한국으로의 수출을

중지하는 동시에 한국정부기관 앞으로 필요한 사항을 통보하여야 한다. 수출재개 시에는 위생조건 등에 관하여 한국정부와 협의하여야 한다.

12. 수출국정부 수의당국은 다음의 각 사항을 상세히 기재한 수출검역증명서를 발행하여야 한다.

   가. 상기 제1항 내지 제8항 및 제10항에서 명시한 사항(제7항의 경우 처치약제명, 처치방법, 처치횟수를 명기)

   나. 수출동물의 축종, 품종, 개체번호, 성별, 나이

   다. 제6항에 의한 질병별 검사와 관련한 검사기관명, 검사일자, 검사방법 및 결과

   라. 백신 접종시는 예방약의 종류 및 접종년월일

   마. 수출동물 생산농장의 명칭 및 소재지

   바. 제5항에 의한 수출검역시설의 명칭, 주소 및 검역기간

   사. 선적일, 선적항명, 선(기)명

   아. 수출자 및 수입자의 주소, 성명

   자. 검역증명서 발행일자, 발행자 소속, 성명 및 서명

13. 한국정부 수의당국은 수출동물에 대한 검역중 한국정부의 수입위생조건에 부적합한 사항이 발견되는 경우에는 반송 또는 폐기처분할 수 있다.

II. 우제류동물의 생산물 위생조건

한국으로 수출되는 수출국산 소, 돼지, 산양, 면양의 생산물(이하 "수출축산물"이라 한다)에 대한 수입위생조건은 다음과 같다.

1. 수출축산물은 "I. 우제류동물 위생조건 중 제1항"의 조건을 충족시키고, 수출국내에서 출생·사육되거나 수출 전 최소한 3개월 이상 수출국내에서 사육되어진 소, 돼지, 산양, 면양에서 생산된 것이어야 한다. 아울러, 수출돼지고기를 생산하기 위하여 도축된 돼지가 출생·사육되어진 농장은 도축 전 1년 이상 돼지오제스키병의 발생이 없는 곳이어야 하며, 또한 이와 같은 질병과 관련하여 수출국정부 수의당국에 의한 방역상 제한조치를 받지 않고 있는 지역 내에 위치하여야 한다.

2. 한국에 수출하기 위한 육류(이하 "수출육류"라 한다)는 다음의 조건에 부합되는 것이어야 한다.

   가. 수출육류를 생산하는 육류작업장(도축장, 가공장 및 보관장)은 수출국 정부기관이 지정한 시설로서 한국정부에 사전 통보하고 그중 한국정부가 현지점검 또는 기타의 방법으로 승인한 작업장이어야 한다.

   나. 수출육류를 생산하기 위하여 도축한 동물은 수출국 정부수의관이 실시한 생체검사 및 해체검사 결과 이상이 없고 식용에 적합한 것이어야 한다.

   다. 수출육류의 포장은 청결하고 위생적인 용기를 사용하여야 한다.

   라. 수출육류에는 공중위생상 위해를 일으키는 잔류물질(방사능, 합성항균제, 항생제, 중금속, 농약, 홀몬제 등)과 병원성 미생물이 한국정부의 허용기준을 초과하지 않아야 하며, 이온화방사선 또는

자외선 처리 및 연육소 같은 육류의 구성 혹은 특성에 역효과를 미치는 성분이 투여 되어서는 아니된다.
3. 수출축산물은 수출국정부에서 승인한 도축장에서 도축되고 수출국 정부 수의관이 실시한 생체검사 및 해체검사결과 이상이 없는 동물에서 생산된 것이어야 한다.
4. 수출축산물의 생산처리 및 수출국으로부터 한국 내 도착시 까지의 저장·수송은 가축전염병의 병원체에 오염되지 않는 방법으로 안전하게 이루어져야 한다.
5. 수출축산물을 수송하는 선박의 냉동(냉장)실이나 컨테이너는 수출국 정부당국의 봉인지를 이용하여 선적 시에 봉인을 하여야 한다.
6. 수출국정부는 자국내에 "Ⅰ. 우제류동물 위생조건 중 제1항" 질병의 발생이 확인되는 경우에는 즉시 한국으로의 수출을 중지하는 동시에 한국정부에 관련 사항을 통보하여야 하며, 수출재개를 원하는 경우 그 위생조건 등에 관하여 한국정부와 협의하여야 한다.
7. 수출국정부 수의당국은 다음의 각 사항을 상세히 기재한 수출검역증명서를 발행하여야 한다.
   가. 수출육류
      1) 상기 제1항, 제2항 및 제4항에서 명시한 사항
      2) 품명(축종포함), 포장수량, 중량(N/W; 최종가공작업장별로 기재)
      3) 도축장, 식육가공장, 보관장의 명칭, 주소 및 승인번호
      4) 도축기간 및/또는 가공기간
      5) 컨테이너 번호 및 봉인 번호
      6) 선(기)명, 선적일자, 선적항명
      7) 수출자 및 수입자의 주소, 성명
      8) 검역증명서 발행일자, 발행자 소속, 성명 및 서명
   나. 수출육류이외의 수출축산물
      1) 상기 제1항, 제3항 및 제4항에서 명시한 사항
      2) 품명(축종포함), 포장수량, 중량
      3) 컨테이너번호 및 봉인번호
      4) 선(기)명, 선적일자, 선적항명
      5) 수출자 및 수입자의 주소 성명
      6) 검역증명서 발행일자, 발행자 소속, 성명 및 서명
8. 한국정부 수의당국은 한국수출용 육류작업장에 대한 현지 위생점검을 실시할 수 있으며, 위생점검 결과 부적합할 시 해당작업장산 육류의 한국수출을 금지할 수 있다.
9. 한국정부 수의당국은 수출축산물에 대한 검역 중 한국정부의 수입위생조건에 부적합한 사항이 발견되는 경우에는 당해 수출축산물을 반송 또는 폐기처분할 수 있다. 특히 수출육류의 경우에는 해당 수출육류의 생산작업장에 대하여 한국으로의 수출을 중지시킬 수 있다.

부칙 〈제2012-109호, 2012. 8. 24.〉

①(시행일) 이 고시는 고시한 날부터 시행한다.
②(재검토기한) 「훈령·예규 등의 발령 및 관리에 관한 규정」(대통령훈령 제248호)에 따라 이 고시 발령 후의 법령이나 현실여건의 변화 등을 검토하여 이 고시의 폐지, 개정 등의 조치를 하여야 하는 기한은 2015년 8월 23일까지로 한다.

부칙 〈제2012-234호, 2012. 10. 22.〉

①(시행일) 이 고시는 고시한 날부터 3월이 경과한 날부터 시행한다.
②(경과조치) 이 고시 시행 당시 수입신고가 접수되어 진행 중인 수입 검역물에 대하여는 종전의 규정(농림수산식품부고시 제2012-109호, 2012. 8. 24)을 적용한다.
③(재검토기한) "「훈령·예규 등의 발령 및 관리에 관한 규정」(대통령훈령 제248호)"에 따라 이 고시 발령 후의 법령이나 현실여건의 변화 등을 검토하여 이 고시의 폐지, 개정 등의 조치를 하여야 하는 기한은 2015년 10월 21일까지로 한다.

부칙 〈제2013-251호, 2013. 10. 7.〉

①(시행일) 이 고시는 고시한 날부터 시행한다.
②(재검토기한) "「훈령·예규 등의 발령 및 관리에 관한 규정」(대통령훈령 제248호)"에 따라 이 고시 발령 후의 법령이나 현실여건의 변화 등을 검토하여 이 고시의 폐지, 개정 등의 조치를 하여야 하는 기한은 2016년 10월 6일까지로 한다.

부칙 〈제2016-93호, 2016. 10. 6.〉

제1조(시행일) 이 고시는 발령한 날부터 시행한다.
제2조(재검토기한) 농림축산식품부장관은 이 고시에 대하여 2017년 1월 1일을 기준으로 매 3년이 되는 시점(매 3년째의 12월 31일까지를 말한다)마다 그 타당성을 검토하여 개선 등의 조치를 하여야 한다.

덴마크산 가금육 및 가금생산물 수입위생조건

[시행 2015. 10. 15.] [농림축산식품부고시 제2015-125호, 2015. 9. 15., 제정.]

농림축산식품부(검역정책과), 044-201-2076

제1조(목적) 이 고시는 가축전염병 예방법 제34조제2항의 규정에 따라 덴마크(이하 "수출국"이라 한다)에서 대한민국으로 수출하는 가금육 및 가금생산물(이하 "가금육 등"이라 한다)에 대한 수출국의 검역내용 및 위생상황 등을 규정함을 목적으로 한다.

제2조(정의) 이 수입위생조건에서 사용하는 용어의 뜻은 다음과 같다.

1. "가금"은 닭·오리·거위·칠면조·메추리 및 꿩 등을 말한다.
2. "가금육"은 가금에서 유래한 신선, 냉장 또는 냉동 고기, 열처리가금육, 식육부산물 및 식육가공품을 말한다.
3. "열처리 가금육"은 중심부 온도를 기준으로 60℃에서 507초, 65℃에서 42초, 70℃에서 3.5초, 73.9℃에서 0.51초 이상 또는 이와 동등 이상의 효력이 있는 방법으로 처리된 가금육을 말한다.
4. "식육부산물"은 지육, 정육 이외에 식용을 목적으로 하는 가금의 내장, 머리, 발 등의 부분을 말한다.
5. "식육가공품"이란 햄류, 소시지류, 건조저장육류, 양념육류, 그 밖의 식육을 원료로 하여 가공한 것을 말한다.
6. "비식용 가금생산물"은 식용을 목적으로 하지 않은 가금 유래 생산물과 이를 원료로 하여 가공한 것을 말한다.
7. "수출국 정부"는 수출국의 동물·축산물 검역당국으로 말한다.
8. "수출국 정부 수의관"은 수출국 정부 소속 수의사로서 검역관을 말한다.
9. "수출작업장"은 대한민국으로 수출되는 가금육 등을 생산, 가공, 포장 또는 보관하는 도축장, 식육포장처리장, 가공장 또는 보관장을 말한다.
10. "고병원성 조류인플루엔자"는 인플루엔자 A 바이러스에 의한 감염병 중 세계동물보건기구(OIE) 육상동물 위생규약에서 고병원성으로 분류하는 가금전염병을 말한다.
11. "저병원성 조류인플루엔자"는 고병원성 조류인플루엔자를 제외한 H5 또는 H7 아형 인플루엔자 A 바이러스에 의한 가금전염병을 말한다.

12. "뉴캐슬병"은 뉴캐슬병 바이러스에 의한 감염병 중 세계동물보건기구 육상동물 위생규약에서 정의하는 가금전염병을 말한다.

제3조(출생·사육조건) 가금육 등을 생산하는데 사용된 가금은 수출국내에서 부화되어 사육된 것이어야 한다.

제4조(가축전염병 비발생 조건) ① 수출국은 가금육 등 수출 전 1년간 고병원성 조류인플루엔자의 발생이 없어야 한다. 다만, 수출국이 고병원성 조류인플루엔자에 대하여 효과적인 살처분 정책을 수행하고 있다고 대한민국 농림축산식품부장관이 인정하는 경우 그 기간을 세계동물보건기구 규정에 따라 단축할 수 있다.

② 가금육 등을 생산하는데 사용된 가금의 사육농장을 중심으로 반경 10km 이내의 지역은 가금 도축 전 3개월간 저병원성 조류인플루엔자 및 뉴캐슬병의 발생이 없어야 한다.

③ 가금육 등을 생산하는데 사용된 가금의 사육농장은 도축 전 1년간 가금콜레라, 추백리, 가금티푸스, 전염성F낭병, 마렉병, 오리바이러스성간염(오리육에 한함) 및 오리바이러스성장염(오리육에 한함)의 발생이 없어야 한다.

제5조(수출작업장 조건) ① 수출작업장 또는 제조시설은 수출국의 관련 규정에 따라 등록된 곳으로 수출국 정부가 위생점검을 실시하여 적합한 작업장을 대한민국 정부에 통보하고 그 중 대한민국 정부가 현지점검 또는 그 밖의 방법을 통하여 승인한 곳이어야 한다.

② 수출작업장은 수출국 정부의 감독 하에 있어야 하며 수출국 정부가 실시하는 정기적인 위생 점검 결과 이상이 없어야 한다.

③ 수출작업장은 자체위생관리기준(SSOP) 및 축산물안전관리인증기준(HACCP)을 적용하여야 하며, 살모넬라균 검사 등을 실시하여야 한다.

④ 수출작업장은 제4조에 열거된 가축전염병의 감염지역내에 위치하여서는 아니되며, 가금육을 생산하는 동안에는 대한민국 정부가 가금 또는 가금육의 수입을 허용하지 않은 국가에서 수입된 가금 또는 가금육을 취급하여서는 아니된다.

제6조(가금육 등의 조건) ① 가금육 등은 수출작업장 내에서 수출국 정부수의관이 실시하는 생체 및 해체검사 결과 건강한 가금으로부터 생산된 것이어야 한다.

② 가금육 등은 가축전염병의 병원체에 오염되지 않도록 처리되어야 한다.

③ 가금육 등은 공중위생상 위해를 일으킬 수 있는 잔류물질(항균제·농약·호르몬제·중금속 등), 미생물, 식품조사(food irradiation), 이온화처리 및 식품첨가물(보존료, 연육제 등) 등에 관한 대한민국 규정에 적합해야 한다.

④ 가금육 등을 포장하는 포장지는 위생적이고 인체에 무해한 것이어야 한다. 포장면에는 수출작업장 번호가 표시되어야 하며, 가금육 등이 공중위생상 위해가 없는 방법으로 처리되었다는 합격표시가 있어야 한다. 동 합격표시는 사전에 대한민국 정부에 통보되어야 한다.

제7조(수출검역증명서의 기재사항) 수출국 정부 수의관은 가금육 등의 선적 전 다음의 각 사항을 한글 또는 영문으로 상세히 기재한 수출검역증명서를 발급하여야 한다.

1. 가금육
    (1) 제3조, 제4조, 제5조제4항 및 제6조에 명시된 사항
    (2) 품명(축종포함), 포장형태, 포장수량 및 중량 (N/W) : 최종 식육포장 또는 가공작업장별로 기재
    (3) 도축장, 식육포장처리장, 가공장, 보관장의 명칭, 주소 및 승인번호
    (4) 도축기간, 식육포장처리기간 및/또는 가공기간 : 개시일자 및 종료일자
    (5) 컨테이너 번호 및 봉인번호
    (6) 선박명 또는 항공기명, 선적일자 및 선적지명
    (7) 수출자 및 수입자의 주소, 성명(업체명)
    (8) 수출검역증명서 발급일자, 발급장소, 발급자의 소속, 직책, 성명 및 서명
2. 비식용 가금생산물
    (1) 제3조 및 제4조에 명시된 사항. 다만, 열처리가금육의 온도조건 이상으로 처리된 제품에 대하여는 기재하지 않을 수 있다.
    (2) 제6조제1항에 명시된 사항
    (3) 품명(축종포함), 포장형태, 포장수량 및 중량 (N/W) : 제조시설별로 기재
    (4) 제조시설의 명칭 및 주소 (승인번호가 있을 경우 승인번호 기재)
    (5) 컨테이너 번호 및 봉인번호
    (6) 선박명 또는 항공기명, 선적일자 및 선적지명
    (7) 수출자 및 수입자의 주소, 성명(업체명)
    (8) 수출검역증명서 발급일자, 발급장소, 발급자의 소속, 직책, 성명 및 서명

제8조(열처리 가금육) ① 제4조제1항의 규정에도 불구하고, 열처리 가금육은 수출국내 고병원성 조류인플루엔자 발생과 무관하게 대한민국으로 수출할 수 있다.

② 수출국 정부수의관은 열처리 가금육 선적 전 제7조제1호의 규정에 의한 수출검역증명서 또는 다음 각 호의 사항을 기재한 수출검역증명서를 발급하여야 한다.
    (1) 제3조, 제4조제2항 및 제3항, 제5조제4항 및 제6조에 명시된 사항
    (2) 열처리가금육을 생산하는데 사용된 가금의 사육농장을 중심으로 반경 10km 이내의 지역은 가금 도축 전 3개월간 고병원성 조류인플루엔자의 발생이 없어야 한다.
    (3) 열처리가금육을 생산하는 수출작업장은 원료처리 등 가열처리전 시설, 가열처리·제품포장 등 가열처리 후 시설로 각각 구획되어야 하며, 오염을 방지하기 위해 각 시설별로 작업자가 구분·운영되어야 한다.
    (4) 열처리가금육에 처리된 열처리 온도 및 시간
    (5) 품명(축종포함), 포장형태, 포장수량 및 중량(N/W) : 최종 가공작업장별로 기재
    (6) 도축장, 식육포장처리장, 가공장, 보관장의 명칭, 주소 및 승인번호
    (7) 도축기간, 식육포장처리기간 및/또는 가공기간 : 개시일자 및 종료일자

      (8) 컨테이너 번호 및 봉인번호
      (9) 선박명 또는 항공기명, 선적일자 및 선적지명
      (10) 수출자 및 수입자의 주소, 성명(업체명)
      (11) 검역증명서 발급일자, 발급장소, 발급자의 소속, 직책, 성명 및 서명

제9조(운송) 가금육 등은 수출국 정부 수의관의 감독 하에 봉인되어 대한민국 도착 시까지 가축의 전염성 질병의 병원체에 오염되지 않고 변질, 부패 등 공중위생상 위해가 없도록 안전하게 수송되어야 하며, 수송 중에는 대한민국 정부가 가금 또는 가금육의 수입을 허용하지 않은 지역을 경유하여서는 아니 된다. 다만, 급유 등의 이유로 단순 기항(착)하는 것은 예외로 한다.

제10조(수출국내 질병발생시 조치) ① 수출국 정부는 자국내에 고병원성 조류인플루엔자가 발생되는 즉시 가금육 등(열처리된 제품은 제외)을 대한민국으로 선적하는 것을 중지함과 동시에 그 사실을 FAX 등을 통하여 대한민국 정부에 통보하여야 하며, 수출을 재개하고자 하는 경우 대한민국 농림축산식품부와 협의하여야 한다.

② 수출국 정부는 자국에서 실시하는 가금 전염병 방역 프로그램과 그 실시결과를 매년 대한민국 정부에 통보하여야 한다.

제11조(수출작업장 현지점검) ① 대한민국 정부 수의관은 승인된 수출작업장 또는 제조시설의 현지점검 및 기록원부를 조사할 권한을 가지며, 이 수입위생조건과 일치하지 않은 사항을 발견 시 대한민국으로 가금육 등의 수출을 중지시킬 수 있다. 이때 수출국 정부는 대한민국 정부 수의관의 현지점검 등에 적극 협조하여야 한다.

② 수출국 정부는 수출작업장 또는 제조시설이 파산, 영업장 폐쇄 등의 사유로 수출 작업을 중단한 경우 해당 수출작업장 또는 제조시설의 승인을 취소하고 즉시 이를 대한민국 정부에 통보하여야 한다.

③ 대한민국 정부는 수출작업장 또는 제조시설로 승인한 날 또는 최종 수출일로부터 3년 이상 대한민국으로 가금육 등의 수출 실적이 없는 수출작업장 또는 제조시설에 대하여는 그 승인을 취소할 수 있다. 대한민국 정부는 승인 취소 결정 전 수출국 정부에 이러한 사항을 통보하고 수출국 정부와 협의해야 한다.

④ 수출작업장에는 일일도축, 가공 및 보관에 대한 기록원본이 2년 이상 보관되어야 하며, 대한민국으로 수출된 가금육에 대한 원산농장 등 관련 자료를 구비하고 있어야 한다.

제12조(국가잔류물질 검사 프로그램 등) 수출국 정부는 가금육에 대한 유해잔류물질 검사 프로그램과 그 실시결과(검사기관의 시설, 인력, 연간검사계획, 검사방법, 검사결과 등을 명시할 것)를 영문으로 작성하여 매년 대한민국 정부에 제출하여야 한다.

제13조(불합격 조치 등) 대한민국 정부는 가금육 등에 대한 수입검역·검사 중 이 수입위생조건에 부적합한 사항이 발견되는 경우에는 해당 가금육 등에 대하여 반송 또는 폐기처분을 명할 수 있으며, 가금육 등에 대한 검역중단 또는 해당 수출작업장에 대해 수출중단 조치를 취할 수 있다.

부칙 〈제2015-125호, 2015. 9. 15.〉

제1조(시행일)이 고시는 2015. 10. 15일부터 시행한다.

제2조(재검토기한)농림축산식품부 장관은 이 고시에 대하여 2016년 1월 1일을 기준으로 매3년이 되는 시점(매 3년째의 12월 31까지를 말한다)마다 그 타당성을 검토하여 개선 등의 조치를 하여야 한다.

제3조(종전 고시의 폐지)이 고시 시행과 함께 「덴마크산 가금육 수입위생조건」(농림축산식품부 고시 제2013-205호, 2013. 10. 07.)은 폐지한다.

제4조(이 고시의 적용배제)이 고시에도 불구하고 개별 수입위생조건 또는 수입조건이 정해진 경우에는 이 고시를 적용하지 아니한다.

제5조(경과조치)이 고시 시행 당시 「덴마크산 가금육 수입위생조건」(농림축산식품부 고시 제2013-205호, 2013. 10. 07.)에 따라 수입된 가금육 등은 이 수입위생조건을 따른 것으로 본다.

덴마크산 돼지고기 및 돼지생산물 수입위생조건

[시행 2016. 3. 28.] [농림축산식품부고시 제2016-6호, 2016. 1. 27., 제정.]

농림축산식품부(검역정책과), 044-201-2076

제1조(목적) 이 고시는 가축전염병 예방법 제34조제2항의 규정에 따라 덴마크에서 대한민국으로 수출하는 돼지고기 및 돼지생산물에 대한 수출국의 검역 내용 및 위생 상황 등을 규정함을 목적으로 한다.

제2조(용어의 정의) 이 고시에서 사용하는 용어의 뜻은 다음과 같다.
  1. "돼지고기"는 가축화된 사육돼지(domestic pigs)에서 유래한 식용을 목적으로 하는 신선, 냉장 또는 냉동 고기, 식육부산물 및 식육가공품을 말한다.
  2. "식육부산물"은 내장, 머리 등 지육(枝肉), 정육(精肉) 이외의 부분을 말한다.
  3. "식육가공품"이란 햄류, 소시지류, 베이컨류, 건조저장육류, 양념육류, 그 밖의 식육을 원료로 하여 가공한 것을 말한다.
  4. "비식용 돼지생산물"은 식용을 목적으로 하지 않는 돼지 유래 생산물과 이를 원료로 하여 가공한 것을 말한다.
  5. "수출국"은 덴마크를 말한다.
  6. "수출국 정부"는 수출국의 동물·축산물 검역당국을 말한다.
  7. "수출국 정부 수의관"은 "수출국 정부" 소속 수의사로서 검역관을 말한다.
  8. "수출작업장"은 대한민국으로 수출되는 돼지고기 및 돼지생산물을 생산, 가공, 포장 또는 보관하는 도축장, 식육포장처리장, 가공장 및 보관장을 말한다.

제3조(출생·사육조건) 돼지고기 및 돼지생산물(이하 "돼지고기 등"이라 한다)을 생산하기 위한 돼지는 수출국내에서 출생하여 사육되었거나, 대한민국 정부가 대한민국으로 돼지고기의 수출자격이 있는 것으로 인정한 국가에서 수출국으로 수입되어 도축 전 3개월 이상 사육된 것이어야 한다.

제4조(국가 질병 비발생 조건) ① 수출국은 수출 전 1년간 구제역, 수출 전 2년간 수포성구내염·돼지수포병·우역, 수출 전 3년간 아프리카돼지열병의 발생사실이 없어야 하며, 이들 질병에 대한 예방접종을 실시하지 않아야 한다. 다만, 수출국 정부가 효과적인 살처분정책을 수행하고 있다고 대한민국 농림축산식품부장관이 인정하는 질병에 대하여 그 기간을 세계동물보건기구(OIE) 기준에 따라 단축할 수 있다.

② 수출국은 수출 전 1년간 돼지열병(야생돼지의 발생은 제외한다)이 발생한 사실이 없거나 대한민국 정부가 청정 국가로 인정하여야 하며 이 질병에 대하여 예방접종을 실시하지 않아야 한다. 만일 수출국내에 돼지열병이 발생한 경우 돼지고기 등은 대한민국 정부가 인정한 돼지열병 청정 지역에서 유래하여야 한다.

제5조(농장 질병 비발생 조건) 돼지고기 등을 생산하기 위한 돼지가 출생·사육되어진 농장은 도축 전

3년간 브루셀라병, 도축 전 2년간 탄저, 도축 전 1년간 돼지오제스키병의 발생이 없는 곳이어야 하며, 또한 이들 질병과 관련하여 수출국 정부에 의한 방역상 제한조치를 받지 않고 있는 지역 내에 위치하여야 한다.

제6조(수출작업장 조건) ① 수출작업장 또는 제조시설은 수출국의 관련 규정에 의거하여 등록된 곳으로 수출국 정부에서 위생점검을 실시하여 적합한 작업장을 대한민국 정부에 통보하고 그 중 대한민국 정부가 현지점검 또는 기타 방법을 통하여 승인한 곳이어야 한다.

② 수출작업장은 수출국 정부의 위생 감독 하에 있어야 하며 수출국 정부가 실시하는 정기적인 위생점검 결과 이상이 없어야 한다.

③ 수출작업장은 제5조에 열거된 질병의 감염지역 내에 위치하여서는 아니 되며, 대한민국에 수출하기 위하여 작업을 실시하는 동안은 대한민국 정부가 우제류 동물 및 그 생산물의 수입을 허용하지 않는 국가 또는 지역을 경유한 동물 및 그 생산물을 취급하여서는 아니 된다.

제7조(돼지고기 등의 조건) ① 돼지고기 등은 수출작업장 내에서 수출국 정부 수의관이 실시하는 생체 및 해체검사 결과 건강한 돼지로부터 생산된 것이어야 한다.

② 식용을 목적으로 하는 돼지고기 등은 선모충증, 유구낭충증, 포충증에 대한 검사결과 이상이 없어야 한다.

③ 돼지고기 등을 생산하기 위하여 도축, 해체, 가공, 포장 및 보관 작업을 할 때에는 동일 장소에서 동등 이상의 위생 상태에 있지 아니한 동물 및 그 생산물을 취급하여서는 아니 되며 식육가공품의 원료육은 대한민국으로 수출이 가능한 것만 사용해야 한다.

④ 돼지고기 등은 공중위생상 위해를 일으키는 잔류물질(항균제·농약·호르몬제 등), 미생물, 방사선조사, 이온화처리 및 식품첨가물(보존료, 연육제 등) 등에 관한 대한민국 정부의 관련 규정에 적합해야 한다.

⑤ 돼지고기 등은 어떠한 가축의 전염성 질병의 병원체에도 오염되지 않는 방법으로 처리되어야 하며 돼지고기 등을 포장한 포장지는 위생적이고 인체에 무해한 것이어야 한다. 또한 내용물 또는 포장에는 작업장 번호가 표시되어야 하며 공중위생상 위해가 없는 방법으로 처리되었다는 합격표시를 받아야 한다. 이에 대한 합격표시는 사전에 대한민국 정부에 통보된 것이어야 한다.

제8조(수출검역증명서의 기재사항) 수출국 정부 수의관은 돼지고기 등의 선적 전 다음의 각 사항을 한글 또는 영문으로 상세히 기재한 수출검역증명서를 발급하여야 한다.

1. 돼지고기
   가. 제3조, 제4조, 제5조, 제6조 및 제7조에서 명시된 사항
   나. 품명, 포장형태, 포장수량 및 중량 (N/W) : 최종 식육포장 또는 가공작업장별로 기재
   다. 도축장, 식육포장처리장, 가공장, 보관장의 명칭, 주소 및 승인번호
   라. 도축기간(개시일자 및 종료일자), 식육포장처리기간 및/또는 가공기간(개시일자 및 종료일자)
   마. 컨테이너 번호 및 봉인번호
   바. 선박명 또는 항공기명, 선적일자 및 선적지명

사. 수출자 및 수입자의 주소, 성명(업체명)

아. 수출검역증명서 발급일자, 발급장소, 발급자의 소속, 직책, 성명 및 서명

2. 비식용 돼지생산물

가. 제4조 및 제7조제1항에 명시된 사항

나. 품명, 포장형태, 포장수량 및 중량 (N/W) : 최종 제조시설별로 기재

다. 제조시설의 명칭 및 주소 (승인번호가 있을 경우 승인번호 기재)

라. 컨테이너 번호 및 봉인번호

마. 선박명 또는 항공기명, 선적일자 및 선적지명

마. 수출자 및 수입자의 주소, 성명(업체명)

바. 수출검역증명서 발급일자, 발급장소, 발급자의 소속, 직책, 성명 및 서명

제9조(운송) 돼지고기 등은 수출국 정부 수의관의 감독 하에 봉인되어 대한민국에 도착 시까지 가축의 전염성 질병의 병원체에 오염되지 않고 변질, 부패 등 공중위생상 위해가 없도록 안전하게 수송하여야 하며, 수송 중에는 대한민국 정부가 우제류 동물 및 그 생산물의 수입을 허용하지 않는 지역을 경유하여서는 아니 된다. 다만, 급유 등의 이유로 단순 기항(착)하는 것은 예외로 한다.

제10조(수출국내 질병발생시 조치) 수출국 정부는 수출국내에서 제4조에서 정한 질병 또는 신종 악성가축전염성 질병이 발생하거나 그 의사환축이 발생한 경우 또는 동 질병에 대한 예방접종을 실시키로 한 경우에는 대한민국으로 돼지고기 등의 수출을 중지함과 동시에 그 사실을 FAX 등을 통하여 대한민국 정부에 즉시 통보하여야 하며, 수출을 재개하고자 하는 경우 대한민국 정부와 협의하여야 한다.

제11조(수출작업장 현지점검) ① 대한민국 정부 수의관은 승인된 수출작업장 또는 제조시설의 현지점검 및 기록원부를 조사할 권한을 가지며, 이 고시와 일치하지 않은 사항을 발견 시 대한민국으로의 돼지고기 등의 수출을 중지시킬 수 있다. 이때 수출국 정부는 대한민국 정부 수의관의 현지점검 등에 적극 협조하여야 한다.

② 수출국 정부는 수출작업장 또는 제조시설이 파산, 영업장 폐쇄 등의 사유로 수출 작업을 중단한 경우 해당 수출작업장 또는 제조시설의 승인을 취소하고 즉시 이를 대한민국 정부에 통보하여야 한다.

③ 대한민국 정부는 수출작업장 또는 제조시설로 승인된 날로부터 또는 최종 수출일로부터 3년 이상 대한민국으로 돼지고기 등의 수출이 없는 수출작업장 또는 제조시설에 대하여는 그 승인을 취소할 수 있다. 대한민국 정부는 승인 취소 결정 전 수출국 정부에 이러한 사항을 통보하고 수출국 정부와 협의해야 한다.

④ 수출작업장에는 일일 도축, 가공 및 보관에 대한 기록원본이 2년 이상 보관되어야 하며, 대한민국으로 수출된 돼지고기의 생산농장 등 관련 자료를 구비하고 있어야 한다.

제12조(국가잔류물질 검사 프로그램 등) 수출국 정부는 식육(食肉)내 유해잔류물질 검사 프로그램과 그 실시결과(검사기관과 시설, 인력, 연간검사계획, 검사방법, 검사결과 등을 명시할 것)를 영문으로

작성하여 매년 대한민국 정부에 제출하여야 한다.

제13조(돼지고기 등의 불합격 조치 등) 대한민국 정부는 돼지고기 등에 대한 검역 중 이 고시에 부적합한 사항이 발견되는 경우에는 해당 돼지고기 등에 대하여 반송 또는 폐기처분을 명할 수 있으며, 돼지고기 등에 대한 검역중단 또는 해당 수출작업장에 대해 수출중단 조치를 취할 수 있다.

제14조(재검토기한) 농림축산식품부 장관은 이 고시에 대하여 2016년 7월 1일을 기준으로 매 3년이 되는 시점(매 3년째의 12월 31까지를 말한다)마다 그 타당성을 검토하여 개선 등의 조치를 하여야 한다.

부칙 〈제2016-6호, 2016. 1. 27.〉

제1조(시행일) 이 고시는 고시된 날로 2월이 경과한 날로부터 시행한다.

제2조(종전 고시의 폐지) 이 고시 시행과 동시에 「덴마크산 우제류동물 및 그 생산물 수입위생조건」(농림축산식품부 고시 제2013-206호, 2013. 10. 07.)은 폐지한다.

제3조(경과조치) 이 고시 시행 당시 수입검역 신청이 접수된 수입 돼지고기 등에 대하여는 종전의 규정인「덴마크산 우제류동물 및 그 생산물 수입위생조건」(농림축산식품부 고시 제2013-206호, 2013. 10. 07.)을 적용한다.

제4조(이 고시의 적용배제) 이 고시에도 불구하고 우제류동물유래의 천연케이싱 등 개별 수입위생조건 또는 수입조건이 정해진 경우에는 이 고시를 적용하지 아니한다.

덴마크산 쇠고기 수입위생요건

[시행 2019. 5. 3.] [식품의약품안전처고시 제2019-36호, 2019. 5. 3., 제정.]

식품의약품안전처(현지실사과), 043-719-6204

제1조(목적) 이 고시는 「수입식품안전관리 특별법」제11조제2항의 규정에 따라 덴마크에서 대한민국으로 수출하는 쇠고기에 대한 수입위생요건을 규정함을 목적으로 한다.

제2조(정의) 이 고시에서 사용하는 용어의 뜻은 다음과 같다.
  1. "수출 쇠고기"란 도축 당시 30개월령 미만의 소로부터 생산된 모든 식용부위를 포함한 대한민국(이하 "한국"이라 한다) 수출용 쇠고기를 말한다. 다만, 도축 당시 30개월령 미만 소의 뇌, 눈, 척수, 머리뼈(다만, 아래턱은 제외), 척주(다만, 꼬리뼈, 흉추·요추의 횡돌기 및 천추의 날개는 제외), 회장원위부을 포함하는 십이지장부터 직장까지의 내장, 편도, 모든 기계적 회수육/기계적 분리육, 선진 회수육, 분쇄육 및 쇠고기 가공품은 제외한다.
  2. "수출국"이란 덴마크를 말한다
  3. "수출 작업장"이란 한국으로 수출되는 쇠고기를 생산, 절단, 포장 또는 보관하는 도축장, 식육포장처리장, 보관장 또는 해당 작업장을 운영하는 영업자를 말한다.
  4. "정부검사관"이란 수출국 정부소속의 수의사를 말한다.

제3조(다른 규정과의 관계) 이 고시는 한국의 「축산물의 수입허용국가(지역) 및 수입위생요건」에서 정하고 있는 수입위생요건에 우선하여 적용한다. 다만, 이 고시에서 규정하지 아니한 사항은 한국의 「축산물의 수입허용국가(지역) 및 수입위생요건」에서 정하는 바에 따른다.

제4조(원산지 요건) 수출 쇠고기는 덴마크에서 출생하고 사육한 소에서 생산되거나, 한국 정부가 한국으로 쇠고기 수입을 허용한 국가에서 출생하고 사육되어 덴마크로 합법적으로 수입된 소에서 생산되어야 한다.

제5조(수출 쇠고기 요건) ① 수출 쇠고기는 정부검사관이 실시하는 생체검사 및 정부검사관 또는 정부검사관의 통제를 받는 검사원이 실시하는 해체검사 결과 식용에 적합하여야 한다.
  ② 수출 쇠고기는 공중위생상 위해를 주거나 줄 수 있는 잔류화학물질, 병원성 미생물 등에 대하여 한국의 기준 및 규격에 적합하여야 한다.
  ③ 수출 쇠고기의 포장에 사용되는 재료는 인체에 무해한 것으로써 청결하고 위생적인 것이어야 한다.
  ④ 수출 쇠고기의 포장에는 제품명, 제조사, 작업장 번호(EST No.), 제조일(또는 유통기한), 보존온도 등이 적절하게 표시되어 있어야 한다.

제6조(수출 작업장 요건) ① 수출 작업장은 수출국 규정에 따라 허가 또는 등록되고 수출국 정부가 정기적으로 점검·관리하는 곳으로 한국 정부가 현지실사 또는 그 밖의 방법을 통하여 적합하다고 인정·등록한 작업장이어야 한다.

② 한국 수출 도축장에는 정부검사관이 상주하여 도축검사 및 위생관리를 하여야 하며, 수출국 정부는 수출 작업장에 대하여 연 1회 이상 정기적으로 위생 점검을 실시하여야 한다.
③ 수출 작업장은 안전관리인증기준관리계획(HACCP Plan) 등 식품안전관리 프로그램을 문서로 작성하여 운영하여야 하며, 해당 프로그램에 따른 모니터링 등 기록을 문서로 작성하여 최종 기록한 날부터 2년 이상 보관하여야 한다.
④ 수출 작업장의 식품안전관리 프로그램에는 원료의 입고부터 최종 제품의 생산 및 출고까지 모든 과정에 대한 위생관리 기준이 포함되어야 한다.
⑤ 수출 작업장에서 축산물의 처리·가공에 사용하는 물은 식용에 적합한 것으로서 수출국의 음용수 관리 기준에 적합하여야 한다.

제7조(소해면상뇌증 관리) ① 수출 작업장은 도축 소의 연령확인, 특정위험물질과 한국으로 수출이 금지되는 부위의 제거 방법 및 절차, 특정위험물질 등에 의한 교차오염 방지 조치와 이를 검증하기 위한 프로그램을 문서로 작성하고 운영하여야 한다. 이 경우 수출국 정부는 해당 프로그램을 승인하고 연 1회 이상 정기적으로 해당 작업장의 이행여부에 대하여 감사를 실시하여야 한다.
② 정부검사관 또는 검사원은 수출 쇠고기를 생산하는 소 도축 시에 덴마크 소 이력관리시스템을 통하여 소의 연령을 확인하여야 한다.
③ 30개월령 이상과 30개월령 미만인 소의 도체는 도축 과정 중에 명확히 구별되어야 하고, 냉각 등 도축 이후의 공정에서는 구분하여 관리되는 등 교차오염을 방지하는 방법으로 취급되어야 한다.
④ 수출 쇠고기를 생산하는 소의 도살 시 두개강 내 가스나 압축공기를 주입하는 기구를 이용하여 기절시키는 방법이나 천자법을 사용하여서는 아니 된다.
⑤ 수출국 정부는 소해면상뇌증과 관련한 법규나 지침 등을 폐지하거나 제·개정하는 경우에 미리 한국 정부에 통보하여야 한다.

제8조(잔류물질 관리) ① 수출 작업장은 한국 정부가 통보하는 동물용의약품, 농약, 중금속 등 잔류물질에 대하여 EU 기준에 따른 자체 모니터링 계획을 수립·운영하고 해당 잔류물질의 검사결과는 한국의 잔류허용기준에 적합하여야 하며, 그 기록을 2년간 보관하여야 한다. 이 경우 검사대상이 되는 잔류물질의 종류는 한국 정부와 수출국 정부가 협의하여 조정 할 수 있다.
② 수출국 정부는 쇠고기에 대한 국가 잔류물질검사프로그램(NRP)과 그 실시 결과를 영문으로 작성하여 매년 한국 정부에 제출하여야 한다.

제9조(병원성미생물 관리) 수출 작업장은 살모넬라, 장출혈성대장균, 장내세균총 및 호기성세균수에 대하여 정기적인 모니터링 프로그램을 운영하고 그 기록을 2년간 보관하여야 한다. 또한, 살모넬라, 장내세균총 및 호기성세균수에 대한 검사 결과 EU 규정에 따른 기준을 초과하거나, 장출혈성대장균이 검출되는 경우 작업장의 위생을 개선하고 그 기록을 2년간 보관하여야 한다.

제10조(이력추적) 국가, 농장, 출생일 등의 정보를 포함한 수출 쇠고기의 이력에 대해 추적이 가능하여야 하며, 수출 작업장은 축산물에 대해 회수와 관련한 절차와 방법 그리고 처리방법(폐기 포함) 등에 관한 문서로 규정한 지침을 운영하여야 한다.

제11조(취급, 보관 및 운송) ① 수출 쇠고기 완제품은 내수용 및 다른 국가 수출용 제품과 구별하여 보관되어야 한다.

② 수출 쇠고기는 한국에 수출하기 위한 선적 전까지 위생적인 방법으로 취급·포장·보관·관리되어야 하고 재오염의 우려가 없는 방법으로 운송·취급되어야 한다.

제12조(시험검사기관) 수출 쇠고기에 대하여 검사를 하는 시험·검사기관은 수출국 정부에서 인증한 기관으로서 관련 정보가 한국 정부에 사전 통보되어야 한다.

제13조(위생요건 위반) 수출국 정부는 수출 작업장에서 상기 위생요건에 대하여 위반사항이 있는 경우 해당 작업장에 대하여 수출위생증명서의 발급을 잠정 중단하고 그 사실을 한국 정부에 통보하여야 하며, 해당 작업장의 원인규명 및 개선조치 결과를 확인하고 한국 정부에 관련 사실을 통보 후 수출위생증명서의 발급을 재개하여야 한다.

제14조(수출위생증명서) 수출국 정부는 수출 시마다 해당 수출 쇠고기에 대해 다음 각 호의 사항을 확인하고, 영문 또는 영문과 수출국의 공식언어를 병기하여 수출국 정부와 한국 정부 간 협의한 수출위생증명서를 발급하여야 한다.

1. 제2조제1호, 제5조제1항, 제7조제1항 및 제2항, 제8조제1항, 제9조, 제11조제2항
2. 제품명, 포장형태, 포장수량 및 중량
3. 작업장 등록번호, 명칭, 소재지
4. 생산 또는 가공일자
5. 컨테이너 번호
6. 위생증명서 발행일자, 발행자의 소속·직책·성명 및 서명
7. 그 밖에 수출국 정부와 한국 정부 상호 간에 협의된 사항

제15조(재검토기한) 식품의약품안전처장은 이 고시에 대하여 2019년 7월 1일을 기준으로 매 3년이 되는 시점(매 3년째의 6월 30일까지를 말한다)마다 그 타당성을 검토하여 개선 등의 조치를 하여야 한다.

부칙 〈제2019-36호, 2019. 5. 3.〉

이 고시는 고시한 날부터 시행한다.

Import Health Requirements for Beef from Denmark

Article 1 (Purpose) The purpose of the notification is to regulate the content of import sanitary requirements of the exporting country for beef meat that are exported from Denmark to the Republic of Korea (hereinafter referred to as Korea) in accordance with Article 11.2 of the 「Special Act on Imported Food Safety Control」.

Article 2 (Definitions) The meaning of the terminology used in this import health requirement are as follows;
1. Beef for export is the beef for export to the Korean market includes all edible parts produced from cattle of less than 30 months at the time of slaughter. However, the following materials are excluded:
   a. Brains, eyes, spinal cord, skull (excluding mandible) and vertebral column (excluding vertebrae of the tail, transverse processes of the thoracic and lumbar vertebrae and wings of the sacrum), intestines from duodenum to rectum, including distal ileum, and tonsils of cattle of less than 30 months at the time of slaughter
   b. All mechanically recovered meat (MRM) / mechanically separated meat (MSM) and advanced meat recovery products (AMR)
   c. Ground meat and processed beef products
2. "The exporting country" is Denmark.
3. "Export establishment(s)" is the slaughterhouse, meat cutting and packaging plant or storage warehouse that is used for producing, cutting, packaging or storing edible beef meat exported to the Korean market or the business operator of such export establishment.
4. "Government inspection officer(s)" is the official veterinarian(s) of the government of the exporting country.

Article 3 (Relationship to other notification) These import sanitation requirements have priority over the import sanitation requirements specified in 「Countries (Regions) Allowed for Import of Livestock Products and Import Sanitation Requirements」. However, for others not specified in these import sanitation requirements, the requirements prescribed in「Countries (Regions) Allowed for Import of Livestock Products and Import Sanitation

Requirements shall be followed.

Article 4 (Requirement for origin) Beef for export shall be produced from cattle born and grown in the exporting country or from cattle born and grown in the country allowed by the Korean government for beef exports to the Korean market and then legally imported into the exporting country.

Article 5 (Requirements for beef for export) ① Beef for export shall be found to be suitable for human consumption after ante-mortem inspection conducted by the exporting country's government inspection officials(veterinarians) and post-mortem inspection conducted by the exporting country's government inspection officials or inspectors under control of such government inspection officials.

② Beef for export shall meet the Korean requirements and specifications for chemical residues, pathogenic microorganisms and others that pose or are likely to pose any risks to public health.

③ Beef for export shall be packaged in clean and sanitary materials that are not hazardous to humans.

④ Beef for export shall be appropriately labelled to show the product name, manufacturer, establishment number (EST No.), date of manufacture (or expiry date), storage temperature and others.

Article 6 (Requirements for export establishments) ① Export establishments shall be approved or registered in accordance with the exporting country's regulations, periodically inspected/controlled by the exporting country's government and certified/registered through the Korean government's on-site inspection or other assessment methods.

② Slaughterhouses for export to the Korean market shall have standing government official veterinarians to perform slaughter inspections and sanitary controls and the exporting country's government shall periodically perform sanitary inspection on sites intended for export to the Korean market more than once a year.

③ The establishment engaged in production of beef for export shall establish a written food safety control program, such as HACCP plan, and maintain monitoring records and other relevant records under such programs for more than 2 years from the date of documentation.

④ The export establishment's food safety control program shall include sanitary control requirements applicable to all steps from receipt of raw materials to production and release of finished products.

⑤ Water used in processing and treatment of livestock products at establishments for export to the Korean market shall be suitable for human consumption and meet the exporting country's requirements for drinking water.

Article 7 (Control for BSE) ① The establishment engaged in production of beef for export to the Korean market shall establish written programs and procedures for check of cattle age, removal of SRMs and other import-restricted parts, and measures to prevent cross-contamination with SRMs and others, and validation of such measures. In addition, the exporting country's government shall approve such programs and audit these establishments more than once a year to verify their compliance with these programs.

② The age of the cattle for Beef for export shall be verified through the exporting country's traceability system by the government inspection officials(veterinarians) or inspectors at slaughter.

③ Carcasses and meat batches of animals over 30 months and less than 30 months of age shall be clearly identifiable throughout all stages of slaughter and during post-slaughtering process like chilling, they shall be handled in a relevant manner which prevents cross contamination. such as segregation etc.

④ Beef for export shall not be produced from cattle slaughtered through intracranial injection of gas or compressed air or pithing process.

⑤ If BSE-related laws, guidelines and others are abolished or amended, the exporting country's government shall notify it to the Korean government in advance.

Article 8 (Residue control program) ① Export establishments for beef shall establish and operate its own monitoring plan in accordance with the EU regulations for residual substances notified by the Korean government including animal drugs, agricultural chemicals, heavy metals and other relevant substances, the plan shall comply with the Korean maximum residue limits for all notified substances and all relevant records shall be maintained for 2 years. Residual substances subject to inspection may be adjusted under mutual consultation between the Korean government and the exporting country's government.

② The exporting country's government must submit the national residue test program for beef and its results (including detailed information on testing and inspection equipment, personnel, annual plan, test methods and test results) in English to the Korean government each year.

Article 9 (Control of pathogenic microorganisms) The export establishment shall regularly perform microbiological monitoring for Salmonella, enterohemorrhagic Escherichia coli, Enterobacteriaceae and aerobic colony count and maintain its monitoring records for 2 years. In addition, if test results exceed limits in accordance with the relevant EU regulations for Salmonella, Enterobacteriaceae & aerobic colony count and/or any positive results are observed for enterohemorrhagic Escherichia coli, appropriate actions shall be taken to improve such establishment's sanitary conditions and relevant records shall be maintained for 2 years.

Article 10 (Traceability and control of recall) For "beef for export", all required information, including country, farm, birth date and others, shall be traceable. The export establishment shall have the documented procedures and methods for recall and handling (including disposal) of livestock products.

Article 11 (Control for handling, storing and shipping) ① "Finished Products for export to the Korean market" shall be kept to be identifiable from those for domestic market and for export to other countries.
② Beef for export shall be handled, packaged, stored and controlled in a sanitary manner until such beef is shipped for export to Korea. Shipping and handling shall be conducted in a manner of avoiding re-contamination.

Article 12 (Control for testing and inspection laboratories) Testing and inspection laboratories responsible for testing of products exported to the Korean market shall be certified by the exporting country's government and information on such laboratories shall be provided to the Korean government in advance.

Article 13 (Violation for requirements) If the exporting country's government found any violation of the above requirements at an export establishment, it shall temporarily stop issuance of export health certificates and notify such fact to the Korean government. The exporting country's government shall verify that such establishment identifies causes of the violation and takes corrective actions. After notifying the fact of verification to the Korean government, the exporting country's government will resume the issuance of the export health certificate.

Article 14 (Export health certificate) The exporting country's government shall check the following items for the relevant livestock products at the time of each export and issue the health certificate for export agreed between the exporting country's government and the Korean government in English or in both English and the exporting country's official language.
a. Compliance with requirements prescribed in Articles 2-1, 5-①, 7-①, 7-②, 8-①, 9 and 11-2
b. Product name, packaging type, quantity and weight
c. Establishment registration number, name, and address
d. Production or processing date
e. Container number
f. Health certificate's issuance date, information on the issuer (organization, title, name and signature)
g. Others agreed between the exporting country's government and the Korean government

Article 15 (Review date) The Minister of Food and Drug Safety shall review the validity of this notification every 3 years counting from Jul 1, 2018 and take actions, such as improvement in accordance with the「Regulations on Enforcement and Management of Directives and Established Rules」.

Addenda

These Import Sanitation Requirements shall enter into force from the date of notice.

덴마크산 쇠고기 수입위생조건

[시행 2019. 5. 3.] [농림축산식품부고시 제2019-17호, 2019. 5. 3., 제정.]

농림축산식품부(검역정책과), 044-201-2076

제1조(목적) 이 고시는 「가축전염병 예방법」 제34조제2항의 규정에 따라 덴마크에서 대한민국으로 수출되는 쇠고기에 대한 수출국의 검역내용, 가축전염병 비발생 조건 등을 규정함을 목적으로 한다.

제2조(용어의 정의) 이 고시에서 사용하는 용어의 뜻은 다음과 같다.

1. "BSE"란 소해면상뇌증(Bovine spongiform encephalopathy)을 말한다.
2. "소"란 덴마크에서 출생·사육되거나, 대한민국 정부가 대한민국으로 쇠고기 수출 자격이 있는 것으로 인정한 국가에서 덴마크로 합법적으로 수입된 가축화된 소과(科) 동물(Bos taurus 및 Bos indicus)을 말한다.
3. "수출용 쇠고기"란 도축 당시 30개월령 미만의 소로부터 생산된 모든 식용부위(뼈를 포함)를 말한다. 다만, 도축 당시 30개월령 미만 소의 뇌·눈·척수·머리뼈(아래턱은 제외한다)·척주(꼬리뼈, 흉추·요추의 횡돌기 및 천추의 날개는 제외한다), 모든 기계적 회수육/기계적 분리육, 선진 회수육, 십이지장부터 직장까지의 내장, 편도, 분쇄육 및 쇠고기 가공육 제품은 제외한다.
4. "식품 안전 위해"란 사람이 식품을 소비하기에 적합하지 않도록 할 수 있는 모든 생물학적, 화학적, 또는 물리적 속성을 말한다.
5. "중대한 위반"이란 선적된 제품 내에서 식품 안전 위해가 발견되거나 수출국에 대한 시스템 점검 중에 발견된 식품 안전 위해를 의미한다.
6. "공중보건 위해"란 덴마크에서 BSE 감염 소의 일부가 사람의 식품 공급 체인에 유입된 경우와 같이 사람의 건강과 안전에 위협을 주는 것을 의미한다.

제3조(가축전염병 비발생 조건) ① 쇠고기를 선적하기 전에 덴마크에서는 과거 12개월간 구제역이, 과거 24개월간 우역, 우폐역, 럼프스킨병과 리프트계곡열이 발생하지 않았어야 하며, 이들 질병에 대하여 예방접종을 실시하지 않았어야 한다.

② 제1항에도 불구하고 덴마크 정부가 그러한 특정 질병에 대하여 효과적인 살처분 정책을 수행하고 있다고 대한민국 정부가 인정하는 경우, 덴마크를 해당 질병 비발생 상태로 인정하는데 필요한 기간은 대한민국 정부가 위험분석을 실시한 후 세계동물보건기구(OIE) 기준에 의거 단축할 수 있다.

③ 제1항에 규정된 질병이 덴마크에서 발생한 경우, 덴마크 정부는 즉시 대한민국으로의 쇠고기 수출을 중단하여야 하며 대한민국 정부에 관련 정보를 제공하여야 한다. 덴마크 정부가 대한민국으로의 쇠고기 수출을 재개하고자 하는 때에는 대한민국 정부와 사전에 협의하여야 한다.

제4조(BSE 예방 조치 등) ① 덴마크 정부는 BSE의 유입과 확산을 효과적으로 탐색하고 방지하기 위한 특정위험물질의 제거, 사료금지 및 예찰 프로그램을 포함한 각종 조치들을 덴마크의 법규에 따라 지속적으로 운영하여야 한다.

② 덴마크 정부는 BSE와 관련한 조치나 법규를 폐지하거나 제개정하는 경우 사전에 대한민국 정부에 통보하여야 한다.

제5조(BSE 추가 발생시 조치) ① 덴마크에서 BSE가 추가로 발생하는 경우, 덴마크 정부는 즉시 그 사실을 대한민국 정부에 통보하고 역학정보를 포함한 관련 자료와 정보를 제공하여야 한다.

② 대한민국 정부는 덴마크에서의 BSE 추가 발생 사실을 인지하면 덴마크산 쇠고기에 대한 검역을 중단할 것이며, 덴마크 정부로부터 정보를 입수한 이후 해당 수출용 쇠고기가 가축전염병 예방법에 따라 대한민국 국민에게 공중보건 위해를 주지 않는다고 판단하는 경우 지체 없이 검역중단 조치를 해제할 것이다.

③ 만일 대한민국 정부가 대한민국 국민에게 공중보건 위해가 된다고 판단하게 되면, 국민의 건강과 안전을 보호하기 위해 대한민국으로의 수출용 쇠고기의 수입을 중단시키는 조치를 취할 수 있다.

제6조(수출작업장) ① 수출작업장(도축장, 식육포장처리장 및 축산물 보관장)은 대한민국에 대한 수출용 쇠고기를 생산할 자격이 있다고 덴마크 정부로부터 지정받아야 하고, 사전에 대한민국 정부에 통보되어야 하며, 대한민국 정부에 의한 현지 점검이나 기타의 방법에 따라 승인받아야 한다.

② 대한민국으로 수출되는 쇠고기를 생산하는 수출작업장은 연령 확인, 특정위험물질 제거, 수출이 가능한 도체 및 부산물 확인, 그리고 수출에 부적합한 부위 제거 등을 위한 적절한 위생관리 프로그램을 보유 및 운영하여야 한다.

③ 덴마크 정부는 대한민국으로의 수출용 쇠고기를 생산하는 수출작업장이 이 수입위생조건과 덴마크 규정을 준수하는지를 보장하기 위해 정기적인 감시와 점검 프로그램을 운영하여야 한다.

④ 이러한 조치의 결과 수입위생조건에 대한 중대한 위반이 발견된 경우, 덴마크 정부는 즉시 수출검역증명서 발급을 중단하고 대한민국 정부에 그 사안에 관한 사유와 관련 정보를 제공하여야 한다.

⑤ 시정조치가 적절하다고 덴마크 정부가 판단하는 경우에만 생산재개가 허용될 수 있다. 해당 작업장이 위반사항에 대한 시정조치를 완료한 경우, 덴마크 정부는 그 사실을 대한민국 정부에 통보하여야 한다.

제7조(수출작업장 점검) ① 대한민국 정부는 대한민국으로 쇠고기를 수출하는 수출작업장에 대해 현지점검을 실시하고 작업장의 기록원부를 조사할 수 있으며, 이 수입위생조건에 대한 중대한 위반이 발견된 경우 해당 작업장의 수출 중단을 포함한 조치를 취할 수 있다.

② 해당 작업장이 위반사항에 대한 시정조치를 완료하였음을 덴마크 정부가 대한민국 정부에 통보하면, 대한민국 정부는 현지점검 등의 방법을 통해 시정조치가 적절히 취해졌는지 여부를 확인한다.

③ 대한민국 정부는 시정조치의 결과가 적절하다고 판단하는 경우, 수출중단 조치를 해제할 수 있다. 대한민국 정부는 반복적으로 중대한 위반사실이 확인된 경우, 해당 작업장의 승인을 취소할 수 있다.

제8조(소의 조건) ① 수출용 쇠고기를 생산하기 위한 소는 BSE가 의심되거나 확정된 경우 또는 BSE 감염 소의 확정된 후대나 동거축인 경우가 아니어야 한다.

② 도축 시점에서의 도축 대상 소의 연령은 덴마크 정부가 인정한 서류에 의해 30개월 미만으로 확인되어야 한다. 다만, 문서에 의한 확인이 가능하지 않은 경우 치아감별법에 의해 소의 연령이 확인되어야 한다.

제9조(쇠고기 조건) ① 수출용 쇠고기는 대한민국 정부가 승인한 수출작업장에서 도축되었고, 덴마크 정부 검사관이 실시하는 생체검사 및 덴마크 정부 검사관 또는 검사관의 통제를 받는 검사원이 실시하는 해체검사 결과 식용에 적합하여야 한다.

② 수출용 쇠고기는 도살 전 두개강 내에 가스나 압축공기를 주입하는 기구를 이용하여 기절시키는 과정이나 천자법(pithing process)을 사용하지 아니한 소에서 생산되어야 한다.

③ 수출용 쇠고기는 특정위험물질, 기계적 회수육/기계적 분리육 및 선진 회수육이 혼입되지 않고 이들 제품에 의한 오염을 방지하는 방식으로 생산 및 취급되어야 한다.

제10조(운송 및 봉인) ① 수출용 쇠고기의 생산, 저장 및 운송은 가축전염병의 병원체에 의한 오염을 방지하는 방식으로 이루어져야 한다.

② 수출용 쇠고기를 운송하는 선박(항공기)의 냉동냉장실이나 컨테이너는 덴마크 정부의 봉인 또는 덴마크 정부가 인정한 봉인으로 봉인되어야 한다. 덴마크 정부 수의관은 이를 검증하고 검역증명서를 발급하여야 한다.

제11조(수출검역증명서의 기재사항) 덴마크 정부는 수출용 쇠고기를 선적하기 전 다음의 각 사항을 한글 또는 영문으로 상세히 기재한 수출검역증명서를 발급하여야 한다.

1. 상기 제3조제1항, 제6조제2항 및 제8조부터 제10조에서 명시한 사항
2. 품명(축종 포함), 포장형태, 포장수량 및 중량(N/W) : 최종 식육포장처리장별로 기재
3. 도축장, 식육포장처리장, 축산물보관장의 명칭, 주소 및 승인번호
4. 도축기간(개시일자 및 종료일자), 식육포장처리기간(개시일자 및 종료일자)
5. 컨테이너 번호 및 봉인 번호
6. 선박명 또는 항공기명, 선적일자 및 선적항명
7. 수출자 및 수입자의 주소와 성명(업체명)
8. 수출검역증명서 발급일자, 발급장소, 발급자의 소속, 직책, 성명 및 서명

제12조(불합격 조치 등) 대한민국 정부는 수출용 쇠고기에 대한 검역 중 이 수입위생조건을 위반한 사실을 발견한 경우 다음과 같은 조치를 취할 수 있다.

1. 이 수입위생조건을 위반한 경우 해당 수출용 쇠고기를 반송하거나 폐기처분 할 수 있다.
2. 검역 중 제2조제3항의 수입제외부위가 발견된 경우, 해당 작업장에 대해 수출중단 조치를 취할 수 있으며, 이 경우 대한민국 정부는 덴마크 정부로부터 해당 작업장에 대한 시정조치가 완료되었음을 통보 받은 후 대한민국 정부의 현지점검 또는 기타의 방법으로 수출중단 조치를 해제할 수 있다.
3. 수입위생조건에 대한 중대한 위반의 경우, 대한민국 정부는 동일한 작업장에서 생산된 수출용 쇠고기에 대해 최소 5회 연속검사(위반 물량의 최소 5배 물량에 대하여)를 실시하고 그 결과

추가적인 위반이 발견되지 않을 경우 정상적인 검사절차로 복귀한다.

4. 동일한 작업장에서 생산된 수출용 쇠고기에서 최소 2회의 중대한 위반이 발견되는 경우, 대한민국 정부는 시정조치가 완료될 때까지 해당 작업장에 대해 수출중단 조치를 할 수 있다. 이 경우 대한민국 정부는 덴마크 정부로부터 해당 작업장에 대한 시정조치가 완료되었음을 통보받은 후 대한민국 정부의 현지점검 또는 기타 방법으로 수출중단조치를 해제할 수 있다.

5. 수출작업장에 대한 수출 중단조치의 경우, 중단조치일 이전에 승인된 제품은 계속적으로 수입검역의 대상이 된다.

제13조(수입중단) 중대한 위반이 반복되는 사태와 같은 시스템 전반의 장애가 발생할 경우에는 수입위생조건의 중단을 초래할 수 있다.

제14조(재검토기한) 농림축산식품부 장관은 이 고시에 대하여 2019년 7월 1일을 기준으로 매 3년이 되는 시점(매 3년째의 6월 30까지를 말한다)마다 그 타당성을 검토하여 개선 등의 조치를 하여야 한다.

부칙 〈제2019-17호, 2019. 5. 3.〉

이 고시는 발령한 날부터 시행한다.

독일산 돼지고기 및 돼지생산물 수입위생조건

[시행 2015. 11. 1.] [농림축산식품부고시 제2015-62호, 2015. 7. 22., 제정.]

농림축산식품부(검역정책과), 044-201-2076

제1조(목적) 이 고시는 가축전염병 예방법 제34조제2항의 규정에 따라 독일(이하 "수출국"이라 한다)에서 대한민국으로 수출하는 돼지고기 및 돼지생산물(이하 "돼지고기 등"이라 한다)에 대한 수출국의 검역 내용 및 위생 상황 등을 규정함을 목적으로 한다.

제2조(용어의 정의) 이 수입위생조건에서 사용하는 용어의 뜻은 다음과 같다.
 1. "돼지고기"는 가축화된 사육돼지(domestic pigs)에서 유래한 식용을 목적으로 하는 신선, 냉장 또는 냉동 고기, 식육부산물 및 식육가공품을 말한다.
 2. "식육부산물"은 내장, 머리 등 지육(枝肉), 정육(精肉) 이외의 부분을 말한다.
 3. "식육가공품"이란 햄류, 소시지류, 베이컨류, 건조저장육류, 양념육류, 그 밖의 식육을 원료로 하여 가공한 것을 말한다.
 4. "비식용 돼지생산물"은 식용을 목적으로 하지 않는 돼지 유래 생산물과 이를 원료로 하여 가공한 것을 말한다.
 5. "수출국 정부"는 수출국의 동물·축산물 검역당국을 말한다.
 6. "수출국 정부 수의관"은 "수출국 정부" 소속 수의사로서 검역관을 말한다.
 7. "수출작업장"은 대한민국으로 수출되는 돼지고기 등을 생산, 가공, 포장 또는 보관하는 도축장, 식육포장처리장, 가공장 및 보관장을 말한다.

제3조(출생·사육조건) 돼지고기 등을 생산하기 위한 돼지는 수출국내에서 출생하여 사육되었거나, 대한민국 정부가 대한민국으로 돼지고기의 수출자격이 있는 것으로 인정한 국가에서 수출국으로 수입되어 도축 전 3개월 이상 사육된 것이어야 한다.

제4조(국가 질병 비발생 조건) ① 수출국은 수출 전 1년간 구제역, 수출 전 2년간 수포성구내염·돼지수포병·우역, 수출 전 3년간 아프리카돼지열병의 발생사실이 없어야 하며, 이들 질병에 대한 예방접종을 실시하지 않아야 한다. 다만, 수출국 정부가 효과적인 살처분정책을 수행하고 있다고 대한민국 농림축산식품부장관이 인정하는 질병에 대하여 그 기간을 세계동물보건기구(OIE) 기준에 따라 단축할 수 있다.

② 수출국은 수출 전 1년간 돼지열병(야생돼지의 발생은 제외한다)이 발생한 사실이 없거나 대한민국 정부가 청정 국가로 인정하여야 하며 이 질병에 대하여 예방접종을 실시하지 않아야 한다. 만일 수출국내에 돼지열병이 발생한 경우 돼지고기 등은 대한민국 정부가 인정한 돼지열병 청정 지역에서 유래하여야 한다.

제5조(농장 질병 비발생 조건) 돼지고기 등을 생산하기 위한 돼지가 출생·사육되어진 농장은 도축 전 3년간 브루셀라병, 도축 전 2년간 탄저, 도축 전 1년간 돼지오제스키병의 발생이 없는 곳이어야 하며, 또한 이들 질병과 관련하여 수출국 정부에 의한 방역상 제한조치를 받지 않고 있는 지역 내에 위치하여야 한다.

제6조(수출작업장 조건) ① 수출작업장 또는 제조시설은 수출국의 관련 규정에 의거하여 등록된 곳으로 수출국 정부에서 위생점검을 실시하여 적합한 작업장을 대한민국 정부에 통보하고 그 중 대한민국 정부가 현지점검 또는 기타 방법을 통하여 승인한 곳이어야 한다.

② 수출작업장은 수출국 정부의 위생 감독 하에 있어야 하며 수출국 정부가 실시하는 정기적인 위생점검 결과 이상이 없어야 한다.

③ 수출작업장은 제5조에 열거된 질병의 감염지역 내에 위치하여서는 아니 되며, 대한민국에 수출하기 위하여 작업을 실시하는 동안은 대한민국 정부가 우제류 동물 및 그 생산물의 수입을 허용하지 않는 국가 또는 지역을 경유한 동물 및 그 생산물을 취급하여서는 아니 된다.

제7조(돼지고기 등의 조건) ① 돼지고기 등은 수출작업장 내에서 수출국 정부 수의관이 실시하는 생체 및 해체검사 결과 건강한 돼지로부터 생산된 것으로 식용에 적합한 것이어야 한다.

② 식용을 목적으로 하는 돼지고기 등은 선모충증, 유구낭충증, 포충증에 대한 검사결과 이상이 없어야 한다.

③ 돼지고기 등을 생산하기 위하여 도축, 해체, 가공, 포장 및 보관 작업을 할 때에는 동일 장소에서 동등 이상의 위생 상태에 있지 아니한 동물 및 그 생산물을 취급하여서는 아니 되며 식육가공품의 원료육은 대한민국으로 수출이 가능한 것만 사용해야 한다.

④ 돼지고기 등은 공중위생상 위해를 일으키는 잔류물질(항균제·농약·호르몬제 등), 미생물, 방사선조사, 이온화처리 및 식품첨가물(보존료, 연육제 등) 등에 관한 대한민국 정부의 관련 규정에 적합해야 한다.

⑤ 돼지고기 등은 어떠한 가축의 전염성 질병의 병원체에도 오염되지 않는 방법으로 처리되어야 하며 돼지고기 등을 포장한 포장지는 위생적이고 인체에 무해한 것이어야 한다. 또한 내용물 또는 포장에는 작업장 번호가 표시되어야 하며 공중위생상 위해가 없는 방법으로 처리되었다는 합격표시를 받아야 한다. 이에 대한 합격표시는 사전에 대한민국 정부에 통보된 것이어야 한다.

제8조(수출검역증명서의 기재사항) 수출국 정부 수의관은 돼지고기 등의 선적 전 다음의 각 사항을 한글 또는 영문으로 상세히 기재한 수출검역증명서를 발급하여야 한다.

가. 돼지고기
  1. 제3조, 제4조, 제5조, 제6조 및 제7조에서 명시된 사항

    2. 품명, 포장형태, 포장수량 및 중량 (N/W) : 최종 식육포장 또는 가공작업장별로 기재
    3. 도축장, 식육포장처리장, 가공장, 보관장의 명칭, 주소 및 승인번호
    4. 도축기간(개시일자 및 종료일자), 식육포장처리기간 및/또는 가공기간(개시일자 및 종료일자)
    5. 컨테이너 번호 및 봉인번호
    6. 선박명 또는 항공기명, 선적일자 및 선적지명
    7. 수출자 및 수입자의 주소, 성명(업체명)
    8. 수출검역증명서 발급일자, 발급장소, 발급자의 소속, 직책, 성명 및 서명
  나. 비식용 돼지생산물
    1. 제4조 및 제7조제1항에 명시된 사항
    2. 품명, 포장형태, 포장수량 및 중량 (N/W) : 최종 제조시설별로 기재
    3. 제조시설의 명칭 및 주소 (승인번호가 있을 경우 승인번호 기재)
    4. 컨테이너 번호 및 봉인번호
    5. 선박명 또는 항공기명, 선적일자 및 선적지명
    6. 수출자 및 수입자의 주소, 성명(업체명)
    7. 수출검역증명서 발급일자, 발급장소, 발급자의 소속, 직책, 성명 및 서명

제9조(운송) 돼지고기 등은 수출국 정부 수의관의 감독 하에 봉인되어 대한민국에 도착 시까지 가축의 전염성 질병의 병원체에 오염되지 않고 변질, 부패 등 공중위생상 위해가 없도록 안전하게 수송하여야 하며, 수송 중에는 대한민국 정부가 우제류 동물 및 그 생산물의 수입을 허용하지 않는 지역을 경유하여서는 아니 된다. 다만, 급유 등의 이유로 단순 기항(착)하는 것은 예외로 한다.

제10조(수출국내 질병발생시 조치) 수출국 정부는 수출국내에서 제4조에서 정한 질병 또는 신종 악성가축전염성 질병이 발생하거나 그 의사환축이 발생한 경우 또는 동 질병에 대한 예방접종을 실시키로 한 경우에는 대한민국으로 돼지고기 등의 수출을 중지함과 동시에 그 사실을 FAX 등을 통하여 대한민국 정부에 즉시 통보하여야 하며, 수출을 재개하고자 하는 경우 대한민국 정부와 협의하여야 한다.

제11조(수출작업장 현지점검) ① 대한민국 정부 수의관은 승인된 수출작업장 또는 제조시설의 현지점검 및 기록원부를 조사할 권한을 가지며, 이 수입위생조건과 일치하지 않은 사항을 발견 시 대한민국으로의 돼지고기 등의 수출을 중지시킬 수 있다. 이때 수출국 정부는 대한민국 정부 수의관의 현지점검 등에 적극 협조하여야 한다.

② 수출국 정부는 수출작업장 또는 제조시설이 파산, 영업장 폐쇄 등의 사유로 수출 작업을 중단한 경우 해당 수출작업장 또는 제조시설의 승인을 취소하고 즉시 이를 대한민국 정부에 통보하여야 한다.

③ 대한민국 정부는 수출작업장 또는 제조시설로 승인된 날로부터 또는 최종 수출일로부터 3년 이상 대한민국으로 돼지고기 등의 수출이 없는 수출작업장 또는 제조시설에 대하여는 그 승인을 취소할 수 있다. 대한민국 정부는 승인 취소 결정 전 수출국 정부에 이러한 사항을 통보하고 수출국 정부와

협의해야 한다.

④ 수출작업장에는 일일 도축, 가공 및 보관에 대한 기록원본이 2년 이상 보관되어야 하며, 대한민국으로 수출된 돼지고기의 생산농장 등 관련 자료를 구비하고 있어야 한다.

제12조(국가잔류물질 검사 프로그램 등) 수출국 정부는 식육(食肉)내 유해잔류물질 검사 프로그램과 그 실시결과(검사기관과 시설, 인력, 연간검사계획, 검사방법, 검사결과 등을 명시할 것)를 영문으로 작성하여 매년 대한민국 정부에 제출하여야 한다.

제13조(돼지고기 등의 불합격 조치 등) 대한민국 정부는 돼지고기 등에 대한 검역 중 이 수입위생조건에 부적합한 사항이 발견되는 경우에는 해당 돼지고기 등에 대하여 반송 또는 폐기처분을 명할 수 있으며, 돼지고기 등에 대한 검역중단 또는 해당 수출작업장에 대해 수출중단 조치를 취할 수 있다.

부칙 〈제2015-62호, 2015. 7. 22.〉

제1조(시행일)이 고시는 '15. 11. 01일부터 시행한다.

제2조(경과조치)이 고시 시행 당시 수입검역 신청이 접수된 수입 돼지고기 등에 대하여는 종전의 규정인「독일산 돼지고기 수입위생조건」(농림축산식품부 고시 제2013-252호, 2013. 10. 07.)을 적용한다.

제3조(이 고시의 적용배제)이 고시에도 불구하고 우제류동물유래의 천연케이싱 등 개별 수입위생조건 또는 수입조건이 정해진 경우에는 이 고시를 적용하지 아니한다.

제4조(재검토기한)농림축산식품부 장관은 이 고시에 대하여 2016년 1월 1일을 기준으로 매3년이 되는 시점(매 3년째의 12월 31까지를 말한다)마다 그 타당성을 검토하여 개선 등의 조치를 하여야 한다.

리투아니아산 가금육 수입위생요건

[시행 2020. 8. 26.] [식품의약품안전처고시 제2020-74호, 2020. 8. 26., 제정.]

식품의약품안전처(현지실사과), 043-719-6204

제1조(목적) 이 고시는 「수입식품안전관리 특별법」 제11조제2항의 규정에 따라 리투아니아에서 대한민국으로 수출하는 가금육에 대한 수입위생요건을 규정함을 목적으로 한다.

제2조(정의) 이 고시에서 사용하는 용어의 뜻은 다음과 같다.
1. "가금"이란 닭·오리·거위·칠면조·메추리 및 꿩을 말한다.
2. "가금육"이란 가금에서 유래한 신선, 냉장, 냉동고기(단순 분쇄육을 포함한다) 및 식육부산물을 말한다.
3. "수출국"이란 리투아니아를 말한다.
4. "해외작업장"이란 대한민국으로 수출되는 가금육을 생산, 포장, 보관하는 수출국의 도축장, 식육포장처리장 및 식육보관장을 말한다.
5. "수출 가금육"이란 식품의약품안전처장이 등록한 해외작업장에서 생산되어 대한민국으로 수입이 허용된 가금육을 말한다.
6. "정부검사관"이란 수출국 정부 소속의 수의사를 말한다.

제3조(다른 규정과의 관계) 이 고시는 「축산물의 수입허용국가(지역) 및 수입위생요건」에서 정하고 있는 수입위생요건에 우선하여 적용한다. 다만, 이 고시에서 규정하고 있지 아니한 사항은 「축산물의 수입허용국가(지역) 및 수입위생요건」에서 정하는 바에 따른다.

제4조(원산지 요건) 수출 가금육은 수출국에서 부화되어 사육된 가금에서 생산된 것이어야 한다.

제5조(수출 가금육의 요건) ① 수출 가금육은 정부검사관이 실시하는 생체검사 및 정부검사관 또는 정부검사관의 감독을 받는 검사원이 실시하는 해체검사 결과 식용에 적합하여야 한다.

② 수출 가금육은 공중위생상 위해를 주거나 줄 수 있는 잔류화학물질 및 병원성 미생물 등에 대하여 대한민국의 기준 및 규격에 적합하여야 한다.

③ 수출 가금육의 포장에 사용되는 재료는 인체에 무해한 것으로써 청결하고 위생적인 것이어야 한다.

제6조(해외작업장의 요건) ① 해외작업장은 수출국 규정에 따라 허가 또는 등록되고 수출국 정부가

정기적으로 점검·관리하는 곳으로 대한민국 정부의 현지실사 또는 그 밖의 방법을 통하여 적합하다고 인정·등록된 작업장이어야 한다.

② 해외작업장의 영업자는 안전관리인증기준계획(HACCP Plan) 등 식품안전관리 프로그램을 문서로 작성·운영하여야 하며, 해당 프로그램에 따른 모니터링 등 기록을 문서로써 작성하여 최종 기록한 날부터 2년 이상 보관하여야 한다.

③ 해외작업장의 영업자가 운영하는 식품안전관리 프로그램은 원료의 입고부터 최종 제품의 생산 및 출고까지 모든 과정에 대해 위생관리 기준이 포함되어야 한다.

④ 해외작업장에서 수출 가금육의 처리·가공에 사용하는 물은 식용에 적합한 것으로써 대한민국 또는 수출국의 음용수 관리 기준에 적합하여야 한다.

⑤ 수출 가금육 도축장에는 정부검사관이 상주하여 도축검사 및 위생관리를 실시하여야 하며, 수출국 정부는 가금육 해외작업장에 대하여 연 1회 이상 정기적으로 위생 점검을 실시하여야 한다.

제7조(잔류물질 관리) ① 수출 가금육을 생산하는 해외작업장은 대한민국 정부가 통보하는 동물용의약품, 농약, 중금속 등 잔류물질에 대하여 EU기준에 따른 자체 모니터링 계획을 수립·운영하고 해당 잔류물질의 검사결과는 대한민국의 잔류허용기준에 적합하여야 하며, 그 기록을 2년간 보관하여야 한다. 이 경우 검사대상이 되는 잔류물질의 종류는 대한민국 정부와 수출국 정부가 협의하여 조정할 수 있다.

② 수출국은 가금육에 대해 잔류물질 관리프로그램을 구축·운영하여야 하며 매년 6월까지 대한민국 정부에 전년도 실적 및 당해연도 계획을 영문으로 작성하여 송부하여야 한다.

③ 대한민국 정부는 수출 가금육에서 잔류물질과 관련된 중대한 식품안전사고가 발생하거나 발생할 우려가 있는 경우 또는 수출국의 금지물질 등 잔류물질 관련 기준의 제·개정으로 인하여 필요하다고 판단되는 경우 수출국 정부와 협의하여 해당 물질에 대한 검사 등 필요한 조치를 요구할 수 있다.

제8조(병원성 미생물 관리) 수출 가금육 도축장의 영업자는 살모넬라와 캠필로박터에 대하여 정기적인 모니터링 프로그램을 운영하고 그 기록을 2년간 보관하여야 한다. 또한, 검사 결과 EU 규정에 따른 기준을 초과하는 경우 해당 도축장의 영업자는 해당 작업장의 위생을 개선하고 그 기록을 2년간 보관하여야 한다.

제9조(회수 및 이력관리) 해외작업장은 수출 가금육에 대한 회수와 관련된 절차와 방법 그리고 처리방법 등에 대하여 문서로 규정한 지침을 운영하여야 하며 원료부터 생산, 최종 판매까지 이력추적이 가능하여야 한다.

제10조(취급, 보관 및 운송) 수출 가금육은 대한민국에 도착할 때까지 위생적인 방법으로 취급·포장·보관·관리되어야 하고 재오염의 우려가 없는 방법으로 운송·취급되어야 한다.

제11조(시험·검사기관) 수출 가금육에 대하여 검사를 하는 시험·검사기관은 수출국 정부에서 인증한 기관으로써 관련 정보가 대한민국 정부에 사전 통보되어야 한다.

제12조(위생요건 위반) 수출국 정부는 해외작업장에서 제4조부터 제11조까지의 위생요건에 대하여 위반사항이 있는 경우 해당 작업장에 대하여 수출위생증명서의 발급을 잠정 중단하고 그 사실을

대한민국 정부에 통보하여야 하며, 해당 작업장의 원인규명 및 개선조치 결과를 확인하고 대한민국 정부에 관련 사실을 통보 후 수출위생증명서 발급을 재개하여야 한다.

제13조(수출위생증명서) 수출국 정부는 수출 시마다 수출 가금육에 대해 다음의 각 호의 사항을 확인하고, 영문 또는 영문과 수출국의 공식언어를 병기하여 수출국 정부와 대한민국 식품의약품안전처 간 협의된 수출위생증명서를 발급하여야 한다.
1. 제4조, 제5조제1항, 제6조제1항, 제7조제1항, 제8조, 제10조에서 명시한 사항
2. 제품명, 포장형태, 포장수량 및 중량
3. 작업장 등록번호, 명칭, 소재지
4. 생산 또는 가공일자
5. 컨테이너 번호
6. 수출위생증명서 발행일자, 발행자의 소속·직책·성명 및 서명
7. 그 밖에 수출국 정부와 대한민국 정부 간에 수출 가금육 위생관리를 위해 상호간에 협의된 사항

제14조(재검토기한) 식품의약품안전처장은 「훈령·예규 등의 발령 및 관리에 관한 규정」에 따라 이 고시에 대하여 2021년 1월 1일을 기준으로 매 3년이 되는 시점(매 3년째의 12월 31일까지를 말한다) 마다 그 타당성을 검토하여 개선 등의 조치를 하여야 한다.

부칙 〈제2020-74호, 2020. 8. 26.〉

이 고시는 고시한 날부터 시행한다.

This is non-official translation

Import Sanitation Requirements on Poultry Meat from Lithuania

Article 1 (Purpose) The purpose of these Import sanitation Requirements is to regulate import sanitation requirements for poultry meat to be exported from Lithuania to the Republic of Korea (hereinafter referred to as Korea) in accordance with Article 11. 2 of the 「Special Act on Imported Food Safety Control」.

Article 2 (Definitions) The terms used in these Import Sanitation Requirements shall be defined as follows;
1. "Poultry" is chickens, ducks, geese, turkeys, quails and pheasants.
2. "Poultry meat" is fresh meat, chilled or frozen meat (including ground meat) and viscera originated from poultry.
3. "The exporting country" is Lithuania.
4. "Export establishment(s)" is slaughterhouses, meat cutting and packaging plants, meat storage warehouses that are used for producing, cutting and packaging or storing poultry meat exported to the Korean market.
5. "Poultry meat for export" is poultry meat produced from the export establishments registered by the Minister of Food and Drug Safety and exported to the Korean market.
6. "Government inspection official(s)" is official veterinarian(s) of the government of the exporting country.

Article 3 (Relationship with other regulations) These import sanitation requirements have priority over the import sanitation requirements specified in 「Countries (Regions) Allowed for Import of Livestock Products and Import Sanitation Requirements」. However, for others not specified in these import sanitation requirements, the requirements prescribed in「Countries (Regions) Allowed for Import of Livestock Products and Import Sanitation Requirements」shall be followed.

Article 4 (Requirements for country of origin) Poultry meat for export shall be produced by poultry hatched and grown in the exporting country.

Article 5 (Requirements for poultry meat for export) ① Poultry meat for export to the Korean market shall be found to be suitable for human consumption after ante-mortem inspection conducted by the exporting country's government inspection officials (official veterinarians) and post-mortem inspection conducted by the exporting country's government inspection officials or inspectors under supervision of such government inspection officials.

② Poultry meat for export shall meet the Korean standards and specifications for chemical residues, pathogenic microorganisms and other substances that pose or are likely to pose any risks to public health.

③ Poultry meat for export shall be packaged in clean and sanitary materials that are not hazardous to human health.

Article 6 (Requirements for export establishments) ① Export establishments shall be approved or registered in accordance with the exporting country's regulations, periodically inspected and controlled by the exporting country's government and certified and registered through the Korean government's on-site inspection or other relevant assessment methods.

② Business operators of export establishments engaged in production of livestock products for export shall establish a written food safety control program, such as HACCP plan, and maintain its monitoring records and other relevant records under such programs for more than 2 years from the date of documentation.

③ The Food safety control programs operated by business operators of export establishments shall include sanitary control requirements applicable to all operations of the food chain from receipt of raw materials to production and release of finished products.

④ Water used in processing and treating livestock products at export establishments shall be suitable for human consumption and shall meet the requirements for drinking water of the exporting country or Korea.

⑤ Slaughterhouses of poultry meat for export shall have standing government official veterinarians to perform slaughter inspections and sanitary controls and the exporting country's government shall periodically perform sanitary inspection on sites intended for export to the Korean market more than once a year.

Article 7 (Residue control program) ① Export establishments in production of poultry meat shall establish and operate an in-house monitoring program in order to control residues in products such as veterinary medicines, pesticides, heavy metals etc.; the results of the monitoring program shall comply with the Korean standards for residues; and maintain relevant monitoring records with other relevant documents generated in the course of implementation of such program for more than 2 years. In this case, the type of residues subject to the monitoring program will be adjusted under discussion between the exporting country's government and the Korean government.

② The exporting country's government shall establish and operate a residue control program for poultry meat and submit its results of previous year and a plan for year to date in English to the Korean government by June 30 of every year.

③ If there is a concern that any significant food safety related accidents in relation to residues in livestock products for export will happen or will be likely to happen or if it deems necessary due to either establishment or amendment of any applicable regulations for residues including prohibited substances made by the exporting country's government, the Korean government under consultation with the exporting country's government will request necessary actions, such as testing on relevant substances etc. to be taken.

Article 8 (Control of pathogenic microorganisms) Business operators of poultry slaughterhouses for export shall regularly perform microbiological monitoring for Salmonella and Campylobacter and maintain relevant monitoring records for 2 years. In addition, if test results exceed limits in accordance with the relevant EU regulations, appropriate actions shall be taken to improve such establishment's sanitary conditions and relevant records shall be maintained for 2 years.

Article 9 (Traceability and control of recall) Export establishments shall have documented instructions specifying procedures and methods for recall of poultry meat for export and all relevant information of such products shall be traceable throughout all operations of the food chain from receipt of raw materials to production and release of finished products.

Article 10 (Control for packaging, handling and shipping) Poultry meat for export shall be handled, packaged, stored and controlled in a sanitary manner until such products are shipped for export to Korea. Transporting and handling of such products shall be conducted in a manner of avoiding re-contamination.

Article 11 (Control for testing and inspection laboratories) Testing and inspection laboratories responsible for testing on poultry meat for export to the Korean market shall be certified by the exporting country's government and the list of certified testing and inspection laboratories shall be provided to the Korean government in advance.

Article 12 (Violation of sanitary requirements) If the exporting country's government found any violation of the requirements specified Article 4 to 11 at an export establishment, it shall temporarily stop issuance of export health certificates and notify such fact to the Korean government. The exporting country's government shall verify that such establishment identifies causes of the violation and takes corrective actions. After notifying the fact of verification to the Korean government, the exporting country's government will resume the issuance of the export health certificate.

Article 13 (Export health certificate) The exporting country's government shall check the following items for the relevant livestock products at the time of each export and issue the export health certificate agreed between the exporting country's government and the Korean government in English or in both English and the exporting country's official language.
1. Compliance with requirements prescribed in Articles 4, 5①, 6①, 7①, 8 and 10
2. Product name, packaging type, quantity and weight
3. Establishment registration number, name, and address
4. Slaughtering date or processing date
5. Container number
6. The export health certificate issuance date and information on the issuer (organization, title, name and signature)
7. Others agreed between the exporting country's government and the Korean government

Article 14 (Review date) The Minister of Food and Drug Safety shall review the validity of this notification every 3 years counting from January 1, 2020 and take actions, such as improvement in accordance with the「Regulations on Enforcement and Management of Directives and Established Rules」.

Addenda

These Import Sanitation Requirements shall enter into force from the date of notice.

리투아니아산 가금육 및 가금제품 수입위생조건

[시행 2020. 4. 27.] [농림축산식품부고시 제2020-35호, 2020. 4. 27., 제정.]

농림축산식품부(검역정책과), 044-201-2076

제1조(목적) 이 고시는 「가축전염병 예방법」 제34조제2항에 따라 리투아니아(이하 "수출국"이라 한다)에서 대한민국으로 수출하는 가금육 및 비식용 가금제품(이하 "가금육 등"이라 한다)에 대한 수출국의 검역내용 및 위생상황 등을 규정함을 목적으로 한다.

제2조(정의) 이 수입위생조건에서 사용하는 용어의 뜻은 다음과 같다.
 1. "가금"은 닭·오리·거위·칠면조·메추리 및 꿩 등을 말한다.
 2. "가금육"은 가금에서 유래한 신선, 냉장 또는 냉동 고기, 열처리 가금육, 식육부산물 및 식육가공품을 말한다.
 3. "열처리 가금육"은 중심부 온도를 기준으로 60℃에서 507초, 65℃에서 42초, 70℃에서 3.5초, 73.9℃에서 0.51초 이상 또는 이와 동등 이상의 효력이 있는 방법으로 처리된 가금육을 말한다.
 4. "식육부산물"은 지육, 정육 이외에 식용을 목적으로 하는 가금의 내장, 머리, 발 등의 부분을 말한다.
 5. "식육가공품"이란 햄류, 소시지류, 건조저장육류, 양념육류, 그 밖의 식육을 원료로 하여 가공한 것을 말한다.
 6. "비식용 가금제품"은 식용을 목적으로 하지 않은 가금 유래 제품을 말한다.
 7. "수출국 정부"는 수출국의 동물·축산물 검역당국을 말한다.
 8. "수출국 정부 수의관"은 수출국 정부 소속 검역관을 말한다.
 9. "수출작업장"은 대한민국으로 수출되는 가금육 등을 생산, 가공, 포장 또는 보관하는 도축장, 식육포장처리장, 가공장 또는 보관장을 말한다.
 10. "고병원성 조류인플루엔자"는 인플루엔자 A 바이러스에 의한 감염병 중 세계동물보건기구(OIE) 육상동물 위생규약에서 고병원성으로 분류하는 가금전염병을 말한다.
 11. "저병원성 조류인플루엔자"는 고병원성 조류인플루엔자를 제외한 H5 또는 H7 아형 인플루엔자 A 바이러스에 의한 가금전염병을 말한다.
 12. "뉴캣슬병"은 뉴캣슬병 바이러스에 의한 감염병 중 세계동물보건기구 육상동물 위생규약에서 정의하는 가금전염병을 말한다.

제3조(출생·사육조건) 가금육 등을 생산하는데 사용된 가금은 수출국 내에서 부화되어 사육된 것이어야 한다.

제4조(가축전염병 비발생 조건) ① 수출국은 가금육 등 수출 전 12개월간 고병원성 조류인플루엔자의 발생이 없어야 한다. 다만, 수출국이 고병원성 조류인플루엔자에 대하여 효과적인 살처분 정책을 수행하고 있다고 대한민국 농림축산식품부장관이 인정하는 경우 그 기간을 세계동물보건기구 규정에

따라 단축할 수 있다.

② 가금육 등을 생산하는데 사용된 가금의 사육농장을 중심으로 반경 10km 이내의 지역은 가금 도축 전 3개월간 저병원성 조류인플루엔자 및 뉴캣슬병의 발생이 없어야 한다.

③ 가금육 등을 생산하는데 사용된 가금의 사육농장은 도축 전 12개월간 가금콜레라, 추백리, 가금티푸스, 전염성F낭병, 마렉병, 오리바이러스성간염(오리육에 한함) 및 오리바이러스성장염(오리육에 한함)의 발생이 없어야 한다.

제5조(수출작업장 조건) ① 수출작업장 또는 제조시설은 수출국의 관련 규정에 따라 등록된 곳으로 수출국 정부가 위생점검을 실시하여 적합한 작업장을 대한민국 정부에 통보하고 그 중 대한민국 정부가 현지점검 또는 그 밖의 방법을 통하여 승인한 곳이어야 한다.

② 수출작업장은 수출국 정부의 감독 하에 있어야 하며 수출국 정부가 실시하는 정기적인 위생 점검 결과 이상이 없어야 한다.

③ 수출작업장은 자체위생관리기준(SSOP) 및 축산물안전관리인증기준(HACCP)을 적용하여야 하며, 살모넬라균 검사 등을 실시하여야 한다.

④ 수출작업장은 제4조에 열거된 가축전염병의 감염지역내에 위치하여서는 아니 되며, 가금육을 생산하는 동안에는 대한민국 정부가 가금 또는 가금육의 수입을 허용하지 않은 국가에서 수입된 가금 또는 가금육을 취급하여서는 아니 된다.

제6조(가금육 등의 조건) ① 가금육 등은 수출작업장 내에서 수출국 정부수의관이 실시하는 생체검사 및 정부 수의관 또는 정부수의관의 감독 하에 검사원이 실시하는 해체검사 결과 전염성 질병의 징후 및 병변이 없는 건강한 가금으로부터 생산된 것이어야 한다.

② 가금육 등은 가축전염병의 병원체에 오염되지 않도록 처리되어야 한다.

③ 가금육 등을 포장하는 포장지는 위생적이고 인체에 무해한 것이어야 한다. 포장면에는 수출작업장 번호가 표시되어야 하며, 가금육 등이 공중위생상 위해가 없는 방법으로 처리되었다는 합격표시가 있어야 한다. 동 합격 표시는 사전에 대한민국 정부에 통보되어야 한다.

제7조(수출검역증명서의 기재사항) 수출국 정부 수의관은 가금육 등의 선적 전 다음 각 호의 사항을 한글 또는 영문으로 상세히 기재한 수출검역증명서를 발급하여야 한다.

1. 가금육

   가. 제3조, 제4조, 제5조제4항 및 제6조에 명시된 사항

   나. 품명(축종포함), 포장형태, 포장수량 및 중량 (N/W) : 최종 식육포장 또는 가공작업장별로 기재

   다. 도축장, 식육포장처리장, 가공장, 보관장의 명칭, 주소 및 승인번호

   라. 도축기간, 식육포장처리기간 및/또는 가공기간 : 개시일자 및 종료일자

   마. 컨테이너 번호 및 봉인번호

   바. 선박명 또는 항공기명, 선적일자 및 선적지명

   사. 수출자 및 수입자의 주소, 성명(업체명)

   아. 수출검역증명서 발급일자, 발급장소, 발급자의 소속, 직책, 성명 및 서명

2. 비식용 가금제품
   가. 제3조 및 제4조에 명시된 사항. 다만, 열처리가금육의 온도조건 이상으로 처리된 제품에 대하여는 기재하지 않을 수 있다.
   나. 제6조제1항에 명시된 사항
   다. 품명(축종포함), 포장형태, 포장수량 및 중량 (N/W) : 제조시설별로 기재
   라. 제조시설의 명칭 및 주소 (승인번호가 있을 경우 승인번호 기재)
   마. 컨테이너 번호 및 봉인번호
   바. 선박명 또는 항공기명, 선적일자 및 선적지명
   사. 수출자 및 수입자의 주소, 성명(업체명)
   아. 수출검역증명서 발급일자, 발급장소, 발급자의 소속, 직책, 성명 및 서명

제8조(열처리 가금육) ① 제4조제1항에도 불구하고, 열처리 가금육은 수출국내 고병원성 조류인플루엔자 발생과 무관하게 대한민국으로 수출할 수 있다.

② 수출국 정부수의관은 열처리 가금육 선적 전 제7조제1호에 따른 수출검역증명서 또는 다음 각 호의 사항을 기재한 수출검역증명서를 발급하여야 한다.
1. 제3조, 제4조제2항 및 제3항, 제5조제4항 및 제6조에 명시된 사항
2. 열처리가금육을 생산하는데 사용된 가금의 사육농장을 중심으로 반경 10km 이내의 지역은 가금 도축 전 3개월간 고병원성 조류인플루엔자의 발생이 없어야 한다.
3. 열처리가금육을 생산하는 수출작업장은 원료처리 등 가열 처리전 시설, 가열처리·제품포장 등 가열처리 후 시설로 각각 구획되어야 하며, 오염을 방지하기 위해 각 시설별로 작업자가 구분·운영되어야 한다.
4. 열처리가금육에 처리된 열처리 온도 및 시간
5. 품명(축종포함), 포장형태, 포장수량 및 중량(N/W) : 최종 가공작업장별로 기재
6. 도축장, 식육포장처리장, 가공장, 보관장의 명칭, 주소 및 승인번호
7. 도축기간, 식육포장처리기간 및/또는 가공기간 : 개시일자 및 종료일자
8. 컨테이너 번호 및 봉인번호
9. 선박명 또는 항공기명, 선적일자 및 선적지명
10. 수출자 및 수입자의 주소, 성명(업체명)
11. 검역증명서 발급일자, 발급장소, 발급자의 소속, 직책, 성명 및 서명

제9조(운송) 가금육 등은 수출국 정부 수의관의 감독 하에 봉인되어 대한민국 도착 시까지 가축의 전염성 질병의 병원체에 오염되지 않고 변질, 부패 등 공중위생상 위해가 없도록 안전하게 수송되어야 하며, 수송 중에는 대한민국 정부가 가금 또는 가금육의 수입을 허용하지 않은 지역을 경유하여서는 아니 된다. 다만, 급유 등의 이유로 단순 기항(착)하는 것은 예외로 한다.

제10조(수출국내 질병발생시 조치) ① 수출국 정부는 자국내에 고병원성 조류인플루엔자가 발생되는 즉시 가금육 등(열처리된 제품은 제외)을 대한민국으로 선적하는 것을 중지함과 동시에 그 사실을

FAX 등을 통하여 대한민국 정부에 통보하여야 하며, 수출을 재개하고자 하는 경우 대한민국 농림축산식품부와 협의하여야 한다.

② 수출국 정부는 자국에서 실시하는 가금 전염병 방역 프로그램과 그 실시결과를 매년 대한민국 정부에 통보하여야 한다.

제11조(수출작업장 현지점검) ① 대한민국 정부 수의관은 승인된 수출작업장 또는 제조시설의 현지점검 및 기록원부를 조사할 권한을 가지며, 이 수입위생조건과 일치하지 않은 사항을 발견 시 대한민국으로 가금육 등의 수출을 중지시킬 수 있다. 이때 수출국 정부는 대한민국 정부 수의관의 현지점검 등에 적극 협조하여야 한다.

② 수출국 정부는 수출작업장 또는 제조시설이 파산, 영업장 폐쇄 등의 사유로 수출 작업을 중단하여 해당 수출작업장 또는 제조시설의 등록을 취소할 경우 즉시 이를 대한민국 정부에 통보하여야 한다.

③ 대한민국 정부는 수출작업장 또는 제조시설로 승인한 날 또는 최종 수출일로부터 3년 이상 대한민국으로 가금육 등의 수출 실적이 없는 수출작업장 또는 제조시설에 대하여는 그 승인을 취소할 수 있다. 이 경우 대한민국 정부는 승인 취소 결정 전 수출국 정부에 이러한 사항을 통보하고 수출국 정부와 협의해야 한다.

④ 수출작업장에는 일일도축, 가공 및 보관에 대한 기록원본이 2년 이상 보관되어야 하며, 대한민국으로 수출된 가금육에 대한 원산농장 등 관련 자료를 구비하고 있어야 한다.

제12조(불합격 조치 등) 대한민국 정부는 가금육 등에 대한 수입검역·검사 중 이 수입위생조건에 부적합한 사항이 발견되는 경우에는 해당 가금육 등에 대하여 반송 또는 폐기처분을 명할 수 있으며, 가금육 등에 대한 검역중단 또는 해당 수출작업장에 대해 수출중단 조치를 취할 수 있다.

제13조(재검토기한) 농림축산식품부장관은 이 고시에 대하여 2020년 7월 1일을 기준으로 매 3년이 되는 시점(매 3년째의 6월 30일까지를 말한다)마다 그 타당성을 검토하여 개선 등의 조치를 하여야 한다.

부칙 〈제2020-35호, 2020. 4. 27.〉

제1조(시행일) 이 고시는 발령한 날부터 시행한다.

제2조(이 고시의 적용배제) 이 고시에도 불구하고 개별 수입위생조건 또는 수입조건이 정해진 경우에는 이 고시를 적용하지 아니한다.

멕시코산 돼지고기 및 돼지생산물 수입위생조건

[시행 2015. 11. 1.] [농림축산식품부고시 제2015-63호, 2015. 7. 22., 제정.]

농림축산식품부(검역정책과), 044-201-2076

제1조(목적) 이 고시는 가축전염병 예방법 제34조제2항의 규정에 따라 멕시코(이하 "수출국"이라 한다)에서 대한민국으로 수출하는 돼지고기 및 돼지생산물(이하 "돼지고기 등"이라 한다)에 대한 수출국의 검역 내용 및 위생 상황 등을 규정함을 목적으로 한다.

제2조(용어의 정의) 이 수입위생조건에서 사용하는 용어의 뜻은 다음과 같다.

1. "돼지고기"는 가축화된 사육돼지(domestic pigs)에서 유래한 식용을 목적으로 하는 신선, 냉장 또는 냉동 고기, 식육부산물 및 식육가공품을 말한다.
2. "식육부산물"은 내장, 머리 등 지육(枝肉), 정육(精肉) 이외의 부분을 말한다.
3. "식육가공품"이란 햄류, 소시지류, 베이컨류, 건조저장육류, 양념육류, 그 밖의 식육을 원료로 하여 가공한 것을 말한다.
4. "비식용 돼지생산물"은 식용을 목적으로 하지 않는 돼지 유래 생산물과 이를 원료로 하여 가공한 것을 말한다.
5. "수출국 정부"는 수출국의 동물·축산물 검역당국을 말한다.
6. "수출국 정부 수의관"은 "수출국 정부" 소속 수의사로서 검역관을 말한다.
7. "수출작업장"은 대한민국으로 수출되는 돼지고기 등을 생산, 가공, 포장 또는 보관하는 도축장, 식육포장처리장, 가공장 및 보관장을 말한다.

제3조(출생·사육조건) 돼지고기 등을 생산하기 위한 돼지는 수출국내에서 출생하여 사육되었거나, 대한민국 정부가 대한민국으로 돼지고기의 수출자격이 있는 것으로 인정한 국가에서 수출국으로 수입되어 도축 전 3개월 이상 사육된 것이어야 한다.

제4조(국가 질병 비발생 조건) ① 수출국은 수출 전 1년간 구제역, 수출 전 2년간 수포성구내염·돼지수포병·우역, 수출 전 3년간 아프리카돼지열병의 발생사실이 없어야 하며, 이들 질병에 대한 예방접종을 실시하지 않아야 한다. 다만, 수출국 정부가 효과적인 살처분정책을 수행하고 있다고 대한민국 농림축산식품부장관이 인정하는 질병에 대하여 그 기간을 세계동물보건기구(OIE) 기준에 따라 단축할 수 있다.

② 수출국은 수출 전 1년간 돼지열병(야생돼지의 발생은 제외한다)이 발생한 사실이 없거나 대한민국 정부가 청정 국가로 인정하여야 하며 이 질병에 대하여 예방접종을 실시하지 않아야 한다. 만일 수출국내에 돼지열병이 발생한 경우 돼지고기 등은 대한민국 정부가 인정한 돼지열병 청정 지역에서 유래하여야 한다.

제5조(농장 질병 비발생 조건) 돼지고기 등을 생산하기 위한 돼지가 출생·사육되어진 농장은 도축 전 3년간 브루셀라병, 도축 전 2년간 탄저, 도축 전 1년간 돼지오제스키병의 발생이 없는 곳이어야 하며, 또한 이들 질병과 관련하여 수출국 정부에 의한 방역상 제한조치를 받지 않고 있는 지역 내에 위치하여야 한다.

제6조(수출작업장 조건) ① 수출작업장 또는 제조시설은 수출국의 관련 규정에 의거하여 등록된 곳으로 수출국 정부에서 위생점검을 실시하여 적합한 작업장을 대한민국 정부에 통보하고 그 중 대한민국 정부가 현지점검 또는 기타 방법을 통하여 승인한 곳이어야 한다.

② 수출작업장은 수출국 정부의 위생 감독 하에 있어야 하며 수출국 정부가 실시하는 정기적인 위생점검 결과 이상이 없어야 한다.

③ 수출작업장은 제5조에 열거된 질병의 감염지역 내에 위치하여서는 아니 되며, 대한민국에 수출하기 위하여 작업을 실시하는 동안은 대한민국 정부가 우제류 동물 및 그 생산물의 수입을 허용하지 않는 국가 또는 지역을 경유한 동물 및 그 생산물을 취급하여서는 아니 된다.

제7조(돼지고기 등의 조건) ① 돼지고기 등은 수출작업장 내에서 수출국 정부 수의관이 실시하는 생체 및 해체검사 결과 건강한 돼지로부터 생산된 것으로 식용에 적합한 것이어야 한다.

② 식용을 목적으로 하는 돼지고기 등은 선모충증, 유구낭충증, 포충증에 대한 검사결과 이상이 없어야 한다.

③ 돼지고기 등을 생산하기 위하여 도축, 해체, 가공, 포장 및 보관 작업을 할 때에는 동일 장소에서 동등 이상의 위생 상태에 있지 아니한 동물 및 그 생산물을 취급하여서는 아니 되며 식육가공품의 원료육은 대한민국으로 수출이 가능한 것만 사용해야 한다.

④ 돼지고기 등은 공중위생상 위해를 일으키는 잔류물질(항균제·농약·호르몬제 등), 미생물, 방사선조사, 이온화처리 및 식품첨가물(보존료, 연육제 등) 등에 관한 대한민국 정부의 관련 규정에 적합해야 한다.

⑤ 돼지고기 등은 어떠한 가축의 전염성 질병의 병원체에도 오염되지 않는 방법으로 처리되어야 하며 돼지고기 등을 포장한 포장지는 위생적이고 인체에 무해한 것이어야 한다. 또한 내용물 또는 포장에는 작업장 번호가 표시되어야 하며 공중위생상 위해가 없는 방법으로 처리되었다는 합격표시를 받아야 한다. 이에 대한 합격표시는 사전에 대한민국 정부에 통보된 것이어야 한다.

제8조(수출검역증명서의 기재사항) 수출국 정부 수의관은 돼지고기 등의 선적 전 다음의 각 사항을 한글 또는 영문으로 상세히 기재한 수출검역증명서를 발급하여야 한다.

  가. 돼지고기
    1. 제3조, 제4조, 제5조, 제6조 및 제7조에서 명시된 사항

2. 품명, 포장형태, 포장수량 및 중량 (N/W) : 최종 식육포장 또는 가공작업장별로 기재
   3. 도축장, 식육포장처리장, 가공장, 보관장의 명칭, 주소 및 승인번호
   4. 도축기간(개시일자 및 종료일자), 식육포장처리기간 및/또는 가공기간(개시일자 및 종료일자)
   5. 컨테이너 번호 및 봉인번호
   6. 선박명 또는 항공기명, 선적일자 및 선적지명
   7. 수출자 및 수입자의 주소, 성명(업체명)
   8. 수출검역증명서 발급일자, 발급장소, 발급자의 소속, 직책, 성명 및 서명
 나. 비식용 돼지생산물
   1. 제4조 및 제7조제1항에 명시된 사항
   2. 품명, 포장형태, 포장수량 및 중량 (N/W) : 최종 제조시설별로 기재
   3. 제조시설의 명칭 및 주소 (승인번호가 있을 경우 승인번호 기재)
   4. 컨테이너 번호 및 봉인번호
   5. 선박명 또는 항공기명, 선적일자 및 선적지명
   6. 수출자 및 수입자의 주소, 성명(업체명)
   7. 수출검역증명서 발급일자, 발급장소, 발급자의 소속, 직책, 성명 및 서명

제9조(운송) 돼지고기 등은 수출국 정부 수의관의 감독 하에 봉인되어 대한민국에 도착 시까지 가축의 전염성 질병의 병원체에 오염되지 않고 변질, 부패 등 공중위생상 위해가 없도록 안전하게 수송하여야 하며, 수송 중에는 대한민국 정부가 우제류 동물 및 그 생산물의 수입을 허용하지 않는 지역을 경유하여서는 아니 된다. 다만, 급유 등의 이유로 단순 기항(착)하는 것은 예외로 한다.

제10조(수출국내 질병발생시 조치) 수출국 정부는 수출국내에서 제4조에서 정한 질병 또는 신종 악성가축전염성 질병이 발생하거나 그 의사환축이 발생한 경우 또는 동 질병에 대한 예방접종을 실시키로 한 경우에는 대한민국으로 돼지고기 등의 수출을 중지함과 동시에 그 사실을 FAX 등을 통하여 대한민국 정부에 즉시 통보하여야 하며, 수출을 재개하고자 하는 경우 대한민국 정부와 협의하여야 한다.

제11조(수출작업장 현지점검) ① 대한민국 정부 수의관은 승인된 수출작업장 또는 제조시설의 현지점검 및 기록원부를 조사할 권한을 가지며, 이 수입위생조건과 일치하지 않은 사항을 발견 시 대한민국으로의 돼지고기 등의 수출을 중지시킬 수 있다. 이때 수출국 정부는 대한민국 정부 수의관의 현지점검 등에 적극 협조하여야 한다.

② 수출국 정부는 수출작업장 또는 제조시설이 파산, 영업장 폐쇄 등의 사유로 수출 작업을 중단한 경우 해당 수출작업장 또는 제조시설의 승인을 취소하고 즉시 이를 대한민국 정부에 통보하여야 한다.

③ 대한민국 정부는 수출작업장 또는 제조시설로 승인된 날로부터 또는 최종 수출일로부터 3년 이상 대한민국으로 돼지고기 등의 수출이 없는 수출작업장 또는 제조시설에 대하여는 그 승인을 취소할 수 있다. 대한민국 정부는 승인 취소 결정 전 수출국 정부에 이러한 사항을 통보하고 수출국 정부와

협의해야 한다.

④ 수출작업장에는 일일 도축, 가공 및 보관에 대한 기록원본이 2년 이상 보관되어야 하며, 대한민국으로 수출된 돼지고기의 생산농장 등 관련 자료를 구비하고 있어야 한다.

제12조(국가잔류물질 검사 프로그램 등) 수출국 정부는 식육(食肉)내 유해잔류물질 검사 프로그램과 그 실시결과(검사기관과 시설, 인력, 연간검사계획, 검사방법, 검사결과 등을 명시할 것)를 영문으로 작성하여 매년 대한민국 정부에 제출하여야 한다.

제13조(돼지고기 등의 불합격 조치 등) 대한민국 정부는 돼지고기 등에 대한 검역 중 이 수입위생조건에 부적합한 사항이 발견되는 경우에는 해당 돼지고기 등에 대하여 반송 또는 폐기처분을 명할 수 있으며, 돼지고기 등에 대한 검역중단 또는 해당 수출작업장에 대해 수출중단 조치를 취할 수 있다.

부칙 〈제2015-63호, 2015. 7. 22.〉

제1조(시행일)이 고시는 '15. 11. 01일부터 시행한다.

제2조(경과조치)이 고시 시행 당시 수입검역 신청이 접수된 수입 돼지고기 등에 대하여는 종전의 규정인「멕시코산 돼지고기 수입위생조건」(농림축산식품부 고시 제2013-254호, 2013. 10. 07.)을 적용한다.

제3조(이 고시의 적용배제)이 고시에도 불구하고 우제류동물유래의 천연케이싱 등 개별 수입위생조건 또는 수입조건이 정해진 경우에는 이 고시를 적용하지 아니한다.

제4조(재검토기한)농림축산식품부 장관은 이 고시에 대하여 2016년 1월 1일을 기준으로 매3년이 되는 시점(매 3년째의 12월 31까지를 말한다)마다 그 타당성을 검토하여 개선 등의 조치를 하여야 한다.

멕시코산 쇠고기 수입위생조건

[시행 2016. 10. 6.] [농림축산식품부고시 제2016-97호, 2016. 10. 6., 일부개정.]

농림축산식품부(검역정책과), 044-201-2076

멕시코(이하 "수출국"이라 한다)에서 대한민국으로 수출하는 소의 신선, 냉장 또는 냉동고기 및 식용설육(이하 "수출쇠고기"라 한다)에 대한 수입위생조건은 다음과 같다.

1. 수출쇠고기를 생산하기 위한 소는 수출국내에서 출생 및 사육된 것이어야 한다.
2. 수출국은 수출쇠고기 수출전 2년동안 구제역, 우역 및 우폐역, 그리고 수출전 5년동안 소해면상뇌증의 발생사실이 없고, 이에 대한 예방접종을 실시하지 않아야 한다. 다만, 효과적인 살처분정책을 시행하고 있다고 대한민국 농림축산식품부장관이 인정하는 질병에 대하여는 세계동물보건기구(OIE) 규정에 의거 그 기간을 단축할 수 있다.
3. 수출쇠고기를 생산하기 위하여 도축된 소가 유래한 농장은 도축전 2년이상 탄저병의 발생이 없는 곳이어야 한다.
4. 수출국내에서 본 위생조건 제2항의 질병 및 신종 악성가축전염성 질병 또는 그 의사환축이 발생한 경우 또는 동 질병에 대한 예방접종을 실시하기로 한 경우에는 대한민국으로의 쇠고기 수출을 중지함과 동시에 그 사실을 모사전송 등을 통하여 대한민국정부에 즉시 통보하여야 하며, 수출을 재개하고자 하는 경우 대한민국정부와 사전에 협의하여야 한다.
5. 수출쇠고기를 생산하는 도축장, 가공장 및 보관장(이하 "수출작업장"이라 한다)은 다음의 조건에 부합되어야 한다.
   가. 수출작업장은 수출국의 관련규정에 의거하여 등록된 곳으로 정부기관이 위생점검을 실시하여 적합한 작업장을 대한민국정부에 통보하고 그중 대한민국정부가 현지점검 또는 기타 방법을 통하여 승인한 곳이어야 한다.
   나. 수출작업장은 수출국정부의 위생감독하에 있어야 하며, 수출국 정부가 실시하는 정기적인 위생검사결과 이상이 없어야 한다.
   다. 수출작업장은 상기 제3항에 열거된 질병의 감염지역내에 위치하여서는 아니되며, 대한민국에 수출쇠고기를 수출하기 위하여 작업을 실시하는 동안은 대한민국정부가 우제류동물 및 그 생산물의 수입을 허용하지 않은 국가로부터 수입되었거나 또는 이들 국가를 경유한 동물 및 그 생산물을 취급하여서는 아니된다.
   라. 수출작업장은 일일 도축, 가공 및 보관에 대한 기록원본을 2년이상 보관하여야 하며, 대한민국으로 수출된 쇠고기의 원산농장 등 관련자료를 구비하고 있어야 한다.
6. 수출쇠고기는 다음의 기준을 충족시켜야 한다.
   가. 수출쇠고기는 수출작업장내에서 수출국 정부수의관이 실시하는 생체 및 해체검사 결과 건강한

소로부터 생산된 식용에 적합한 것이어야 하고, 특히, 무구낭충증 및 포충증에 대한 검사결과 이상이 없어야 한다.

나. 수출쇠고기를 생산하기 위하여 도축, 해체, 가공, 포장 및 보관작업을 할 때에는 동일 장소에서 동등이상의 위생상태에 있지 아니한 동물 및 그 생산물을 취급하여서는 아니된다.

다. 수출쇠고기에는 공중위생상 위해를 일으키는 잔류물질(항생제, 합성항균제, 홀몬제, 농약, 중금속 및 방사능 등) 및 병원성 미생물이 허용기준(대한민국정부의 관련규정을 원칙으로 한다)을 초과하지 않아야 하며, 쇠고기의 구성 또는 특성에 유해한 효과를 미치는 이온화 또는 자외선 처리 및 연육소와 같은 성분이 투여되어서는 아니된다.

라. 수출쇠고기는 어떠한 전염성 질병의 병원체에도 오염되지 않는 방법으로 처리되어야 하며, 수출쇠고기를 포장한 포장지는 위생적이고 인체에 무해한 것이어야 한다. 또한 내용물 또는 포장에는 작업장 번호가 표시되어야 하며, 공중위생상 위해가 없는 방법으로 처리되었다는 합격표시를 하여야 한다. 이에 대한 합격표시는 사전에 대한민국정부에 통보된 것이어야 한다.

7. 수출국정부는 식육내 유해잔류물질 방지프로그램과 그 실시결과(검사기관과 시설, 인력, 연간검사계획, 검사방법, 검사결과 및 소에 사용되는 동물약품 등록목록 등을 명시할 것)을 영문으로 작성하여 매년 대한민국정부에 제출하여야 한다.

8. 수출쇠고기는 정부수의관의 감독하에 봉인되어 대한민국에 도착시까지 전염성질병의 병원체에 오염되지 않고 변질, 부패 등 공중위생상 위해가 없도록 안전하게 수송하여야 하며, 수송중에는 대한민국이 우제류 동물 및 그 생산물의 수입을 허용하지 않는 지역을 경유하여서는 아니된다. 다만, 급유등의 이유로 단순기항(착)하는 것은 예외로 한다.

9. 수출국정부 수의관은 수출쇠고기의 선적전 다음의 각 사항을 영문으로 상세히 기재한 수출검역증명서를 발행하여야 한다.
    (1) 상기 제1항~3항, 제5항 가호,나호, 다호, 및 제6항에 명시된 사항
    (2) 품명, 포장형태, 포장수량 및 중량(N/W, 최종가공작업장별로 기재)
    (3) 도축장, 가공장, 보관장의 명칭, 주소 및 승인번호
    (4) 지육 : 도축기간(개시일자 및 종료일자)
        정육 및 식용설육 : 도축기간 및 가공기간(개시일자 및 종료일자)
    (5) 콘테이너 번호 및 콘테이너 등에 부착된 봉인지의 번호
    (6) 선(기)명, 선적일자 및 선적지명
    (7) 수출자 및 수입자의 주소와 성명(회사명)
    (8) 검역증명서 발행일자, 발행장소 및 발행자의 소속, 직책, 성명 및 서명

10. 대한민국정부 수의관은 승인된 수출작업장의 현지점검 및 기록원부를 조사할 권한을 가지며, 수입위생조건과 일치하지 않은 사항을 발견시 대한민국으로의 쇠고기 수출을 중지시킬 수 있다. 이때 수출국정부는 대한민국정부 수의관의 현지점검 등에 적극 협조하여야 한다.

11. 대한민국정부 수의당국은 수출쇠고기에 대한 검역중 대한민국정부의 수입위생조건에 부적합한

사항이 발견되는 경우에는 당해 수출쇠고기를 반송 또는 폐기처분할 수 있다.

부칙 〈제2016-97호, 2016. 10. 6.〉

제1조(시행일)이 고시는 발령한 날부터 시행한다.

제2조(재검토기한)농림축산식품부장관은 이 고시에 대하여 2017년 1월 1일을 기준으로 매 3년이 되는 시점(매 3년째의 12월 31일까지를 말한다)마다 그 타당성을 검토하여 개선 등의 조치를 하여야 한다.

미국산 가금육 및 가금생산물 수입위생조건

[시행 2018. 3. 14.] [농림축산식품부고시 제2018-15호, 2018. 3. 14., 일부개정.]

농림축산식품부(검역정책과), 044-201-2076

제1조(목적) 이 고시는 「가축전염병 예방법」 제34조제2항의 규정에 따라 미국(이하 "수출국"이라 한다)에서 대한민국으로 수출하는 가금육 및 가금생산물(이하 "가금육 등"이라 한다)에 대한 수출국의 검역내용 및 가축전염병 비발생 상황 등을 규정함을 목적으로 한다.

제2조(정의) 이 고시에서 사용하는 용어의 뜻은 다음과 같다.
 1. "가금"이란 닭·오리·거위·칠면조·메추리 및 꿩 등을 말한다.
 2. "가금육"이란 가금에서 유래한 신선, 냉장 또는 냉동 고기, 열처리 가금육, 식육부산물 및 식육가공품 등을 말한다.
 3. "열처리 가금육"이란 중심부 온도를 기준으로 60℃에서 507초, 65℃에서 42초, 70℃에서 3.5초, 73.9℃에서 0.51초 이상 또는 이와 동등 이상의 효력이 있는 방법으로 처리된 가금육을 말한다.
 4. "식육부산물"이란 지육, 정육 이외에 식용을 목적으로 하는 가금의 내장, 머리, 발 등의 부분을 말한다.
 5. "식육가공품"이란 햄류, 소시지류, 건조저장육류, 양념육류, 그 밖의 식육을 원료로 하여 가공한 것을 말한다.
 6. "비식용 가금생산물"이란 식용을 목적으로 하지 않은 가금 유래 생산물과 이를 원료로 하여 가공한 것을 말한다.
 7. "수출국 정부"란 수출국의 동물·축산물 검역당국을 말한다.
 8. "수출국 정부 수의관"이란 수출국 정부 소속 수의사로서 검역관을 말한다.
 9. "수출작업장"이란 대한민국으로 수출되는 가금육 등을 생산, 가공, 포장 또는 보관하는 도축장, 식육포장처리장, 가공장 또는 보관장을 말한다.
 10. "고병원성 조류인플루엔자"란 인플루엔자 A 바이러스에 의한 감염병 중 세계동물보건기구(OIE) 육상동물 위생규약에서 고병원성으로 분류하는 가금전염병을 말한다.
 11. "저병원성 조류인플루엔자"란 고병원성 조류인플루엔자를 제외한 H5 또는 H7 아형 인플루엔자 A 바이러스에 의한 가금전염병을 말한다.

12. "뉴캣슬병"이란 뉴캣슬병 바이러스에 의한 감염병 중 세계동물보건기구 육상동물 위생규약에서 규정한 뉴캣슬병의 정의에 부합되는 가금전염병을 말한다.

13. "관리지역(Control area)"이란 고병원성 조류인플루엔자 발생에 따라 수출국 정부가 설정한 감염지역(Infected zone)과 완충지역(Buffer zone)을 말한다.

14. "예찰지역"이란 고병원성 조류인플루엔자 발생에 따라 수출국 정부가 설정한 예찰지역(Surveillance zone)을 말한다.

15. "청정 주(州)"란 고병원성 조류인플루엔자 확진 이후 수출국 정부가 설정한 고병원성 조류인플루엔자 관련 현행 관리지역 또는 예찰지역이 없고, 대한민국 농림축산식품부가 고병원성 조류인플루엔자 발생이 없는 것으로 인정한 주를 말한다.

제3조(출생·사육조건) 가금육 등을 생산하는데 사용된 가금은 수출국내에서 부화되어 사육된 것이어야 한다.

제4조(가축전염병 비발생 조건) ① 수출국은 가금육 등 수출 전 1년간 고병원성 조류인플루엔자의 발생이 없어야 한다. 다만, 수출국이 고병원성 조류인플루엔자에 대하여 효과적인 살처분 정책을 수행하고 있다고 대한민국 농림축산식품부가 인정하는 경우 그 기간을 세계동물보건기구 규정에 따라 단축할 수 있다.

② 제1항의 규정에도 불구하고 수출국에서 고병원성 조류인플루엔자가 발생하면 제1항을 적용하지 않고 제10조를 적용할 수 있다.

③ 가금육 등을 생산하는데 사용된 가금의 사육농장을 중심으로 반경 10km 이내의 지역은 가금 도축 전 3개월간 저병원성 조류인플루엔자 및 뉴캣슬병의 발생이 없어야 한다.

④ 가금육 등을 생산하는데 사용된 가금의 사육농장은 도축 전 12개월간 가금콜레라, 추백리, 가금티푸스, 닭전염성에프(F)낭병(오리육은 제외), 마렉병(오리육은 제외), 오리 바이러스성 간염(오리육에 한함) 및 오리 바이러스성 장염(오리육에 한함)의 발생이 없어야 한다.

제5조(수출작업장 조건) ① 수출작업장 또는 제조시설은 수출국의 관련 규정에 따라 등록된 곳으로 수출국 정부가 위생점검을 실시하여 적합한 작업장을 대한민국 정부에 통보하고 그 중 대한민국 정부가 현지점검 또는 그 밖의 방법을 통하여 승인한 곳이어야 한다.

② 수출작업장은 수출국 정부의 감독 하에 있어야 하며 수출국 정부가 실시하는 정기적인 위생 점검 결과 이상이 없어야 한다.

③ 수출작업장은 제4조에 열거된 가축전염병의 감염지역내에 위치하여서는 아니되며, 가금육을 생산하는 동안에는 대한민국 정부가 가금 또는 가금육의 수입을 허용하지 않은 국가에서 수입된 가금 또는 가금육을 취급하여서는 아니된다.

제6조(가금육 등의 조건) ① 가금육 등은 수출작업장 내에서 수출국 정부 수의관의 감독 하에 실시하는 생체 및 해체검사 결과 건강한 가금으로부터 생산된 것이어야 한다.

② 가금육 등은 가축전염병의 병원체에 오염되지 않도록 처리되어야 한다.

제7조(수출검역증명서의 기재사항) 수출국 정부 수의관은 가금육 등의 선적 전 다음의 각 사항을 한글

또는 영문으로 상세히 기재한 수출검역증명서를 발급하여야 한다.
1. 가금육(다만, 열처리 가금육은 제8조제2항을 적용)
   (1) 제3조, 제4조제1항, 제3항 및 제4항, 제5조제3항 및 제6조에 명시된 사항. 다만, 수출국내 고병원성 조류인플루엔자 발생시에는 제4조제1항 대신 제10조제3항을 기재하고, 가금육 등의 생산에 사용된 가금의 사육농장 소재 주 명칭
   (2) 품명(축종포함), 포장형태, 포장수량 및 중량 (N/W) : 최종 식육포장처리장 또는 가공장별로 기재
   (3) 도축장, 식육포장처리장, 가공장, 보관장의 명칭, 주소 및 승인번호
   (4) 도축기간, 식육포장처리기간 및/또는 가공기간 : 개시일자 및 종료일자
   (5) 컨테이너 번호 및 봉인번호
   (6) 선박명 또는 항공기명, 선적일자 및 선적지명
   (7) 수출자 및 수입자의 주소, 성명(업체명)
   (8) 수출검역증명서 발급일자, 발급장소, 발급자의 소속, 직책, 성명 및 서명
2. 비식용 가금생산물
   (1) 제3조 및 제4조에 명시된 사항. 다만, 열처리 가금육의 온도조건 이상으로 처리된 제품에 대하여는 기재하지 않을 수 있다.
   (2) 제6조제1항에 명시된 사항
   (3) 품명(축종포함), 포장형태, 포장수량 및 중량 (N/W) : 제조시설별로 기재
   (4) 제조시설의 명칭 및 주소 (승인번호가 있을 경우 승인번호 기재)
   (5) 컨테이너 번호 및 봉인번호
   (6) 선박명 또는 항공기명, 선적일자 및 선적지명
   (7) 수출자 및 수입자의 주소, 성명(업체명)
   (8) 수출검역증명서 발급일자, 발급장소, 발급자의 소속, 직책, 성명 및 서명

제8조(열처리 가금육) ① 제4조제1항의 규정에도 불구하고, 열처리 가금육은 수출국내 고병원성 조류인플루엔자가 발생하더라도 대한민국으로 수출할 수 있다.

② 수출국 정부 수의관은 열처리 가금육 선적 전 다음 각 호의 사항을 한글 또는 영문으로 상세히 기재한 수출검역증명서를 발급하여야 한다.
   (1) 제3조, 제4조제3항 및 제4항, 제5조제3항 및 제6조에 명시된 사항
   (2) 열처리 가금육을 생산하는데 사용된 가금의 사육농장을 중심으로 반경 10km 이내의 지역은 가금 도축 전 3개월간 고병원성 조류인플루엔자의 발생이 없어야 한다.
   (3) 열처리 가금육을 생산하는 수출작업장은 원료처리 등 가열처리전 시설, 가열처리·제품포장 등 가열처리 후 시설로 각각 구획되어야 하며, 오염을 방지하기 위해 각 시설별로 작업자가 구분·운영되어야 한다.
   (4) 열처리 가금육에 처리된 열처리 온도 및 시간

(5) 품명(축종포함), 포장형태, 포장수량 및 중량(N/W) : 최종 가공장별로 기재

(6) 도축장, 식육포장처리장, 가공장, 보관장의 명칭, 주소 및 승인번호

(7) 도축기간, 식육포장처리기간 및/또는 가공기간 : 개시일자 및 종료일자

(8) 컨테이너 번호 및 봉인번호

(9) 선박명 또는 항공기명, 선적일자 및 선적지명

(10) 수출자 및 수입자의 주소, 성명(업체명)

(11) 검역증명서 발급일자, 발급장소, 발급자의 소속, 직책, 성명 및 서명

제9조(운송) 가금육 등은 수출국 정부 수의관의 감독 하에 봉인되어 대한민국 도착 시까지 가축의 전염성 질병의 병원체에 오염되지 않고 변질, 부패 등 공중위생상 위해가 없도록 안전하게 수송되어야 한다. 대한민국으로의 운송 중에는 대한민국 정부가 가금 또는 가금육의 수입을 허용되지 않은 지역을 경유하여서는 아니 된다. 다만, 급유 등의 이유로 단순 기항(착)하는 것은 예외로 한다.

제10조(수출국 내 고병원성 조류인플루엔자 발생 시 조치) ① 수출국에서 고병원성 조류인플루엔자가 발생한 경우, 수출국 정부는 대한민국 정부에 발생 사실을 통보하는 서한을 즉시 송부하고, 본 고시의 요건을 충족하지 못하는 가금육 등에 대한 수출검역증명서 발급을 중지하여야 한다.

② 대한민국 농림축산식품부가 수출국 정부와의 협의를 토대로 다음 각호에 따라 고병원성 조류인플루엔자 발생을 발생주로 효과적으로 제한하지 못하였다고 확인한 경우를 제외하면, 청정주에서 생산된 가금육 등은 대한민국으로 수출할 수 있다.

1. 고병원성 조류인플루엔자 발생농장에 대해 고병원성 조류인플루엔자를 전파시킬 수 있는 가금 및 기타물품에 대한 이동제한 등과 같은 적절한 방역조치가 이행되었으며, 발생농장에 대해 살처분과 소독 등 박멸조치가 적절하게 이행되었거나, 예정되어 있다.
2. 고병원성 조류인플루엔자 발생농장과 역학적 관련성이 확인된 농장에 대하여 고병원성 조류인플루엔자 음성 판정을 받기 전까지, 이동제한 등과 같은 적절한 방역조치가 이행되었다.
3. 관리지역과 예찰지역 설정, 관리지역 출입에 대한 적절한 이동제한 조치, 예찰지역에서의 적절한 예찰과 같은 적절한 방역조치가 이행되었고, 수출 주(들)내에 고병원성 조류인플루엔자 발생이 없다는 점이 확인되었다.

③ 가금육 등은 다음을 충족하여야 한다.

1. 가금육 등의 생산에 사용된 가금은 고병원성 조류인플루엔자 청정 주에서만 사육·도축되어야 하며, 도축장으로 이동될 때 고병원성 조류인플루엔자 발생주를 통과하여서는 아니된다.
2. 가금육 등은 청정 주에서만 도축·가공되어야 한다.
3. 가금육 등을 생산하는 도축장은 수출국 정부에서 조정·관리하는 가금발전계획(National Poultry Improvement Plan, NPIP)에 참여하거나 이와 동등 이상의 방역 수준을 유지할 수 있는 정부 참여 방역관리가 이루어지는 곳이어야 하며, 이러한 도축장에서 가금육 생산에 사용된 가금군은 반드시 가금발전계획에 따라 실시한 고병원성 조류인플루엔자 검사 결과 음성이어야 한다.

④ 고병원성 조류인플루엔자 확진 이후 관리지역이 설정되었던 주에서 유래한 가금육 등은 살처분 정책(모든 발생 농장에 대한 소독/바이러스 사멸 조치 포함)을 적용한 이후 90일 동안 해당 주에서 고병원성 조류인플루엔자 발생이 없다는 점을 대한민국 농림축산식품부가 수출국 정부가 제공한 정보를 바탕으로 확인한 경우 대한민국으로 수출할 수 있다.

⑤ 예찰지역만 설정되었던 주에서 유래한 가금육 등은 수출국 정부가 고병원성 조류인플루엔자 추가 발생이 없음을 확인하고 강화된 예찰과 같은 방역조치가 완료되어 예찰지역을 해제하고 대한민국 농림축산식품부가 이러한 조치들의 이행을 확인한 이후 대한민국으로 수출할 수 있다.

⑥ 제2항의 규정에도 불구하고, 대한민국 농림축산식품부가 수출국 정부와의 협의를 토대로 발생 주 외에 다른 주(들)에서도 고병원성 조류인플루엔자 발생위험이 있다고 믿을 만한 사유가 있는 경우 농림축산식품부는 수출국 정부에 통보한 이후 수출국 정부가 예찰조사 결과를 통해 해당 주가 고병원성 조류인플루엔자 청정주임을 증명할 때까지 해당주산 가금육 등의 수입을 금지할 수 있다.

⑦ 제2항의 규정에도 불구하고, 수출국 내 여러 주로 고병원성 조류인플루엔자가 전파되어 대한민국 농림축산식품부가 수출국의 고병원성 조류인플루엔자 통제가 성공적이지 못하다고 의심할 만한 합리적인 사유가 있는 경우 제2항부터 제5항을 적용하지 않을 수 있다.

제11조(수출작업장 현지점검) ① 대한민국 정부 수의관은 승인된 수출작업장 또는 제조시설의 현지점검 및 기록원부를 조사할 권한을 가지며, 이 수입위생조건과 일치하지 않은 사항을 발견 시 대한민국으로 가금육 등의 수출을 중지시킬 수 있다. 이때 수출국 정부는 대한민국 정부 수의관의 현지점검 등에 적극 협조하여야 한다.

② 수출국 정부는 수출작업장 또는 제조시설이 파산, 영업장 폐쇄 등의 사유로 수출 작업을 중단한 경우 해당 수출작업장 또는 제조시설의 승인을 취소하고 즉시 이를 대한민국 정부에 통보하여야 한다.

③ 대한민국 정부는 수출작업장 또는 제조시설로 승인한 날 또는 최종 수출일로부터 3년 이상 대한민국으로 가금육 등의 수출 실적이 없는 수출작업장 또는 제조시설에 대하여는 그 승인을 취소할 수 있다. 대한민국 정부는 승인 취소 결정 전 수출국 정부에 이러한 사항을 통보하고 수출국 정부와 협의하여야 한다.

④ 수출작업장에는 일일도축, 가공 및 보관에 대한 기록원본이 2년 이상 보관되어야 하며, 대한민국으로 수출된 가금육에 대한 원산농장 등 관련 자료를 구비하고 있어야 한다.

제12조(불합격 조치 등) 대한민국 정부는 가금육 등에 대한 수입검역 중 이 수입위생조건에 부적합한 사항이 발견되는 경우에는 해당 가금육 등에 대하여 반송 또는 폐기처분을 명할 수 있으며, 가금육 등에 대한 검역중단 또는 해당 수출작업장에 대해 수출중단 조치를 취할 수 있다.

부칙 〈제2018-15호, 2018. 3. 14.〉

이 고시는 발령한 날로부터 시행한다.

미국산 쇠고기 및 쇠고기 제품 수입위생조건

[시행 2016. 10. 6.] [농림축산식품부고시 제2016-98호, 2016. 10. 6., 일부개정.]

농림축산식품부(검역정책과), 044-201-2076

이 수입위생조건은 미합중국(이하 "미국"이라 한다)에서 대한민국(이하 "한국"이라 한다)으로 수출되는 쇠고기 및 쇠고기 제품에 적용된다.

용어의 정의
1. 이 수입위생조건에서 사용하는 용어의 정의는 다음과 같다.
   (1) "쇠고기 및 쇠고기 제품"은 미국 연방 육류검사법에 기술된 대로 도축 당시 30개월령 미만 소의 모든 식용부위와 도축 당시 30개월령 미만 소의 모든 식용부위에서 생산된 제품을 포함한다. 다만, 특정위험물질(specified risk materials, SRM); 모든 기계적 회수육(mechanically recovered meat, MRM)/기계적 분리육(mechanically separated meat, MSM) 및 도축 당시 30개월령 이상된 소의 머리뼈와 척주에서 생산된 선진 회수육(advanced meat recovery product, AMR)은 '쇠고기 및 쇠고기 제품'에서 제외된다. 특정위험물질 또는 중추신경계 조직을 포함하지 않는 선진 회수육은 허용된다. 분쇄육, 가공제품, 그리고 쇠고기 추출물은 선진 회수육을 포함할 수 있지만 특정위험물질과 모든 기계적 회수육/기계적 분리육은 포함하지 않아야 한다.
   (2) "BSE"는 소해면상뇌증(Bovine Spongiform Encephalopathy)을 말한다.
   (3) "소"는 미국에서 출생·사육되거나, 한국정부가 한국으로 쇠고기 또는 쇠고기 제품의 수출 자격이 있는 것으로 인정한 국가에서 미국으로 합법적으로 수입되었거나, 또는 도축 전 최소 100일 이상 미국 내에서 사육된 가축화된 소과 동물(Bos taurus 및 Bos indicus)을 말한다.
   (4) "식품 안전 위해"는 식품을 사람이 소비하기에 안전하지 못하도록 하는 어떠한 생물학적, 화학적, 또는 물리적인 성질을 뜻한다.
   (5) "로트"는 한 육류 작업장에서 유래한 쇠고기 및 쇠고기 제품 물량으로서 하나의 수출증명서에 확인된 것을 말하며, 동일한 가공 유형 및 제품 표준(하위 유형)으로 구성되어 있다.
   (6) "육류작업장"은 미국 농업부의 검사 하에 운영되는 쇠고기 및 쇠고기 제품을 위한 도축장, 가공장 및 보관장을 포함한다.
   (7) "위반"은 식품 안전 위해에 속하지 않는 본 수입위생조건과의 불일치를 뜻한다.
   (8) "중대한 위반"은 선적된 제품내의 식품 안전 위해 또는 시스템 점검 중에 발견된 식품 안전 위해를 뜻한다.
   (9) "특정위험물질(SRM)"은 다음을 말한다.
      (가) 모든 월령의 소의 편도(tonsils) 및 회장원위부(distal ileum)
      (나) 도축 당시 30개월령 이상된 소의 뇌(brain)·눈(eyes)·척수(spinal cord)·머리뼈(skull)·등배

신경절(dorsal root ganglia) 및 척주(vertebral column (단, 꼬리뼈(the vertebrae of the tail), 경추·흉추·요추의 횡돌기와 극돌기(transverse processes and spinous processes of the cervical, thoracic and lumbar vertebrae), 천추의 정중천골능선과 날개(median crest and the wings of the sacrum)는 제외한다)를 말한다.

(10) "미국"은 50개 주와 워싱턴 D.C.(District of Columbia)를 말한다.

일반 요건

2. 쇠고기 또는 쇠고기 제품을 선적하기 전에
   (1) 미국은 과거 12개월간 구제역이, 과거 24개월간 우역, 우폐역, 럼프스킨병과 리프트계곡열이 발생하지 않았으며
   (2) 이들 질병에 대하여는 예방접종을 실시하지 않았어야 한다.
   상기에도 불구하고 한국정부가, 특정 질병에 대하여 긴급 예방접종 실시를 포함하여 효과적인 살처분 정책이 미국 내에서 이행된다고 인정하는 경우, 미국을 해당 질병 비발생 상태로 인정하는데 필요한 기간은 한국 정부가 위험분석을 실시한 후 세계동물보건기구(OIE) 위생규약에 따라 단축될 수 있다.
3. 상기 2조에 열거된 질병이 미국 내에서 발생하는 경우, 미국 정부는 2조의 조건을 충족시키지 못하는 모든 쇠고기 및 쇠고기 제품에 대하여 한국으로의 수출검역증 발급을 즉각 중단하여야 한다.
4. 미국 정부는, 미국의 규정에 따라 BSE를 효과적으로 발견하고, 그 유입 및 확산을 방지하기 위하여 조치를 지속적으로 유지한다. 이 조치들은 OIE의 BSE 위험통제국 지위에 대한 지침에 부합되거나 그 이상인 조치들이다. 미국 정부는 BSE와 관련된 어떠한 조치를 폐지 또는 개정할 경우, 미국의 세계무역기구(WTO)에 대한 약정에 따라 WTO에 통지하고 한국에도 이 내용을 알려줄 것이다.
5. 미국에 BSE가 추가로 발생하는 경우, 미국정부는 즉시 철저한 역학조사를 실시하여야 하고 조사 결과를 한국정부에 알려야 한다. 미국정부는 조사 내용에 대해 한국정부와 협의한다. 추가 발생 사례로 인해 OIE가 미국 BSE 지위 분류에 부정적인 변경을 인정할 경우 한국정부는 쇠고기와 쇠고기 제품의 수입을 중단할 것이다.

육류작업장에 대한 요건

6. 미국 농업부의 검사 하에 운영되는 미국의 모든 육류작업장은 한국으로 수출되는 쇠고기 또는 쇠고기 제품을 생산할 자격이 있다. 작업장은 한국정부에 사전 통보되어야 한다.
7. 미국정부는 한국으로 수출되는 쇠고기 또는 쇠고기 제품을 생산하는 육류작업장이 본 수입위생조건과 미국 규정을 준수하는지를 확인하기 위해 정기적인 모니터링과 점검 프로그램을 유지할 것이다. 중대한 위반이 발생한 경우, 미국 식품안전검사청(Food Safety and Inspection Service, FSIS) 직원은 위반 기록을 발행하고 위반 제품을 즉시 통제한다. 위반 제품을 야기한 공정이 진행중인 경우 FSIS는 적절한 개선 및 방지 조치가 취해졌다고 결정할 때까지 즉시 해당 공정을 중단시킬 것이다. 개선조치가 적절하다고 FSIS가 결정하는 경우에만 생산 재개가 허용될 것이다. 미국 정부는

육류작업장에 대한 중단조치가 내려진 경우 및 개선조치가 취해진 경우 이를 한국정부에 통보한다.
8. 한국정부는 한국으로 쇠고기 및 쇠고기 제품을 수출하는 육류작업장 중 대표성 있는 표본에 대해 현지 점검을 실시할 수 있다. 현지점검 결과, 본 수입위생조건에 대한 중대한 위반을 발견했을 경우, 한국정부는 그 결과를 미국정부에 통보하고, 미국정부는 적절한 조치를 취해야 하며 취한 조치를 한국정부에 알려야 한다.
9. 7조, 8조 또는 24조에 따른 중단조치를 해제하기 전에 미국정부는 중단조치된 육류작업장이 적절한 개선 및 방지 조치를 결정하고 시행했는지 여부를 확인하여야 한다. 미국정부는 육류작업장이 취한 개선조치와 육류작업장에 대한 중단조치 해제일자를 한국정부에 통보하여야 한다.

쇠고기 및 쇠고기 제품에 대한 요건
10. 쇠고기 및 쇠고기 제품은 미국 내에서 출생·사육된 소, 한국정부가 한국으로 쇠고기 또는 쇠고기 제품의 수출 자격이 있는 것으로 인정한 국가로부터 미국으로 합법적으로 수입된 소, 또는 도축 전 최소한 100일 이상 미국 내에서 사육된 소에서 생산된 것이어야 한다.
11. 수출용 쇠고기 또는 쇠고기 제품을 생산한 소는 OIE가 채택하고 있는 동물위생규약상 BSE가 의심되거나 확정된 개체, BSE 감염 소의 확정된 후대, 또는 BSE 감염 소의 확정된 동거축으로 정의된 소가 아니다.
12. 쇠고기 또는 쇠고기 제품을 생산하는 육류작업장은 위생적으로 특정위험물질을 제거하는 프로그램을 유지하여야 한다.
13. 특정위험물질을 제거하기 위한 목적으로 도축시 소의 연령은 나이를 확인할 수 있는 서류 또는 치아감별법에 의해 확인되었다.
14. 육류작업장은 도축용으로 소를 구입한 시설이 표시된 구매기록을 보관한다. 기록은 구매시점으로부터 2년이 경과한 후에 폐기시킬 수 있다.
15. 쇠고기 또는 쇠고기 제품은 미국정부가 쇠고기 및 쇠고기 제품을 한국으로 수출하는 자격을 승인한 육류작업장(도축장)에서 상주 미국 농업부수의사의 감독 하에 미국 농업부 검사관이 실시한 생체 및 해체검사에 합격한 소로부터 유래하였다.
16. 쇠고기 또는 쇠고기 제품은 도살 전 두개강 내에 가스나 압축공기를 주입하는 기구를 이용하여 기절시키는 과정이나 천자법(pithing process)을 사용하지 아니한 소에서 생산되었다.
17. 쇠고기 또는 쇠고기 제품은 FSIS의 규정에 따라 SRM 또는 30개월령 이상된 소의 머리뼈와 척주에서 생산된 기계적 회수육(MSM)에 의한 오염을 방지하는 방식으로 생산 및 취급되었다.
18. 쇠고기 및 쇠고기 제품내의 공중위생상 위해를 일으킬 수 있는 잔류물질(방사능·합성항균제·항생제·중금속·농약·홀몬제 등)과 병원성 미생물은 한국정부가 규정하고 있는 허용기준을 초과하지 아니하여야 한다. 쇠고기 및 쇠고기 제품은 한국 법규에 따라 이온화 방사선, 자외선 및 연육제로 처리될 수 있다.
19. 쇠고기 또는 쇠고기 제품은 위생적인 포장 재료를 사용하여 포장되어야 한다.

20. 쇠고기 및 쇠고기 제품의 가공·저장 및 수송은 가축전염병의 병원체에 의한 오염을 방지하는 방식으로 취급되어야 한다.
21. 쇠고기 및 쇠고기 제품을 수송하는 선박(항공기)의 냉동(냉장)실이나 컨테이너는 미국 정부의 봉인(seal) 또는 미국 정부가 인정한 봉인으로 봉인된 후 미국정부 수의관에 의해 증명 되어야 한다.

수출검역증
22. 쇠고기 및 쇠고기 제품은 한국정부의 수의당국에 제출할 다음 각 호의 사항을 기재한 미국정부 수의당국에서 발행한 수출위생증명서와 한국 수출용 쇠고기 및 쇠고기 제품 증명서를 동반하였을 때 수입 검역검사를 받을 수 있다.
    (1) 상기 2조, 10조, 15조~20조에 명시된 사항
    (2) 품명(축종 포함), 포장 수량 및 최종 가공작업장 별로 기재한 중량(순중량)
    (3) 도축장, 식육가공장, 보관장의 명칭, 주소 및 작업장번호
    (4) 도축기간 그리고/또는 가공기간(일/월/년 - 일/월/년)
    (5) 수출자 및 수입자의 성명, 주소
    (6) 검역증명서의 발급일자 및 발급자의 성명·서명
    (7) 컨테이너번호 및 봉인번호

수입 검역검사 및 규제 조치
23. 검역 검사 과정 중 한 로트에서 식품 안전 위해를 발견하였을 경우, 한국정부는 해당 로트를 불합격 조치할 수 있다. 한국정부는 미국정부에 이에 관하여 통보하고 협의하여야 하며 적절한 경우 개선조치를 요청할 수 있다. 특정위험물질이 발견될 경우, 미국 식품안전검사청은 해당 문제의 원인을 밝히기 위한 조사를 실시할 것이다. 해당 육류작업장에서 생산된 제품은 여전히 수입검역검사를 받을 수 있다. 다만, 한국정부는 해당 육류작업장에서 이후 수입되는 쇠고기 및 쇠고기 제품에 대한 검사 비율을 높일 것이다. 동일 제품의 동등 이상 물량 5개 로트에 대한 검사에서 식품안전 위해가 발견되지 않았을 경우, 한국정부는 정상 검사절차 및 비율을 적용해야 한다.
24. 동일한 육류작업장에서 생산된 별개의 로트에서 최소 2회의 식품안전위해가 발견된 경우, 해당 육류작업장은 개선조치가 취해질 때까지 중단조치될 수 있다. 해당 육류작업장에서 생산되고 중단일 이전에 인증된 쇠고기 및 쇠고기 제품은 여전히 수입검역검사를 받을 수 있다. 작업장은 미국정부가 개선조치가 완료되었음을 한국정부에게 입증할 때까지 중단조치된 상태로 남는다. 미국정부는 육류작업장의 개선조치와 중단조치가 해제된 일자를 통보해야 한다. 한국정부는 미국에 대한 차기 시스템 점검 시 해당 작업장에 대한 현지점검을 포함시킬 수 있다.

협의
25. 한국정부나 미국정부는 본 위생조건의 해석이나 적용에 관한 어떠한 문제에 관하여 상대방과

협의를 요청할 수 있다. 달리 합의하지 않으면, 협의는 요청을 받은 국가의 영토 내에서 요청일로부터 7일 이내에 개최되어야 한다.

부칙 〈제2016-98호, 2016. 10. 6.〉

제1조(시행일)이 고시는 발령한 날부터 시행한다.

제2조(재검토기한)농림축산식품부장관은 이 고시에 대하여 2017년 1월 1일을 기준으로 매 3년이 되는 시점(매 3년째의 12월 31일까지를 말한다)마다 그 타당성을 검토하여 개선 등의 조치를 하여야 한다.

미국산 식품용란 수입위생조건

[시행 2018. 3. 14.] [농림축산식품부고시 제2018-16호, 2018. 3. 14., 제정.]

농림축산식품부(검역정책과), 044-201-2076

제1조(목적) 이 고시는 「가축전염병 예방법」 제34조제2항의 규정에 따라 미국(이하 "수출국"이라 한다)에서 대한민국으로 수출하는 식품용란에 대한 수출국의 검역내용 및 가축전염병 비발생 상황 등을 규정함을 목적으로 한다.

제2조(정의) 이 고시에서 사용하는 용어의 뜻은 다음과 같다.

1. "식품용란"이란 「축산물 위생관리법」에 따른 '식용란'과 '알가공품'을 말한다. 다만, 알가공품 중 중심부 온도를 기준으로 64℃에서 2분 30초 이상 처리된 전란액, 55.6℃에서 870초 또는 56.7℃에서 232초 이상 처리된 난백액, 62.2℃에서 138초 이상 처리된 난황액, 60℃에서 188초 이상 처리된 전란분, 67℃에서 20시간 또는 54.4℃에서 513시간 이상 처리된 난백분, 63.5℃에서 3분 30초 이상 처리된 난황분 및 이와 동등 이상의 효력이 있는 방법으로 처리한 알가공품은 이 고시를 적용받지 아니한다.

2. "수출국 정부"란 수출국의 식품용란 담당기관을 말한다.

3. "수출국 정부 담당관"이란 식품용란을 담당하는 공무원으로서 수출국 정부를 위해 일하는 자를 말한다.

4. "고병원성 조류인플루엔자"란 인플루엔자 A 바이러스에 의한 감염병 중 세계동물보건기구 육상동물 위생규약에서 고병원성으로 분류하는 가금전염병을 말한다.

5. "뉴캣슬병"이란 뉴캣슬병 바이러스에 의한 감염병 중 세계동물보건기구 육상동물 위생규약에서 규정한 뉴캣슬병의 정의에 부합되는 가금전염병을 말한다.

6. "관리지역(Control area)"이란 고병원성 조류인플루엔자 발생에 따라 수출국 정부가 설정한 감염지역(Infected zone)과 완충지역(Buffer zone)을 말한다.

7. "예찰지역"이란 고병원성 조류인플루엔자 발생에 따라 수출국 정부가 설정한 예찰지역(Surveillance zone)을 말한다.

8. "청정 주(州)"란 고병원성 조류인플루엔자 확진 이후 수출국 정부가 설정한 고병원성 조류인플루엔자 관련 현행 관리지역 또는 예찰지역이 없고, 대한민국 농림축산식품부가 고병원성 조류인플루엔자 발생이 없는 것으로 인정한 주를 말한다.

제3조(생산조건) 대한민국으로 수출하는 식용란은 수출국내에서 생산된 것이어야 한다. 다만, 알가공품은 수출국에서 생산된 식품용란을 이용하거나, 수출국 정부의 관련 규정에 따라 수출국에 합법적으로 수입된 식품용란을 이용하여 생산된 것이어야 하며, 수출국에 합법적으로 수입된 식품용란을 이용하여 생산된 알가공품의 경우 제5조와 제6조제3항은 적용하지 않는다.

제4조(가축전염병 비발생 조건) ① 수출국은 식품용란 수출 전 1년간 고병원성 조류인플루엔자의

발생이 없어야 한다. 다만, 수출국 정부가 고병원성 조류인플루엔자에 대한 살처분 정책을 효과적으로 시행하고 있다고 대한민국 농림축산식품부가 인정하는 경우에는 세계동물보건기구 규정에 따라 그 기간을 단축할 수 있다.

② 제1항의 규정에도 불구하고, 수출국에서 고병원성 조류인플루엔자가 발생하면 제1항을 적용하지 않고 제6조를 적용할 수 있다.

③ 식품용란의 생산농장과 보관장소를 중심으로 반경 10km이내의 지역은 식품용란 수출 전 최소 2개월간 뉴캣슬병의 발생이 없어야 한다.

제5조(생산농장의 조건) ① 식품용란의 생산농장은 수출 전 60일 이내에 수출국 정부가 실시한 임상적 또는 혈청학적 검사 결과 뉴캣슬병의 징후가 없어야 한다. 다만, 수출국내에 뉴캣슬병이 발생되지 않음을 대한민국 농림축산식품부가 인정하는 경우에는 그 검사를 면제할 수 있다.

② 식품용란의 생산농장은 수출국 정부가 조정·관리하는 가금발전계획(National Poultry Improvement Plan, NPIP)에 참여하거나 이와 동등 이상의 방역 수준을 유지할 수 있는 정부 참여 방역관리가 이루어지는 곳곳이어야 한다.

제6조(수출국 내 고병원성 조류인플루엔자 발생 시 조치) ① 수출국에서 고병원성 조류인플루엔자가 발생한 경우, 수출국 정부는 대한한국 정부에 발생 사실을 통보하는 서한을 즉시 송부하고, 본 고시의 요건을 충족하지 못하는 식품용란에 대한 수출검역증명서 발급을 중지하여야 한다.

② 대한민국 농림축산식품부가 수출국 정부와의 협의를 토대로 다음 각 호에 따라 고병원성 조류인플루엔자 발생을 발생주로 효과적으로 제한하지 못하였다고 확인한 경우를 제외하면, 청정주에서 생산된 식품용란은 대한민국으로 수출할 수 있다.

1. 고병원성 조류인플루엔자 발생농장에 대해 고병원성 조류인플루엔자를 전파시킬 수 있는 가금 및 기타물품에 대한 이동제한 등과 같은 적절한 방역조치가 이행되었으며, 발생농장에 대해 살처분과 소독 등 박멸조치가 적절하게 이행되었거나, 예정되어 있다.
2. 고병원성 조류인플루엔자 발생농장과 역학적 관련성이 확인된 농장에 대하여 고병원성 조류인플루엔자 음성 판정을 받기 전까지, 이동제한 등과 같은 적절한 방역조치가 이행되었다.
3. 관리지역과 예찰지역 설정, 관리지역 출입에 대한 적절한 이동제한 조치, 예찰지역에서의 적절한 예찰과 같은 적절한 방역조치가 이행되었고, 수출 주(들)내에 고병원성 조류인플루엔자 발생이 없다는 점이 확인되었다.

③ 식품용란은 다음을 충족하여야 한다.
1. 식품용란을 생산하는 가금은 고병원성 조류인플루엔자 청정주에서만 사육되어야 한다.
2. 식품용란을 생산하는 가금군은 가금발전계획(National Poultry Improvement Plan, NPIP)에 따라 실시한 고병원성 조류인플루엔자 검사 결과 음성이어야 한다.

④ 고병원성 조류인플루엔자 확진 이후 관리지역이 설정되었던 주에서 유래한 식품용란은 살처분 정책(모든 발생 농장에 대한 소독/바이러스 사멸 조치 포함)을 적용한 이후 90일 동안 해당 주에서 고병원성 조류인플루엔자 발생이 없다는 점을 대한민국 농림축산식품부가 수출국 정부가 제공한

정보를 바탕으로 확인한 경우 대한민국으로 수출할 수 있다.

⑤ 예찰지역만 설정되었던 주에서 유래한 식품용란은 수출국 정부가 고병원성 조류인플루엔자 추가 발생이 없음을 확인하고 강화된 예찰과 같은 방역조치가 완료되어 예찰지역을 해제하고 대한민국 농림축산식품부가 이러한 조치들의 이행을 확인한 이후 대한민국으로 수출할 수 있다.

⑥ 제2항의 규정에도 불구하고, 대한민국 농림축산식품부가 수출국 정부와의 협의를 토대로 발생 주 외에 다른 주(들)에서도 고병원성 조류인플루엔자 발생위험이 있다고 믿을 만한 사유가 있는 경우 농림축산식품부는 수출국 정부에 통보한 이후 수출국 정부가 예찰조사 결과를 통해 해당 주가 고병원성 조류인플루엔자 청정주임을 증명할 때까지 해당주산 식품용란의 수입을 금지할 수 있다.

⑦ 제2항의 규정에도 불구하고, 수출국 내 여러 주로 고병원성 조류인플루엔자가 전파되어 대한민국 농림축산식품부가 수출국의 고병원성 조류인플루엔자 통제가 성공적이지 못하다고 의심할 만한 합리적인 사유가 있는 경우 제2항 부터 제5항을 적용하지 않을 수 있다.

제7조(수출검역증명서의 기재사항) 수출국 정부 담당관은 식품용란의 선적 전 다음의 각 사항을 한글 또는 영문으로 상세히 기재한 수출검역증명서를 발급하여야 한다.

1. 제3조, 제4조제1항 및 제3항, 제5조에 명시된 사항. 다만, 수출국내 고병원성 조류인플루엔자 발생 시에는 제4조제1항 대신 제6조제3항을 기재하여야 한다.
2. 식품용란의 품종 및 수량
3. 식품용란의 경우, 식품용란 생산농장 명칭과 주소, 식품용란 이외의 알가공품의 경우, 알가공품 생산 작업장의 명칭, 주소와 FSIS 등록번호
4. 선박명 또는 항공기편, 선적일자 및 선적지명
5. 수출자 및 수입자의 주소와 성명(업체명)
6. 수출검역증명서 발급일자, 발급장소, 발급자의 소속, 직책, 성명 및 서명

제8조(운송) ① 식품용란의 포장용기는 이전에 사용한 적이 없는 깨끗한 것이어야 한다.

② 식품용란은 수출국내 및 대한민국으로의 수송 중에 식품용란 이외의 란, 가금 및 가금 생산물과 접촉이 이루어지지 않도록 하여야 하며, 가금전염병 병원체의 오염을 방지할 수 있는 방법으로 수송되어야 한다.

제9조(불합격 조치 등) 대한민국 정부는 수출 식품용란에 대한 수입검역 중 이 고시에 부적합한 사항 및 법정 가축 전염병이 확인되는 경우 당해 식품용란의 전 Lot를 반송 또는 폐기할 수 있으며, 해당 농장산 식품용란은 일정기간 대한민국으로 수출을 금지할 수 있다.

제10조(재검토기한) 농림축산식품부장관은 이 고시에 대하여 2018년 7월 1일을 기준으로 매 3년이 되는 시점(매 3년째의 6월 30일까지를 말한다)마다 그 타당성을 검토하여 개선 등의 조치를 하여야 한다.

부칙 〈제2018-16호, 2018. 3. 14.〉

제1조(시행일)이 고시는 발령한 날로부터 시행한다.

제2조(경과조치)현행 「식품용란 수입위생조건」에 따라 동물검역기관의 장이 수출국 정부와 협의한 서식은 이 고시에 따른 수출검역증명서 서식 협의전까지 이 고시를 따른 것으로 본다.

미국산 우제류 동물 및 그 생산물 수입위생조건

[시행 2018. 3. 14.] [농림축산식품부고시 제2018-18호, 2018. 3. 14., 일부개정.]

농림축산식품부(검역정책과), 044-201-2076

Ⅰ. 우제류 동물 위생조건

대한민국(이하 "한국"이라 한다)으로 수출되는 소·돼지·산양·면양(이하 "수출동물"이라 한다)은 출생 이래 또는 과거 최소 6개월 이상 미국(이하 "수출국"이라 한다)에서 사육된 것으로서 수입위생조건은 다음과 같다.

1. 수출국에서는 수출 전 12개월간 구제역, 수출 전 24개월간 돼지수포병·우역·우폐역, 수출 전 3년간 가성우역(Peste des petits ruminants)·럼프스킨병·양두·아프리카돼지열병, 수출 전 4년간 리프트계곡열 그리고 과거 5년간 소해면상뇌증의 발생사실이 없어야 하며, 이들 질병에 대한 예방접종을 실시하지 않아야 한다(동 수입위생조건상의 질병 비발생조건 및 예방접종사항과 관련해서는 축종별 감수성에 따른다). 다만, 효과적인 살처분정책을 수행하고 있다고 한국 농림축산식품부장관이 인정하는 질병에 대하여는 그 기간을 세계동물보건기구(OIE) 기준에 의거 단축할 수 있다. 아울러, 수출국은 수출 전 12개월간 돼지열병(야생돼지의 발생은 제외한다)이 발생한 사실이 없거나 한국 정부가 청정국가로 인정하여야 하며 이 질병에 대하여 예방접종을 실시하지 않아야 한다. 만일 수출국내에 돼지열병이 발생한 경우에는 수출 동물 및 그 생산물은 한국 정부가 인정한 돼지열병 청정 지역에서 유래하여야 한다.
2. 수출국에서는 과거 2년간 돼지테센병, 타일레리아병(Theileria parva, T. annulata) 및 바베시아병(Babesia bigemina, B. bovis)의 발생이 없어야 하며, 과거 1년간 브루셀라병(Brucella melitensis)의 발생이 없어야 한다.
   만일 수출국내에 이들 질병이 발생한 경우에는, 수출동물은 과거 2년간 동 질병이 임상적 또는 혈청학적 또는 병리학적으로 발생한 사실이 없는 생산농장에서 유래하고 제7항에 의한 검사결과 음성이라는 조건에 의한다.
3. 수출동물은 수출 전 과거 2년간 수포성구내염이 발생한 사실이 없는 주(State)에서 사육된 동물이어야 하며, 동 질병에 대한 예방접종을 맞지 않은 것이어야 한다.
4. 수출동물의 생산농장은 수출개시 전 아래에 해당하는 기간과 질병에 대하여 임상적 또는 혈청학적 또는 병리학적으로 발생된 사실이 없어야 한다.
   가. 5년간 비발생질병 : 요네병, 스크래피
   나. 3년간 비발생질병 : 돼지브루셀라병
   다. 2년간 비발생질병 : 소결핵병
   라. 1년간 비발생질병 : 광견병, 돼지오제스키병, 양브루셀라병, 돼지전염병위장염(TGE), 트리코모나스병,

산양 관절염/뇌염

마. 6개월간비발생질병 : 탄저, 출혈성패혈증, 소브루셀라병, 렙토스피라병, 소의 생식기 캠필로박터병, 소전염성비기관염/전염성농포성외음부질염, 돼지위축성비염, 돼지유행성설사(PED), 돼지델타코로나바이러스(PDCoV)

5. 수출동물은 출생이래 블루텅병 및 돼지오제스키병에 대하여 예방접종을 하지 않은 것이어야 하며, 소전염성비기관염/전염성농포성외음부질염은 선적 전 10~60일 사이에 30일 간격으로 2회 예방접종을 실시하여야 한다. 또한 브루셀라병 큰소 예방접종을 받은 소는 수출을 금지하여야 한다.

6. 수출동물은 선적 전에 수출국 정부기관이 가축방역상 안전하다고 인정한 시설에서 최소한 30일 이상 격리되어 정부수의관에 의해 수출검역을 받아야 하며, 수출검역 개시 후에는 당해 수출동물 이외의 다른 동물과 접촉되지 않아야 한다.

7. 수출동물은 제6항의 격리검역기간 중에 실시한 개체별 임상검사결과 건강한 동물이어야 하며, '별표1의 검사방법 및 기준' 그리고 수출국내 제2항의 질병이 발생한 경우에는 당해질병에 대하여 '별표2의 검사방법 및 기준'에 의한 검사결과 이상이 없어야 한다. 다만, 결핵병, 블루텅병, Maedi-Visna 및 소류코시스에 대하여는 다음에 규정하는 시기에 실시한 별표1의 검사방법 및 기준에 의한 검사결과 이상이 없어야 한다.

가. 결핵병 : 선적 전 60~90일 사이에 검사 실시. 다만, 돼지의 경우에는 선적 전 30일 이내에 검사 실시

나. 블루텅병 : 비발생주에서 격리검역개시 전 40일 이상 사육된 동물의 경우에는 격리검역기간 중 1회의 검사 실시. 그 이외의 주에서 생산된 동물인 경우에는 2회의 검사 실시(최초검사는 격리검역개시 전 30일 이내에 실시하고 2차 검사는 최초 검사일부터 40일 이상의 간격이 되도록 격리검역기간 중에 실시)

다. Maedi-Visna : 수출 전 2회의 검사 실시(1회와 2회 검사는 21일~30일 간격으로 실시하며, 최종검사는 격리검역 기간 중에 실시하여야 한다)

라. 소류코시스 : 수출 전 4개월 간격으로 2회 검사 실시(최종검사는 격리검역기간 중에 실시하여야 한다)하거나 수출국에서 검사간격 단축에 대한 과학적 근거를 제공시 검사간격을 단축하되 3회 검사 실시(최종검사는 격리 검역기간 중에 실시하여야 한다)

8. 수출동물은 수출검역시설에서 선적 전 7일 이내에 외부기생충 및 흡혈 곤충 등의 구제에 필요한 약제로 처치를 받아야 한다. 다만, 흡혈곤충 등의 활동시기가 아닌 경우에는 곤충구제를 위한 약제처치를 면제할 수 있으며, 이러한 경우에는 동 사항을 제13항에 의한 검역증명서에 기재하여야 한다.

9. 수출동물의 검역시설과 수출동물 운송에 사용되는 수송상자, 차량, 선박·항공기의 적재공간 등은 사용 전에 수출국정부가 인정한 소독약으로 소독하여야 하며 방역상 안전한 격리시설에 의해 수송되어야 한다.

10. 수출동물은 한국에 도착 시까지 한국이 지정하고 있는 수입금지지역을 경유하여서는 아니 된다.

다만, 급유 등의 이유로 기항(착)하는 것은 예외로 하되 가축전염병 병원체의 오염우려가 없어야 한다.
11. 수출검역기간과 수송 중에 사용하는 건초, 깔짚 및 사료 등은 수출국내에서 생산되고 가축전염병의 병원체에 오염되지 아니한 위생적인 것이어야 하며, 수송 도중에 추가로 구입하여서는 아니 된다.
12. 수출국정부는 자국 내에 제1항 질병의 발생이 확인되는 경우에는 즉시 한국으로의 수출을 중지하는 동시에 한국정부에 관련사항을 통보하여야 하며, 수출재개 시에는 위생조건 등에 관하여 한국정부와 협의하여야 한다.
13. 수출국정부 수의당국은 다음의 각 사항을 상세히 기재한 수출검역증명서를 발행하여야 한다.
    가. 상기 제1항 내지 제9항 및 제11항에서 명시한 사항(제8항의 경우 처치약제명, 처치방법, 처치횟수를 명기)
    나. 수출동물의 축종, 품종, 개체번호, 성별, 나이
    다. 제7항에 의한 질병별 검사와 관련한 검사기관명, 검사일자, 검사방법 및 결과
    라. 백신 접종시는 예방약의 종류 및 접종년월일
    마. 수출동물 생산농장의 명칭 및 소재지
    바. 제6항에 의한 수출검역시설의 명칭, 주소 및 검역기간
    사. 선적일, 선적항명, 선(기)명
    아. 수출자 및 수입자의 주소, 성명
    자. 검역증명서 발행일자, 발행자 소속, 성명 및 서명
14. 한국정부 수의당국은 수출동물에 대한 검역 중 한국정부의 수입위생 조건에 부적합한 사항이 발견되는 경우에는 반송 또는 폐기처분할 수 있다.

Ⅱ. 우제류동물의 생산물 위생조건
한국으로 수출되는 수출국산 소, 돼지, 산양, 면양의 생산물(이하 "수출축산물"이라 한다)에 대한 수입위생조건은 다음과 같다.

1. 수출축산물은 "Ⅰ. 우제류동물 위생조건 중 제1항"의 조건을 충족시키고, 수출국내에서 출생·사육되거나 수출 전 최소한 3개월 이상 수출국내에서 사육되어진 소, 돼지, 산양, 면양에서 생산된 것이어야 한다. 아울러, 수출돼지고기를 생산하기 위하여 도축된 돼지가 출생·사육된 농장은 도축 전 1년 이상 돼지오제스키병의 발생이 없는 곳이어야 하며, 또한 이와 같은 질병과 관련하여 수출국정부 수의당국에 의한 방역상 제한조치를 받지 않고 있는 지역 내에 위치하여야 한다.
2. 한국에 수출하기 위한 육류(이하 "수출육류"라 한다)는 다음의 조건에 부합되는 것이어야 한다.
    가. 수출육류를 생산하는 육류작업장(도축장, 가공장 및 보관장)은 수출국 정부기관이 지정한 시설로서 한국정부에 사전 통보하고 그 중 한국정부가 현지점검 또는 기타의 방법으로 승인한 작업장이어야 한다.

나. 수출육류를 생산하기 위하여 도축한 동물은 수출국 정부수의관이 실시한 생체검사 및 해체검사 결과 이상이 없고 식용에 적합한 것이어야 한다.

다. 수출육류의 포장은 청결하고 위생적인 용기를 사용하여야 한다.

라. 수출육류에는 공중위생상 위해를 일으키는 잔류물질(방사능, 합성항균제, 항생제, 중금속, 농약, 호르몬제 등)과 병원성 미생물이 한국정부의 허용기준을 초과하지 않아야 하며, 이온화 방사선 또는 자외선 처리 및 연육소 같은 육류의 구성 혹은 특성에 역효과를 미치는 성분이 투여되어서는 아니 된다.

3. 수출축산물은 수출국정부에서 승인한 도축장에서 도축되고 수출국정부 수의관 실시한 생체검사 및 해체검사결과 이상이 없는 동물에서 생산된 것이어야 한다.

4. 수출축산물의 생산처리 및 저장·수송은 한국에 도착될 때까지 가축전염병의 병원체에 오염되지 않는 방법으로 안전하게 이루어져야 한다.

5. 수출축산물을 수송하는 선박의 냉동(냉장)실이나 컨테이너는 수출국 정부당국의 봉인(Seal)을 이용하여 선적 시에 봉인을 하여야 한다.

6. 수출국정부는 자국 내에 "Ⅰ. 우제류동물 위생조건 중 제1항" 질병의 발생이 확인되는 경우에는 즉시 한국으로의 수출을 중지하는 동시에 한국정부에 관련사항을 통보하여야 하며, 수출재개를 원하는 경우 그 위생조건 등에 관하여 한국정부와 협의하여야 한다.

7. 수출국정부 수의당국은 다음의 각 사항을 상세히 기재한 수출검역신청서를 발행하여야 한다.

   가. 수출육류
   1) 상기 제1항, 제2항 및 제4항에서 명시한 사항
   2) 품명(축종포함), 포장수량, 중량(N/W;최종가공작업장별로 기재)
   3) 도축장, 식육가공장, 보관장의 명칭, 주소 및 승인번호
   4) 도축기간 및 가공기간
   5) 컨테이너 번호 및 봉인 번호
   6) 선(기)명, 선적일자, 선적항명
   7) 수출자 및 수입자의 주소, 성명
   8) 검역증명서 발행일자, 발행자 소속, 성명 및 서명

   나. 수출육류 이외의 수출축산물
   1) 상기 제1항, 제3항 및 제4항에서 명시한 사항
   2) 품명(축종포함), 포장수량, 중량
   3) 컨테이너번호 및 봉인번호
   4) 선(기)명, 선적일자, 선적항명
   5) 수출자 및 수입자의 주소, 성명
   6) 검역증명서 발행일자, 발행자 소속, 성명 및 서명

8. 한국정부 수의당국은 한국 수출용 육류작업장에 대한 현지 위생점검을 실시할 수 있으며, 위생점검

결과 부적합할시 해당 작업장에서 생산된 육류의 한국수출을 금지할 수 있다.
9. 한국정부 수의당국은 수출축산물에 대한 검역 중 한국정부의 수입위생조건에 부적합한 사항이 발견되는 경우에는 당해 수출축산물을 반송 또는 폐기처분할 수 있으며, 특히 수출육류의 경우에는 해당수출육류의 생산작업장에 대하여 한국으로의 수출을 중지시킬 수 있다.

부칙 〈제2018-18호, 2018. 3. 14.〉

①(시행일) 이 고시는 발령한 날부터 시행한다.
②(재검토기한) 농림축산식품부장관은 이 고시에 대하여 2018년 7월 1일 기준으로 매 3년이 되는 시점(매 3년째의 6월 30일까지를 말한다)마다 그 타당성을 검토하여 개선 등의 조치를 하여야 한다.

벨기에산 돼지고기 및 돼지생산물 수입위생조건

[시행 2015. 11. 1.] [농림축산식품부고시 제2015-64호, 2015. 7. 22., 제정.]

농림축산식품부(검역정책과), 044-201-2076

제1조(목적) 이 고시는 가축전염병 예방법 제34조제2항의 규정에 따라 벨기에(이하 "수출국"이라 한다)에서 대한민국으로 수출하는 돼지고기 및 돼지생산물(이하 "돼지고기 등"이라 한다)에 대한 수출국의 검역 내용 및 위생 상황 등을 규정함을 목적으로 한다.

제2조(용어의 정의) 이 수입위생조건에서 사용하는 용어의 뜻은 다음과 같다.

 1. "돼지고기"는 가축화된 사육돼지(domestic pigs)에서 유래한 식용을 목적으로 하는 신선, 냉장 또는 냉동 고기, 식육부산물 및 식육가공품을 말한다.

 2. "식육부산물"은 내장, 머리 등 지육(枝肉), 정육(精肉) 이외의 부분을 말한다.

 3. "식육가공품"이란 햄류, 소시지류, 베이컨류, 건조저장육류, 양념육류, 그 밖의 식육을 원료로 하여 가공한 것을 말한다.

 4. "비식용 돼지생산물"은 식용을 목적으로 하지 않는 돼지 유래 생산물과 이를 원료로 하여 가공한 것을 말한다.

 5. "수출국 정부"는 수출국의 동물·축산물 검역당국을 말한다.

 6. "수출국 정부 수의관"은 "수출국 정부" 소속 수의사로서 검역관을 말한다.

 7. "수출작업장"은 대한민국으로 수출되는 돼지고기 등을 생산, 가공, 포장 또는 보관하는 도축장, 식육포장처리장, 가공장 및 보관장을 말한다.

제3조(출생·사육조건) 돼지고기 등을 생산하기 위한 돼지는 수출국내에서 출생하여 사육되었거나, 대한민국 정부가 대한민국으로 돼지고기의 수출자격이 있는 것으로 인정한 국가에서 수출국으로 수입되어 도축 전 3개월 이상 사육된 것이어야 한다.

제4조(국가 질병 비발생 조건) ① 수출국은 수출 전 1년간 구제역, 수출 전 2년간 수포성구내염·돼지수포병·우역, 수출 전 3년간 아프리카돼지열병의 발생사실이 없어야 하며, 이들 질병에 대한 예방접종을 실시하지 않아야 한다. 다만, 수출국 정부가 효과적인 살처분정책을 수행하고 있다고 대한민국 농림축산식품부장관이 인정하는 질병에 대하여 그 기간을 세계동물보건기구(OIE) 기준에 따라 단축할 수 있다.

② 수출국은 수출 전 1년간 돼지열병(야생돼지의 발생은 제외한다)이 발생한 사실이 없거나 대한민국 정부가 청정 국가로 인정하여야 하며 이 질병에 대하여 예방접종을 실시하지 않아야 한다. 만일 수출국내에 돼지열병이 발생한 경우 돼지고기 등은 대한민국 정부가 인정한 돼지열병 청정 지역에서 유래하여야 한다.

제5조(농장 질병 비발생 조건) 돼지고기 등을 생산하기 위한 돼지가 출생·사육되어진 농장은 도축 전 3년간 브루셀라병, 도축 전 2년간 탄저, 도축 전 1년간 돼지오제스키병의 발생이 없는 곳이어야 하며, 또한 이들 질병과 관련하여 수출국 정부에 의한 방역상 제한조치를 받지 않고 있는 지역 내에 위치하여야 한다.

제6조(수출작업장 조건) ① 수출작업장 또는 제조시설은 수출국의 관련 규정에 의거하여 등록된 곳으로 수출국 정부에서 위생점검을 실시하여 적합한 작업장을 대한민국 정부에 통보하고 그 중 대한민국 정부가 현지점검 또는 기타 방법을 통하여 승인한 곳이어야 한다.

② 수출작업장은 수출국 정부의 위생 감독 하에 있어야 하며 수출국 정부가 실시하는 정기적인 위생점검 결과 이상이 없어야 한다.

③ 수출작업장은 제5조에 열거된 질병의 감염지역 내에 위치하여서는 아니 되며, 대한민국에 수출하기 위하여 작업을 실시하는 동안은 대한민국 정부가 우제류 동물 및 그 생산물의 수입을 허용하지 않는 국가 또는 지역을 경유한 동물 및 그 생산물을 취급하여서는 아니 된다.

제7조(돼지고기 등의 조건) ① 돼지고기 등은 수출작업장 내에서 수출국 정부 수의관이 실시하는 생체 및 해체검사 결과 건강한 돼지로부터 생산된 것으로 식용에 적합한 것이어야 한다.

② 식용을 목적으로 하는 돼지고기 등은 선모충증, 유구낭충증, 포충증에 대한 검사결과 이상이 없어야 한다.

③ 돼지고기 등을 생산하기 위하여 도축, 해체, 가공, 포장 및 보관 작업을 할 때에는 동일 장소에서 동등 이상의 위생 상태에 있지 아니한 동물 및 그 생산물을 취급하여서는 아니 되며 식육가공품의 원료육은 대한민국으로 수출이 가능한 것만 사용해야 한다.

④ 돼지고기 등은 공중위생상 위해를 일으키는 잔류물질(항균제·농약·호르몬제 등), 미생물, 방사선조사, 이온화처리 및 식품첨가물(보존료, 연육제 등) 등에 관한 대한민국 정부의 관련 규정에 적합해야 한다.

⑤ 돼지고기 등은 어떠한 가축의 전염성 질병의 병원체에도 오염되지 않는 방법으로 처리되어야 하며 돼지고기 등을 포장한 포장지는 위생적이고 인체에 무해한 것이어야 한다. 또한 내용물 또는 포장에는 작업장 번호가 표시되어야 하며 공중위생상 위해가 없는 방법으로 처리되었다는 합격표시를 받아야 한다. 이에 대한 합격표시는 사전에 대한민국 정부에 통보된 것이어야 한다.

제8조(수출검역증명서의 기재사항) 수출국 정부 수의관은 돼지고기 등의 선적 전 다음의 각 사항을 한글 또는 영문으로 상세히 기재한 수출검역증명서를 발급하여야 한다.

가. 돼지고기
  1. 제3조, 제4조, 제5조, 제6조 및 제7조에서 명시된 사항

2. 품명, 포장형태, 포장수량 및 중량 (N/W) : 최종 식육포장 또는 가공작업장별로 기재
   3. 도축장, 식육포장처리장, 가공장, 보관장의 명칭, 주소 및 승인번호
   4. 도축기간(개시일자 및 종료일자), 식육포장처리기간 및/또는 가공기간(개시일자 및 종료일자)
   5. 컨테이너 번호 및 봉인번호
   6. 선박명 또는 항공기명, 선적일자 및 선적지명
   7. 수출자 및 수입자의 주소, 성명(업체명)
   8. 수출검역증명서 발급일자, 발급장소, 발급자의 소속, 직책, 성명 및 서명
  나. 비식용 돼지생산물
   1. 제4조 및 제7조제1항에 명시된 사항
   2. 품명, 포장형태, 포장수량 및 중량 (N/W) : 최종 제조시설별로 기재
   3. 제조시설의 명칭 및 주소 (승인번호가 있을 경우 승인번호 기재)
   4. 컨테이너 번호 및 봉인번호
   5. 선박명 또는 항공기명, 선적일자 및 선적지명
   6. 수출자 및 수입자의 주소, 성명(업체명)
   7. 수출검역증명서 발급일자, 발급장소, 발급자의 소속, 직책, 성명 및 서명

제9조(운송) 돼지고기 등은 수출국 정부 수의관의 감독 하에 봉인되어 대한민국에 도착 시까지 가축의 전염성 질병의 병원체에 오염되지 않고 변질, 부패 등 공중위생상 위해가 없도록 안전하게 수송하여야 하며, 수송 중에는 대한민국 정부가 우제류 동물 및 그 생산물의 수입을 허용하지 않는 지역을 경유하여서는 아니 된다. 다만, 급유 등의 이유로 단순 기항(착)하는 것은 예외로 한다.

제10조(수출국내 질병발생시 조치) 수출국 정부는 수출국내에서 제4조에서 정한 질병 또는 신종 악성가축전염성 질병이 발생하거나 그 의사환축이 발생한 경우 또는 동 질병에 대한 예방접종을 실시키로 한 경우에는 대한민국으로 돼지고기 등의 수출을 중지함과 동시에 그 사실을 FAX 등을 통하여 대한민국 정부에 즉시 통보하여야 하며, 수출을 재개하고자 하는 경우 대한민국 정부와 협의하여야 한다.

제11조(수출작업장 현지점검) ① 대한민국 정부 수의관은 승인된 수출작업장 또는 제조시설의 현지점검 및 기록원부를 조사할 권한을 가지며, 이 수입위생조건과 일치하지 않은 사항을 발견 시 대한민국으로의 돼지고기 등의 수출을 중지시킬 수 있다. 이때 수출국 정부는 대한민국 정부 수의관의 현지점검 등에 적극 협조하여야 한다.

② 수출국 정부는 수출작업장 또는 제조시설이 파산, 영업장 폐쇄 등의 사유로 수출 작업을 중단한 경우 해당 수출작업장 또는 제조시설의 승인을 취소하고 즉시 이를 대한민국 정부에 통보하여야 한다.

③ 대한민국 정부는 수출작업장 또는 제조시설로 승인된 날로부터 또는 최종 수출일로부터 3년 이상 대한민국으로 돼지고기 등의 수출이 없는 수출작업장 또는 제조시설에 대하여는 그 승인을 취소할 수 있다. 대한민국 정부는 승인 취소 결정 전 수출국 정부에 이러한 사항을 통보하고 수출국 정부와

협의해야 한다.

④ 수출작업장에는 일일 도축, 가공 및 보관에 대한 기록원본이 2년 이상 보관되어야 하며, 대한민국으로 수출된 돼지고기의 생산농장 등 관련 자료를 구비하고 있어야 한다.

제12조(국가잔류물질 검사 프로그램 등) 수출국 정부는 식육(食肉)내 유해잔류물질 검사 프로그램과 그 실시결과(검사기관과 시설, 인력, 연간검사계획, 검사방법, 검사결과 등을 명시할 것)를 영문으로 작성하여 매년 대한민국 정부에 제출하여야 한다.

제13조(돼지고기 등의 불합격 조치 등) 대한민국 정부는 돼지고기 등에 대한 검역 중 이 수입위생조건에 부적합한 사항이 발견되는 경우에는 해당 돼지고기 등에 대하여 반송 또는 폐기처분을 명할 수 있으며, 돼지고기 등에 대한 검역중단 또는 해당 수출작업장에 대해 수출중단 조치를 취할 수 있다.

<h3 style="text-align:center">부칙 〈제2015-64호, 2015. 7. 22.〉</h3>

제1조(시행일)이 고시는 '15. 11. 01일부터 시행한다.

제2조(경과조치)이 고시 시행 당시 수입검역 신청이 접수된 수입 돼지고기 등에 대하여는 종전의 규정인「벨기에산 돼지고기 수입위생조건」(농림축산식품부 고시 제2013-277호, 2013. 10. 07.)을 적용한다.

제3조(이 고시의 적용배제)이 고시에도 불구하고 우제류동물유래의 천연케이싱 등 개별 수입위생조건 또는 수입조건이 정해진 경우에는 이 고시를 적용하지 아니한다.

제4조(재검토기한)농림축산식품부 장관은 이 고시에 대하여 2016년 1월 1일을 기준으로 매3년이 되는 시점(매 3년째의 12월 31까지를 말한다)마다 그 타당성을 검토하여 개선 등의 조치를 하여야 한다.

북한산 가금육 반입위생조건

[시행 2016. 10. 6.] [농림축산식품부고시 제2016-100호, 2016. 10. 6., 일부개정.]

농림축산식품부(검역정책과), 044-201-2076

1. 이 위생조건은 북한에서 남한으로 반출되는 신선·냉장·냉동 가금육(이하 "가금육"이라 한다)에 대하여 적용한다. 이때 가금이라 함은 사육하는 닭·오리를 말한다.
2. 가금육의 생산에 제공되는 가금은 부화·사육·도축·가공이 같은 구역안에서 일괄적으로 관리되어야 한다.
3. 가축전염병에 대한 비발생조건은 다음과 같다.
    가. 북한에는 가금육의 선적전 과거 3년간 고병원성가금인플루엔자(Highly Pathogenic Avian Influenza : HPAI)의 발생이 없어야 한다. 다만, HPAI에 대한 효과적인 살처분 정책이 실시되고 있다고 남한당국이 인정하는 경우에는 세계동물보건기구(OIE) 규정에 따라 그 기간을 단축할 수 있다.
    나. 가금육 생산시설과 생산시설을 중심으로 반경 10km 이내의 지역에는 도축전 과거 2월간 뉴캣슬병(Viscerotropic Velogenic ND : VVND)의 발생이 없어야 한다.
    다. 가금육 생산시설에는 도축전 과거 12월간 가금콜레라·추백리·가금티푸스·전염성 F낭병·Marek병·Duck Virus hepatitis(오리육에 한함)·Duck Virus enteritis(오리육에 한함)·뉴캣슬병(lentogenic ND) 및 그 밖의 가금 전염성 질병의 발생이 없어야 한다.
4. 북한당국은 HPAI가 발생한 때에는 즉시 반출을 중지하고, 그 사실을 모사전송·우편·전자메일 등을 이용하여 남한당국에 통보하여야 하며, 반출재개를 희망하는 경우에는 남한당국과 사전에 협의하여야 한다.
5. 가금육을 생산하는 도축장·가공장 및 보관장(이하 "작업장"이라 한다)은 다음의 조건에 부합되어야 한다.
    가. 작업장은 북한당국이 선정하여 남한당국에 통보하고, 이들중 남한당국의 현지점검을 거쳐 승인을 받은 곳이어야 한다. 이 경우 남한당국은 가금육 생산시설의 사육능력 및 도축·가공·보관능력 등을 감안하여 작업장별 최대반출량을 정할 수 있다.
    나. 작업장은 가금육을 생산하는 동안에는 남한당국이 가금 및 그 생산물의 수입을 금지하고 있는

국가에서 생산된 가금 및 그 생산물 또는 이러한 국가를 경유한 가금 및 그 생산물을 취급하여서는 아니된다.

6. 가금육은 다음의 조건에 부합하여야 한다.

　가. 가금육은 남한당국이 승인한 시설에서 생산되어야 하며, 북한당국 수의사가 실시한 생체 및 해체검사 결과 가축전염성 질병의 징후가 없어야 한다.

　나. 가금육의 내용물 또는 포장에는 공중위생상 위해가 없는 방법으로 처리되었다는 합격표시를 하여야 하며, 이러한 합격표시는 사전에 남한당국에 통보되어야 한다.

　다. 가금육은 남한당국이 식품공전(식품의약품안전청고시)에서 정하고 있는 공중위생상 위해를 일으키는 잔류물질(항생물질, 합성항균제, 농약, 방사능 등)의 허용기준을 초과하지 아니한 것이어야 한다.

　라. 가금육에는 가금육의 성상·육질 및 지방에 변화를 일으킬 수 있는 이온화방사선 또는 자외선 처리가 되어서는 아니되고, 연육소 같은 성분이 투입되어서는 아니된다.

　마. 가금육은 머리·발·모이주머니·허파·식도·기도·내장·외모 및 잔모 등이 깨끗이 제거되어야 하고, 도체에 상처가 없어야 한다.

7. 북한당국은 가금전염병 방역프로그램·잔류물질 검사사항 및 가금용 동물의약품 판매 등에 대한 남한당국의 자료요청이 있는 때에는 이를 지체없이 제공하여야 한다.

8. 가금육의 포장지는 북한당국이 허가한 것으로서 인체에 해가 없고 환경오염을 유발하지 아니하는 재질이어야 한다.

9. 가금육은 북한으로부터 남한에 도착시까지 전염성 가축질병의 병원체에 오염되거나, 변질·부패 등 공중위생상 위해가 없도록 안전하게 생산·보관·수송되어야 하며, 수송중에는 남한당국이 가금 또는 그 생산물의 수입을 금지하고 있는 지역을 경유하여서는 아니된다. 다만 재해·급유 등의 이유로 단순기항하는 경우는 예외로 하되, 가축전염병의 병원체의 오염우려가 없어야 한다.

10. 북한당국은 가금육의 수송 선박·항공기의 냉장실·냉동실 또는 수송 컨테이너를 봉인하여야 한다.

11. 북한 수의당국은 가금육의 반출시 다음 각 사항을 한글 또는 영문으로 기재한 검역증명서를 발행하여 남한 검역당국에 제출되도록 하여야 한다.

　(1) 상기 2.·3.·6. 및 8.에 명시된 사항
　(2) 품명·포장형태·포장수량 및 순중량(N/W)
　(3) 작업장의 명칭·주소 및 승인번호
　(4) 지육 : 도축기간, 정육 : 도축기간 및 가공기간
　(5) 컨테이너 번호 및 컨테이너에 부착된 봉인번호
　(6) 선박명 또는 항공기명, 선적일자 및 선적항명
　(7) 반출자 및 반입자의 주소, 성명 및 회사명
　(8) 검역증명서 발급일자 및 발급장소, 발급자 소속·성명 및 서명

12. 남한당국은 작업장에 대한 현지 위생점검과 생산기록을 조사할 권한이 있으며, 위생점검결과

부적합한 경우에는 해당 작업장에서 처리된 가금육의 반입을 금지할 수 있다.
13. 남한당국은 가금육에 대한 반입검역중 이 위생조건에 부적합한 사항을 발견한 때에는 해당 가금육의 소유자에 대해 반송 또는 폐기토록 명령할 수 있으며, 해당 작업장의 승인을 취소할 수 있다.
14. 남한당국이 실시한 가금육에 대한 정밀검사결과, 고병원성가금인플루엔자바이러스가 검출되는 때에는 가금육의 반입을 금지하고, 반입된 가금육을 반송하거나 폐기를 명할 수 있다.

부칙 〈제2016-100호, 2016. 10. 6.〉

제1조(시행일)이 고시는 발령한 날부터 시행한다.
제2조(재검토기한)농림축산식품부장관은 이 고시에 대하여 2017년 1월 1일을 기준으로 매 3년이 되는 시점(매 3년째의 12월 31일까지를 말한다)마다 그 타당성을 검토하여 개선 등의 조치를 하여야 한다.

브라질 산따까따리나주(州)산 돼지고기 및 비식용 돼지생산물 수입위생조건

[시행 2017. 6. 11.] [농림축산식품부고시 제2017-15호, 2017. 3. 10., 제정.]

농림축산식품부(검역정책과), 044-201-2076

제1조(목적) 이 고시는 가축전염병 예방법 제34조제2항의 규정에 따라 브라질 산따까따리나주(州)에서 대한민국으로 수출하는 돼지고기 및 비식용 돼지생산물 등에 대한 브라질 정부의 검역 내용 및 가축전염병 비발생 상황 등을 규정함을 목적으로 한다.

제2조(용어의 정의) 이 고시에서 사용하는 용어의 뜻은 다음과 같다.
 1. "돼지고기"는 가축화된 사육돼지(domestic pigs)에서 유래하고 식용을 목적으로 하는 신선, 냉장 또는 냉동 고기, 식육부산물 및 식육가공품을 말한다.
 2. "식육부산물"은 내장, 머리 등 지육(枝肉), 정육(精肉) 이외의 부분을 말한다.
 3. "식육가공품"이란 햄류, 소시지류, 베이컨류, 건조저장육류, 양념육류, 그 밖의 식육을 원료로 하여 가공한 것을 말한다.
 4. "비식용 돼지생산물"은 식용을 목적으로 하지 않는 돼지 유래 생산물과 이를 원료로 하여 가공한 것을 말한다.
 5. "수출국"은 브라질을 말한다.
 6. "수출지역"은 브라질 산따까따리나주를 말한다.
 7. "수출국 정부"는 브라질의 동물·축산물 검역당국을 말한다.
 8. "수출국 정부 수의관"은 "수출국 정부" 소속 수의사로서 검역관을 말한다.
 9. "수출작업장"은 대한민국으로 수출되는 돼지고기 등을 생산, 가공, 포장 또는 보관하는 도축장, 식육포장처리장, 가공장 및 보관장을 말한다.
 10. "제조시설"은 대한민국으로 수출되는 비식용 돼지생산물을 생산 및 제조하는 시설을 말한다.

제3조(출생·사육조건) 돼지고기를 생산하기 위한 돼지는 수출지역내에서 출생하여 사육되어야 하며, 출생농장에서 출하농장까지 이력추적이 가능하여야 한다.

제4조(질병 비발생 조건) ① 수출지역은 수출 전 1년간 구제역·돼지열병, 수출국은 수출 전 2년간 돼지수포병·우역, 수출 전 3년간 아프리카돼지열병의 발생사실이 없어야 하며, 이들 질병에 대한 예방접종을 실시하지 않아야 한다. 다만, 수출국 정부가 효과적인 살처분정책을 수행하고 있다고

대한민국 농림축산식품부장관이 인정하는 질병에 대하여는 그 기간을 세계동물보건기구(OIE) 기준에 따라 단축할 수 있다.

② 돼지고기를 생산하기 위한 돼지가 출생·사육되어진 농장은 도축 전 3년간 브루셀라병, 도축 전 2년간 탄저, 도축 전 1년간 돼지오제스키병의 발생이 없는 곳이어야 하며, 또한 이들 질병과 관련하여 수출국 정부에 의한 방역상 제한조치를 받지 않고 있는 지역 내에 위치하여야 한다.

제5조(수출작업장 등의 조건) ① 수출작업장 또는 제조시설은 수출국의 관련 규정에 의거하여 등록된 곳으로 수출국 정부에서 점검을 실시하여 적합한 수출작업장 또는 제조시설을 대한민국 정부에 통보하고 그 중 대한민국 정부가 현지점검 또는 기타 방법 등을 통하여 승인한 곳이어야 한다. 또한 수출작업장과 제조시설은 수출지역 내에 위치하여야 한다.

② 수출작업장은 수출국 정부의 감독 하에 있어야 하며 수출국 정부가 실시하는 정기적인 점검 결과 이상이 없어야 한다.

③ 수출작업장은 제4조제2항에 열거된 가축전염병의 감염지역 내에 위치하여서는 아니 되며, 대한민국에 수출하기 위하여 작업을 실시하는 동안은 대한민국 정부가 우제류 동물 및 그 생산물의 수입을 허용하지 않는 국가 또는 지역을 경유한 동물 및 그 생산물을 취급하여서는 아니 된다.

제6조(돼지고기 등의 조건) ① 돼지고기 또는 비식용 돼지생산물은 수출작업장 내에서 수출국 정부 수의관이 실시한 생체 및 해체검사 결과 건강한 돼지로부터 생산된 것이어야 한다.

② 돼지고기를 생산하기 위하여 도축, 해체, 가공, 포장 및 보관 작업을 할 때에는 동일 장소에서 동등 이상의 위생 상태에 있지 아니한 동물 및 그 생산물을 취급하여서는 아니된다.

③ 돼지고기는 어떠한 가축의 전염성 질병의 병원체에도 오염되지 않는 방법으로 처리되어야 한다. 또한 내용물 또는 포장에는 작업장 번호가 표시되어야 하며 공중위생상 위해가 없는 방법으로 처리되었다는 합격표시를 받아야 한다. 이에 대한 합격표시는 사전에 대한민국 정부에 통보된 것이어야 한다.

제7조(수출검역증명서의 기재사항) 수출국 정부 수의관은 돼지고기 또는 비식용 돼지생산물을 선적하기 전 다음의 각 사항을 한글 또는 영문으로 상세히 기재한 수출검역증명서를 발급하여야 한다.

1. 돼지고기
   가. 제3조, 제4조, 제5조 및 제6조에서 명시된 사항
   나. 품명, 포장형태, 포장수량 및 중량 (N/W) : 최종 식육포장 또는 가공작업장별로 기재
   다. 도축장, 식육포장처리장, 가공장, 보관장의 명칭, 주소 및 승인번호
   라. 도축기간(개시일자 및 종료일자), 식육포장처리기간 및/또는 가공기간(개시일자 및 종료일자)
   마. 컨테이너 번호 및 봉인번호
   바. 선박명 또는 항공기명, 선적일자 및 선적지명
   사. 수출자 및 수입자의 주소, 성명(업체명)
   아. 수출검역증명서 발급일자, 발급장소, 발급자의 소속, 직책, 성명 및 서명

2. 비식용 돼지생산물
   가. 제4조제1항 및 제6조제1항에 명시된 사항
   나. 품명, 포장형태, 포장수량 및 중량 (N/W) : 최종 제조시설별로 기재
   다. 제조시설의 명칭 및 주소 (승인번호가 있을 경우 승인번호 기재)
   라. 컨테이너 번호 및 봉인번호
   마. 선박명 또는 항공기명, 선적일자 및 선적지명
   바. 수출자 및 수입자의 주소, 성명(업체명)
   사. 수출검역증명서 발급일자, 발급장소, 발급자의 소속, 직책, 성명 및 서명

제8조(운송) 돼지고기 또는 비식용 돼지생산물은 수출국 정부 수의관의 감독 하에 봉인되어 대한민국에 도착 시까지 가축 전염성 질병의 병원체에 오염되지 않고 변질, 부패 등 공중위생상 위해가 없도록 안전하게 운송하여야 하며, 운송 중에는 대한민국 정부가 우제류 동물 및 그 생산물의 수입을 허용하지 않는 지역을 경유하여서는 아니 된다. 다만, 급유 등의 이유로 단순 기항(착)하는 것은 예외로 한다.

제9조(수출지역내 질병발생시 조치 등) ① 수출국 정부는 수출지역내에서 구제역·돼지열병, 수출국내에서 돼지수포병·우역·아프리카돼지열병 또는 신종 악성가축전염성 질병이 발생하거나 그 의사환축이 발생한 경우 또는 동 질병에 대한 예방접종을 실시키로 한 경우에는 대한민국으로 돼지고기 또는 비식용 돼지생산물의 수출을 중지함과 동시에 그 사실을 FAX 등을 통하여 대한민국 정부에 즉시 통보하여야 하며, 수출을 재개하고자 하는 경우 대한민국 정부와 협의하여야 한다.
② 수출국 정부는 이 고시에 부합하는 돼지고기가 수출될 수 있도록 관리 및 확인할 수 있는 수출검증프로그램(export verification program)을 마련하여 운영하여야 한다.

제10조(수출작업장 현지점검 등) ① 대한민국 정부 수의관은 승인된 수출작업장 또는 제조시설의 현지점검 및 기록원부를 조사할 권한을 가지며, 이 고시와 일치하지 않은 사항을 발견 시 대한민국으로의 돼지고기 또는 비식용 돼지생산물의 수출을 중지시킬 수 있다. 이때 수출국 정부는 대한민국 정부 수의관의 현지점검 등에 적극 협조하여야 한다.
② 수출국 정부는 수출작업장 또는 제조시설이 파산, 영업장 폐쇄 등의 사유로 수출 작업을 중단한 경우 해당 수출작업장 또는 제조시설의 승인을 취소하고 즉시 이를 대한민국 정부에 통보하여야 한다.
③ 대한민국 정부는 수출작업장 또는 제조시설로 승인된 날로부터 또는 최종 수출일로부터 3년 이상 대한민국으로 돼지고기 또는 비식용 돼지생산물의 수출이 없는 수출작업장 또는 제조시설에 대하여는 그 승인을 취소할 수 있다. 대한민국 정부는 승인 취소 결정 전 수출국 정부에 이러한 사항을 통보하고 수출국 정부와 협의해야 한다.
④ 수출작업장에는 일일 도축, 가공 및 보관에 대한 기록원본이 2년 이상 보관되어야 하며, 대한민국으로 수출된 돼지고기의 원산농장 등 관련 자료를 구비하고 있어야 한다.

제11조(돼지고기 등의 불합격 조치 등) 대한민국 정부는 돼지고기 또는 비식용 돼지생산물에 대한 검역

중 이 고시에 부적합한 사항이 발견되는 경우에는 해당 돼지고기 또는 비식용 돼지생산물에 대하여 반송 또는 폐기처분을 명할 수 있으며, 돼지고기 또는 비식용 돼지생산물에 대한 검역중단 또는 해당 수출작업장 또는 제조시설에 대해 수출중단 조치를 취할 수 있다.

제12조(재검토기한) 농림축산식품부 장관은 이 고시에 대하여 2017년 7월 1일을 기준으로 매 3년이 되는 시점(매 3년째의 6월 30까지를 말한다)마다 그 타당성을 검토하여 개선 등의 조치를 하여야 한다.

부칙 〈제2017-15호, 2017. 3. 10.〉

제1조(시행일)이 고시는 발령 후 3월이 경과한 날부터 시행한다.

제2조(이 고시의 적용배제)이 고시에도 불구하고 우제류동물유래의 천연케이싱 등 개별 수입위생조건 또는 수입조건이 정해진 경우에는 이 고시를 적용하지 아니한다.

브라질산 가금육 및 가금생산물 수입위생조건

[시행 2015. 10. 15.] [농림축산식품부고시 제2015-120호, 2015. 9. 15., 전부개정.]

농림축산식품부(검역정책과), 044-201-2076

제1조(목적) 이 고시는 가축전염병 예방법 제34조제2항의 규정에 따라 브라질(이하 "수출국"이라 한다)에서 대한민국으로 수출하는 가금육 및 가금생산물(이하 "가금육 등"이라 한다)에 대한 수출국의 검역내용 및 위생상황 등을 규정함을 목적으로 한다.

제2조(정의) 이 수입위생조건에서 사용하는 용어의 뜻은 다음과 같다.

 1. "가금"은 닭·오리·거위·칠면조·메추리 및 꿩 등을 말한다.
 2. "가금육"은 가금에서 유래한 신선, 냉장 또는 냉동 고기, 열처리가금육, 식육부산물 및 식육가공품을 말한다.
 3. "열처리 가금육"은 중심부 온도를 기준으로 60℃에서 507초, 65℃에서 42초, 70℃에서 3.5초, 73.9℃에서 0.51초 이상 또는 이와 동등 이상의 효력이 있는 방법으로 처리된 가금육을 말한다.
 4. "식육부산물"은 지육, 정육 이외에 식용을 목적으로 하는 가금의 내장, 머리, 발 등의 부분을 말한다.
 5. "식육가공품"이란 햄류, 소시지류, 건조저장육류, 양념육류, 그 밖의 식육을 원료로 하여 가공한 것을 말한다.
 6. "비식용 가금생산물"은 식용을 목적으로 하지 않은 가금 유래 생산물과 이를 원료로 하여 가공한 것을 말한다.
 7. "수출국 정부"는 수출국의 동물·축산물 검역당국으로 말한다.
 8. "수출국 정부 수의관"은 수출국 정부 소속 수의사로서 검역관을 말한다.
 9. "수출작업장"은 대한민국으로 수출되는 가금육 등을 생산, 가공, 포장 또는 보관하는 도축장, 식육포장처리장, 가공장 또는 보관장을 말한다.
 10. "고병원성 조류인플루엔자"는 인플루엔자 A 바이러스에 의한 감염병 중 세계동물보건기구(OIE) 육상동물 위생규약에서 고병원성으로 분류하는 가금전염병을 말한다.
 11. "저병원성 조류인플루엔자"는 고병원성 조류인플루엔자를 제외한 H5 또는 H7 아형 인플루엔자 A 바이러스에 의한 가금전염병을 말한다.
 12. "뉴캣슬병"은 뉴캣슬병 바이러스에 의한 감염병 중 세계동물보건기구 육상동물 위생규약에서 정의하는 가금전염병을 말한다.

제3조(출생·사육조건) 가금육 등을 생산하는데 사용된 가금은 수출국내에서 부화되어 사육된 것이어야 한다.

제4조(가축전염병 비발생 조건) ① 수출국은 가금육 등 수출 전 1년간 고병원성 조류인플루엔자의 발생이 없어야 한다. 다만, 수출국이 고병원성 조류인플루엔자에 대하여 효과적인 살처분 정책을

수행하고 있다고 대한민국 농림축산식품부장관이 인정하는 경우 그 기간을 세계동물보건기구 규정에 따라 단축할 수 있다.

② 가금육 등을 생산하는데 사용된 가금의 사육농장을 중심으로 반경 10km 이내의 지역은 가금 도축 전 3개월간 저병원성 조류인플루엔자 및 뉴캣슬병의 발생이 없어야 한다.

③ 가금육 등을 생산하는데 사용된 가금의 사육농장은 도축 전 1년간 가금콜레라, 추백리, 가금티푸스, 전염성F낭병, 마렉병, 오리바이러스성간염(오리육에 한함) 및 오리바이러스성장염(오리육에 한함)의 발생이 없어야 한다.

제5조(수출작업장 조건) ① 수출작업장 또는 제조시설은 수출국의 관련 규정에 따라 등록된 곳으로 수출국 정부가 위생점검을 실시하여 적합한 작업장을 대한민국 정부에 통보하고 그 중 대한민국 정부가 현지점검 또는 그 밖의 방법을 통하여 승인한 곳이어야 한다.

② 수출작업장은 수출국 정부의 감독 하에 있어야 하며 수출국 정부가 실시하는 정기적인 위생 점검 결과 이상이 없어야 한다.

③ 수출작업장은 자체위생관리기준(SSOP) 및 축산물안전관리인증기준(HACCP)을 적용하여야 하며, 살모넬라균 검사 등을 실시하여야 한다.

④ 수출작업장은 제4조에 열거된 가축전염병의 감염지역내에 위치하여서는 아니되며, 가금육을 생산하는 동안에는 대한민국 정부가 가금 또는 가금육의 수입을 허용하지 않은 국가에서 수입된 가금 또는 가금육을 취급하여서는 아니된다.

제6조(가금육 등의 조건) ① 가금육 등은 수출작업장 내에서 수출국 정부수의관이 실시하는 생체 및 해체검사 결과 건강한 가금으로부터 생산된 것이어야 한다.

② 가금육 등은 가축전염병의 병원체에 오염되지 않도록 처리되어야 한다.

③ 가금육 등은 공중위생상 위해를 일으킬 수 있는 잔류물질(항균제·농약·호르몬제·중금속 등), 미생물, 식품조사(food irradiation), 이온화처리 및 식품첨가물(보존료, 연육제 등) 등에 관한 대한민국 규정에 적합해야 한다.

④ 가금육 등을 포장하는 포장지는 위생적이고 인체에 무해한 것이어야 한다. 포장면에는 수출작업장 번호가 표시되어야 하며, 가금육 등이 공중위생상 위해가 없는 방법으로 처리되었다는 합격표시가 있어야 한다. 동 합격표시는 사전에 대한민국 정부에 통보되어야 한다.

제7조(수출검역증명서의 기재사항) 수출국 정부 수의관은 가금육 등의 선적 전 다음의 각 사항을 한글 또는 영문으로 상세히 기재한 수출검역증명서를 발급하여야 한다.

1. 가금육
   (1) 제3조, 제4조, 제5조제4항 및 제6조에 명시된 사항
   (2) 품명(축종포함), 포장형태, 포장수량 및 중량 (N/W) : 최종 식육포장 또는 가공작업장별로 기재
   (3) 도축장, 식육포장처리장, 가공장, 보관장의 명칭, 주소 및 승인번호
   (4) 도축기간, 식육포장처리기간 및/또는 가공기간 : 개시일자 및 종료일자

    (5) 컨테이너 번호 및 봉인번호
    (6) 선박명 또는 항공기명, 선적일자 및 선적지명
    (7) 수출자 및 수입자의 주소, 성명(업체명)
    (8) 수출검역증명서 발급일자, 발급장소, 발급자의 소속, 직책, 성명 및 서명
  2. 비식용 가금생산물
    (1) 제3조 및 제4조에 명시된 사항. 다만, 열처리가금육의 온도조건 이상으로 처리된 제품에 대하여는 기재하지 않을 수 있다.
    (2) 제6조제1항에 명시된 사항
    (3) 품명(축종포함), 포장형태, 포장수량 및 중량 (N/W) : 제조시설별로 기재
    (4) 제조시설의 명칭 및 주소 (승인번호가 있을 경우 승인번호 기재)
    (5) 컨테이너 번호 및 봉인번호
    (6) 선박명 또는 항공기명, 선적일자 및 선적지명
    (7) 수출자 및 수입자의 주소, 성명(업체명)
    (8) 수출검역증명서 발급일자, 발급장소, 발급자의 소속, 직책, 성명 및 서명

제8조(열처리 가금육) ① 제4조제1항의 규정에도 불구하고, 열처리 가금육은 수출국내 고병원성 조류인플루엔자 발생과 무관하게 대한민국으로 수출할 수 있다.

② 수출국 정부수의관은 열처리 가금육 선적 전 제7조제1호의 규정에 의한 수출검역증명서 또는 다음 각 호의 사항을 기재한 수출검역증명서를 발급하여야 한다.
  (1) 제3조, 제4조제2항 및 제3항, 제5조제4항 및 제6조에 명시된 사항
  (2) 열처리가금육을 생산하는데 사용된 가금의 사육농장을 중심으로 반경 10km 이내의 지역은 가금 도축 전 3개월간 고병원성 조류인플루엔자의 발생이 없어야 한다.
  (3) 열처리가금육을 생산하는 수출작업장은 원료처리 등 가열처리전 시설, 가열처리·제품포장 등 가열처리 후 시설로 각각 구획되어야 하며, 오염을 방지하기 위해 각 시설별로 작업자가 구분·운영되어야 한다.
  (4) 열처리가금육에 처리된 열처리 온도 및 시간
  (5) 품명(축종포함), 포장형태, 포장수량 및 중량(N/W) : 최종 가공작업장별로 기재
  (6) 도축장, 식육포장처리장, 가공장, 보관장의 명칭, 주소 및 승인번호
  (7) 도축기간, 식육포장처리기간 및/또는 가공기간 : 개시일자 및 종료일자
  (8) 컨테이너 번호 및 봉인번호
  (9) 선박명 또는 항공기명, 선적일자 및 선적지명
  (10) 수출자 및 수입자의 주소, 성명(업체명)
  (11) 검역증명서 발급일자, 발급장소, 발급자의 소속, 직책, 성명 및 서명

제9조(운송) 가금육 등은 수출국 정부 수의관의 감독 하에 봉인되어 대한민국 도착 시까지 가축의 전염성 질병의 병원체에 오염되지 않고 변질, 부패 등 공중위생상 위해가 없도록 안전하게

수송되어야 하며, 수송 중에는 대한민국 정부가 가금 또는 가금육의 수입을 허용하지 않은 지역을 경유하여서는 아니 된다. 다만, 급유 등의 이유로 단순 기항(착)하는 것은 예외로 한다.

제10조(수출국내 질병발생시 조치) ① 수출국 정부는 자국내에 고병원성 조류인플루엔자가 발생되는 즉시 가금육 등(열처리된 제품은 제외)을 대한민국으로 선적하는 것을 중지함과 동시에 그 사실을 FAX 등을 통하여 대한민국 정부에 통보하여야 하며, 수출을 재개하고자 하는 경우 대한민국 농림축산식품부와 협의하여야 한다.

② 수출국 정부는 자국에서 실시하는 가금 전염병 방역 프로그램과 그 실시결과를 매년 대한민국 정부에 통보하여야 한다.

제11조(수출작업장 현지점검) ① 대한민국 정부 수의관은 승인된 수출작업장 또는 제조시설의 현지점검 및 기록원부를 조사할 권한을 가지며, 이 수입위생조건과 일치하지 않은 사항을 발견 시 대한민국으로 가금육 등의 수출을 중지시킬 수 있다. 이때 수출국 정부는 대한민국 정부 수의관의 현지점검 등에 적극 협조하여야 한다.

② 수출국 정부는 수출작업장 또는 제조시설이 파산, 영업장 폐쇄 등의 사유로 수출 작업을 중단한 경우 해당 수출작업장 또는 제조시설의 승인을 취소하고 즉시 이를 대한민국 정부에 통보하여야 한다.

③ 대한민국 정부는 수출작업장 또는 제조시설로 승인한 날 또는 최종 수출일로부터 3년 이상 대한민국으로 가금육 등의 수출 실적이 없는 수출작업장 또는 제조시설에 대하여는 그 승인을 취소할 수 있다. 대한민국 정부는 승인 취소 결정 전 수출국 정부에 이러한 사항을 통보하고 수출국 정부와 협의해야 한다.

④ 수출작업장에는 일일도축, 가공 및 보관에 대한 기록원본이 2년 이상 보관되어야 하며, 대한민국으로 수출된 가금육에 대한 원산농장 등 관련 자료를 구비하고 있어야 한다.

제12조(국가잔류물질 검사 프로그램 등) 수출국 정부는 가금육에 대한 유해잔류물질 검사 프로그램과 그 실시결과(검사기관의 시설, 인력, 연간검사계획, 검사방법, 검사결과 등을 명시할 것)를 영문으로 작성하여 매년 대한민국 정부에 제출하여야 한다.

제13조(불합격 조치 등) 대한민국 정부는 가금육 등에 대한 수입검역·검사 중 이 수입위생조건에 부적합한 사항이 발견되는 경우에는 해당 가금육 등에 대하여 반송 또는 폐기처분을 명할 수 있으며, 가금육 등에 대한 검역중단 또는 해당 수출작업장에 대해 수출중단 조치를 취할 수 있다.

부칙 〈제2015-120호, 2015. 9. 15.〉

제1조(시행일)이 고시는 2015. 10. 15일부터 시행한다.

제2조(재검토기한)농림축산식품부 장관은 이 고시에 대하여 2016년 1월 1일을 기준으로 매3년이 되는 시점(매 3년째의 12월 31까지를 말한다)마다 그 타당성을 검토하여 개선 등의 조치를 하여야 한다.

제3조(이 고시의 적용배제) 이 고시에도 불구하고 개별 수입위생조건 또는 수입조건이 정해진 경우에는 이 고시를 적용하지 아니한다.

제4조(경과조치) 이 고시 시행 당시 「브라질산 가금육 및 가금생산물 수입위생조건」(농림축산식품부 고시 제2013-211호, 2013. 10. 07.)에 따라 수입된 가금육 등은 이 수입위생조건을 따른 것으로 본다.

스웨덴산 가금육 및 가금생산물 수입위생조건

[시행 2015. 10. 15.] [농림축산식품부고시 제2015-121호, 2015. 9. 15., 전부개정.]

농림축산식품부(검역정책과), 044-201-2076

제1조(목적) 이 고시는 가축전염병 예방법 제34조제2항의 규정에 따라 스웨덴(이하 "수출국"이라 한다)에서 대한민국으로 수출하는 가금육 및 가금생산물(이하 "가금육 등"이라 한다)에 대한 수출국의 검역내용 및 위생상황 등을 규정함을 목적으로 한다.

제2조(정의) 이 수입위생조건에서 사용하는 용어의 뜻은 다음과 같다.

1. "가금"은 닭·오리·거위·칠면조·메추리 및 꿩 등을 말한다.
2. "가금육"은 가금에서 유래한 신선, 냉장 또는 냉동 고기, 열처리가금육, 식육부산물 및 식육가공품을 말한다.
3. "열처리 가금육"은 중심부 온도를 기준으로 60℃에서 507초, 65℃에서 42초, 70℃에서 3.5초, 73.9℃에서 0.51초 이상 또는 이와 동등 이상의 효력이 있는 방법으로 처리된 가금육을 말한다.
4. "식육부산물"은 지육, 정육 이외에 식용을 목적으로 하는 가금의 내장, 머리, 발 등의 부분을 말한다.
5. "식육가공품"이란 햄류, 소시지류, 건조저장육류, 양념육류, 그 밖의 식육을 원료로 하여 가공한 것을 말한다.
6. "비식용 가금생산물"은 식용을 목적으로 하지 않은 가금 유래 생산물과 이를 원료로 하여 가공한 것을 말한다.
7. "수출국 정부"는 수출국의 동물·축산물 검역당국으로 말한다.
8. "수출국 정부 수의관"은 수출국 정부 소속 수의사로서 검역관을 말한다.
9. "수출작업장"은 대한민국으로 수출되는 가금육 등을 생산, 가공, 포장 또는 보관하는 도축장, 식육포장처리장, 가공장 또는 보관장을 말한다.
10. "고병원성 조류인플루엔자"는 인플루엔자 A 바이러스에 의한 감염병 중 세계동물보건기구(OIE) 육상동물 위생규약에서 고병원성으로 분류하는 가금전염병을 말한다.
11. "저병원성 조류인플루엔자"는 고병원성 조류인플루엔자를 제외한 H5 또는 H7 아형 인플루엔자 A 바이러스에 의한 가금전염병을 말한다.

12. "뉴캣슬병"은 뉴캣슬병 바이러스에 의한 감염병 중 세계동물보건기구 육상동물 위생규약에서 정의하는 가금전염병을 말한다.

제3조(출생·사육조건) 가금육 등을 생산하는데 사용된 가금은 수출국내에서 부화되어 사육된 것이어야 한다.

제4조(가축전염병 비발생 조건) ① 수출국은 가금육 등 수출 전 1년간 고병원성 조류인플루엔자의 발생이 없어야 한다. 다만, 수출국이 고병원성 조류인플루엔자에 대하여 효과적인 살처분 정책을 수행하고 있다고 대한민국 농림축산식품부장관이 인정하는 경우 그 기간을 세계동물보건기구 규정에 따라 단축할 수 있다.

② 가금육 등을 생산하는데 사용된 가금의 사육농장을 중심으로 반경 10km 이내의 지역은 가금 도축 전 3개월간 저병원성 조류인플루엔자 및 뉴캣슬병의 발생이 없어야 한다.

③ 가금육 등을 생산하는데 사용된 가금의 사육농장은 도축 전 1년간 가금콜레라, 추백리, 가금티푸스, 전염성F낭병, 마렉병, 오리바이러스성간염(오리육에 한함) 및 오리바이러스성장염(오리육에 한함)의 발생이 없어야 한다.

제5조(수출작업장 조건) ① 수출작업장 또는 제조시설은 수출국의 관련 규정에 따라 등록된 곳으로 수출국 정부가 위생점검을 실시하여 적합한 작업장을 대한민국 정부에 통보하고 그 중 대한민국 정부가 현지점검 또는 그 밖의 방법을 통하여 승인한 곳이어야 한다.

② 수출작업장은 수출국 정부의 감독 하에 있어야 하며 수출국 정부가 실시하는 정기적인 위생 점검 결과 이상이 없어야 한다.

③ 수출작업장은 자체위생관리기준(SSOP) 및 축산물안전관리인증기준(HACCP)을 적용하여야 하며, 살모넬라균 검사 등을 실시하여야 한다.

④ 수출작업장은 제4조에 열거된 가축전염병의 감염지역내에 위치하여서는 아니되며, 가금육을 생산하는 동안에는 대한민국 정부가 가금 또는 가금육의 수입을 허용하지 않은 국가에서 수입된 가금 또는 가금육을 취급하여서는 아니된다.

제6조(가금육 등의 조건) ① 가금육 등은 수출작업장 내에서 수출국 정부수의관이 실시하는 생체 및 해체검사 결과 건강한 가금으로부터 생산된 것이어야 한다.

② 가금육 등은 가축전염병의 병원체에 오염되지 않도록 처리되어야 한다.

③ 가금육 등은 공중위생상 위해를 일으킬 수 있는 잔류물질(항균제·농약·호르몬제·중금속 등), 미생물, 식품조사(food irradiation), 이온화처리 및 식품첨가물(보존료, 연육제 등) 등에 관한 대한민국 규정에 적합해야 한다.

④ 가금육 등을 포장하는 포장지는 위생적이고 인체에 무해한 것이어야 한다. 포장면에는 수출작업장 번호가 표시되어야 하며, 가금육 등이 공중위생상 위해가 없는 방법으로 처리되었다는 합격표시가 있어야 한다. 동 합격표시는 사전에 대한민국 정부에 통보되어야 한다.

제7조(수출검역증명서의 기재사항) 수출국 정부 수의관은 가금육 등의 선적 전 다음의 각 사항을 한글 또는 영문으로 상세히 기재한 수출검역증명서를 발급하여야 한다.

1. 가금육
    (1) 제3조, 제4조, 제5조제4항 및 제6조에 명시된 사항
    (2) 품명(축종포함), 포장형태, 포장수량 및 중량 (N/W) : 최종 식육포장 또는 가공작업장별로 기재
    (3) 도축장, 식육포장처리장, 가공장, 보관장의 명칭, 주소 및 승인번호
    (4) 도축기간, 식육포장처리기간 및/또는 가공기간 : 개시일자 및 종료일자
    (5) 컨테이너 번호 및 봉인번호
    (6) 선박명 또는 항공기명, 선적일자 및 선적지명
    (7) 수출자 및 수입자의 주소, 성명(업체명)
    (8) 수출검역증명서 발급일자, 발급장소, 발급자의 소속, 직책, 성명 및 서명
2. 비식용 가금생산물
    (1) 제3조 및 제4조에 명시된 사항. 다만, 열처리가금육의 온도조건 이상으로 처리된 제품에 대하여는 기재하지 않을 수 있다.
    (2) 제6조제1항에 명시된 사항
    (3) 품명(축종포함), 포장형태, 포장수량 및 중량 (N/W) : 제조시설별로 기재
    (4) 제조시설의 명칭 및 주소 (승인번호가 있을 경우 승인번호 기재)
    (5) 컨테이너 번호 및 봉인번호
    (6) 선박명 또는 항공기명, 선적일자 및 선적지명
    (7) 수출자 및 수입자의 주소, 성명(업체명)
    (8) 수출검역증명서 발급일자, 발급장소, 발급자의 소속, 직책, 성명 및 서명

제8조(열처리 가금육) ① 제4조제1항의 규정에도 불구하고, 열처리 가금육은 수출국내 고병원성 조류인플루엔자 발생과 무관하게 대한민국으로 수출할 수 있다.

② 수출국 정부수의관은 열처리 가금육 선적 전 제7조제1호의 규정에 의한 수출검역증명서 또는 다음 각 호의 사항을 기재한 수출검역증명서를 발급하여야 한다.
    (1) 제3조, 제4조제2항 및 제3항, 제5조제4항 및 제6조에 명시된 사항
    (2) 열처리가금육을 생산하는데 사용된 가금의 사육농장을 중심으로 반경 10km 이내의 지역은 가금 도축 전 3개월간 고병원성 조류인플루엔자의 발생이 없어야 한다.
    (3) 열처리가금육을 생산하는 수출작업장은 원료처리 등 가열처리전 시설, 가열처리·제품포장 등 가열처리 후 시설로 각각 구획되어야 하며, 오염을 방지하기 위해 각 시설별로 작업자가 구분·운영되어야 한다.
    (4) 열처리가금육에 처리된 열처리 온도 및 시간
    (5) 품명(축종포함), 포장형태, 포장수량 및 중량(N/W) : 최종 가공작업장별로 기재
    (6) 도축장, 식육포장처리장, 가공장, 보관장의 명칭, 주소 및 승인번호
    (7) 도축기간, 식육포장처리기간 및/또는 가공기간 : 개시일자 및 종료일자

(8) 컨테이너 번호 및 봉인번호

(9) 선박명 또는 항공기명, 선적일자 및 선적지명

(10) 수출자 및 수입자의 주소, 성명(업체명)

(11) 검역증명서 발급일자, 발급장소, 발급자의 소속, 직책, 성명 및 서명

제9조(운송) 가금육 등은 수출국 정부 수의관의 감독 하에 봉인되어 대한민국 도착 시까지 가축의 전염성 질병의 병원체에 오염되지 않고 변질, 부패 등 공중위생상 위해가 없도록 안전하게 수송되어야 하며, 수송 중에는 대한민국 정부가 가금 또는 가금육의 수입을 허용하지 않은 지역을 경유하여서는 아니 된다. 다만, 급유 등의 이유로 단순 기항(착)하는 것은 예외로 한다.

제10조(수출국내 질병발생시 조치) ① 수출국 정부는 자국내에 고병원성 조류인플루엔자가 발생되는 즉시 가금육 등(열처리된 제품은 제외)을 대한민국으로 선적하는 것을 중지함과 동시에 그 사실을 FAX 등을 통하여 대한민국 정부에 통보하여야 하며, 수출을 재개하고자 하는 경우 대한민국 농림축산식품부와 협의하여야 한다.

② 수출국 정부는 자국에서 실시하는 가금 전염병 방역 프로그램과 그 실시결과를 매년 대한민국 정부에 통보하여야 한다.

제11조(수출작업장 현지점검) ① 대한민국 정부 수의관은 승인된 수출작업장 또는 제조시설의 현지점검 및 기록원부를 조사할 권한을 가지며, 이 수입위생조건과 일치하지 않은 사항을 발견 시 대한민국으로 가금육 등의 수출을 중지시킬 수 있다. 이때 수출국 정부는 대한민국 정부 수의관의 현지점검 등에 적극 협조하여야 한다.

② 수출국 정부는 수출작업장 또는 제조시설이 파산, 영업장 폐쇄 등의 사유로 수출 작업을 중단한 경우 해당 수출작업장 또는 제조시설의 승인을 취소하고 즉시 이를 대한민국 정부에 통보하여야 한다.

③ 대한민국 정부는 수출작업장 또는 제조시설로 승인한 날 또는 최종 수출일로부터 3년 이상 대한민국으로 가금육 등의 수출 실적이 없는 수출작업장 또는 제조시설에 대하여는 그 승인을 취소할 수 있다. 대한민국 정부는 승인 취소 결정 전 수출국 정부에 이러한 사항을 통보하고 수출국 정부와 협의해야 한다.

④ 수출작업장에는 일일도축, 가공 및 보관에 대한 기록원본이 2년 이상 보관되어야 하며, 대한민국으로 수출된 가금육에 대한 원산농장 등 관련 자료를 구비하고 있어야 한다.

제12조(국가잔류물질 검사 프로그램 등) 수출국 정부는 가금육에 대한 유해잔류물질 검사 프로그램과 그 실시결과(검사기관의 시설, 인력, 연간검사계획, 검사방법, 검사결과 등을 명시할 것)를 영문으로 작성하여 매년 대한민국 정부에 제출하여야 한다.

제13조(불합격 조치 등) 대한민국 정부는 가금육 등에 대한 수입검역·검사 중 이 수입위생조건에 부적합한 사항이 발견되는 경우에는 해당 가금육 등에 대하여 반송 또는 폐기처분을 명할 수 있으며, 가금육 등에 대한 검역중단 또는 해당 수출작업장에 대해 수출중단 조치를 취할 수 있다.

부칙 〈제2015-121호, 2015. 9. 15.〉

제1조(시행일)이 고시는 2015. 10. 15일부터 시행한다.

제2조(재검토기한)농림축산식품부 장관은 이 고시에 대하여 2016년 1월 1일을 기준으로 매3년이 되는 시점(매 3년째의 12월 31까지를 말한다)마다 그 타당성을 검토하여 개선 등의 조치를 하여야 한다.

제3조(이 고시의 적용배제)이 고시에도 불구하고 개별 수입위생조건 또는 수입조건이 정해진 경우에는 이 고시를 적용하지 아니한다.

제4조(경과조치)이 고시 시행 당시 「스웨덴산 가금육 및 가금생산물 수입위생조건」(농림축산식품부 고시 제2013-156호, 2013. 10. 07.)에 따라 수입된 가금육 등은 이 수입위생조건을 따른 것으로 본다.

스웨덴산 돼지고기 및 돼지생산물 수입위생조건

[시행 2015. 11. 1.] [농림축산식품부고시 제2015-65호, 2015. 7. 22., 제정.]

농림축산식품부(검역정책과), 044-201-2076

제1조(목적) 이 고시는 가축전염병 예방법 제34조제2항의 규정에 따라 스웨덴(이하 "수출국"이라 한다)에서 대한민국으로 수출하는 돼지고기 및 돼지생산물(이하 "돼지고기 등"이라 한다)에 대한 수출국의 검역 내용 및 위생 상황 등을 규정함을 목적으로 한다.

제2조(용어의 정의) 이 수입위생조건에서 사용하는 용어의 뜻은 다음과 같다.

 1. "돼지고기"는 가축화된 사육돼지(domestic pigs)에서 유래한 식용을 목적으로 하는 신선, 냉장 또는 냉동 고기, 식육부산물 및 식육가공품을 말한다.

 2. "식육부산물"은 내장, 머리 등 지육(枝肉), 정육(精肉) 이외의 부분을 말한다.

 3. "식육가공품"이란 햄류, 소시지류, 베이컨류, 건조저장육류, 양념육류, 그 밖의 식육을 원료로 하여 가공한 것을 말한다.

 4. "비식용 돼지생산물"은 식용을 목적으로 하지 않는 돼지 유래 생산물과 이를 원료로 하여 가공한 것을 말한다.

 5. "수출국 정부"는 수출국의 동물·축산물 검역당국을 말한다.

 6. "수출국 정부 수의관"은 "수출국 정부" 소속 수의사로서 검역관을 말한다.

 7. "수출작업장"은 대한민국으로 수출되는 돼지고기 등을 생산, 가공, 포장 또는 보관하는 도축장, 식육포장처리장, 가공장 및 보관장을 말한다.

제3조(출생·사육조건) 돼지고기 등을 생산하기 위한 돼지는 수출국내에서 출생하여 사육되었거나, 대한민국 정부가 대한민국으로 돼지고기의 수출자격이 있는 것으로 인정한 국가에서 수출국으로 수입되어 도축 전 3개월 이상 사육된 것이어야 한다.

제4조(국가 질병 비발생 조건) ① 수출국은 수출 전 1년간 구제역, 수출 전 2년간 수포성구내염·돼지수포병·우역, 수출 전 3년간 아프리카돼지열병의 발생사실이 없어야 하며, 이들 질병에 대한 예방접종을 실시하지 않아야 한다. 다만, 수출국 정부가 효과적인 살처분정책을 수행하고 있다고 대한민국 농림축산식품부장관이 인정하는 질병에 대하여 그 기간을 세계동물보건기구(OIE) 기준에 따라 단축할 수 있다.

② 수출국은 수출 전 1년간 돼지열병(야생돼지의 발생은 제외한다)이 발생한 사실이 없거나 대한민국 정부가 청정 국가로 인정하여야 하며 이 질병에 대하여 예방접종을 실시하지 않아야 한다. 만일 수출국내에 돼지열병이 발생한 경우 돼지고기 등은 대한민국 정부가 인정한 돼지열병 청정 지역에서 유래하여야 한다.

제5조(농장 질병 비발생 조건) 돼지고기 등을 생산하기 위한 돼지가 출생·사육되어진 농장은 도축 전 3년간 브루셀라병, 도축 전 2년간 탄저, 도축 전 1년간 돼지오제스키병의 발생이 없는 곳이어야

하며, 또한 이들 질병과 관련하여 수출국 정부에 의한 방역상 제한조치를 받지 않고 있는 지역 내에 위치하여야 한다.

제6조(수출작업장 조건) ① 수출작업장 또는 제조시설은 수출국의 관련 규정에 의거하여 등록된 곳으로 수출국 정부에서 위생점검을 실시하여 적합한 작업장을 대한민국 정부에 통보하고 그 중 대한민국 정부가 현지점검 또는 기타 방법을 통하여 승인한 곳이어야 한다.

② 수출작업장은 수출국 정부의 위생 감독 하에 있어야 하며 수출국 정부가 실시하는 정기적인 위생점검 결과 이상이 없어야 한다.

③ 수출작업장은 제5조에 열거된 질병의 감염지역 내에 위치하여서는 아니 되며, 대한민국에 수출하기 위하여 작업을 실시하는 동안은 대한민국 정부가 우제류 동물 및 그 생산물의 수입을 허용하지 않는 국가 또는 지역을 경유한 동물 및 그 생산물을 취급하여서는 아니 된다.

제7조(돼지고기 등의 조건) ① 돼지고기 등은 수출작업장 내에서 수출국 정부 수의관이 실시하는 생체 및 해체검사 결과 건강한 돼지로부터 생산된 것으로 식용에 적합한 것이어야 한다.

② 식용을 목적으로 하는 돼지고기 등은 선모충증, 유구낭충증, 포충증에 대한 검사결과 이상이 없어야 한다.

③ 돼지고기 등을 생산하기 위하여 도축, 해체, 가공, 포장 및 보관 작업을 할 때에는 동일 장소에서 동등 이상의 위생 상태에 있지 아니한 동물 및 그 생산물을 취급하여서는 아니 되며 식육가공품의 원료육은 대한민국으로 수출이 가능한 것만 사용해야 한다.

④ 돼지고기 등은 공중위생상 위해를 일으키는 잔류물질(항균제·농약·호르몬제 등), 미생물, 방사선조사, 이온화처리 및 식품첨가물(보존료, 연육제 등) 등에 관한 대한민국 정부의 관련 규정에 적합해야 한다.

⑤ 돼지고기 등은 어떠한 가축의 전염성 질병의 병원체에도 오염되지 않는 방법으로 처리되어야 하며 돼지고기 등을 포장한 포장지는 위생적이고 인체에 무해한 것이어야 한다. 또한 내용물 또는 포장에는 작업장 번호가 표시되어야 하며 공중위생상 위해가 없는 방법으로 처리되었다는 합격표시를 받아야 한다. 이에 대한 합격표시는 사전에 대한민국 정부에 통보된 것이어야 한다.

제8조(수출검역증명서의 기재사항) 수출국 정부 수의관은 돼지고기 등의 선적 전 다음의 각 사항을 한글 또는 영문으로 상세히 기재한 수출검역증명서를 발급하여야 한다.

가. 돼지고기

1. 제3조, 제4조, 제5조, 제6조 및 제7조에서 명시된 사항
2. 품명, 포장형태, 포장수량 및 중량 (N/W) : 최종 식육포장 또는 가공작업장별로 기재
3. 도축장, 식육포장처리장, 가공장, 보관장의 명칭, 주소 및 승인번호
4. 도축기간(개시일자 및 종료일자), 식육포장처리기간 및/또는 가공기간(개시일자 및 종료일자)
5. 컨테이너 번호 및 봉인번호
6. 선박명 또는 항공기명, 선적일자 및 선적지명
7. 수출자 및 수입자의 주소, 성명(업체명)

      8. 수출검역증명서 발급일자, 발급장소, 발급자의 소속, 직책, 성명 및 서명
  나. 비식용 돼지생산물
    1. 제4조 및 제7조제1항에 명시된 사항
    2. 품명, 포장형태, 포장수량 및 중량 (N/W) : 최종 제조시설별로 기재
    3. 제조시설의 명칭 및 주소 (승인번호가 있을 경우 승인번호 기재)
    4. 컨테이너 번호 및 봉인번호
    5. 선박명 또는 항공기명, 선적일자 및 선적지명
    6. 수출자 및 수입자의 주소, 성명(업체명)
    7. 수출검역증명서 발급일자, 발급장소, 발급자의 소속, 직책, 성명 및 서명

제9조(운송) 돼지고기 등은 수출국 정부 수의관의 감독 하에 봉인되어 대한민국에 도착 시까지 가축의 전염성 질병의 병원체에 오염되지 않고 변질, 부패 등 공중위생상 위해가 없도록 안전하게 수송하여야 하며, 수송 중에는 대한민국 정부가 우제류 동물 및 그 생산물의 수입을 허용하지 않는 지역을 경유하여서는 아니 된다. 다만, 급유 등의 이유로 단순 기항(착)하는 것은 예외로 한다.

제10조(수출국내 질병발생시 조치) 수출국 정부는 수출국내에서 제4조에서 정한 질병 또는 신종 악성가축전염성 질병이 발생하거나 그 의사환축이 발생한 경우 또는 동 질병에 대한 예방접종을 실시키로 한 경우에는 대한민국으로 돼지고기 등의 수출을 중지함과 동시에 그 사실을 FAX 등을 통하여 대한민국 정부에 즉시 통보하여야 하며, 수출을 재개하고자 하는 경우 대한민국 정부와 협의하여야 한다.

제11조(수출작업장 현지점검) ① 대한민국 정부 수의관은 승인된 수출작업장 또는 제조시설의 현지점검 및 기록원부를 조사할 권한을 가지며, 이 수입위생조건과 일치하지 않은 사항을 발견 시 대한민국으로의 돼지고기 등의 수출을 중지시킬 수 있다. 이때 수출국 정부는 대한민국 정부 수의관의 현지점검 등에 적극 협조하여야 한다.

② 수출국 정부는 수출작업장 또는 제조시설이 파산, 영업장 폐쇄 등의 사유로 수출 작업을 중단한 경우 해당 수출작업장 또는 제조시설의 승인을 취소하고 즉시 이를 대한민국 정부에 통보하여야 한다.

③ 대한민국 정부는 수출작업장 또는 제조시설로 승인된 날로부터 또는 최종 수출일로부터 3년 이상 대한민국으로 돼지고기 등의 수출이 없는 수출작업장 또는 제조시설에 대하여는 그 승인을 취소할 수 있다. 대한민국 정부는 승인 취소 결정 전 수출국 정부에 이러한 사항을 통보하고 수출국 정부와 협의해야 한다.

④ 수출작업장에는 일일 도축, 가공 및 보관에 대한 기록원본이 2년 이상 보관되어야 하며, 대한민국으로 수출된 돼지고기의 생산농장 등 관련 자료를 구비하고 있어야 한다.

제12조(국가잔류물질 검사 프로그램 등) 수출국 정부는 식육(食肉)내 유해잔류물질 검사 프로그램과 그 실시결과(검사기관과 시설, 인력, 연간검사계획, 검사방법, 검사결과 등을 명시할 것)를 영문으로 작성하여 매년 대한민국 정부에 제출하여야 한다.

제13조(돼지고기 등의 불합격 조치 등) 대한민국 정부는 돼지고기 등에 대한 검역 중 이 수입위생조건에 부적합한 사항이 발견되는 경우에는 해당 돼지고기 등에 대하여 반송 또는 폐기처분을 명할 수 있으며, 돼지고기 등에 대한 검역중단 또는 해당 수출작업장에 대해 수출중단 조치를 취할 수 있다.

부칙 〈제2015-65호, 2015. 7. 22.〉

제1조(시행일)이 고시는 '15. 11. 01일부터 시행한다.

제2조(경과조치)이 고시 시행 당시 수입검역 신청이 접수된 수입 돼지고기 등에 대하여는 종전의 규정인「스웨덴산 돼지 및 그 생산물 수입위생조건」(농림축산식품부 고시 제2013-256호, 2013. 10. 07.)을 적용한다.

제3조(이 고시의 적용배제)이 고시에도 불구하고 우제류동물유래의 천연케이싱 등 개별 수입위생조건 또는 수입조건이 정해진 경우에는 이 고시를 적용하지 아니한다.

제4조(재검토기한)농림축산식품부 장관은 이 고시에 대하여 2016년 1월 1일을 기준으로 매3년이 되는 시점(매 3년째의 12월 31까지를 말한다)마다 그 타당성을 검토하여 개선 등의 조치를 하여야 한다.

스위스산 돼지고기 및 돼지생산물 수입위생조건

[시행 2015. 11. 1.] [농림축산식품부고시 제2015-66호, 2015. 7. 22., 제정.]

농림축산식품부(검역정책과), 044-201-2076

제1조(목적) 이 고시는 가축전염병 예방법 제34조제2항의 규정에 따라 스위스(이하 "수출국"이라 한다)에서 대한민국으로 수출하는 돼지고기 및 돼지생산물(이하 "돼지고기 등"이라 한다)에 대한 수출국의 검역 내용 및 위생 상황 등을 규정함을 목적으로 한다.

제2조(용어의 정의) 이 수입위생조건에서 사용하는 용어의 뜻은 다음과 같다.

1. "돼지고기"는 가축화된 사육돼지(domestic pigs)에서 유래한 식용을 목적으로 하는 신선, 냉장 또는 냉동 고기, 식육부산물 및 식육가공품을 말한다.

2. "식육부산물"은 내장, 머리 등 지육(枝肉), 정육(精肉) 이외의 부분을 말한다.

3. "식육가공품"이란 햄류, 소시지류, 베이컨류, 건조저장육류, 양념육류, 그 밖의 식육을 원료로 하여 가공한 것을 말한다.

4. "비식용 돼지생산물"은 식용을 목적으로 하지 않는 돼지 유래 생산물과 이를 원료로 하여 가공한 것을 말한다.

5. "수출국 정부"는 수출국의 동물·축산물 검역당국을 말한다.

6. "수출국 정부 수의관"은 "수출국 정부" 소속 수의사로서 검역관을 말한다.

7. "수출작업장"은 대한민국으로 수출되는 돼지고기 등을 생산, 가공, 포장 또는 보관하는 도축장, 식육포장처리장, 가공장 및 보관장을 말한다.

제3조(출생·사육조건) 돼지고기 등을 생산하기 위한 돼지는 수출국내에서 출생하여 사육되었거나, 대한민국 정부가 대한민국으로 돼지고기의 수출자격이 있는 것으로 인정한 국가에서 수출국으로 수입되어 도축 전 3개월 이상 사육된 것이어야 한다.

제4조(국가 질병 비발생 조건) ① 수출국은 수출 전 1년간 구제역, 수출 전 2년간 수포성구내염·돼지수포병·우역, 수출 전 3년간 아프리카돼지열병의 발생사실이 없어야 하며, 이들 질병에 대한 예방접종을 실시하지 않아야 한다. 다만, 수출국 정부가 효과적인 살처분정책을 수행하고 있다고 대한민국 농림축산식품부장관이 인정하는 질병에 대하여 그 기간을 세계동물보건기구(OIE) 기준에 따라 단축할 수 있다.

② 수출국은 수출 전 1년간 돼지열병(야생돼지의 발생은 제외한다)이 발생한 사실이 없거나 대한민국 정부가 청정 국가로 인정하여야 하며 이 질병에 대하여 예방접종을 실시하지 않아야 한다. 만일 수출국내에 돼지열병이 발생한 경우 돼지고기 등은 대한민국 정부가 인정한 돼지열병 청정 지역에서 유래하여야 한다.

제5조(농장 질병 비발생 조건) 돼지고기 등을 생산하기 위한 돼지가 출생·사육되어진 농장은 도축 전 3년간 브루셀라병, 도축 전 2년간 탄저, 도축 전 1년간 돼지오제스키병의 발생이 없는 곳이어야 하며, 또한 이들 질병과 관련하여 수출국 정부에 의한 방역상 제한조치를 받지 않고 있는 지역 내에 위치하여야 한다.

제6조(수출작업장 조건) ① 수출작업장 또는 제조시설은 수출국의 관련 규정에 의거하여 등록된 곳으로 수출국 정부에서 위생점검을 실시하여 적합한 작업장을 대한민국 정부에 통보하고 그 중 대한민국 정부가 현지점검 또는 기타 방법을 통하여 승인한 곳이어야 한다.

② 수출작업장은 수출국 정부의 위생 감독 하에 있어야 하며 수출국 정부가 실시하는 정기적인 위생점검 결과 이상이 없어야 한다.

③ 수출작업장은 제5조에 열거된 질병의 감염지역 내에 위치하여서는 아니 되며, 대한민국에 수출하기 위하여 작업을 실시하는 동안은 대한민국 정부가 우제류 동물 및 그 생산물의 수입을 허용하지 않는 국가 또는 지역을 경유한 동물 및 그 생산물을 취급하여서는 아니 된다.

제7조(돼지고기 등의 조건) ① 돼지고기 등은 수출작업장 내에서 수출국 정부 수의관이 실시하는 생체 및 해체검사 결과 건강한 돼지로부터 생산된 것으로 식용에 적합한 것이어야 한다.

② 식용을 목적으로 하는 돼지고기 등은 선모충증, 유구낭충증, 포충증에 대한 검사결과 이상이 없어야 한다.

③ 돼지고기 등을 생산하기 위하여 도축, 해체, 가공, 포장 및 보관 작업을 할 때에는 동일 장소에서 동등 이상의 위생 상태에 있지 아니한 동물 및 그 생산물을 취급하여서는 아니 되며 식육가공품의 원료육은 대한민국으로 수출이 가능한 것만 사용해야 한다.

④ 돼지고기 등은 공중위생상 위해를 일으키는 잔류물질(항균제·농약·호르몬제 등), 미생물, 방사선조사, 이온화처리 및 식품첨가물(보존료, 연육제 등) 등에 관한 대한민국 정부의 관련 규정에 적합해야 한다.

⑤ 돼지고기 등은 어떠한 가축의 전염성 질병의 병원체에도 오염되지 않는 방법으로 처리되어야 하며 돼지고기 등을 포장한 포장지는 위생적이고 인체에 무해한 것이어야 한다. 또한 내용물 또는 포장에는 작업장 번호가 표시되어야 하며 공중위생상 위해가 없는 방법으로 처리되었다는 합격표시를 받아야 한다. 이에 대한 합격표시는 사전에 대한민국 정부에 통보된 것이어야 한다.

제8조(수출검역증명서의 기재사항) 수출국 정부 수의관은 돼지고기 등의 선적 전 다음의 각 사항을 한글 또는 영문으로 상세히 기재한 수출검역증명서를 발급하여야 한다.

  가. 돼지고기

    1. 제3조, 제4조, 제5조, 제6조 및 제7조에서 명시된 사항

2. 품명, 포장형태, 포장수량 및 중량 (N/W) : 최종 식육포장 또는 가공작업장별로 기재
　　3. 도축장, 식육포장처리장, 가공장, 보관장의 명칭, 주소 및 승인번호
　　4. 도축기간(개시일자 및 종료일자), 식육포장처리기간 및/또는 가공기간(개시일자 및 종료일자)
　　5. 컨테이너 번호 및 봉인번호
　　6. 선박명 또는 항공기명, 선적일자 및 선적지명
　　7. 수출자 및 수입자의 주소, 성명(업체명)
　　8. 수출검역증명서 발급일자, 발급장소, 발급자의 소속, 직책, 성명 및 서명
　나. 비식용 돼지생산물
　　1. 제4조 및 제7조제1항에 명시된 사항
　　2. 품명, 포장형태, 포장수량 및 중량 (N/W) : 최종 제조시설별로 기재
　　3. 제조시설의 명칭 및 주소 (승인번호가 있을 경우 승인번호 기재)
　　4. 컨테이너 번호 및 봉인번호
　　5. 선박명 또는 항공기명, 선적일자 및 선적지명
　　6. 수출자 및 수입자의 주소, 성명(업체명)
　　7. 수출검역증명서 발급일자, 발급장소, 발급자의 소속, 직책, 성명 및 서명

제9조(운송) 돼지고기 등은 수출국 정부 수의관의 감독 하에 봉인되어 대한민국에 도착 시까지 가축의 전염성 질병의 병원체에 오염되지 않고 변질, 부패 등 공중위생상 위해가 없도록 안전하게 수송하여야 하며, 수송 중에는 대한민국 정부가 우제류 동물 및 그 생산물의 수입을 허용하지 않는 지역을 경유하여서는 아니 된다. 다만, 급유 등의 이유로 단순 기항(착)하는 것은 예외로 한다.

제10조(수출국내 질병발생시 조치) 수출국 정부는 수출국내에서 제4조에서 정한 질병 또는 신종 악성가축전염성 질병이 발생하거나 그 의사환축이 발생한 경우 또는 동 질병에 대한 예방접종을 실시키로 한 경우에는 대한민국으로 돼지고기 등의 수출을 중지함과 동시에 그 사실을 FAX 등을 통하여 대한민국 정부에 즉시 통보하여야 하며, 수출을 재개하고자 하는 경우 대한민국 정부와 협의하여야 한다.

제11조(수출작업장 현지점검) ① 대한민국 정부 수의관은 승인된 수출작업장 또는 제조시설의 현지점검 및 기록원부를 조사할 권한을 가지며, 이 수입위생조건과 일치하지 않은 사항을 발견 시 대한민국으로의 돼지고기 등의 수출을 중지시킬 수 있다. 이때 수출국 정부는 대한민국 정부 수의관의 현지점검 등에 적극 협조하여야 한다.

② 수출국 정부는 수출작업장 또는 제조시설이 파산, 영업장 폐쇄 등의 사유로 수출 작업을 중단한 경우 해당 수출작업장 또는 제조시설의 승인을 취소하고 즉시 이를 대한민국 정부에 통보하여야 한다.

③ 대한민국 정부는 수출작업장 또는 제조시설로 승인된 날로부터 또는 최종 수출일로부터 3년 이상 대한민국으로 돼지고기 등의 수출이 없는 수출작업장 또는 제조시설에 대하여는 그 승인을 취소할 수 있다. 대한민국 정부는 승인 취소 결정 전 수출국 정부에 이러한 사항을 통보하고 수출국 정부와

협의해야 한다.

④ 수출작업장에는 일일 도축, 가공 및 보관에 대한 기록원본이 2년 이상 보관되어야 하며, 대한민국으로 수출된 돼지고기의 생산농장 등 관련 자료를 구비하고 있어야 한다.

제12조(국가잔류물질 검사 프로그램 등) 수출국 정부는 식육(食肉)내 유해잔류물질 검사 프로그램과 그 실시결과(검사기관과 시설, 인력, 연간검사계획, 검사방법, 검사결과 등을 명시할 것)를 영문으로 작성하여 매년 대한민국 정부에 제출하여야 한다.

제13조(돼지고기 등의 불합격 조치 등) 대한민국 정부는 돼지고기 등에 대한 검역 중 이 수입위생조건에 부적합한 사항이 발견되는 경우에는 해당 돼지고기 등에 대하여 반송 또는 폐기처분을 명할 수 있으며, 돼지고기 등에 대한 검역중단 또는 해당 수출작업장에 대해 수출중단 조치를 취할 수 있다.

부칙 〈제2015-66호, 2015. 7. 22.〉

제1조(시행일) 이 고시는 '15. 11. 01일부터 시행한다.

제2조(경과조치) 이 고시 시행 당시 수입검역 신청이 접수된 수입 돼지고기 등에 대하여는 종전의 규정인「스위스산 돼지 및 그 생산물 수입위생조건」(농림축산식품부 고시 제2013-255호, 2013. 10. 07.)을 적용한다.

제3조(이 고시의 적용배제) 이 고시에도 불구하고 우제류동물유래의 천연케이싱 등 개별 수입위생조건 또는 수입조건이 정해진 경우에는 이 고시를 적용하지 아니한다.

제4조(재검토기한) 농림축산식품부 장관은 이 고시에 대하여 2016년 1월 1일을 기준으로 매3년이 되는 시점(매 3년째의 12월 31까지를 말한다)마다 그 타당성을 검토하여 개선 등의 조치를 하여야 한다.

스페인산 돼지고기 및 돼지생산물 수입위생조건

[시행 2015. 11. 1.] [농림축산식품부고시 제2015-67호, 2015. 7. 22., 전부개정.]

농림축산식품부(검역정책과), 044-201-2076

제1조(목적) 이 고시는 가축전염병 예방법 제34조제2항의 규정에 따라 스페인(이하 "수출국"이라 한다)에서 대한민국으로 수출하는 돼지고기 및 돼지생산물(이하 "돼지고기 등"이라 한다)에 대한 수출국의 검역 내용 및 위생 상황 등을 규정함을 목적으로 한다.

제2조(용어의 정의) 이 수입위생조건에서 사용하는 용어의 뜻은 다음과 같다.
 1. "돼지고기"는 가축화된 사육돼지(domestic pigs)에서 유래한 식용을 목적으로 하는 신선, 냉장 또는 냉동 고기, 식육부산물 및 식육가공품을 말한다.
 2. "식육부산물"은 내장, 머리 등 지육(枝肉), 정육(精肉) 이외의 부분을 말한다.
 3. "식육가공품"이란 햄류, 소시지류, 베이컨류, 건조저장육류, 양념육류, 그 밖의 식육을 원료로 하여 가공한 것을 말한다.
 4. "비식용 돼지생산물"은 식용을 목적으로 하지 않는 돼지 유래 생산물과 이를 원료로 하여 가공한 것을 말한다.
 5. "수출국 정부"는 수출국의 동물·축산물 검역당국을 말한다.
 6. "수출국 정부 수의관"은 "수출국 정부" 소속 수의사로서 검역관을 말한다.
 7. "수출작업장"은 대한민국으로 수출되는 돼지고기 등을 생산, 가공, 포장 또는 보관하는 도축장, 식육포장처리장, 가공장 및 보관장을 말한다.

제3조(출생·사육조건) 돼지고기 등을 생산하기 위한 돼지는 수출국내에서 출생하여 사육되었거나, 대한민국 정부가 대한민국으로 돼지고기의 수출자격이 있는 것으로 인정한 국가에서 수출국으로 수입되어 도축 전 3개월 이상 사육된 것이어야 한다.

제4조(국가 질병 비발생 조건) ① 수출국은 수출 전 1년간 구제역, 수출 전 2년간 수포성구내염·돼지수포병·우역, 수출 전 3년간 아프리카돼지열병의 발생사실이 없어야 하며, 이들 질병에 대한 예방접종을 실시하지 않아야 한다. 다만, 수출국 정부가 효과적인 살처분정책을 수행하고 있다고 대한민국 농림축산식품부장관이 인정하는 질병에 대하여 그 기간을 세계동물보건기구(OIE) 기준에 따라 단축할 수 있다.

② 수출국은 수출 전 1년간 돼지열병(야생돼지의 발생은 제외한다)이 발생한 사실이 없거나 대한민국 정부가 청정 국가로 인정하여야 하며 이 질병에 대하여 예방접종을 실시하지 않아야 한다. 만일 수출국내에 돼지열병이 발생한 경우 돼지고기 등은 대한민국 정부가 인정한 돼지열병 청정 지역에서 유래하여야 한다.

제5조(농장 질병 비발생 조건) 돼지고기 등을 생산하기 위한 돼지가 출생·사육되어진 농장은 도축 전 3년간 브루셀라병, 도축 전 2년간 탄저, 도축 전 1년간 돼지오제스키병의 발생이 없는 곳이어야 하며, 또한 이들 질병과 관련하여 수출국 정부에 의한 방역상 제한조치를 받지 않고 있는 지역 내에 위치하여야 한다.

제6조(수출작업장 조건) ① 수출작업장 또는 제조시설은 수출국의 관련 규정에 의거하여 등록된 곳으로 수출국 정부에서 위생점검을 실시하여 적합한 작업장을 대한민국 정부에 통보하고 그 중 대한민국 정부가 현지점검 또는 기타 방법을 통하여 승인한 곳이어야 한다.

② 수출작업장은 수출국 정부의 위생 감독 하에 있어야 하며 수출국 정부가 실시하는 정기적인 위생점검 결과 이상이 없어야 한다.

③ 수출작업장은 제5조에 열거된 질병의 감염지역 내에 위치하여서는 아니 되며, 대한민국에 수출하기 위하여 작업을 실시하는 동안은 대한민국 정부가 우제류 동물 및 그 생산물의 수입을 허용하지 않는 국가 또는 지역을 경유한 동물 및 그 생산물을 취급하여서는 아니 된다.

제7조(돼지고기 등의 조건) ① 돼지고기 등은 수출작업장 내에서 수출국 정부 수의관이 실시하는 생체 및 해체검사 결과 건강한 돼지로부터 생산된 것으로 식용에 적합한 것이어야 한다.

② 식용을 목적으로 하는 돼지고기 등은 선모충증, 유구낭충증, 포충증에 대한 검사결과 이상이 없어야 한다.

③ 돼지고기 등을 생산하기 위하여 도축, 해체, 가공, 포장 및 보관 작업을 할 때에는 동일 장소에서 동등 이상의 위생 상태에 있지 아니한 동물 및 그 생산물을 취급하여서는 아니 되며 식육가공품의 원료육은 대한민국으로 수출이 가능한 것만 사용해야 한다.

④ 돼지고기 등은 공중위생상 위해를 일으키는 잔류물질(항균제·농약·호르몬제 등), 미생물, 방사선조사, 이온화처리 및 식품첨가물(보존료, 연육제 등) 등에 관한 대한민국 정부의 관련 규정에 적합해야 한다.

⑤ 돼지고기 등은 어떠한 가축의 전염성 질병의 병원체에도 오염되지 않는 방법으로 처리되어야 하며 돼지고기 등을 포장한 포장지는 위생적이고 인체에 무해한 것이어야 한다. 또한 내용물 또는 포장에는 작업장 번호가 표시되어야 하며 공중위생상 위해가 없는 방법으로 처리되었다는 합격표시를 받아야 한다. 이에 대한 합격표시는 사전에 대한민국 정부에 통보된 것이어야 한다.

제8조(수출검역증명서의 기재사항) 수출국 정부 수의관은 돼지고기 등의 선적 전 다음의 각 사항을 한글 또는 영문으로 상세히 기재한 수출검역증명서를 발급하여야 한다.

가. 돼지고기
  1. 제3조, 제4조, 제5조, 제6조 및 제7조에서 명시된 사항

2. 품명, 포장형태, 포장수량 및 중량 (N/W) : 최종 식육포장 또는 가공작업장별로 기재
　　3. 도축장, 식육포장처리장, 가공장, 보관장의 명칭, 주소 및 승인번호
　　4. 도축기간(개시일자 및 종료일자), 식육포장처리기간 및/또는 가공기간(개시일자 및 종료일자)
　　5. 컨테이너 번호 및 봉인번호
　　6. 선박명 또는 항공기명, 선적일자 및 선적지명
　　7. 수출자 및 수입자의 주소, 성명(업체명)
　　8. 수출검역증명서 발급일자, 발급장소, 발급자의 소속, 직책, 성명 및 서명
　나. 비식용 돼지생산물
　　1. 제4조 및 제7조제1항에 명시된 사항
　　2. 품명, 포장형태, 포장수량 및 중량 (N/W) : 최종 제조시설별로 기재
　　3. 제조시설의 명칭 및 주소 (승인번호가 있을 경우 승인번호 기재)
　　4. 컨테이너 번호 및 봉인번호
　　5. 선박명 또는 항공기명, 선적일자 및 선적지명
　　6. 수출자 및 수입자의 주소, 성명(업체명)
　　7. 수출검역증명서 발급일자, 발급장소, 발급자의 소속, 직책, 성명 및 서명

제9조(운송) 돼지고기 등은 수출국 정부 수의관의 감독 하에 봉인되어 대한민국에 도착 시까지 가축의 전염성 질병의 병원체에 오염되지 않고 변질, 부패 등 공중위생상 위해가 없도록 안전하게 수송하여야 하며, 수송 중에는 대한민국 정부가 우제류 동물 및 그 생산물의 수입을 허용하지 않는 지역을 경유하여서는 아니 된다. 다만, 급유 등의 이유로 단순 기항(착)하는 것은 예외로 한다.

제10조(수출국내 질병발생시 조치) 수출국 정부는 수출국내에서 제4조에서 정한 질병 또는 신종 악성가축전염성 질병이 발생하거나 그 의사환축이 발생한 경우 또는 동 질병에 대한 예방접종을 실시키로 한 경우에는 대한민국으로 돼지고기 등의 수출을 중지함과 동시에 그 사실을 FAX 등을 통하여 대한민국 정부에 즉시 통보하여야 하며, 수출을 재개하고자 하는 경우 대한민국 정부와 협의하여야 한다.

제11조(수출작업장 현지점검) ① 대한민국 정부 수의관은 승인된 수출작업장 또는 제조시설의 현지점검 및 기록원부를 조사할 권한을 가지며, 이 수입위생조건과 일치하지 않은 사항을 발견 시 대한민국으로의 돼지고기 등의 수출을 중지시킬 수 있다. 이때 수출국 정부는 대한민국 정부 수의관의 현지점검 등에 적극 협조하여야 한다.

② 수출국 정부는 수출작업장 또는 제조시설이 파산, 영업장 폐쇄 등의 사유로 수출 작업을 중단한 경우 해당 수출작업장 또는 제조시설의 승인을 취소하고 즉시 이를 대한민국 정부에 통보하여야 한다.

③ 대한민국 정부는 수출작업장 또는 제조시설로 승인된 날로부터 또는 최종 수출일로부터 3년 이상 대한민국으로 돼지고기 등의 수출이 없는 수출작업장 또는 제조시설에 대하여는 그 승인을 취소할 수 있다. 대한민국 정부는 승인 취소 결정 전 수출국 정부에 이러한 사항을 통보하고 수출국 정부와

협의해야 한다.

④ 수출작업장에는 일일 도축, 가공 및 보관에 대한 기록원본이 2년 이상 보관되어야 하며, 대한민국으로 수출된 돼지고기의 생산농장 등 관련 자료를 구비하고 있어야 한다.

제12조(국가잔류물질 검사 프로그램 등) 수출국 정부는 식육(食肉)내 유해잔류물질 검사 프로그램과 그 실시결과(검사기관과 시설, 인력, 연간검사계획, 검사방법, 검사결과 등을 명시할 것)를 영문으로 작성하여 매년 대한민국 정부에 제출하여야 한다.

제13조(돼지고기 등의 불합격 조치 등) 대한민국 정부는 돼지고기 등에 대한 검역 중 이 수입위생조건에 부적합한 사항이 발견되는 경우에는 해당 돼지고기 등에 대하여 반송 또는 폐기처분을 명할 수 있으며, 돼지고기 등에 대한 검역중단 또는 해당 수출작업장에 대해 수출중단 조치를 취할 수 있다.

부칙 〈제2015-67호, 2015. 7. 22.〉

제1조(시행일)이 고시는 '15. 11. 01일부터 시행한다.

제2조(경과조치)이 고시 시행 당시 수입검역 신청이 접수된 수입 돼지고기 등에 대하여는 종전의 규정인「스페인산 돼지고기 및 돼지생산물 수입위생조건」(농림축산식품부 고시 제2013-257호, 2013. 10. 07.)을 적용한다.

제3조(이 고시의 적용배제)이 고시에도 불구하고 우제류동물유래의 천연케이싱 등 개별 수입위생조건 또는 수입조건이 정해진 경우에는 이 고시를 적용하지 아니한다.

제4조(재검토기한)농림축산식품부 장관은 이 고시에 대하여 2016년 1월 1일을 기준으로 매3년이 되는 시점(매 3년째의 12월 31까지를 말한다)마다 그 타당성을 검토하여 개선 등의 조치를 하여야 한다.

슬로바키아산 돼지고기 및 돼지생산물 수입위생조건

[시행 2015. 11. 1.] [농림축산식품부고시 제2015-68호, 2015. 7. 22., 제정.]

농림축산식품부(검역정책과), 044-201-2076

제1조(목적) 이 고시는 가축전염병 예방법 제34조제2항의 규정에 따라 슬로바키아(이하 "수출국"이라 한다)에서 대한민국으로 수출하는 돼지고기 및 돼지생산물(이하 "돼지고기 등"이라 한다)에 대한 수출국의 검역 내용 및 위생 상황 등을 규정함을 목적으로 한다.

제2조(용어의 정의) 이 수입위생조건에서 사용하는 용어의 뜻은 다음과 같다.

1. "돼지고기"는 가축화된 사육돼지(domestic pigs)에서 유래한 식용을 목적으로 하는 신선, 냉장 또는 냉동 고기, 식육부산물 및 식육가공품을 말한다.

2. "식육부산물"은 내장, 머리 등 지육(枝肉), 정육(精肉) 이외의 부분을 말한다.

3. "식육가공품"이란 햄류, 소시지류, 베이컨류, 건조저장육류, 양념육류, 그 밖의 식육을 원료로 하여 가공한 것을 말한다.

4. "비식용 돼지생산물"은 식용을 목적으로 하지 않는 돼지 유래 생산물과 이를 원료로 하여 가공한 것을 말한다.

5. "수출국 정부"는 수출국의 동물·축산물 검역당국을 말한다.

6. "수출국 정부 수의관"은 "수출국 정부" 소속 수의사로서 검역관을 말한다.

7. "수출작업장"은 대한민국으로 수출되는 돼지고기 등을 생산, 가공, 포장 또는 보관하는 도축장, 식육포장처리장, 가공장 및 보관장을 말한다.

제3조(출생·사육조건) 돼지고기 등을 생산하기 위한 돼지는 수출국내에서 출생하여 사육되었거나, 대한민국 정부가 대한민국으로 돼지고기의 수출자격이 있는 것으로 인정한 국가에서 수출국으로 수입되어 도축 전 3개월 이상 사육된 것이어야 한다.

제4조(국가 질병 비발생 조건) ① 수출국은 수출 전 1년간 구제역, 수출 전 2년간 수포성구내염·돼지수포병·우역, 수출 전 3년간 아프리카돼지열병의 발생사실이 없어야 하며, 이들 질병에 대한 예방접종을 실시하지 않아야 한다. 다만, 수출국 정부가 효과적인 살처분정책을 수행하고 있다고 대한민국 농림축산식품부장관이 인정하는 질병에 대하여 그 기간을 세계동물보건기구(OIE) 기준에 따라 단축할 수 있다.

② 수출국은 수출 전 1년간 돼지열병(야생돼지의 발생은 제외한다)이 발생한 사실이 없거나 대한민국 정부가 청정 국가로 인정하여야 하며 이 질병에 대하여 예방접종을 실시하지 않아야 한다. 만일 수출국내에 돼지열병이 발생한 경우 돼지고기 등은 대한민국 정부가 인정한 돼지열병 청정 지역에서 유래하여야 한다.

제5조(농장 질병 비발생 조건) 돼지고기 등을 생산하기 위한 돼지가 출생·사육되어진 농장은 도축 전 3년간 브루셀라병, 도축 전 2년간 탄저, 도축 전 1년간 돼지오제스키병의 발생이 없는 곳이어야 하며, 또한 이들 질병과 관련하여 수출국 정부에 의한 방역상 제한조치를 받지 않고 있는 지역 내에 위치하여야 한다.

제6조(수출작업장 조건) ① 수출작업장 또는 제조시설은 수출국의 관련 규정에 의거하여 등록된 곳으로 수출국 정부에서 위생점검을 실시하여 적합한 작업장을 대한민국 정부에 통보하고 그 중 대한민국 정부가 현지점검 또는 기타 방법을 통하여 승인한 곳이어야 한다.

② 수출작업장은 수출국 정부의 위생 감독 하에 있어야 하며 수출국 정부가 실시하는 정기적인 위생점검 결과 이상이 없어야 한다.

③ 수출작업장은 제5조에 열거된 질병의 감염지역 내에 위치하여서는 아니 되며, 대한민국에 수출하기 위하여 작업을 실시하는 동안은 대한민국 정부가 우제류 동물 및 그 생산물의 수입을 허용하지 않는 국가 또는 지역을 경유한 동물 및 그 생산물을 취급하여서는 아니 된다.

제7조(돼지고기 등의 조건) ① 돼지고기 등은 수출작업장 내에서 수출국 정부 수의관이 실시하는 생체 및 해체검사 결과 건강한 돼지로부터 생산된 것으로 식용에 적합한 것이어야 한다.

② 식용을 목적으로 하는 돼지고기 등은 선모충증, 유구낭충증, 포충증에 대한 검사결과 이상이 없어야 한다.

③ 돼지고기 등을 생산하기 위하여 도축, 해체, 가공, 포장 및 보관 작업을 할 때에는 동일 장소에서 동등 이상의 위생 상태에 있지 아니한 동물 및 그 생산물을 취급하여서는 아니 되며 식육가공품의 원료육은 대한민국으로 수출이 가능한 것만 사용해야 한다.

④ 돼지고기 등은 공중위생상 위해를 일으키는 잔류물질(항균제·농약·호르몬제 등), 미생물, 방사선조사, 이온화처리 및 식품첨가물(보존료, 연육제 등) 등에 관한 대한민국 정부의 관련 규정에 적합해야 한다.

⑤ 돼지고기 등은 어떠한 가축의 전염성 질병의 병원체에도 오염되지 않는 방법으로 처리되어야 하며 돼지고기 등을 포장한 포장지는 위생적이고 인체에 무해한 것이어야 한다. 또한 내용물 또는 포장에는 작업장 번호가 표시되어야 하며 공중위생상 위해가 없는 방법으로 처리되었다는 합격표시를 받아야 한다. 이에 대한 합격표시는 사전에 대한민국 정부에 통보된 것이어야 한다.

제8조(수출검역증명서의 기재사항) 수출국 정부 수의관은 돼지고기 등의 선적 전 다음의 각 사항을 한글 또는 영문으로 상세히 기재한 수출검역증명서를 발급하여야 한다.

가. 돼지고기
　1. 제3조, 제4조, 제5조, 제6조 및 제7조에서 명시된 사항

2. 품명, 포장형태, 포장수량 및 중량 (N/W) : 최종 식육포장 또는 가공작업장별로 기재
   3. 도축장, 식육포장처리장, 가공장, 보관장의 명칭, 주소 및 승인번호
   4. 도축기간(개시일자 및 종료일자), 식육포장처리기간 및/또는 가공기간(개시일자 및 종료일자)
   5. 컨테이너 번호 및 봉인번호
   6. 선박명 또는 항공기명, 선적일자 및 선적지명
   7. 수출자 및 수입자의 주소, 성명(업체명)
   8. 수출검역증명서 발급일자, 발급장소, 발급자의 소속, 직책, 성명 및 서명
  나. 비식용 돼지생산물
   1. 제4조 및 제7조제1항에 명시된 사항
   2. 품명, 포장형태, 포장수량 및 중량 (N/W) : 최종 제조시설별로 기재
   3. 제조시설의 명칭 및 주소 (승인번호가 있을 경우 승인번호 기재)
   4. 컨테이너 번호 및 봉인번호
   5. 선박명 또는 항공기명, 선적일자 및 선적지명
   6. 수출자 및 수입자의 주소, 성명(업체명)
   7. 수출검역증명서 발급일자, 발급장소, 발급자의 소속, 직책, 성명 및 서명
제9조(운송) 돼지고기 등은 수출국 정부 수의관의 감독 하에 봉인되어 대한민국에 도착 시까지 가축의 전염성 질병의 병원체에 오염되지 않고 변질, 부패 등 공중위생상 위해가 없도록 안전하게 수송하여야 하며, 수송 중에는 대한민국 정부가 우제류 동물 및 그 생산물의 수입을 허용하지 않는 지역을 경유하여서는 아니 된다. 다만, 급유 등의 이유로 단순 기항(착)하는 것은 예외로 한다.
제10조(수출국내 질병발생시 조치) 수출국 정부는 수출국내에서 제4조에서 정한 질병 또는 신종 악성가축전염성 질병이 발생하거나 그 의사환축이 발생한 경우 또는 동 질병에 대한 예방접종을 실시키로 한 경우에는 대한민국으로 돼지고기 등의 수출을 중지함과 동시에 그 사실을 FAX 등을 통하여 대한민국 정부에 즉시 통보하여야 하며, 수출을 재개하고자 하는 경우 대한민국 정부와 협의하여야 한다.
제11조(수출작업장 현지점검) ① 대한민국 정부 수의관은 승인된 수출작업장 또는 제조시설의 현지점검 및 기록원부를 조사할 권한을 가지며, 이 수입위생조건과 일치하지 않은 사항을 발견 시 대한민국으로의 돼지고기 등의 수출을 중지시킬 수 있다. 이때 수출국 정부는 대한민국 정부 수의관의 현지점검 등에 적극 협조하여야 한다.
② 수출국 정부는 수출작업장 또는 제조시설이 파산, 영업장 폐쇄 등의 사유로 수출 작업을 중단한 경우 해당 수출작업장 또는 제조시설의 승인을 취소하고 즉시 이를 대한민국 정부에 통보하여야 한다.
③ 대한민국 정부는 수출작업장 또는 제조시설로 승인된 날로부터 또는 최종 수출일로부터 3년 이상 대한민국으로 돼지고기 등의 수출이 없는 수출작업장 또는 제조시설에 대하여는 그 승인을 취소할 수 있다. 대한민국 정부는 승인 취소 결정 전 수출국 정부에 이러한 사항을 통보하고 수출국 정부와

협의해야 한다.

④ 수출작업장에는 일일 도축, 가공 및 보관에 대한 기록원본이 2년 이상 보관되어야 하며, 대한민국으로 수출된 돼지고기의 생산농장 등 관련 자료를 구비하고 있어야 한다.

제12조(국가잔류물질 검사 프로그램 등) 수출국 정부는 식육(食肉)내 유해잔류물질 검사 프로그램과 그 실시결과(검사기관과 시설, 인력, 연간검사계획, 검사방법, 검사결과 등을 명시할 것)를 영문으로 작성하여 매년 대한민국 정부에 제출하여야 한다.

제13조(돼지고기 등의 불합격 조치 등) 대한민국 정부는 돼지고기 등에 대한 검역 중 이 수입위생조건에 부적합한 사항이 발견되는 경우에는 해당 돼지고기 등에 대하여 반송 또는 폐기처분을 명할 수 있으며, 돼지고기 등에 대한 검역중단 또는 해당 수출작업장에 대해 수출중단 조치를 취할 수 있다.

부칙 〈제2015-68호, 2015. 7. 22.〉

제1조(시행일) 이 고시는 '15. 11. 01일부터 시행한다.

제2조(경과조치) 이 고시 시행 당시 수입검역 신청이 접수된 수입 돼지고기 등에 대하여는 종전의 규정인「슬로바키아산 돼지고기 수입위생조건」(농림축산식품부 고시 제2013-258호, 2013. 10. 07.)을 적용한다.

제3조(이 고시의 적용배제) 이 고시에도 불구하고 우제류동물유래의 천연케이싱 등 개별 수입위생조건 또는 수입조건이 정해진 경우에는 이 고시를 적용하지 아니한다.

제4조(재검토기한) 농림축산식품부 장관은 이 고시에 대하여 2016년 1월 1일을 기준으로 매3년이 되는 시점(매 3년째의 12월 31까지를 말한다)마다 그 타당성을 검토하여 개선 등의 조치를 하여야 한다.

아르헨티나 및 우루과이산 자비우육 수입위생조건

[시행 2016. 10. 6.] [농림축산식품부고시 제2016-104호, 2016. 10. 6., 일부개정.]

농림축산식품부(검역정책과), 044-201-2076

1. 자비우육은 수출국 정부기관의 수출용 시설로 지정되고 한국정부에 사전 통보되어 지정승인된 도축장 및 처리장에서 생산된 것으로서 다음의 조건에 의한 것이어야 한다.
    가. 원료 우육의 생축은 생산 및 사육과정에서 최근 60일동안 구제역 발생이 없는 농장에서 사육된 것이어야 한다.
    나. 원료 우육은 수출국 정부수의관에 의해 생체 해체 검사 결과 가축위생상 이상이 없는 것으로서 완전히 뼈를 제거한 것이어야 한다.
    다. 자비우육의 중심부 온도는 70℃ 이상에서 1분간 이상 유지되어야 한다.
    라. 자비우육의 절단면 및 육즙은 적색 또는 분홍색이 있어서는 아니된다.
    마. 가공 처리후 구제역 바이러스의 오염이 없어야 한다.
2. 용기와 포장은 수출국 정부기관에 의한 청결위생적인 검사증명서 표시를 표면에 명시하여야 한다.
3. 보관 및 수송은 다음 사항을 준수하여야 한다.
    가. 생산에서 선적시까지 보관 수송은 가축전염병 병원체에 오염될 우려가 없는 방법에 의하여야 한다.
    나. 탑재선은 출항후 도착까지 가축전염병 질병의 병원체에 오염될 우려가 없는 방법에 의하여 전용 콘테이너로 수송하여야 한다.
4. 수출국 정부기관은 다음 사항이 기재된 영문 검역증명서를 첨부하여야 한다.
    가. 도축장, 처리장 및 그 소재지
    나. 수출자명
    다. 수입자명 (한국)
    라. 자비우육 처리사항 (제조년월일, 육편의 중량, 가열온도, 가열시간, 심부온도 및 유지시간, 자비후 검사 결과, 보관장소 및 온도, 수출항, 선적년월일)
5. 기타사항을 다음과 같이 한다.
    가. 수출국정부는 자국내에서 악성가축전염병이 발생한 때에는 한국정부에 즉각 통보하여야 한다.

나. 자비우육을 생산하는 작업장(도축장, 가공장 및 보관장을 말하며, 이하 같다)은 수출국정부가 이 수입위생조건에 따라 자비우육 생산에 적합하다고 지정한 시설로서 한국정부에 사전 통보되고 한국정부가 현지점검 또는 그 밖의 방법으로 승인한 작업장이어야 한다.

부칙 〈제2016-104호, 2016. 10. 6.〉

제1조(시행일)이 고시는 발령한 날부터 시행한다.

제2조(재검토기한)농림축산식품부장관은 이 고시에 대하여 2017년 1월 1일을 기준으로 매 3년이 되는 시점(매 3년째의 12월 31일까지를 말한다)마다 그 타당성을 검토하여 개선 등의 조치를 하여야 한다.

아일랜드산 돼지고기 및 돼지생산물 수입위생조건

[시행 2015. 11. 1.] [농림축산식품부고시 제2015-69호, 2015. 7. 22., 제정.]

농림축산식품부(검역정책과), 044-201-2076

제1조(목적) 이 고시는 가축전염병 예방법 제34조제2항의 규정에 따라 아일랜드(이하 "수출국"이라 한다)에서 대한민국으로 수출하는 돼지고기 및 돼지생산물(이하 "돼지고기 등"이라 한다)에 대한 수출국의 검역 내용 및 위생 상황 등을 규정함을 목적으로 한다.

제2조(용어의 정의) 이 수입위생조건에서 사용하는 용어의 뜻은 다음과 같다.

1. "돼지고기"는 가축화된 사육돼지(domestic pigs)에서 유래한 식용을 목적으로 하는 신선, 냉장 또는 냉동 고기, 식육부산물 및 식육가공품을 말한다.

2. "식육부산물"은 내장, 머리 등 지육(枝肉), 정육(精肉) 이외의 부분을 말한다.

3. "식육가공품"이란 햄류, 소시지류, 베이컨류, 건조저장육류, 양념육류, 그 밖의 식육을 원료로 하여 가공한 것을 말한다.

4. "비식용 돼지생산물"은 식용을 목적으로 하지 않는 돼지 유래 생산물과 이를 원료로 하여 가공한 것을 말한다.

5. "수출국 정부"는 수출국의 동물·축산물 검역당국을 말한다.

6. "수출국 정부 수의관"은 "수출국 정부" 소속 수의사로서 검역관을 말한다.

7. "수출작업장"은 대한민국으로 수출되는 돼지고기 등을 생산, 가공, 포장 또는 보관하는 도축장, 식육포장처리장, 가공장 및 보관장을 말한다.

제3조(출생·사육조건) 돼지고기 등을 생산하기 위한 돼지는 수출국내에서 출생하여 사육되었거나, 대한민국 정부가 대한민국으로 돼지고기의 수출자격이 있는 것으로 인정한 국가에서 수출국으로 수입되어 도축 전 3개월 이상 사육된 것이어야 한다.

제4조(국가 질병 비발생 조건) ① 수출국은 수출 전 1년간 구제역, 수출 전 2년간 수포성구내염·돼지수포병·우역, 수출 전 3년간 아프리카돼지열병의 발생사실이 없어야 하며, 이들 질병에 대한 예방접종을 실시하지 않아야 한다. 다만, 수출국 정부가 효과적인 살처분정책을 수행하고 있다고 대한민국 농림축산식품부장관이 인정하는 질병에 대하여 그 기간을 세계동물보건기구(OIE) 기준에 따라 단축할 수 있다.

② 수출국은 수출 전 1년간 돼지열병(야생돼지의 발생은 제외한다)이 발생한 사실이 없거나 대한민국 정부가 청정 국가로 인정하여야 하며 이 질병에 대하여 예방접종을 실시하지 않아야 한다. 만일 수출국내에 돼지열병이 발생한 경우 돼지고기 등은 대한민국 정부가 인정한 돼지열병 청정 지역에서 유래하여야 한다.

제5조(농장 질병 비발생 조건) 돼지고기 등을 생산하기 위한 돼지가 출생·사육되어진 농장은 도축 전 3년간 브루셀라병, 도축 전 2년간 탄저, 도축 전 1년간 돼지오제스키병의 발생이 없는 곳이어야 하며, 또한 이들 질병과 관련하여 수출국 정부에 의한 방역상 제한조치를 받지 않고 있는 지역 내에 위치하여야 한다.

제6조(수출작업장 조건) ① 수출작업장 또는 제조시설은 수출국의 관련 규정에 의거하여 등록된 곳으로 수출국 정부에서 위생점검을 실시하여 적합한 작업장을 대한민국 정부에 통보하고 그 중 대한민국 정부가 현지점검 또는 기타 방법을 통하여 승인한 곳이어야 한다.

② 수출작업장은 수출국 정부의 위생 감독 하에 있어야 하며 수출국 정부가 실시하는 정기적인 위생점검 결과 이상이 없어야 한다.

③ 수출작업장은 제5조에 열거된 질병의 감염지역 내에 위치하여서는 아니 되며, 대한민국에 수출하기 위하여 작업을 실시하는 동안은 대한민국 정부가 우제류 동물 및 그 생산물의 수입을 허용하지 않는 국가 또는 지역을 경유한 동물 및 그 생산물을 취급하여서는 아니 된다.

제7조(돼지고기 등의 조건) ① 돼지고기 등은 수출작업장 내에서 수출국 정부 수의관이 실시하는 생체 및 해체검사 결과 건강한 돼지로부터 생산된 것으로 식용에 적합한 것이어야 한다.

② 식용을 목적으로 하는 돼지고기 등은 선모충증, 유구낭충증, 포충증에 대한 검사결과 이상이 없어야 한다.

③ 돼지고기 등을 생산하기 위하여 도축, 해체, 가공, 포장 및 보관 작업을 할 때에는 동일 장소에서 동등 이상의 위생 상태에 있지 아니한 동물 및 그 생산물을 취급하여서는 아니 되며 식육가공품의 원료육은 대한민국으로 수출이 가능한 것만 사용해야 한다.

④ 돼지고기 등은 공중위생상 위해를 일으키는 잔류물질(항균제·농약·호르몬제 등), 미생물, 방사선조사, 이온화처리 및 식품첨가물(보존료, 연육제 등) 등에 관한 대한민국 정부의 관련 규정에 적합해야 한다.

⑤ 돼지고기 등은 어떠한 가축의 전염성 질병의 병원체에도 오염되지 않는 방법으로 처리되어야 하며 돼지고기 등을 포장한 포장지는 위생적이고 인체에 무해한 것이어야 한다. 또한 내용물 또는 포장에는 작업장 번호가 표시되어야 하며 공중위생상 위해가 없는 방법으로 처리되었다는 합격표시를 받아야 한다. 이에 대한 합격표시는 사전에 대한민국 정부에 통보된 것이어야 한다.

제8조(수출검역증명서의 기재사항) 수출국 정부 수의관은 돼지고기 등의 선적 전 다음의 각 사항을 한글 또는 영문으로 상세히 기재한 수출검역증명서를 발급하여야 한다.

가. 돼지고기
  1. 제3조, 제4조, 제5조, 제6조 및 제7조에서 명시된 사항

2. 품명, 포장형태, 포장수량 및 중량 (N/W) : 최종 식육포장 또는 가공작업장별로 기재
   3. 도축장, 식육포장처리장, 가공장, 보관장의 명칭, 주소 및 승인번호
   4. 도축기간(개시일자 및 종료일자), 식육포장처리기간 및/또는 가공기간(개시일자 및 종료일자)
   5. 컨테이너 번호 및 봉인번호
   6. 선박명 또는 항공기명, 선적일자 및 선적지명
   7. 수출자 및 수입자의 주소, 성명(업체명)
   8. 수출검역증명서 발급일자, 발급장소, 발급자의 소속, 직책, 성명 및 서명
 나. 비식용 돼지생산물
   1. 제4조 및 제7조제1항에 명시된 사항
   2. 품명, 포장형태, 포장수량 및 중량 (N/W) : 최종 제조시설별로 기재
   3. 제조시설의 명칭 및 주소 (승인번호가 있을 경우 승인번호 기재)
   4. 컨테이너 번호 및 봉인번호
   5. 선박명 또는 항공기명, 선적일자 및 선적지명
   6. 수출자 및 수입자의 주소, 성명(업체명)
   7. 수출검역증명서 발급일자, 발급장소, 발급자의 소속, 직책, 성명 및 서명

제9조(운송) 돼지고기 등은 수출국 정부 수의관의 감독 하에 봉인되어 대한민국에 도착 시까지 가축의 전염성 질병의 병원체에 오염되지 않고 변질, 부패 등 공중위생상 위해가 없도록 안전하게 수송하여야 하며, 수송 중에는 대한민국 정부가 우제류 동물 및 그 생산물의 수입을 허용하지 않는 지역을 경유하여서는 아니 된다. 다만, 급유 등의 이유로 단순 기항(착)하는 것은 예외로 한다.

제10조(수출국내 질병발생시 조치) 수출국 정부는 수출국내에서 제4조에서 정한 질병 또는 신종 악성가축전염성 질병이 발생하거나 그 의사환축이 발생한 경우 또는 동 질병에 대한 예방접종을 실시키로 한 경우에는 대한민국으로 돼지고기 등의 수출을 중지함과 동시에 그 사실을 FAX 등을 통하여 대한민국 정부에 즉시 통보하여야 하며, 수출을 재개하고자 하는 경우 대한민국 정부와 협의하여야 한다.

제11조(수출작업장 현지점검) ① 대한민국 정부 수의관은 승인된 수출작업장 또는 제조시설의 현지점검 및 기록원부를 조사할 권한을 가지며, 이 수입위생조건과 일치하지 않은 사항을 발견 시 대한민국으로의 돼지고기 등의 수출을 중지시킬 수 있다. 이때 수출국 정부는 대한민국 정부 수의관의 현지점검 등에 적극 협조하여야 한다.

② 수출국 정부는 수출작업장 또는 제조시설이 파산, 영업장 폐쇄 등의 사유로 수출 작업을 중단한 경우 해당 수출작업장 또는 제조시설의 승인을 취소하고 즉시 이를 대한민국 정부에 통보하여야 한다.

③ 대한민국 정부는 수출작업장 또는 제조시설로 승인된 날로부터 또는 최종 수출일로부터 3년 이상 대한민국으로 돼지고기 등의 수출이 없는 수출작업장 또는 제조시설에 대하여는 그 승인을 취소할 수 있다. 대한민국 정부는 승인 취소 결정 전 수출국 정부에 이러한 사항을 통보하고 수출국 정부와

협의해야 한다.

④ 수출작업장에는 일일 도축, 가공 및 보관에 대한 기록원본이 2년 이상 보관되어야 하며, 대한민국으로 수출된 돼지고기의 생산농장 등 관련 자료를 구비하고 있어야 한다.

제12조(국가잔류물질 검사 프로그램 등) 수출국 정부는 식육(食肉)내 유해잔류물질 검사 프로그램과 그 실시결과(검사기관과 시설, 인력, 연간검사계획, 검사방법, 검사결과 등을 명시할 것)를 영문으로 작성하여 매년 대한민국 정부에 제출하여야 한다.

제13조(돼지고기 등의 불합격 조치 등) 대한민국 정부는 돼지고기 등에 대한 검역 중 이 수입위생조건에 부적합한 사항이 발견되는 경우에는 해당 돼지고기 등에 대하여 반송 또는 폐기처분을 명할 수 있으며, 돼지고기 등에 대한 검역중단 또는 해당 수출작업장에 대해 수출중단 조치를 취할 수 있다.

부칙 〈제2015-69호, 2015. 7. 22.〉

제1조(시행일)이 고시는 '15. 11. 01일부터 시행한다.

제2조(경과조치)이 고시 시행 당시 수입검역 신청이 접수된 수입 돼지고기 등에 대하여는 종전의 규정인「아일랜드산 돼지 및 그 생산물 수입위생조건」(농림축산식품부 고시 제2013-259호, 2013. 10. 07.)을 적용한다.

제3조(이 고시의 적용배제)이 고시에도 불구하고 우제류동물유래의 천연케이싱 등 개별 수입위생조건 또는 수입조건이 정해진 경우에는 이 고시를 적용하지 아니한다.

제4조(재검토기한)농림축산식품부 장관은 이 고시에 대하여 2016년 1월 1일을 기준으로 매3년이 되는 시점(매 3년째의 12월 31까지를 말한다)마다 그 타당성을 검토하여 개선 등의 조치를 하여야 한다.

영국산 가금육 및 가금생산물 수입위생조건

[시행 2015. 10. 15.] [농림축산식품부고시 제2015-127호, 2015. 9. 15., 제정.]

농림축산식품부(검역정책과), 044-201-2076

제1조(목적) 이 고시는 가축전염병 예방법 제34조제2항의 규정에 따라 영국(이하 "수출국"이라 한다)에서 대한민국으로 수출하는 가금육 및 가금생산물(이하 "가금육 등"이라 한다)에 대한 수출국의 검역내용 및 위생상황 등을 규정함을 목적으로 한다.

제2조(정의) 이 수입위생조건에서 사용하는 용어의 뜻은 다음과 같다.
 1. "가금"은 닭·오리·거위·칠면조·메추리 및 꿩 등을 말한다.
 2. "가금육"은 가금에서 유래한 신선, 냉장 또는 냉동 고기, 열처리가금육, 식육부산물 및 식육가공품을 말한다.
 3. "열처리 가금육"은 중심부 온도를 기준으로 60℃에서 507초, 65℃에서 42초, 70℃에서 3.5초, 73.9℃에서 0.51초 이상 또는 이와 동등 이상의 효력이 있는 방법으로 처리된 가금육을 말한다.
 4. "식육부산물"은 지육, 정육 이외에 식용을 목적으로 하는 가금의 내장, 머리, 발 등의 부분을 말한다.
 5. "식육가공품"이란 햄류, 소시지류, 건조저장육류, 양념육류, 그 밖의 식육을 원료로 하여 가공한 것을 말한다.
 6. "비식용 가금생산물"은 식용을 목적으로 하지 않은 가금 유래 생산물과 이를 원료로 하여 가공한 것을 말한다.
 7. "수출국 정부"는 수출국의 동물·축산물 검역당국으로 말한다.
 8. "수출국 정부 수의관"은 수출국 정부 소속 수의사로서 검역관을 말한다.
 9. "수출작업장"은 대한민국으로 수출되는 가금육 등을 생산, 가공, 포장 또는 보관하는 도축장, 식육포장처리장, 가공장 또는 보관장을 말한다.
 10. "고병원성 조류인플루엔자"는 인플루엔자 A 바이러스에 의한 감염병 중 세계동물보건기구(OIE) 육상동물 위생규약에서 고병원성으로 분류하는 가금전염병을 말한다.
 11. "저병원성 조류인플루엔자"는 고병원성 조류인플루엔자를 제외한 H5 또는 H7 아형 인플루엔자 A 바이러스에 의한 가금전염병을 말한다.

12. "뉴캣슬병"은 뉴캣슬병 바이러스에 의한 감염병 중 세계동물보건기구 육상동물 위생규약에서 정의하는 가금전염병을 말한다.

제3조(출생·사육조건) 가금육 등을 생산하는데 사용된 가금은 수출국내에서 부화되어 사육된 것이어야 한다.

제4조(가축전염병 비발생 조건) ① 수출국은 가금육 등 수출 전 1년간 고병원성 조류인플루엔자의 발생이 없어야 한다. 다만, 수출국이 고병원성 조류인플루엔자에 대하여 효과적인 살처분 정책을 수행하고 있다고 대한민국 농림축산식품부장관이 인정하는 경우 그 기간을 세계동물보건기구 규정에 따라 단축할 수 있다.

② 가금육 등을 생산하는데 사용된 가금의 사육농장을 중심으로 반경 10km 이내의 지역은 가금 도축 전 3개월간 저병원성 조류인플루엔자 및 뉴캣슬병의 발생이 없어야 한다.

③ 가금육 등을 생산하는데 사용된 가금의 사육농장은 도축 전 1년간 가금콜레라, 추백리, 가금티푸스, 전염성F낭병, 마렉병, 오리바이러스성간염(오리육에 한함) 및 오리바이러스성장염(오리육에 한함)의 발생이 없어야 한다.

제5조(수출작업장 조건) ① 수출작업장 또는 제조시설은 수출국의 관련 규정에 따라 등록된 곳으로 수출국 정부가 위생점검을 실시하여 적합한 작업장을 대한민국 정부에 통보하고 그 중 대한민국 정부가 현지점검 또는 그 밖의 방법을 통하여 승인한 곳이어야 한다.

② 수출작업장은 수출국 정부의 감독 하에 있어야 하며 수출국 정부가 실시하는 정기적인 위생 점검 결과 이상이 없어야 한다.

③ 수출작업장은 자체위생관리기준(SSOP) 및 축산물안전관리인증기준(HACCP)을 적용하여야 하며, 살모넬라균 검사 등을 실시하여야 한다.

④ 수출작업장은 제4조에 열거된 가축전염병의 감염지역내에 위치하여서는 아니되며, 가금육을 생산하는 동안에는 대한민국 정부가 가금 또는 가금육의 수입을 허용하지 않은 국가에서 수입된 가금 또는 가금육을 취급하여서는 아니된다.

제6조(가금육 등의 조건) ① 가금육 등은 수출작업장 내에서 수출국 정부수의관이 실시하는 생체 및 해체검사 결과 건강한 가금으로부터 생산된 것이어야 한다.

② 가금육 등은 가축전염병의 병원체에 오염되지 않도록 처리되어야 한다.

③ 가금육 등은 공중위생상 위해를 일으킬 수 있는 잔류물질(항균제·농약·호르몬제·중금속 등), 미생물, 식품조사(food irradiation), 이온화처리 및 식품첨가물(보존료, 연육제 등) 등에 관한 대한민국 규정에 적합해야 한다.

④ 가금육 등을 포장하는 포장지는 위생적이고 인체에 무해한 것이어야 한다. 포장면에는 수출작업장 번호가 표시되어야 하며, 가금육 등이 공중위생상 위해가 없는 방법으로 처리되었다는 합격표시가 있어야 한다. 동 합격표시는 사전에 대한민국 정부에 통보되어야 한다.

제7조(수출검역증명서의 기재사항) 수출국 정부 수의관은 가금육 등의 선적 전 다음의 각 사항을 한글 또는 영문으로 상세히 기재한 수출검역증명서를 발급하여야 한다.

1. 가금육
    (1) 제3조, 제4조, 제5조제4항 및 제6조에 명시된 사항
    (2) 품명(축종포함), 포장형태, 포장수량 및 중량 (N/W) : 최종 식육포장 또는 가공작업장별로 기재
    (3) 도축장, 식육포장처리장, 가공장, 보관장의 명칭, 주소 및 승인번호
    (4) 도축기간, 식육포장처리기간 및/또는 가공기간 : 개시일자 및 종료일자
    (5) 컨테이너 번호 및 봉인번호
    (6) 선박명 또는 항공기명, 선적일자 및 선적지명
    (7) 수출자 및 수입자의 주소, 성명(업체명)
    (8) 수출검역증명서 발급일자, 발급장소, 발급자의 소속, 직책, 성명 및 서명
2. 비식용 가금생산물
    (1) 제3조 및 제4조에 명시된 사항. 다만, 열처리가금육의 온도조건 이상으로 처리된 제품에 대하여는 기재하지 않을 수 있다.
    (2) 제6조제1항에 명시된 사항
    (3) 품명(축종포함), 포장형태, 포장수량 및 중량 (N/W) : 제조시설별로 기재
    (4) 제조시설의 명칭 및 주소 (승인번호가 있을 경우 승인번호 기재)
    (5) 컨테이너 번호 및 봉인번호
    (6) 선박명 또는 항공기명, 선적일자 및 선적지명
    (7) 수출자 및 수입자의 주소, 성명(업체명)
    (8) 수출검역증명서 발급일자, 발급장소, 발급자의 소속, 직책, 성명 및 서명

제8조(열처리 가금육) ① 제4조제1항의 규정에도 불구하고, 열처리 가금육은 수출국내 고병원성 조류인플루엔자 발생과 무관하게 대한민국으로 수출할 수 있다.

② 수출국 정부수의관은 열처리 가금육 선적 전 제7조제1호의 규정에 의한 수출검역증명서 또는 다음 각 호의 사항을 기재한 수출검역증명서를 발급하여야 한다.
    (1) 제3조, 제4조제2항 및 제3항, 제5조제4항 및 제6조에 명시된 사항
    (2) 열처리가금육을 생산하는데 사용된 가금의 사육농장을 중심으로 반경 10km 이내의 지역은 가금 도축 전 3개월간 고병원성 조류인플루엔자의 발생이 없어야 한다.
    (3) 열처리가금육을 생산하는 수출작업장은 원료처리 등 가열처리전 시설, 가열처리·제품포장 등 가열처리 후 시설로 각각 구획되어야 하며, 오염을 방지하기 위해 각 시설별로 작업자가 구분·운영되어야 한다.
    (4) 열처리가금육에 처리된 열처리 온도 및 시간
    (5) 품명(축종포함), 포장형태, 포장수량 및 중량(N/W) : 최종 가공작업장별로 기재
    (6) 도축장, 식육포장처리장, 가공장, 보관장의 명칭, 주소 및 승인번호
    (7) 도축기간, 식육포장처리기간 및/또는 가공기간 : 개시일자 및 종료일자

(8) 컨테이너 번호 및 봉인번호
(9) 선박명 또는 항공기명, 선적일자 및 선적지명
(10) 수출자 및 수입자의 주소, 성명(업체명)
(11) 검역증명서 발급일자, 발급장소, 발급자의 소속, 직책, 성명 및 서명

제9조(운송) 가금육 등은 수출국 정부 수의관의 감독 하에 봉인되어 대한민국 도착 시까지 가축의 전염성 질병의 병원체에 오염되지 않고 변질, 부패 등 공중위생상 위해가 없도록 안전하게 수송되어야 하며, 수송 중에는 대한민국 정부가 가금 또는 가금육의 수입을 허용하지 않은 지역을 경유하여서는 아니 된다. 다만, 급유 등의 이유로 단순 기항(착)하는 것은 예외로 한다.

제10조(수출국내 질병발생시 조치) ① 수출국 정부는 자국내에 고병원성 조류인플루엔자가 발생되는 즉시 가금육 등(열처리된 제품은 제외)을 대한민국으로 선적하는 것을 중지함과 동시에 그 사실을 FAX 등을 통하여 대한민국 정부에 통보하여야 하며, 수출을 재개하고자 하는 경우 대한민국 농림축산식품부와 협의하여야 한다.

② 수출국 정부는 자국에서 실시하는 가금 전염병 방역 프로그램과 그 실시결과를 매년 대한민국 정부에 통보하여야 한다.

제11조(수출작업장 현지점검) ① 대한민국 정부 수의관은 승인된 수출작업장 또는 제조시설의 현지점검 및 기록원부를 조사할 권한을 가지며, 이 수입위생조건과 일치하지 않은 사항을 발견 시 대한민국으로 가금육 등의 수출을 중지시킬 수 있다. 이때 수출국 정부는 대한민국 정부 수의관의 현지점검 등에 적극 협조하여야 한다.

② 수출국 정부는 수출작업장 또는 제조시설이 파산, 영업장 폐쇄 등의 사유로 수출 작업을 중단한 경우 해당 수출작업장 또는 제조시설의 승인을 취소하고 즉시 이를 대한민국 정부에 통보하여야 한다.

③ 대한민국 정부는 수출작업장 또는 제조시설로 승인한 날 또는 최종 수출일로부터 3년 이상 대한민국으로 가금육 등의 수출 실적이 없는 수출작업장 또는 제조시설에 대하여는 그 승인을 취소할 수 있다. 대한민국 정부는 승인 취소 결정 전 수출국 정부에 이러한 사항을 통보하고 수출국 정부와 협의해야 한다.

④ 수출작업장에는 일일도축, 가공 및 보관에 대한 기록원본이 2년 이상 보관되어야 하며, 대한민국으로 수출된 가금육에 대한 원산농장 등 관련 자료를 구비하고 있어야 한다.

제12조(국가잔류물질 검사 프로그램 등) 수출국 정부는 가금육에 대한 유해잔류물질 검사 프로그램과 그 실시결과(검사기관의 시설, 인력, 연간검사계획, 검사방법, 검사결과 등을 명시할 것)를 영문으로 작성하여 매년 대한민국 정부에 제출하여야 한다.

제13조(불합격 조치 등) 대한민국 정부는 가금육 등에 대한 수입검역·검사 중 이 수입위생조건에 부적합한 사항이 발견되는 경우에는 해당 가금육 등에 대하여 반송 또는 폐기처분을 명할 수 있으며, 가금육 등에 대한 검역중단 또는 해당 수출작업장에 대해 수출중단 조치를 취할 수 있다.

부칙 〈제2015-127호, 2015. 9. 15.〉

제1조(시행일)이 고시는 2015. 10. 15일부터 시행한다.

제2조(재검토기한)농림축산식품부 장관은 이 고시에 대하여 2016년 1월 1일을 기준으로 매3년이 되는 시점(매 3년째의 12월 31까지를 말한다)마다 그 타당성을 검토하여 개선 등의 조치를 하여야 한다.

제3조(종전 고시의 폐지)이 고시 시행과 함께 「영국산 가금육 수입위생조건」(농림축산식품부 고시 제2013-213호, 2013. 10. 07.)은 폐지한다.

제4조(이 고시의 적용배제)이 고시에도 불구하고 개별 수입위생조건 또는 수입조건이 정해진 경우에는 이 고시를 적용하지 아니한다.

제5조(경과조치)이 고시 시행 당시 「영국산 가금육 수입위생조건」(농림축산식품부 고시 제2013-213호, 2013. 10. 07.)에 따라 수입된 가금육 등은 이 수입위생조건을 따른 것으로 본다.

영국산 돼지고기 및 돼지생산물 수입위생조건

[시행 2015. 11. 1.] [농림축산식품부고시 제2015-70호, 2015. 7. 22., 제정.]

농림축산식품부(검역정책과), 044-201-2076

제1조(목적) 이 고시는 가축전염병 예방법 제34조제2항의 규정에 따라 영국(이하 "수출국"이라 한다)에서 대한민국으로 수출하는 돼지고기 및 돼지생산물(이하 "돼지고기 등"이라 한다)에 대한 수출국의 검역 내용 및 위생 상황 등을 규정함을 목적으로 한다.

제2조(용어의 정의) 이 수입위생조건에서 사용하는 용어의 뜻은 다음과 같다.
 1. "돼지고기"는 가축화된 사육돼지(domestic pigs)에서 유래한 식용을 목적으로 하는 신선, 냉장 또는 냉동 고기, 식육부산물 및 식육가공품을 말한다.
 2. "식육부산물"은 내장, 머리 등 지육(枝肉), 정육(精肉) 이외의 부분을 말한다.
 3. "식육가공품"이란 햄류, 소시지류, 베이컨류, 건조저장육류, 양념육류, 그 밖의 식육을 원료로 하여 가공한 것을 말한다.
 4. "비식용 돼지생산물"은 식용을 목적으로 하지 않는 돼지 유래 생산물과 이를 원료로 하여 가공한 것을 말한다.
 5. "수출국 정부"는 수출국의 동물·축산물 검역당국을 말한다.
 6. "수출국 정부 수의관"은 "수출국 정부" 소속 수의사로서 검역관을 말한다.
 7. "수출작업장"은 대한민국으로 수출되는 돼지고기 등을 생산, 가공, 포장 또는 보관하는 도축장, 식육포장처리장, 가공장 및 보관장을 말한다.

제3조(출생·사육조건) 돼지고기 등을 생산하기 위한 돼지는 수출국내에서 출생하여 사육되었거나, 대한민국 정부가 대한민국으로 돼지고기의 수출자격이 있는 것으로 인정한 국가에서 수출국으로 수입되어 도축 전 3개월 이상 사육된 것이어야 한다.

제4조(국가 질병 비발생 조건) ① 수출국은 수출 전 1년간 구제역, 수출 전 2년간 수포성구내염·돼지수포병·우역, 수출 전 3년간 아프리카돼지열병의 발생사실이 없어야 하며, 이들 질병에 대한 예방접종을 실시하지 않아야 한다. 다만, 수출국 정부가 효과적인 살처분정책을 수행하고 있다고 대한민국 농림축산식품부장관이 인정하는 질병에 대하여 그 기간을 세계동물보건기구(OIE) 기준에 따라 단축할 수 있다.
 ② 수출국은 수출 전 1년간 돼지열병(야생돼지의 발생은 제외한다)이 발생한 사실이 없거나 대한민국 정부가 청정 국가로 인정하여야 하며 이 질병에 대하여 예방접종을 실시하지 않아야 한다. 만일 수출국내에 돼지열병이 발생한 경우 돼지고기 등은 대한민국 정부가 인정한 돼지열병 청정 지역에서 유래하여야 한다.

제5조(농장 질병 비발생 조건) 돼지고기 등을 생산하기 위한 돼지가 출생·사육되어진 농장은 도축 전 3년간 브루셀라병, 도축 전 2년간 탄저, 도축 전 1년간 돼지오제스키병의 발생이 없는 곳이어야

하며, 또한 이들 질병과 관련하여 수출국 정부에 의한 방역상 제한조치를 받지 않고 있는 지역 내에 위치하여야 한다.

제6조(수출작업장 조건) ① 수출작업장 또는 제조시설은 수출국의 관련 규정에 의거하여 등록된 곳으로 수출국 정부에서 위생점검을 실시하여 적합한 작업장을 대한민국 정부에 통보하고 그 중 대한민국 정부가 현지점검 또는 기타 방법을 통하여 승인한 곳이어야 한다.

② 수출작업장은 수출국 정부의 위생 감독 하에 있어야 하며 수출국 정부가 실시하는 정기적인 위생점검 결과 이상이 없어야 한다.

③ 수출작업장은 제5조에 열거된 질병의 감염지역 내에 위치하여서는 아니 되며, 대한민국에 수출하기 위하여 작업을 실시하는 동안은 대한민국 정부가 우제류 동물 및 그 생산물의 수입을 허용하지 않는 국가 또는 지역을 경유한 동물 및 그 생산물을 취급하여서는 아니 된다.

제7조(돼지고기 등의 조건) ① 돼지고기 등은 수출작업장 내에서 수출국 정부 수의관이 실시하는 생체 및 해체검사 결과 건강한 돼지로부터 생산된 것으로 식용에 적합한 것이어야 한다.

② 식용을 목적으로 하는 돼지고기 등은 선모충증, 유구낭충증, 포충증에 대한 검사결과 이상이 없어야 한다.

③ 돼지고기 등을 생산하기 위하여 도축, 해체, 가공, 포장 및 보관 작업을 할 때에는 동일 장소에서 동등 이상의 위생 상태에 있지 아니한 동물 및 그 생산물을 취급하여서는 아니 되며 식육가공품의 원료육은 대한민국으로 수출이 가능한 것만 사용해야 한다.

④ 돼지고기 등은 공중위생상 위해를 일으키는 잔류물질(항균제·농약·호르몬제 등), 미생물, 방사선조사, 이온화처리 및 식품첨가물(보존료, 연육제 등) 등에 관한 대한민국 정부의 관련 규정에 적합해야 한다.

⑤ 돼지고기 등은 어떠한 가축의 전염성 질병의 병원체에도 오염되지 않는 방법으로 처리되어야 하며 돼지고기 등을 포장한 포장지는 위생적이고 인체에 무해한 것이어야 한다. 또한 내용물 또는 포장에는 작업장 번호가 표시되어야 하며 공중위생상 위해가 없는 방법으로 처리되었다는 합격표시를 받아야 한다. 이에 대한 합격표시는 사전에 대한민국 정부에 통보된 것이어야 한다.

제8조(수출검역증명서의 기재사항) 수출국 정부 수의관은 돼지고기 등의 선적 전 다음의 각 사항을 한글 또는 영문으로 상세히 기재한 수출검역증명서를 발급하여야 한다.

가. 돼지고기
 1. 제3조, 제4조, 제5조, 제6조 및 제7조에서 명시된 사항
 2. 품명, 포장형태, 포장수량 및 중량 (N/W) : 최종 식육포장 또는 가공작업장별로 기재
 3. 도축장, 식육포장처리장, 가공장, 보관장의 명칭, 주소 및 승인번호
 4. 도축기간(개시일자 및 종료일자), 식육포장처리기간 및/또는 가공기간(개시일자 및 종료일자)
 5. 컨테이너 번호 및 봉인번호
 6. 선박명 또는 항공기명, 선적일자 및 선적지명
 7. 수출자 및 수입자의 주소, 성명(업체명)

　　　　8. 수출검역증명서 발급일자, 발급장소, 발급자의 소속, 직책, 성명 및 서명
　나. 비식용 돼지생산물
　　1. 제4조 및 제7조제1항에 명시된 사항
　　2. 품명, 포장형태, 포장수량 및 중량 (N/W) : 최종 제조시설별로 기재
　　3. 제조시설의 명칭 및 주소 (승인번호가 있을 경우 승인번호 기재)
　　4. 컨테이너 번호 및 봉인번호
　　5. 선박명 또는 항공기명, 선적일자 및 선적지명
　　6. 수출자 및 수입자의 주소, 성명(업체명)
　　7. 수출검역증명서 발급일자, 발급장소, 발급자의 소속, 직책, 성명 및 서명

제9조(운송) 돼지고기 등은 수출국 정부 수의관의 감독 하에 봉인되어 대한민국에 도착 시까지 가축의 전염성 질병의 병원체에 오염되지 않고 변질, 부패 등 공중위생상 위해가 없도록 안전하게 수송하여야 하며, 수송 중에는 대한민국 정부가 우제류 동물 및 그 생산물의 수입을 허용하지 않는 지역을 경유하여서는 아니 된다. 다만, 급유 등의 이유로 단순 기항(착)하는 것은 예외로 한다.

제10조(수출국내 질병발생시 조치) 수출국 정부는 수출국내에서 제4조에서 정한 질병 또는 신종 악성가축전염성 질병이 발생하거나 그 의사환축이 발생한 경우 또는 동 질병에 대한 예방접종을 실시키로 한 경우에는 대한민국으로 돼지고기 등의 수출을 중지함과 동시에 그 사실을 FAX 등을 통하여 대한민국 정부에 즉시 통보하여야 하며, 수출을 재개하고자 하는 경우 대한민국 정부와 협의하여야 한다.

제11조(수출작업장 현지점검) ① 대한민국 정부 수의관은 승인된 수출작업장 또는 제조시설의 현지점검 및 기록원부를 조사할 권한을 가지며, 이 수입위생조건과 일치하지 않은 사항을 발견 시 대한민국으로의 돼지고기 등의 수출을 중지시킬 수 있다. 이때 수출국 정부는 대한민국 정부 수의관의 현지점검 등에 적극 협조하여야 한다.

② 수출국 정부는 수출작업장 또는 제조시설이 파산, 영업장 폐쇄 등의 사유로 수출 작업을 중단한 경우 해당 수출작업장 또는 제조시설의 승인을 취소하고 즉시 이를 대한민국 정부에 통보하여야 한다.

③ 대한민국 정부는 수출작업장 또는 제조시설로 승인된 날로부터 또는 최종 수출일로부터 3년 이상 대한민국으로 돼지고기 등의 수출이 없는 수출작업장 또는 제조시설에 대하여는 그 승인을 취소할 수 있다. 대한민국 정부는 승인 취소 결정 전 수출국 정부에 이러한 사항을 통보하고 수출국 정부와 협의해야 한다.

④ 수출작업장에는 일일 도축, 가공 및 보관에 대한 기록원본이 2년 이상 보관되어야 하며, 대한민국으로 수출된 돼지고기의 생산농장 등 관련 자료를 구비하고 있어야 한다.

제12조(국가잔류물질 검사 프로그램 등) 수출국 정부는 식육(食肉)내 유해잔류물질 검사 프로그램과 그 실시결과(검사기관과 시설, 인력, 연간검사계획, 검사방법, 검사결과 등을 명시할 것)를 영문으로 작성하여 매년 대한민국 정부에 제출하여야 한다.

제13조(돼지고기 등의 불합격 조치 등) 대한민국 정부는 돼지고기 등에 대한 검역 중 이 수입위생조건에 부적합한 사항이 발견되는 경우에는 해당 돼지고기 등에 대하여 반송 또는 폐기처분을 명할 수 있으며, 돼지고기 등에 대한 검역중단 또는 해당 수출작업장에 대해 수출중단 조치를 취할 수 있다.

부칙 〈제2015-70호, 2015. 7. 22.〉

제1조(시행일) 이 고시는 '15. 11. 01일부터 시행한다.

제2조(경과조치) 이 고시 시행 당시 수입검역 신청이 접수된 수입 돼지고기 등에 대하여는 종전의 규정인「영국산 돼지 및 그 생산물 수입위생조건」(농림축산식품부 고시 제2013-262호, 2013. 10. 07.)을 적용한다.

제3조(이 고시의 적용배제) 이 고시에도 불구하고 우제류동물유래의 천연케이싱 등 개별 수입위생조건 또는 수입조건이 정해진 경우에는 이 고시를 적용하지 아니한다.

제4조(재검토기한) 농림축산식품부 장관은 이 고시에 대하여 2016년 1월 1일을 기준으로 매3년이 되는 시점(매 3년째의 12월 31까지를 말한다)마다 그 타당성을 검토하여 개선 등의 조치를 하여야 한다.

오스트리아산 돼지고기 및 돼지생산물 수입위생조건

[시행 2015. 11. 1.] [농림축산식품부고시 제2015-71호, 2015. 7. 22., 제정.]

농림축산식품부(검역정책과), 044-201-2076

제1조(목적) 이 고시는 가축전염병 예방법 제34조제2항의 규정에 따라 오스트리아(이하 "수출국"이라 한다)에서 대한민국으로 수출하는 돼지고기 및 돼지생산물(이하 "돼지고기 등"이라 한다)에 대한 수출국의 검역 내용 및 위생 상황 등을 규정함을 목적으로 한다.

제2조(용어의 정의) 이 수입위생조건에서 사용하는 용어의 뜻은 다음과 같다.

1. "돼지고기"는 가축화된 사육돼지(domestic pigs)에서 유래한 식용을 목적으로 하는 신선, 냉장 또는 냉동 고기, 식육부산물 및 식육가공품을 말한다.
2. "식육부산물"은 내장, 머리 등 지육(枝肉), 정육(精肉) 이외의 부분을 말한다.
3. "식육가공품"이란 햄류, 소시지류, 베이컨류, 건조저장육류, 양념육류, 그 밖의 식육을 원료로 하여 가공한 것을 말한다.
4. "비식용 돼지생산물"은 식용을 목적으로 하지 않는 돼지 유래 생산물과 이를 원료로 하여 가공한 것을 말한다.
5. "수출국 정부"는 수출국의 동물·축산물 검역당국을 말한다.
6. "수출국 정부 수의관"은 "수출국 정부" 소속 수의사로서 검역관을 말한다.
7. "수출작업장"은 대한민국으로 수출되는 돼지고기 등을 생산, 가공, 포장 또는 보관하는 도축장, 식육포장처리장, 가공장 및 보관장을 말한다.

제3조(출생·사육조건) 돼지고기 등을 생산하기 위한 돼지는 수출국내에서 출생하여 사육되었거나, 대한민국 정부가 대한민국으로 돼지고기의 수출자격이 있는 것으로 인정한 국가에서 수출국으로 수입되어 도축 전 3개월 이상 사육된 것이어야 한다.

제4조(국가 질병 비발생 조건) ① 수출국은 수출 전 1년간 구제역, 수출 전 2년간 수포성구내염·돼지수포병·우역, 수출 전 3년간 아프리카돼지열병의 발생사실이 없어야 하며, 이들 질병에 대한 예방접종을 실시하지 않아야 한다. 다만, 수출국 정부가 효과적인 살처분정책을 수행하고 있다고 대한민국 농림축산식품부장관이 인정하는 질병에 대하여 그 기간을 세계동물보건기구(OIE) 기준에 따라 단축할 수 있다.

② 수출국은 수출 전 1년간 돼지열병(야생돼지의 발생은 제외한다)이 발생한 사실이 없거나 대한민국 정부가 청정 국가로 인정하여야 하며 이 질병에 대하여 예방접종을 실시하지 않아야 한다. 만일 수출국내에 돼지열병이 발생한 경우 돼지고기 등은 대한민국 정부가 인정한 돼지열병 청정 지역에서 유래하여야 한다.

제5조(농장 질병 비발생 조건) 돼지고기 등을 생산하기 위한 돼지가 출생·사육되어진 농장은 도축 전 3년간 브루셀라병, 도축 전 2년간 탄저, 도축 전 1년간 돼지오제스키병의 발생이 없는 곳이어야 하며, 또한 이들 질병과 관련하여 수출국 정부에 의한 방역상 제한조치를 받지 않고 있는 지역 내에 위치하여야 한다.

제6조(수출작업장 조건) ① 수출작업장 또는 제조시설은 수출국의 관련 규정에 의거하여 등록된 곳으로 수출국 정부에서 위생점검을 실시하여 적합한 작업장을 대한민국 정부에 통보하고 그 중 대한민국 정부가 현지점검 또는 기타 방법을 통하여 승인한 곳이어야 한다.

② 수출작업장은 수출국 정부의 위생 감독 하에 있어야 하며 수출국 정부가 실시하는 정기적인 위생점검 결과 이상이 없어야 한다.

③ 수출작업장은 제5조에 열거된 질병의 감염지역 내에 위치하여서는 아니 되며, 대한민국에 수출하기 위하여 작업을 실시하는 동안은 대한민국 정부가 우제류 동물 및 그 생산물의 수입을 허용하지 않는 국가 또는 지역을 경유한 동물 및 그 생산물을 취급하여서는 아니 된다.

제7조(돼지고기 등의 조건) ① 돼지고기 등은 수출작업장 내에서 수출국 정부 수의관이 실시하는 생체 및 해체검사 결과 건강한 돼지로부터 생산된 것으로 식용에 적합한 것이어야 한다.

② 식용을 목적으로 하는 돼지고기 등은 선모충증, 유구낭충증, 포충증에 대한 검사결과 이상이 없어야 한다.

③ 돼지고기 등을 생산하기 위하여 도축, 해체, 가공, 포장 및 보관 작업을 할 때에는 동일 장소에서 동등 이상의 위생 상태에 있지 아니한 동물 및 그 생산물을 취급하여서는 아니 되며 식육가공품의 원료육은 대한민국으로 수출이 가능한 것만 사용해야 한다.

④ 돼지고기 등은 공중위생상 위해를 일으키는 잔류물질(항균제·농약·호르몬제 등), 미생물, 방사선조사, 이온화처리 및 식품첨가물(보존료, 연육제 등) 등에 관한 대한민국 정부의 관련 규정에 적합해야 한다.

⑤ 돼지고기 등은 어떠한 가축의 전염성 질병의 병원체에도 오염되지 않는 방법으로 처리되어야 하며 돼지고기 등을 포장한 포장지는 위생적이고 인체에 무해한 것이어야 한다. 또한 내용물 또는 포장에는 작업장 번호가 표시되어야 하며 공중위생상 위해가 없는 방법으로 처리되었다는 합격표시를 받아야 한다. 이에 대한 합격표시는 사전에 대한민국 정부에 통보된 것이어야 한다.

제8조(수출검역증명서의 기재사항) 수출국 정부 수의관은 돼지고기 등의 선적 전 다음의 각 사항을 한글 또는 영문으로 상세히 기재한 수출검역증명서를 발급하여야 한다.

가. 돼지고기
  1. 제3조, 제4조, 제5조, 제6조 및 제7조에서 명시된 사항

2. 품명, 포장형태, 포장수량 및 중량 (N/W) : 최종 식육포장 또는 가공작업장별로 기재
  3. 도축장, 식육포장처리장, 가공장, 보관장의 명칭, 주소 및 승인번호
  4. 도축기간(개시일자 및 종료일자), 식육포장처리기간 및/또는 가공기간(개시일자 및 종료일자)
  5. 컨테이너 번호 및 봉인번호
  6. 선박명 또는 항공기명, 선적일자 및 선적지명
  7. 수출자 및 수입자의 주소, 성명(업체명)
  8. 수출검역증명서 발급일자, 발급장소, 발급자의 소속, 직책, 성명 및 서명
 나. 비식용 돼지생산물
  1. 제4조 및 제7조제1항에 명시된 사항
  2. 품명, 포장형태, 포장수량 및 중량 (N/W) : 최종 제조시설별로 기재
  3. 제조시설의 명칭 및 주소 (승인번호가 있을 경우 승인번호 기재)
  4. 컨테이너 번호 및 봉인번호
  5. 선박명 또는 항공기명, 선적일자 및 선적지명
  6. 수출자 및 수입자의 주소, 성명(업체명)
  7. 수출검역증명서 발급일자, 발급장소, 발급자의 소속, 직책, 성명 및 서명

제9조(운송) 돼지고기 등은 수출국 정부 수의관의 감독 하에 봉인되어 대한민국에 도착 시까지 가축의 전염성 질병의 병원체에 오염되지 않고 변질, 부패 등 공중위생상 위해가 없도록 안전하게 수송하여야 하며, 수송 중에는 대한민국 정부가 우제류 동물 및 그 생산물의 수입을 허용하지 않는 지역을 경유하여서는 아니 된다. 다만, 급유 등의 이유로 단순 기항(착)하는 것은 예외로 한다.

제10조(수출국내 질병발생시 조치) 수출국 정부는 수출국내에서 제4조에서 정한 질병 또는 신종 악성가축전염성 질병이 발생하거나 그 의사환축이 발생한 경우 또는 동 질병에 대한 예방접종을 실시키로 한 경우에는 대한민국으로 돼지고기 등의 수출을 중지함과 동시에 그 사실을 FAX 등을 통하여 대한민국 정부에 즉시 통보하여야 하며, 수출을 재개하고자 하는 경우 대한민국 정부와 협의하여야 한다.

제11조(수출작업장 현지점검) ① 대한민국 정부 수의관은 승인된 수출작업장 또는 제조시설의 현지점검 및 기록원부를 조사할 권한을 가지며, 이 수입위생조건과 일치하지 않은 사항을 발견 시 대한민국으로의 돼지고기 등의 수출을 중지시킬 수 있다. 이때 수출국 정부는 대한민국 정부 수의관의 현지점검 등에 적극 협조하여야 한다.

② 수출국 정부는 수출작업장 또는 제조시설이 파산, 영업장 폐쇄 등의 사유로 수출 작업을 중단한 경우 해당 수출작업장 또는 제조시설의 승인을 취소하고 즉시 이를 대한민국 정부에 통보하여야 한다.

③ 대한민국 정부는 수출작업장 또는 제조시설로 승인된 날로부터 또는 최종 수출일로부터 3년 이상 대한민국으로 돼지고기 등의 수출이 없는 수출작업장 또는 제조시설에 대하여는 그 승인을 취소할 수 있다. 대한민국 정부는 승인 취소 결정 전 수출국 정부에 이러한 사항을 통보하고 수출국 정부와

협의해야 한다.

④ 수출작업장에는 일일 도축, 가공 및 보관에 대한 기록원본이 2년 이상 보관되어야 하며, 대한민국으로 수출된 돼지고기의 생산농장 등 관련 자료를 구비하고 있어야 한다.

제12조(국가잔류물질 검사 프로그램 등) 수출국 정부는 식육(食肉)내 유해잔류물질 검사 프로그램과 그 실시결과(검사기관과 시설, 인력, 연간검사계획, 검사방법, 검사결과 등을 명시할 것)를 영문으로 작성하여 매년 대한민국 정부에 제출하여야 한다.

제13조(돼지고기 등의 불합격 조치 등) 대한민국 정부는 돼지고기 등에 대한 검역 중 이 수입위생조건에 부적합한 사항이 발견되는 경우에는 해당 돼지고기 등에 대하여 반송 또는 폐기처분을 명할 수 있으며, 돼지고기 등에 대한 검역중단 또는 해당 수출작업장에 대해 수출중단 조치를 취할 수 있다.

부칙 〈제2015-71호, 2015. 7. 22.〉

제1조(시행일)이 고시는 '15. 11. 01일부터 시행한다.

제2조(경과조치)이 고시 시행 당시 수입검역 신청이 접수된 수입 돼지고기 등에 대하여는 종전의 규정인「오스트리아산 돼지고기 수입위생조건」(농림축산식품부 고시 제2013-261호, 2013. 10. 07.)을 적용한다.

제3조(이 고시의 적용배제)이 고시에도 불구하고 우제류동물유래의 천연케이싱 등 개별 수입위생조건 또는 수입조건이 정해진 경우에는 이 고시를 적용하지 아니한다.

제4조(재검토기한)농림축산식품부 장관은 이 고시에 대하여 2016년 1월 1일을 기준으로 매3년이 되는 시점(매 3년째의 12월 31까지를 말한다)마다 그 타당성을 검토하여 개선 등의 조치를 하여야 한다.

우루과이산 쇠고기 수입위생조건

[시행 2016. 10. 6.] [농림축산식품부고시 제2016-108호, 2016. 10. 6., 일부개정.]

농림축산식품부(검역정책과), 044-201-2076

이 수입위생조건은 우루과이에서 대한민국(이하 "한국"이라 한다)으로 수출되는 쇠고기에 적용된다.

용어의 정의
1. 이 수입위생조건에서 사용하는 용어의 정의는 다음과 같다.
    (1) "소"는 우루과이에서 출생하여 사육된 소과(科) 동물(Bos taurus 및 Bos indicus)을 말한다.
    (2) "쇠고기"는 식용을 목적으로 하는 소의 뼈가 제거된 정육(내장, 기타 부분, 식육가공품 제외)을 말한다.
    (3) "BSE"는 소해면상뇌증(Bovine Spongiform Encephalopathy)을 말한다.
    (4) "육류작업장"은 한국으로 수출되는 쇠고기를 생산 또는 보관하는 도축장, 식육포장처리장 및 축산물보관장을 말한다.

일반 요건
2. 쇠고기를 선적하기 전에
    (1) 우루과이에서는 BSE가 발생한 사실이 없고 과거 24개월간 구제역·우역·우폐역, 과거 3년간 럼프스킨병 및 과거 4년간 리프트계곡열의 발생사실이 없으며,
    (2) 구제역을 제외한 이들 질병에 대하여는 예방접종을 실시하지 않았어야 한다.
    (3) 우루과이 정부는 소에서 구제역에 대한 공식적인 예방접종 프로그램을 실행하고 관리하여야 한다.
    상기에도 불구하고 우루과이 정부가 그러한 특정 질병에 대하여 효과적인 살처분 정책을 수행하고 있다고 한국 정부가 인정하는 경우, 우루과이를 해당 질병 비발생 상태로 인정하는데 필요한 기간은 한국 정부가 위험분석을 실시한 후 세계동물보건기구(OIE) 기준에 의거 단축할 수 있다.
3. 만일 상기 제2조에 규정된 질병이 우루과이에서 발생한 경우, 우루과이 정부는 즉시 쇠고기 수출을 중단하여야 하며, 한국 정부에 관련 정보를 제공하여야 한다. 우루과이 정부가 쇠고기 수출을

재개하고자 하는 때에는 한국 정부와 사전에 협의하여야 한다.
4. 우루과이 정부는 BSE의 유입과 확산을 효과적으로 탐색하고 방지하기 위한 사료금지 및 예찰 프로그램을 포함한 각종 조치들을 우루과이의 법규에 따라 지속적으로 운영하여야 한다. 또한 우루과이 정부가 BSE와 관련한 조치나 법규를 폐지하거나 제·개정하는 경우 사전에 한국 정부에 통보하여야 한다.

육류작업장에 대한 요건

5. 육류작업장은 이 위생조건에 적합한 쇠고기를 생산할 자격이 있다고 우루과이 정부로부터 지정받아야 하고, 사전에 한국 정부에 통보되어야 하며, 한국 정부에 의한 현지 점검이나 기타의 방법에 따라 승인받아야 한다.
6. 육류작업장은 도축 소의 개체식별(원산 농장 및 월령 확인) 프로그램 및 식육제품 이력관리 프로그램을 보유·운영하여야 하며, 자체위생관리기준(SSOP) 및 축산물위해요소중점관리기준(HACCP)을 적용실시하여야 한다.
7. 육류작업장은 한국으로의 수출이 가능한 도체(carcass)의 숙성검사(pH 확인) 등을 위한 관리프로그램을 운영하여야 하며, 한국에 수출하기 위하여 작업을 실시하는 동안은 한국 정부가 우제류 동물 또는 그 생산물의 수입을 허용하지 않은 국가 또는 그와 같은 국가를 경유한 우제류 동물 또는 그 생산물을 취급하여서는 아니 된다.
8. 우루과이 정부는 육류작업장이 이 수입위생조건과 우루과이 규정을 준수하는지를 보장하기 위해 정기적인 감사와 점검 프로그램을 운영하여야 한다. 육류작업장은 우루과이 정부의 정기적인 위생점검 결과 이상이 없어야 하며, 위생점검 결과에 대한 한국 정부의 자료요청이 있는 때에는 이를 제공하여야 한다. 이러한 조치의 결과 이 수입위생조건에 대한 위반이 발견된 경우, 우루과이 정부는 즉시 해당 작업장의 한국으로의 쇠고기 수출을 중단하고, 한국 정부에 그 사안에 관한 사유와 관련 정보를 제공하여야 한다. 우루과이 정부는 시정조치가 적절하다고 판단하는 경우에만 한국 수출을 위한 생산재개를 허용하여야 한다. 우루과이 정부는 해당 작업장이 위반사항에 대한 시정조치를 완료한 경우 그 사실을 한국 정부에 통보하여야 한다.
9. 한국 정부는 육류작업장에 대해 현지점검을 실시하고 작업장의 기록원부를 조사할 수 있으며, 이 수입위생조건에 대한 위반이 발견된 경우 해당 작업장의 한국으로의 수출중단 또는 승인취소 등의 조치를 취할 수 있다. 우루과이 정부가 해당 작업장이 위반사항에 대한 시정조치를 완료하였음을 한국 정부에 통보하면, 한국 정부는 현지점검 등의 방법을 통해 시정조치가 적절히 취해졌는지 여부를 확인한다. 한국 정부는 시정조치의 결과가 적절하다고 판단하는 경우, 수출중단 또는 승인취소 등의 조치를 해제할 수 있다.

쇠고기에 대한 요건

10. 수출용 쇠고기를 생산하기 위한 도축 소는 한국 정부가 승인한 육류작업장에서 도축되었고,

우루과이 정부가 파견한 도축장 상주 수의관이 실시한 생체 및 해체검사에 합격하여야 한다.
11. 수출용 쇠고기는 도살 전 두개강 내에 가스나 압축공기를 주입하는 기구를 이용하여 기절시키는 과정이나 천자법(pithing process)을 사용하지 아니한 소에서 생산되어야 한다.
12. 수출용 쇠고기는 도축 후에 4℃~10℃사이에서 최소 36시간동안 숙성되어 지육의 배측최장근(Longissimus dorsi) 부위의 pH가 5.8이하인 지육에서 뼈가 제거되어야 한다.
13. 수출용 쇠고기는 병원성 미생물과 공중보건 위해가 되는 잔류물질(방사능, 합성항균제, 항생제, 중금속, 농약 및 홀몬제 등)을 한국 정부가 규정하고 있는 허용기준을 초과하지 않아야 하며, 이온화 방사선, 자외선 및 연육제로 처리할 경우 한국 규정에 따라야 한다.
14. 수출용 쇠고기는 청결하고 위생적인 포장 재료를 사용하여 포장되어야 한다. 수출용 쇠고기의 포장에는 공중위생상 위해가 없는 방법으로 처리되었다는 합격표시를 하여야 하며, 이러한 합격표시는 사전에 한국정부에 통보되어야 한다. 수출용 쇠고기는 외부 포장상자에 한국 수출용 "For Export to the Republic of Korea"으로 표시하여야 한다.
15. 수출용 쇠고기의 생산, 저장 및 운송은 가축전염병의 병원체에 의한 오염을 방지하는 방식으로 이루어져야 하고 한국 도착 시까지 변질, 변패 등 공중위생상 위해가 없도록 안전하게 취급 및 수송되어야 한다.
16. 수출용 쇠고기를 운송하는 선박 또는 항공기의 냉동·냉장실이나 컨테이너는 우루과이 정부의 봉인(seal) 또는 우루과이 정부가 인정한 봉인으로 봉인되어야 한다. 우루과이 정부 수의관은 이를 검증하고 검역증명서를 발급하여야 한다.
17. 우루과이 정부는 다음의 각 사항에 관한 내용을 기재한 수출검역증명서를 수출 선적 전에 발행하여 한국 검역당국에 제출되도록 하여야 한다. 우루과이 정부는 수출 전 수출검역증명서 서식에 대해 한국 정부와 협의하여야 한다.
   (1) 상기 2조, 6조, 7조, 11조, 12조 및 15조에서 명시한 사항
   (2) 품명(축종포함), 포장수량, 중량(N/W; 최종가공작업장별로 기재)
   (3) 육류작업장의 명칭, 주소 및 승인번호
   (4) 도축기간 및 가공기간
   (5) 컨테이너 번호 및 봉인 번호
   (6) 선(기)명, 선적일자, 선적항명 및 목적지
   (7) 수출자 및 수입자의 주소와 성명
   (8) 검역증명서 발급일자, 발급자의 이름과 서명 및 소속기관
18. 한국 정부는 쇠고기에 대한 검역·검사중 이 수입위생조건을 위반한 사실을 발견한 경우 다음과 같은 조치를 취할 수 있다.
   (1) 이 수입위생조건을 위반한 경우 해당 쇠고기를 반송하거나 폐기처분 할 수 있다.
   (2) 한국 정부 수의당국은 쇠고기에 대한 검역중 한국 정부가 지정하는 잔류물질이 검출된 경우 우루과이산 쇠고기에 대한 검역중단 또는 해당 작업장에 대해 수출중단 조치를 취할 수 있다.

검역중단의 경우 우루과이 정부로부터 정보를 입수한 이후 해당 수출용 쇠고기가 한국 국민의 건강과 안전에 위협을 주지 않는다고 판단하는 경우 검역중단 조치를 해제하며, 해당 작업장의 수출중단의 경우 한국 정부는 우루과이 정부로부터 해당 작업장에 대한 시정조치가 완료되었음을 통보 받은 후 한국 정부의 현지점검 또는 기타의 방법으로 수출중단 조치를 해제할 수 있다.

부칙 〈제2016-108호, 2016. 10. 6.〉

제1조(시행일)이 고시는 발령한 날부터 시행한다.

제2조(재검토기한)농림축산식품부장관은 이 고시에 대하여 2017년 1월 1일을 기준으로 매 3년이 되는 시점(매 3년째의 12월 31일까지를 말한다)마다 그 타당성을 검토하여 개선 등의 조치를 하여야 한다.

아르헨티나 및 우루과이산 자비우육 수입위생조건

[시행 2016. 10. 6.] [농림축산식품부고시 제2016-104호, 2016. 10. 6., 일부개정.]

농림축산식품부(검역정책과), 044-201-2076

1. 자비우육은 수출국 정부기관의 수출용 시설로 지정되고 한국정부에 사전 통보되어 지정승인된 도축장 및 처리장에서 생산된 것으로서 다음의 조건에 의한 것이어야 한다.
    가. 원료 우육의 생축은 생산 및 사육과정에서 최근 60일동안 구제역 발생이 없는 농장에서 사육된 것이어야 한다.
    나. 원료 우육은 수출국 정부수의관에 의해 생체 해체 검사 결과 가축위생상 이상이 없는 것으로서 완전히 뼈를 제거한 것이어야 한다.
    다. 자비우육의 중심부 온도는 70℃ 이상에서 1분간 이상 유지되어야 한다.
    라. 자비우육의 절단면 및 육즙은 적색 또는 분홍색이 있어서는 아니된다.
    마. 가공 처리후 구제역 바이러스의 오염이 없어야 한다.
2. 용기와 포장은 수출국 정부기관에 의한 청결위생적인 검사증명서 표시를 표면에 명시하여야 한다.
3. 보관 및 수송은 다음 사항을 준수하여야 한다.
    가. 생산에서 선적시까지 보관 수송은 가축전염병 병원체에 오염될 우려가 없는 방법에 의하여야 한다.
    나. 탑재선은 출항후 도착까지 가축전염병 질병의 병원체에 오염될 우려가 없는 방법에 의하여 전용 콘테이너로 수송하여야 한다.
4. 수출국 정부기관은 다음 사항이 기재된 영문 검역증명서를 첨부하여야 한다.
    가. 도축장, 처리장 및 그 소재지
    나. 수출자명
    다. 수입자명 (한국)
    라. 자비우육 처리사항 (제조년월일, 육편의 중량, 가열온도, 가열시간, 심부온도 및 유지시간, 자비후 검사 결과, 보관장소 및 온도, 수출항, 선적년월일)
5. 기타사항을 다음과 같이 한다.
    가. 수출국정부는 자국내에서 악성가축전염병이 발생한 때에는 한국정부에 즉각 통보하여야 한다.
    나. 자비우육을 생산하는 작업장(도축장, 가공장 및 보관장을 말하며, 이하 같다)은 수출국정부가 이 수입위생조건에 따라 자비우육 생산에 적합하다고 지정한 시설로서 한국정부에 사전 통보되고 한국정부가 현지점검 또는 그 밖의 방법으로 승인한 작업장이어야 한다.

부칙 〈제2016-104호, 2016. 10. 6.〉

제1조(시행일)이 고시는 발령한 날부터 시행한다.

제2조(재검토기한)농림축산식품부장관은 이 고시에 대하여 2017년 1월 1일을 기준으로 매 3년이 되는 시점(매 3년째의 12월 31일까지를 말한다)마다 그 타당성을 검토하여 개선 등의 조치를 하여야 한다.

이탈리아산 돼지고기 가공품 수입위생조건

[시행 2015. 11. 1.] [농림축산식품부고시 제2015-72호, 2015. 7. 22., 전부개정.]

농림축산식품부(검역정책과), 044-201-2076

제1조(목적) 이 고시는 가축전염병 예방법 제34조제2항의 규정에 따라 이탈리아(이하 "수출국"이라 한다)에서 대한민국으로 수출하는 돼지고기 가공품에 대한 수출국의 검역 내용 및 위생 상황 등을 규정함을 목적으로 한다.

제2조(용어의 정의) 이 수입위생조건에서 사용하는 용어의 뜻은 다음과 같다.

1. "돼지고기 가공품"이란 가축화된 사육돼지(domestic pigs) 유래의 고기를 원료로 만든 햄류, 소시지류, 베이컨류, 건조저장육류, 양념육류 등을 말한다.
2. "수출국 정부"는 수출국의 동물·축산물 검역당국을 말한다.
3. "수출국 정부 수의관"은 "수출국 정부" 소속 수의사로서 검역관을 말한다.
4. "수출작업장"은 대한민국으로 수출되는 돼지고기 가공품을 생산, 가공, 포장 또는 보관하는 도축장, 가공장 및 보관장을 말한다.

제3조(출생·사육조건) 돼지고기 가공품을 생산하기 위한 돼지는 수출국내에서 출생하여 사육되었거나, 대한민국 정부가 대한민국으로 돼지고기의 수출자격이 있는 것으로 인정한 국가에서 수출국으로 수입되어 도축 전 3개월 이상 사육된 것이어야 한다.

제4조(국가 질병 비발생 조건) ① 수출국은 수출 전 1년간 구제역, 수출 전 2년간 수포성구내염·우역의 발생사실이 없어야 하며, 이들 질병에 대한 예방접종을 실시하지 않아야 한다. 다만, 수출국 정부가 효과적인 살처분정책이 실시되고 있다고 대한민국 농림축산식품부장관이 인정하는 질병에 대하여 그 기간을 세계동물보건기구(OIE) 기준에 따라 단축할 수 있다.

② 수출국은 수출 전 1년간 돼지열병(야생돼지의 발생은 제외한다)이 발생한 사실이 없거나 대한민국 정부가 청정 국가로 인정하여야 하며 이 질병에 대하여 예방접종을 실시하지 않아야 한다. 만일 수출국내에 돼지열병이 발생한 경우 돼지고기 가공품은 대한민국 정부가 인정한 돼지열병 청정 지역에서 유래하여야 한다.

제5조(지역 질병 비발생 조건) 돼지고기 가공품을 생산하기 위한 돼지가 출생·사육된 지역(regional level)은 돼지고기 가공품의 선적 전 3년간 아프리카돼지열병의 발생이 없어야 하며,

아프리카돼지열병 발생지역산 돼지 및 그 생산물의 반입을 효과적으로 차단하는 지역이어야 한다.
제6조(농장 질병 비발생 조건) 돼지고기 가공품을 생산하기 위한 돼지가 출생·사육되어진 농장은 도축 전 3년간 브루셀라병, 도축 전 2년간 탄저, 도축 전 1년간 돼지오제스키병, 도축 전 60일간 돼지수포병의 발생이 없는 곳이어야 하며, 또한 이들 질병과 관련하여 수출국 정부에 의한 방역상 제한조치를 받지 않고 있는 지역 내에 위치하여야 한다.
제7조(수출작업장 조건) ① 수출작업장은 수출국의 관련 규정에 의거하여 등록된 곳으로 수출국 정부에서 위생점검을 실시하여 적합한 작업장을 대한민국 정부에 통보하고 그 중 대한민국 정부가 현지점검 또는 기타 방법을 통하여 승인한 곳이어야 한다.
② 수출작업장은 수출국 정부의 위생 감독 하에 있어야 하며 수출국 정부가 실시하는 정기적인 위생점검 결과 이상이 없어야 한다.
③ 수출작업장은 제5조 및 제6조에 열거된 질병의 감염지역 내에 위치하여서는 아니 되며, 대한민국에 수출하기 위하여 작업을 실시하는 동안은 대한민국 정부가 우제류 동물 및 그 생산물의 수입을 허용하지 않는 국가 또는 지역을 경유한 동물 및 그 생산물을 취급하여서는 아니 된다.
제8조(돼지고기 가공품의 조건) ① 돼지고기 가공품은 수출작업장 내에서 수출국 정부 수의관이 실시하는 생체 및 해체검사 결과 건강한 돼지로부터 생산된 것이어야 한다.
② 돼지고기 가공품을 생산하기 위하여 도축, 해체, 가공, 포장 및 보관 작업을 할 때에는 동일 장소에서 동등 이상의 위생상태에 있지 아니한 동물 및 그 생산물을 취급하여서는 아니 되며, 특히 식육가공품의 원료육은 대한민국으로 수출이 가능한 것만 사용해야 한다.
③ 돼지고기 가공품은 공중위생상 위해를 일으키는 잔류물질(항균제·농약·호르몬제 등), 미생물, 방사선조사, 이온화처리 및 식품첨가물(보존료, 연육제 등) 등에 관한 대한민국 정부의 관련 규정에 적합해야 한다.
④ 대한민국으로 수출되는 돼지고기 가공품은 도축 후 최소 3일 이상 예냉한 육류로 가공되어야 하며, 대한민국에 도착하는 돼지고기 가공품에는 뼈가 포함되어 있지 않아야 한다. 다만, 가열처리 돼지고기 가공품은 냉동육을 사용할 수 있다.
⑤ 돼지고기 가공품 중 비가열처리 제품은 가축방역상 안전한 방법으로 400일 이상의 숙성과정을 거쳐야 한다.
⑥ 돼지고기 가공품 중 가열처리 제품은 중심부 온도를 69℃ 이상, 30분 이상 처리하였거나 이와 동등 이상으로 열처리하여 가공되어야 한다.
⑦ 돼지고기 가공품은 어떠한 가축의 전염성 질병의 병원체에도 오염되지 않는 방법으로 처리되어야 하며, 돼지고기 가공품을 포장한 포장지는 위생적이고 인체에 무해한 것이어야 한다. 또한 내용물 및 포장에는 작업장 번호와 가공기간이 표시되어야 한다.
제9조(수출검역증명서의 기재사항) 수출국 정부 수의관은 돼지고기 가공품의 선적 전 다음의 각 사항을 한글 또는 영문으로 상세히 기재한 수출검역 증명서를 발급하여야 한다.
 1. 제3조, 제4조, 제5조, 제6조, 제7조 및 제8조에서 명시된 사항

2. 품명, 포장형태, 포장수량 및 실중량(NW) : 최종 가공장별로 기재
3. 도축장, 가공장 및 보관장의 명칭·주소 및 승인번호
4. 가공기간(개시일자 및 종료일자)
5. 컨테이너 번호 및 봉인번호
6. 선박명 또는 항공기명·선적일자 및 선적지명
7. 수출자 및 수입자의 주소와 성명(업체명)
8. 수출검역증명서 발급일자, 발급장소, 발급자의 소속, 직책, 성명 및 서명

제10조(운송) 돼지고기 가공품은 수출국 정부 수의관의 감독 하에 봉인되어 대한민국에 도착 시까지 전염성 질병의 병원체에 오염되지 않고 변질, 부패 등 공중위생상 위해가 없도록 안전하게 수송하여야 하며, 수송 중에는 대한민국 정부가 우제류 동물 및 그 생산물의 수입을 허용하지 않는 지역을 경유하여서는 아니 된다. 다만, 급유 등의 이유로 단순 기항(착)하는 것은 예외로 한다.

제11조(수출국내 질병발생시 조치) 수출국 정부는 수출국내에서 구제역·수포성 구내염 및 우역이 발생한 경우에는 즉시 수출을 중지함과 동시에 그 사실을 FAX 등을 통하여 대한민국 정부에 즉시 통보하여야 하며, 수출을 재개하고자 하는 경우 대한민국 정부와 협의하여야 한다.

제12조(수출작업장 현지점검) ① 대한민국 정부 수의관은 승인된 수출작업장의 현지점검 및 기록원부를 조사할 권한을 가지며, 이 수입위생조건과 일치하지 않은 사항을 발견 시 대한민국으로의 돼지고기 가공품의 수출을 중지시킬 수 있다. 이때 수출국 정부는 대한민국 정부 수의관의 현지점검 등에 적극 협조하여야 한다.

② 수출국 정부는 수출작업장이 파산, 영업장 폐쇄 등의 사유로 수출 작업을 중단한 경우 해당 수출작업장의 승인을 취소하고 즉시 이를 대한민국 정부에 통보하여야 한다.

③ 대한민국 정부는 수출작업장으로 승인된 날로부터 또는 최종 수출일로부터 3년 이상 대한민국으로 돼지고기 가공품의 수출이 없는 수출작업장에 대하여는 그 승인을 취소할 수 있다. 대한민국 정부는 승인 취소 결정 전 수출국 정부에 이러한 사항을 통보하고 수출국 정부와 협의해야 한다.

④ 수출작업장에는 일일 가공 및 보관에 대한 기록원본이 2년 이상 보관되어야 하며, 대한민국으로 수출된 돼지고기 가공품의 생산농장 등 관련 자료를 구비하고 있어야 한다.

제13조(국가잔류물질 검사 프로그램 등) 수출국 정부는 식육(食肉)내 유해잔류물질 검사 프로그램과 그 실시결과(검사기관과 시설, 인력, 연간 검사계획, 검사방법, 검사결과 등을 명시할 것)를 영문으로 작성하여 매년 대한민국 정부에 제출하여야 한다.

제14조(돼지고기 가공품의 불합격 조치 등) 대한민국 정부는 돼지고기 가공품에 대한 검역 중 이 수입위생조건에 부적합한 사항이 발견되는 경우에는 해당 돼지고기 가공품에 대하여 반송 또는 폐기처분을 명할 수 있으며, 돼지고기 가공품에 대한 검역중단 또는 해당 수출작업장에 대해 수출중단 조치를 취할 수 있다.

부칙 〈제2015-72호, 2015. 7. 22.〉

제1조(시행일)이 고시는 '15. 11. 01일부터 시행한다.

제2조(경과조치)이 고시 시행 당시 수입검역 신청이 접수된 수입 돼지고기 가공품에 대하여는 종전의 규정인 「이탈리아산 돼지고기 가공품 수입위생조건」(농림축산식품부 고시 제2013-260호, 2013. 10. 07.)을 적용한다.

제3조(이 고시의 적용배제)이 고시에도 불구하고 우제류동물유래의 천연케이싱 등 개별 수입위생조건 또는 수입조건이 정해진 경우에는 이 고시를 적용하지 아니한다.

제4조(재검토기한)농림축산식품부 장관은 이 고시에 대하여 2016년 1월 1일을 기준으로 매3년이 되는 시점(매 3년째의 12월 31까지를 말한다)마다 그 타당성을 검토하여 개선 등의 조치를 하여야 한다.

일본산 가금육 및 가금생산물 수입위생조건

[시행 2015. 10. 15.] [농림축산식품부고시 제2015-128호, 2015. 9. 15., 제정.]

농림축산식품부(검역정책과), 044-201-2076

제1조(목적) 이 고시는 가축전염병 예방법 제34조제2항의 규정에 따라 일본(이하 "수출국"이라 한다)에서 대한민국으로 수출하는 가금육 및 가금생산물(이하 "가금육 등"이라 한다)에 대한 수출국의 검역내용 및 위생상황 등을 규정함을 목적으로 한다.

제2조(정의) 이 수입위생조건에서 사용하는 용어의 뜻은 다음과 같다.

1. "가금"은 닭·오리·거위·칠면조·메추리 및 꿩 등을 말한다.
2. "가금육"은 가금에서 유래한 신선, 냉장 또는 냉동 고기, 열처리가금육, 식육부산물 및 식육가공품을 말한다.
3. "열처리 가금육"은 중심부 온도를 기준으로 60℃에서 507초, 65℃에서 42초, 70℃에서 3.5초, 73.9℃에서 0.51초 이상 또는 이와 동등 이상의 효력이 있는 방법으로 처리된 가금육을 말한다.
4. "식육부산물"은 지육, 정육 이외에 식용을 목적으로 하는 가금의 내장, 머리, 발 등의 부분을 말한다.
5. "식육가공품"이란 햄류, 소시지류, 건조저장육류, 양념육류, 그 밖의 식육을 원료로 하여 가공한 것을 말한다.
6. "비식용 가금생산물"은 식용을 목적으로 하지 않은 가금 유래 생산물과 이를 원료로 하여 가공한 것을 말한다.
7. "수출국 정부"는 수출국의 동물·축산물 검역당국으로 말한다.
8. "수출국 정부 수의관"은 수출국 정부 소속 수의사로서 검역관을 말한다.
9. "수출작업장"은 대한민국으로 수출되는 가금육 등을 생산, 가공, 포장 또는 보관하는 도축장, 식육포장처리장, 가공장 또는 보관장을 말한다.
10. "고병원성 조류인플루엔자"는 인플루엔자 A 바이러스에 의한 감염병 중 세계동물보건기구(OIE) 육상동물 위생규약에서 고병원성으로 분류하는 가금전염병을 말한다.
11. "저병원성 조류인플루엔자"는 고병원성 조류인플루엔자를 제외한 H5 또는 H7 아형 인플루엔자 A 바이러스에 의한 가금전염병을 말한다.

12. "뉴캣슬병"은 뉴캣슬병 바이러스에 의한 감염병 중 세계동물보건기구 육상동물 위생규약에서 정의하는 가금전염병을 말한다.

제3조(출생·사육조건) 가금육 등을 생산하는데 사용된 가금은 수출국내에서 부화되어 사육된 것이어야 한다.

제4조(가축전염병 비발생 조건) ① 수출국은 가금육 등 수출 전 1년간 고병원성 조류인플루엔자의 발생이 없어야 한다. 다만, 수출국이 고병원성 조류인플루엔자에 대하여 효과적인 살처분 정책을 수행하고 있다고 대한민국 농림축산식품부장관이 인정하는 경우 그 기간을 세계동물보건기구 규정에 따라 단축할 수 있다.

② 가금육 등을 생산하는데 사용된 가금의 사육농장을 중심으로 반경 10km 이내의 지역은 가금 도축 전 3개월간 저병원성 조류인플루엔자 및 뉴캣슬병의 발생이 없어야 한다.

③ 가금육 등을 생산하는데 사용된 가금의 사육농장은 도축 전 1년간 가금콜레라, 추백리, 가금티푸스, 전염성F낭병, 마렉병, 오리바이러스성간염(오리육에 한함) 및 오리바이러스성장염(오리육에 한함)의 발생이 없어야 한다.

제5조(수출작업장 조건) ① 수출작업장 또는 제조시설은 수출국의 관련 규정에 따라 등록된 곳으로 수출국 정부가 위생점검을 실시하여 적합한 작업장을 대한민국 정부에 통보하고 그 중 대한민국 정부가 현지점검 또는 그 밖의 방법을 통하여 승인한 곳이어야 한다.

② 수출작업장은 수출국 정부의 감독 하에 있어야 하며 수출국 정부가 실시하는 정기적인 위생 점검 결과 이상이 없어야 한다.

③ 수출작업장은 자체위생관리기준(SSOP) 및 축산물안전관리인증기준(HACCP)을 적용하여야 하며, 살모넬라균 검사 등을 실시하여야 한다.

④ 수출작업장은 제4조에 열거된 가축전염병의 감염지역내에 위치하여서는 아니되며, 가금육을 생산하는 동안에는 대한민국 정부가 가금 또는 가금육의 수입을 허용하지 않은 국가에서 수입된 가금 또는 가금육을 취급하여서는 아니된다.

제6조(가금육 등의 조건) ① 가금육 등은 수출작업장 내에서 수출국 정부수의관이 실시하는 생체 및 해체검사 결과 건강한 가금으로부터 생산된 것이어야 한다.

② 가금육 등은 가축전염병의 병원체에 오염되지 않도록 처리되어야 한다.

③ 가금육 등은 공중위생상 위해를 일으킬 수 있는 잔류물질(항균제·농약·호르몬제·중금속 등), 미생물, 식품조사(food irradiation), 이온화처리 및 식품첨가물(보존료, 연육제 등) 등에 관한 대한민국 규정에 적합해야 한다.

④ 가금육 등을 포장하는 포장지는 위생적이고 인체에 무해한 것이어야 한다. 포장면에는 수출작업장 번호가 표시되어야 하며, 가금육 등이 공중위생상 위해가 없는 방법으로 처리되었다는 합격표시가 있어야 한다. 동 합격표시는 사전에 대한민국 정부에 통보되어야 한다.

제7조(수출검역증명서의 기재사항) 수출국 정부 수의관은 가금육 등의 선적 전 다음의 각 사항을 한글 또는 영문으로 상세히 기재한 수출검역증명서를 발급하여야 한다.

1. 가금육
    (1) 제3조, 제4조, 제5조제4항 및 제6조에 명시된 사항
    (2) 품명(축종포함), 포장형태, 포장수량 및 중량 (N/W) : 최종 식육포장 또는 가공작업장별로 기재
    (3) 도축장, 식육포장처리장, 가공장, 보관장의 명칭, 주소 및 승인번호
    (4) 도축기간, 식육포장처리기간 및/또는 가공기간 : 개시일자 및 종료일자
    (5) 컨테이너 번호 및 봉인번호
    (6) 선박명 또는 항공기명, 선적일자 및 선적지명
    (7) 수출자 및 수입자의 주소, 성명(업체명)
    (8) 수출검역증명서 발급일자, 발급장소, 발급자의 소속, 직책, 성명 및 서명
2. 비식용 가금생산물
    (1) 제3조 및 제4조에 명시된 사항. 다만, 열처리가금육의 온도조건 이상으로 처리된 제품에 대하여는 기재하지 않을 수 있다.
    (2) 제6조제1항에 명시된 사항
    (3) 품명(축종포함), 포장형태, 포장수량 및 중량 (N/W) : 제조시설별로 기재
    (4) 제조시설의 명칭 및 주소 (승인번호가 있을 경우 승인번호 기재)
    (5) 컨테이너 번호 및 봉인번호
    (6) 선박명 또는 항공기명, 선적일자 및 선적지명
    (7) 수출자 및 수입자의 주소, 성명(업체명)
    (8) 수출검역증명서 발급일자, 발급장소, 발급자의 소속, 직책, 성명 및 서명

제8조(열처리 가금육) ① 제4조제1항의 규정에도 불구하고, 열처리 가금육은 수출국내 고병원성 조류인플루엔자 발생과 무관하게 대한민국으로 수출할 수 있다.

② 수출국 정부수의관은 열처리 가금육 선적 전 제7조제1호의 규정에 의한 수출검역증명서 또는 다음 각 호의 사항을 기재한 수출검역증명서를 발급하여야 한다.
    (1) 제3조, 제4조제2항 및 제3항, 제5조제4항 및 제6조에 명시된 사항
    (2) 열처리가금육을 생산하는데 사용된 가금의 사육농장을 중심으로 반경 10km 이내의 지역은 가금 도축 전 3개월간 고병원성 조류인플루엔자의 발생이 없어야 한다.
    (3) 열처리가금육을 생산하는 수출작업장은 원료처리 등 가열처리전 시설, 가열처리·제품포장 등 가열처리 후 시설로 각각 구획되어야 하며, 오염을 방지하기 위해 각 시설별로 작업자가 구분·운영되어야 한다.
    (4) 열처리가금육에 처리된 열처리 온도 및 시간
    (5) 품명(축종포함), 포장형태, 포장수량 및 중량(N/W) : 최종 가공작업장별로 기재
    (6) 도축장, 식육포장처리장, 가공장, 보관장의 명칭, 주소 및 승인번호
    (7) 도축기간, 식육포장처리기간 및/또는 가공기간 : 개시일자 및 종료일자

(8) 컨테이너 번호 및 봉인번호
(9) 선박명 또는 항공기명, 선적일자 및 선적지명
(10) 수출자 및 수입자의 주소, 성명(업체명)
(11) 검역증명서 발급일자, 발급장소, 발급자의 소속, 직책, 성명 및 서명

제9조(운송) 가금육 등은 수출국 정부 수의관의 감독 하에 봉인되어 대한민국 도착 시까지 가축의 전염성 질병의 병원체에 오염되지 않고 변질, 부패 등 공중위생상 위해가 없도록 안전하게 수송되어야 하며, 수송 중에는 대한민국 정부가 가금 또는 가금육의 수입을 허용하지 않은 지역을 경유하여서는 아니 된다. 다만, 급유 등의 이유로 단순 기항(착)하는 것은 예외로 한다.

제10조(수출국내 질병발생시 조치) ① 수출국 정부는 자국내에 고병원성 조류인플루엔자가 발생되는 즉시 가금육 등(열처리된 제품은 제외)을 대한민국으로 선적하는 것을 중지함과 동시에 그 사실을 FAX 등을 통하여 대한민국 정부에 통보하여야 하며, 수출을 재개하고자 하는 경우 대한민국 농림축산식품부와 협의하여야 한다.

② 수출국 정부는 자국에서 실시하는 가금 전염병 방역 프로그램과 그 실시결과를 매년 대한민국 정부에 통보하여야 한다.

제11조(수출작업장 현지점검) ① 대한민국 정부 수의관은 승인된 수출작업장 또는 제조시설의 현지점검 및 기록원부를 조사할 권한을 가지며, 이 수입위생조건과 일치하지 않은 사항을 발견 시 대한민국으로 가금육 등의 수출을 중지시킬 수 있다. 이때 수출국 정부는 대한민국 정부 수의관의 현지점검 등에 적극 협조하여야 한다.

② 수출국 정부는 수출작업장 또는 제조시설이 파산, 영업장 폐쇄 등의 사유로 수출 작업을 중단한 경우 해당 수출작업장 또는 제조시설의 승인을 취소하고 즉시 이를 대한민국 정부에 통보하여야 한다.

③ 대한민국 정부는 수출작업장 또는 제조시설로 승인한 날 또는 최종 수출일로부터 3년 이상 대한민국으로 가금육 등의 수출 실적이 없는 수출작업장 또는 제조시설에 대하여는 그 승인을 취소할 수 있다. 대한민국 정부는 승인 취소 결정 전 수출국 정부에 이러한 사항을 통보하고 수출국 정부와 협의해야 한다.

④ 수출작업장에는 일일도축, 가공 및 보관에 대한 기록원본이 2년 이상 보관되어야 하며, 대한민국으로 수출된 가금육에 대한 원산농장 등 관련 자료를 구비하고 있어야 한다.

제12조(국가잔류물질 검사 프로그램 등) 수출국 정부는 가금육에 대한 유해잔류물질 검사 프로그램과 그 실시결과(검사기관의 시설, 인력, 연간검사계획, 검사방법, 검사결과 등을 명시할 것)를 영문으로 작성하여 매년 대한민국 정부에 제출하여야 한다.

제13조(불합격 조치 등) 대한민국 정부는 가금육 등에 대한 수입검역·검사 중 이 수입위생조건에 부적합한 사항이 발견되는 경우에는 해당 가금육 등에 대하여 반송 또는 폐기처분을 명할 수 있으며, 가금육 등에 대한 검역중단 또는 해당 수출작업장에 대해 수출중단 조치를 취할 수 있다.

부칙 〈제2015-128호, 2015. 9. 15.〉

제1조(시행일)이 고시는 2015. 10. 15일부터 시행한다.

제2조(재검토기한)농림축산식품부 장관은 이 고시에 대하여 2016년 1월 1일을 기준으로 매3년이 되는 시점(매 3년째의 12월 31까지를 말한다)마다 그 타당성을 검토하여 개선 등의 조치를 하여야 한다.

제3조(종전 고시의 폐지)이 고시 시행과 함께 「일본산 가금육 수입위생조건」(농림축산식품부 고시 제2013-215호, 2013. 10. 07.)은 폐지한다.

제4조(이 고시의 적용배제)이 고시에도 불구하고 개별 수입위생조건 또는 수입조건이 정해진 경우에는 이 고시를 적용하지 아니한다.

제5조(경과조치)이 고시 시행 당시 「일본산 가금육 수입위생조건」(농림축산식품부 고시 제2013-215호, 2013. 10. 07.)에 따라 수입된 가금육 등은 이 수입위생조건을 따른 것으로 본다.

일본산 돼지 및 그 생산물 수입위생조건

[시행 2016. 10. 6.] [농림축산식품부고시 제2016-111호, 2016. 10. 6., 일부개정.]

농림축산식품부(검역정책과), 044-201-2076

Ⅰ. 돼지 수입위생조건

일본(이하 "수출국"이라 한다)에서 대한민국으로 수출하는 돼지(이하 "수출돼지"이라 한다)에 대한 수입위생조건은 다음과 같다.

제1조 수출돼지는 수출국에서 출생이후 또는 선적전 6개월 이상 수출국에서 사육된 것이어야 한다.

제2조 수출국의 가축전염병 비발생 조건 또는 예방접종 조건은 다음과 같다.

  가. 수출국에는 선적전 1년간 구제역수포진니파바이러스뇌염, 2년간 수포성구내염돼지수포병, 3년간 아프리카돼지열병, 돼지텟센병 및 5년간 우역의 발생이 없어야 하며, 이들 각각의 질병에 대한 예방접종을 실시하지 않아야 한다. 다만, 효과적인 살처분 정책을 수행하고 있다고 대한민국 농림축산식품부장관이 인정하는 질병에 대하여 그 기간을 세계동물보건기구(OIE) 기준에 따라 단축할 수 있다.

  나. 수출돼지의 생산농장과 생산농장을 중심으로 반경 10km 이내의 지역에는 수출돼지의 선적전 1년간 돼지열병의 발생이 없어야 한다.

  다. 수출돼지의 생산농장에서는 수출검역 개시전 다음 각호의 질병이 임상적혈청학적 또는 미생물학적으로 발생한 사실이 없어야 한다.

    1) 3년간 비발생 : 브루셀라병
    2) 1년간 비발생 : 돼지생식기호흡기증후군, 돼지오제스키병, 돼지전염성위장염, 광견병, 돼지일본뇌염, 돼지위축성비염, 돼지유행성설사
    3) 6개월간 비발생 : 탄저, 렙토스피라병
    4) 결핵병 : 수의사가 위생 감독했고, 지난 1년간 생산농장으로부터 결핵병을 확진한 경우가 없었다.

  라. 수출동물은 출생이후 돼지열병, 브루셀라병 및 돼지오제스키병에 대하여 예방접종을 하지 않은 것이어야 한다.

제3조 수출국정부는 가축방역상 안전하다고 인정한 시설(이하 "수출검역시설"이라 한다)에서 30일이상 수출돼지를 격리(이하 "격리검역기간"이라 한다)하여 정부수의사의 수출검역을 받아야 하며, 수출돼지는 수출검역 개시 이후에 다른 동물과 접촉하지 않도록 관리되어야 한다.

제4조 수출동물은 제3조의 격리검역기간 중에 실시한 개체별 임상검사 결과 건강한 동물이어야 하며, <별표>의 질병별 검사방법 및 기준에 의한 검사결과 음성이어야 한다. 또한 수출동물을 선적하는 당일에도 상기 제2조에서 언급된 가축전염병을 포함한 어떠한 전염성질병의 임상증상도 없어야 한다. 다만, 돼지오제스키병에 대하여는 다음에 규정하는 시기에 실시한 별표의 검사방법 및 기준에

의한 검사결과 이상이 없어야 한다.

　　가. 돼지오제스키병 검사는 수출동물 격리후 최소 30일 간격으로 2회의 검사실시(최종검사는 선적전 15일 이내에 실시되어야 한다)

제5조 수출국정부는 수출동물에 대하여 수출검역시설에서 선적전 7일이내에 내외부기생충 및 흡혈곤충 등의 구제에 필요한 약제를 처치하여야 한다. 다만, 흡혈곤충 등의 활동시기가 아닌 경우 곤충구제를 위한 약제처치를 면제할 수 있으며, 이러한 경우 수출국 정부당국은 동 사항을 검역증명서에 기재하여야 한다.

제6조 수출국정부는 수출동물의 검역시설 및 수출동물 운송에 사용되는 수송상자차량선박 또는 항공기 등에 대하여 사용하기전 세척 및 수출국정부가 승인한 소독약으로 소독하여야 한다.

제7조 수출동물은 대한민국에 도착시까지 대한민국이 지정하고 있는 수입금지지역을 경유하여서는 아니된다. 다만, 재해급유 등의 이유로 기항하는 경우는 예외로 하되 가축전염병병원체의 오염우려가 없어야 한다.

제8조 수출검역기간 또는 수송중에 사용하는 건초깔짚사료 등은 전염성 질병의 병원체에 오염되지 아니한 위생적인 것으로서 수출검역 개시전에 수출검역시설에 저장되어 있어야 하며, 수송도중에 추가로 구입하여서는 아니된다.

제9조 수출국정부는 자국내에 제2조 가항의 질병발생이 확인되는 경우 즉시 대한민국으로의 돼지수출을 중지하는 동시에 대한민국 수의당국 앞으로 발생사실을 통보하여야 하며, 수출재개를 위해서는 대한민국정부와 사전에 협의하여야 한다.

제10조 수출국 수의당국은 다음사항을 영문으로 기재한 수출검역증명서를 발행하여야 한다.

　　가. 제1조에서 제8조까지 및 제10조에서 명시한 사항(제5조의 경우 처치약제명, 처치방법, 처치일자 및 처치량을 기록)

　　나. 수출돼지의 품종, 개체번호, 성별, 나이

　　다. 수출돼지 생산농장의 명칭, 소재지

　　라. 제3조에 의한 수출검역시설의 명칭, 주소 및 검역기간(개시일자 및 종료일자)

　　마. 제4조에 의한 질병별 검사와 관련된 검사기관명, 검사일자, 검사방법, 검사결과

　　바. 선적일, 선적항명, 선박명 또는 항공기명

　　사. 수출자 및 수입자의 주소, 성명

　　아. 검역증명서 발행일자, 발행자 소속, 성명 및 서명

제11조 대한민국 수의당국은 수출돼지에 대한 수입검역중 수입위생조건에 부적합한 사항 및 전염성질병이 발견되는 경우에는 반송 또는 폐기처분 할 수 있다. 또한 해당 농장에 대해서는 일정기간 동안 수출을 금지할 수 있다.

Ⅱ. 돼지고기 등 돼지 생산물 수입위생조건

제1조 돼지고기 및 식용설육 등 돼지 생산물(이하 "수출돼지고기"라 한다)은 "Ⅰ. 돼지수입위생조건"중

제2조 가항의 조건을 충족시키고, 수출국내에서 출생하여 사육된 돼지에서 생산되어야 한다.

제2조 수출돼지고기를 생산하기 위하여 도축된 돼지가 유래한 농장은 도축전 3년이상 브루셀라병, 1년이상 돼지열병, 돼지오제스키병, 6개월이상 탄저병 및 PRRS의 발생이 없는 곳이어야 하며, 또한 이와같은 질병과 관련하여 수출국 정부 수의당국에 의한 방역상 제한조치를 받지 않고 있는 지역내에 위치하여야 한다.

제3조 수출 돼지고기를 생산하는 도축장, 식육포장처리장, 가공장 및 보관장(이하"수출작업장"이라 한다)은 다음의 조건에 부합되는 곳이어야 한다.

가. 수출작업장은 수출국의 관련규정에 의거하여 등록된 곳으로 수출국 정부에서 위생점검을 실시하여 적합한 작업장을 대한민국 정부에 통보하고 그 중 대한민국 정부가 현지점검 또는 그 밖의 방법을 통하여 승인한 곳이어야 한다. 다만, 대한민국정부는 수출작업장으로 승인한 날로부터 또는 최종 수출일로부터 2년 이상 대한민국으로의 수출돼지고기 수출이 없는 경우 그 승인을 취소할 수 있다.

나. 수출작업장은 정부의 위생감독하에 있어야 하며 정부가 실시하는 정기적인 위생검사 결과 이상이 없어야 한다.

다. 대한민국 수의당국은 필요하다고 판단될 경우, 수출작업장에 대하여 위생실태 현지점검을 실시할 수 있으며, 이에 필요한 경비는 수출국에서 부담하여야 한다.

라. 수출작업장은 상기 "Ⅰ. 돼지수입위생조건"중 제2조 나항 및 다항에 열거된 질병의 감염지역 또는 방역지대에 위치하여서는 아니되며, 대한민국에 수출하기 위하여 작업을 실시하는 동안은 한국정부가 우제류 동물 또는 그 생산물의 수입을 허용하지 않은 국가 또는 그와 같은 국가를 경유한 우제류 동물 및 그 생산물을 취급하여서는 아니된다.

마. 수출작업장에는 일일 도축, 포장처리, 가공 및 보관에 대한 기록원본이 2년 이상 보관되어야 하며, 한국으로 수출된 돼지고기의 원산농장 등 관련 자료를 구비하고 있어야 한다.

제4조 수출돼지고기는 다음의 기준을 충족시켜야 한다.

가. 수출돼지고기는 수출작업장내에서 수출국 정부수의관이 실시하는 생체 및 해제검사 결과 건강한 돼지로부터 생산된 식용에 적합한 것이어야 하고, 특히 선모충증, 유구낭충증, 포충증에 대한 검사결과 이상이 없어야 한다.

나. 수출돼지고기를 생산하기 위하여 도축, 해체, 가공, 포장 및 보관작업을 할 때에는 동일장소에서 동등이상의 위생상태에 있지 아니한 동물 및 그 생산물을 취급하여서는 아니된다.

다. 수출돼지고기에는 공중위생상 위해를 일으키는 잔류물질(항생제, 합성항균제, 홀몬제, 농약, 중금속 및 방사능 등) 및 병원성 미생물이 허용기준(대한민국 정부의 관련규정을 원칙으로 한다)을 초과하지 않아야 하며, 돼지고기의 구성 또는 특성에 유해한 효과를 미치는 이온화 또는 자외선 처리 및 연육소와 같은 성분이 투여되어서는 아니된다.

라. 수출돼지고기는 어떠한 전염성 질병의 병원체에도 오염되지 않는 방법으로 처리되어야 하며 수출 돼지생산물을 포장한 포장지는 위생적이고 인체에 무해한 것이어야 한다. 또한 내용물 또는 포장에는

작업장 번호가 표시되어야 하며 공중위생상 위해가 없는 방법으로 처리되었다는 합격표시를 받아야 한다. 이에 대한 합격표시는 사전에 한국정부에 통보된 것이어야 한다.

마. 수출돼지고기는 제3조에 의한 수출작업장에서 대한민국 정부가 승인한 날짜 이후 생산된 것이어야 한다.

제5조 수출국정부는 식육내 유해잔류물질 방지프로그램과 그 실시결과(검사기관과 시설, 인력, 연간검사계획, 검사방법, 검사결과 및 돼지에 사용되는 동물약품의 판매실적 등을 명시할 것)를 영문으로 작성하여 매년 한국정부에 제출하여야 한다.

제6조 수출돼지고기는 수출국 정부수의관의 감독하에 봉인되어 대한민국에 도착시까지 전염성 질병의 병원체에 오염되지 않고 변질, 변패 등 공중위생상 위해가 없도록 안전하게 수송하여야 하며, 수송중에는 대한민국이 우제류 동물 및 그 생산물의 수입을 허용하지 않는 지역을 경유하여서는 아니된다. 다만, 급유 등의 이유로 단순 기항(착)하는 것은 예외로 한다.

제7조 수출국정부는 자국내에 "Ⅰ. 돼지수입위생조건"중 제2조 가항의 질병이 확인되는 경우 즉시 대한민국으로의 수출을 중지하는 동시에 대한민국정부 앞으로 발생사실을 통보하여야 하며, 수출재개를 위해서는 대한민국정부와 사전에 협의하여야 한다.

제8조 수출국 수의당국은 다음사항을 기재한 수출검역증명서를 발행하여야 한다.

　가. 수출돼지고기

　　1). 제1조 및 제2조에서 명기한 사항

　　2) 품명(축종포함), 포장수량 및 중량(N/W : 최종 가공작업장별로 기재)

　　3) 도축장, 가공장 및 보관장의 명칭, 주소 및 승인번호

　　4) 도축기간 및/또는 가공기간

　　5) 콘테이너 번호 및 봉인지 번호

　　6) 선박명 또는 항공기명, 선적일자 및 선적항명

　　7) 수출자 및 수입자의 주소 및 성명

　　8) 검역증명서 발행일자, 발행자 소속, 발행자 성명 및 서명

　나. 수출돼지고기 이외의 수출축산물

　　1) 제1조에서 명시한 사항

　　2) 품명(축종 포함), 포장수량, 실중량(N/W)

　　3) 제품생산기간(년월일)

　　4) 콘테이너 번호 및 봉인 번호

　　5) 선박명 또는 항공기명, 선적일자, 선적항명

　　6) 수출자 및 수입자의 주소, 성명

　　7) 검역증명서 발행일자, 발행자 소속, 성명 및 서명

제9조 대한민국 정부수의관은 승인된 수출작업장의 현지점검 및 기록원부를 조사할 권한을 가지며, 수입위생조건과 일치하지 않는 사항을 발견시 한국으로의 돼지고기 수출을 중지시킬 수 있다. 이때

수출국 정부는 대한민국 정부수의관의 현지점검 등에 적극 협조하여야 한다.

제10조 대한민국 정부수의관은 수출돼지고기에 대한 검역중 대한민국정부의 수입위생조건에 부적합한 사항이 발견되는 경우에는 당해 수출돼지고기는 반송 또는 폐기처분 할 수 있으며, 특히 수출 육류의 경우 해당 수출육류의 생산작업장에 대하여 대한민국으로의 수출을 중지시킬 수 있다.

제11조 본 수입위생조건의 시행 및 적용과 관련하여 필요하다고 인정되는 경우, 대한민국 정부는 수의관을 일정기간동안 현지 파견할 수 있다

부칙 〈제2016-111호, 2016. 10. 6.〉

제1조(시행일)이 고시는 발령한 날부터 시행한다.

제2조(재검토기한)농림축산식품부장관은 이 고시에 대하여 2017년 1월 1일을 기준으로 매 3년이 되는 시점(매 3년째의 12월 31일까지를 말한다)마다 그 타당성을 검토하여 개선 등의 조치를 하여야 한다.

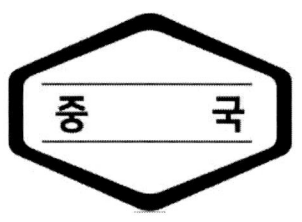

중국산 열처리된 가금육 제품 수입위생조건

[시행 2016. 10. 6.] [농림축산식품부고시 제2016-113호, 2016. 10. 6., 일부개정.]

농림축산식품부(검역정책과), 044-201-2076

1. 이 수입위생조건은 중국(이하 "수출국"이라 한다)에서 대한민국으로 수출되는 열처리된 식용 가금육제품(이하 "수출축산물"이라 한다)에 대하여 적용한다.
2. 수출국은 고병원성가금인플루엔자(Highly Pathogenic Avian Influenza) 및 뉴캣슬병(Velogenic Viscerotropic Newcastle Disease)을 신고의무질병으로 관리하고, 동 질병에 대하여 주기적인 예찰을 실시하여야 하며, 수출국내에 동 질병이 발생하는 때에는 살처분이동제한소독 등 적절한 방역정책을 실시하여야 한다.
3. 수출축산물을 생산하기 위한 가금은 수출국내에서 부화되고 사육된 것이어야 한다.
4. 수출축산물은 다음의 기준에 부합하여야 한다

    가. 수출축산물을 생산하기 위한 가금이 사육된 농장은 도축전 30일간 사육농장을 중심으로 반경 10km내에 고병원성가금인플루엔자 및 뉴캣슬병이 발생한 사실이 없는 지역에 위치하여야 한다.

    나. 수출축산물을 생산하기 위하여 가금을 도축한 도축장·가공장 및 가열처리를 위한 열처리가공장은 도축가공열처리전 30일간 해당 시설을 중심으로 반경 10Km내에 고병원성가금인플루엔자 및 뉴캣슬병이 발생한 사실이 없는 지역에 위치하여야 한다.

    다. 수출축산물을 생산하는 도축장가공장 및 열처리가공장은 수출국 정부가 위생점검을 실시하여 위생상 적합한 곳을 선정(열처리가공장은 5.의 열처리시설기준을 충족시키는 곳을 선정)하여 대한민국정부에 통보한 시설중, 대한민국 정부가 현지점검 또는 기타의 방법으로 확인하여 승인한 작업장이어야 한다.

    라. 수출축산물을 생산하기 위한 원료가금육은 수출국 정부수의관이 실시하는 생체 및 해체검사결과 건강한 가금으로부터 생산된 식용에 적합한 것이어야 한다.

    마. 수출축산물은 중심부 온도를 70℃에서 최저 30분, 75℃에서 최저 5분 또는 80℃에서 최저 1분간 유지되고, 고병원성가금인플루엔자 및 뉴캣슬병 바이러스가 완전히 사멸되도록 열처리되어야 한다.

    바. 수출축산물의 포장에는 공중위생상 위해가 없는 방법으로 처리되었다는 합격표시가 있어야 하며, 당해 합격표시는 사전에 대한민국 정부에 통보된 것이어야 한다.

사. 수출축산물은 공중위생상 위해를 일으키는 잔류물질(항생물질·합성항균제·농약·홀몬제·중금속 및 방사능 등)이 허용기준(대한민국정부 관련규정을 따른다)을 초과되어서는 아니되고, 살모넬라·황색포도상구균·장염비브리오·클로스트리디움 퍼프린젠스·리스테리아 모노사이토제네스·대장균O157:H7 등의 식중독균이 검출되어서는 아니되며, 가금육의 구성 또는 특성에 역효과를 미치는 이온화방사선 또는 자외선 처리 및 연육소와 같은 성분이 투여되어서는 아니된다.

아. 수출축산물을 포장한 포장지는 수출국 정부가 허가한 것으로서 인체에 무해한 것이어야 하며, 환경오염을 유발하지 아니하는 재질로 만들어진 것이어야 한다.

5. 열처리시설의 기준은 다음과 같다.

가. 열처리시설은 원료처리 등 가열처리전 시설, 가열처리제품포장 등 가열처리후 시설로 각각 구획되어야 한다.

나. 열처리시설의 가열처리전 시설과 가열처리후 시설은 개폐가 가능한 원료의 이동통로를 제외하고는 완전하게 격리되어야 한다.

다. 열처리시설의 가열처리전 시설에는 원료보관·처리·검사를 실시하는 설비가 있어야 한다.

라. 열처리시설의 가열처리후 시설은 외부로부터 완전하게 차단되어야 하며, 동 시설에는 자동온도기록계 등의 검사기구를 갖춘 가열설비, 가열처리후의 검사·냉각보관 및 포장을 실시하는 설비 또는 기구가 있어야 한다.

마. 열처리시설의 가열처리전 시설 및 가열처리후 시설은 재오염방지를 위해 각 시설별로 작업자가 구분운영되어야 하며, 각 시설에는 작업자를 위한 출입구·탈의실·화장실 설비가 각각 있어야 한다.

바. 열처리시설의 바닥벽 및 천장은 청소하기가 쉽고 불침투성인 재료로 만들어 지고, 바닥은 적당한 경사와 배수설비가 있어야 하며, 또한 소독이 가능하여야 한다.

6. 수출국정부 수의관은 수출축산물을 수출하는 때에는 선적전 다음의 각 사항을 영문으로 상세히 기재한 수출검역증명서를 발행하여야 한다.

   (1) 상기 2. 내지 4.에서 명시한 사항
   (2) 품명·포장형태·포장수량 및 중량
   (3) 도축장·가공장(또는 열처리가공장)·보관장의 명칭, 주소
   (4) 도축연월일·가공연월일·열처리연월일·처리방법·컨테이너 봉인번호
   (5) 선박명 또는 항공기명선적일자 및 선적지명
   (6) 수출자 및 수입자 주소와 성명(또는 회사명)
   (7) 검역증명서 발행일자·발행장소·발행자의 소속·직책·성명 및 서명

7. 수출국 수의당국은 고병원성가금인플루엔자뉴캣슬병 등 가금류의 주요 질병이 발생하였거나 발생의심이 확인된 경우에는 24시간 이내에 그 사실을 대한민국 수의당국에 모사전송전자우편 등을 통하여 통보하여야 한다.

8. 대한민국 수의당국은 수출축산물에 대한 수입검역중 이 수입위생조건에 부적합한 사항이 발견된 때에는 당해 수출축산물의 소유자에 대해 당해 수출축산물을 수출국에 반송하거나 폐기토록 명령할

수 있으며, 해당 작업장의 승인을 취소할 수 있다.
9. 대한민국 정부수의관은 수출작업장에 대한 현지점검과 생산기록을 조사할 권한을 가지며, 현지점검 및 생산기록 조사결과 부적합할 경우 대한민국으로 수출하는 축산물의 작업을 중지시킬 수 있다.

부칙 〈제2016-113호, 2016. 10. 6.〉

제1조(시행일) 이 고시는 발령한 날부터 시행한다.

제2조(재검토기한) 농림축산식품부장관은 이 고시에 대하여 2017년 1월 1일을 기준으로 매 3년이 되는 시점(매 3년째의 12월 31일까지를 말한다)마다 그 타당성을 검토하여 개선 등의 조치를 하여야 한다.

칠레산 가금육 및 가금생산물 수입위생조건

[시행 2015. 10. 15.] [농림축산식품부고시 제2015-122호, 2015. 9. 15., 전부개정.]

농림축산식품부(검역정책과), 044-201-2076

제1조(목적) 이 고시는 가축전염병 예방법 제34조제2항의 규정에 따라 칠레(이하 "수출국"이라 한다)에서 대한민국으로 수출하는 가금육 및 가금생산물(이하 "가금육 등"이라 한다)에 대한 수출국의 검역내용 및 위생상황 등을 규정함을 목적으로 한다.

제2조(정의) 이 수입위생조건에서 사용하는 용어의 뜻은 다음과 같다.
 1. "가금"은 닭·오리·거위·칠면조·메추리 및 꿩 등을 말한다.
 2. "가금육"은 가금에서 유래한 신선, 냉장 또는 냉동 고기, 열처리가금육, 식육부산물 및 식육가공품을 말한다.
 3. "열처리 가금육"은 중심부 온도를 기준으로 60℃에서 507초, 65℃에서 42초, 70℃에서 3.5초, 73.9℃에서 0.51초 이상 또는 이와 동등 이상의 효력이 있는 방법으로 처리된 가금육을 말한다.
 4. "식육부산물"은 지육, 정육 이외에 식용을 목적으로 하는 가금의 내장, 머리, 발 등의 부분을 말한다.
 5. "식육가공품"이란 햄류, 소시지류, 건조저장육류, 양념육류, 그 밖의 식육을 원료로 하여 가공한 것을 말한다.
 6. "비식용 가금생산물"은 식용을 목적으로 하지 않은 가금 유래 생산물과 이를 원료로 하여 가공한 것을 말한다.
 7. "수출국 정부"는 수출국의 동물·축산물 검역당국으로 말한다.
 8. "수출국 정부 수의관"은 수출국 정부 소속 수의사로서 검역관을 말한다.
 9. "수출작업장"은 대한민국으로 수출되는 가금육 등을 생산, 가공, 포장 또는 보관하는 도축장, 식육포장처리장, 가공장 또는 보관장을 말한다.
 10. "고병원성 조류인플루엔자"는 인플루엔자 A 바이러스에 의한 감염병 중 세계동물보건기구(OIE) 육상동물 위생규약에서 고병원성으로 분류하는 가금전염병을 말한다.
 11. "저병원성 조류인플루엔자"는 고병원성 조류인플루엔자를 제외한 H5 또는 H7 아형 인플루엔자 A 바이러스에 의한 가금전염병을 말한다.

12. "뉴캣슬병"은 뉴캣슬병 바이러스에 의한 감염병 중 세계동물보건기구 육상동물 위생규약에서 정의하는 가금전염병을 말한다.

제3조(출생·사육조건) 가금육 등을 생산하는데 사용된 가금은 수출국내에서 부화되어 사육된 것이어야 한다.

제4조(가축전염병 비발생 조건) ① 수출국은 가금육 등 수출 전 1년간 고병원성 조류인플루엔자의 발생이 없어야 한다. 다만, 수출국이 고병원성 조류인플루엔자에 대하여 효과적인 살처분 정책을 수행하고 있다고 대한민국 농림축산식품부장관이 인정하는 경우 그 기간을 세계동물보건기구 규정에 따라 단축할 수 있다.

② 가금육 등을 생산하는데 사용된 가금의 사육농장을 중심으로 반경 10km 이내의 지역은 가금 도축 전 3개월간 저병원성 조류인플루엔자 및 뉴캣슬병의 발생이 없어야 한다.

③ 가금육 등을 생산하는데 사용된 가금의 사육농장은 도축 전 1년간 가금콜레라, 추백리, 가금티푸스, 전염성F낭병, 마렉병, 오리바이러스성간염(오리육에 한함) 및 오리바이러스성장염(오리육에 한함)의 발생이 없어야 한다.

제5조(수출작업장 조건) ① 수출작업장 또는 제조시설은 수출국의 관련 규정에 따라 등록된 곳으로 수출국 정부가 위생점검을 실시하여 적합한 작업장을 대한민국 정부에 통보하고 그 중 대한민국 정부가 현지점검 또는 그 밖의 방법을 통하여 승인한 곳이어야 한다.

② 수출작업장은 수출국 정부의 감독 하에 있어야 하며 수출국 정부가 실시하는 정기적인 위생 점검 결과 이상이 없어야 한다.

③ 수출작업장은 자체위생관리기준(SSOP) 및 축산물안전관리인증기준(HACCP)을 적용하여야 하며, 살모넬라균 검사 등을 실시하여야 한다.

④ 수출작업장은 제4조에 열거된 가축전염병의 감염지역내에 위치하여서는 아니되며, 가금육을 생산하는 동안에는 대한민국 정부가 가금 또는 가금육의 수입을 허용하지 않은 국가에서 수입된 가금 또는 가금육을 취급하여서는 아니된다.

제6조(가금육 등의 조건) ① 가금육 등은 수출작업장 내에서 수출국 정부수의관이 실시하는 생체 및 해체검사 결과 건강한 가금으로부터 생산된 것이어야 한다.

② 가금육 등은 가축전염병의 병원체에 오염되지 않도록 처리되어야 한다.

③ 가금육 등은 공중위생상 위해를 일으킬 수 있는 잔류물질(항균제·농약·호르몬제·중금속 등), 미생물, 식품조사(food irradiation), 이온화처리 및 식품첨가물(보존료, 연육제 등) 등에 관한 대한민국 규정에 적합해야 한다.

④ 가금육 등을 포장하는 포장지는 위생적이고 인체에 무해한 것이어야 한다. 포장면에는 수출작업장 번호가 표시되어야 하며, 가금육 등이 공중위생상 위해가 없는 방법으로 처리되었다는 합격표시가 있어야 한다. 동 합격표시는 사전에 대한민국 정부에 통보되어야 한다.

제7조(수출검역증명서의 기재사항) 수출국 정부 수의관은 가금육 등의 선적 전 다음의 각 사항을 한글 또는 영문으로 상세히 기재한 수출검역증명서를 발급하여야 한다.

1. 가금육
    (1) 제3조, 제4조, 제5조제4항 및 제6조에 명시된 사항
    (2) 품명(축종포함), 포장형태, 포장수량 및 중량 (N/W) : 최종 식육포장 또는 가공작업장별로 기재
    (3) 도축장, 식육포장처리장, 가공장, 보관장의 명칭, 주소 및 승인번호
    (4) 도축기간, 식육포장처리기간 및/또는 가공기간 : 개시일자 및 종료일자
    (5) 컨테이너 번호 및 봉인번호
    (6) 선박명 또는 항공기명, 선적일자 및 선적지명
    (7) 수출자 및 수입자의 주소, 성명(업체명)
    (8) 수출검역증명서 발급일자, 발급장소, 발급자의 소속, 직책, 성명 및 서명
2. 비식용 가금생산물
    (1) 제3조 및 제4조에 명시된 사항. 다만, 열처리가금육의 온도조건 이상으로 처리된 제품에 대하여는 기재하지 않을 수 있다.
    (2) 제6조제1항에 명시된 사항
    (3) 품명(축종포함), 포장형태, 포장수량 및 중량 (N/W) : 제조시설별로 기재
    (4) 제조시설의 명칭 및 주소 (승인번호가 있을 경우 승인번호 기재)
    (5) 컨테이너 번호 및 봉인번호
    (6) 선박명 또는 항공기명, 선적일자 및 선적지명
    (7) 수출자 및 수입자의 주소, 성명(업체명)
    (8) 수출검역증명서 발급일자, 발급장소, 발급자의 소속, 직책, 성명 및 서명

제8조(열처리 가금육) ① 제4조제1항의 규정에도 불구하고, 열처리 가금육은 수출국내 고병원성 조류인플루엔자 발생과 무관하게 대한민국으로 수출할 수 있다.

② 수출국 정부수의관은 열처리 가금육 선적 전 제7조제1호의 규정에 의한 수출검역증명서 또는 다음 각 호의 사항을 기재한 수출검역증명서를 발급하여야 한다.
    (1) 제3조, 제4조제2항 및 제3항, 제5조제4항 및 제6조에 명시된 사항
    (2) 열처리가금육을 생산하는데 사용된 가금의 사육농장을 중심으로 반경 10km 이내의 지역은 가금 도축 전 3개월간 고병원성 조류인플루엔자의 발생이 없어야 한다.
    (3) 열처리가금육을 생산하는 수출작업장은 원료처리 등 가열처리전 시설, 가열처리·제품포장 등 가열처리 후 시설로 각각 구획되어야 하며, 오염을 방지하기 위해 각 시설별로 작업자가 구분·운영되어야 한다.
    (4) 열처리가금육에 처리된 열처리 온도 및 시간
    (5) 품명(축종포함), 포장형태, 포장수량 및 중량(N/W) : 최종 가공작업장별로 기재
    (6) 도축장, 식육포장처리장, 가공장, 보관장의 명칭, 주소 및 승인번호
    (7) 도축기간, 식육포장처리기간 및/또는 가공기간 : 개시일자 및 종료일자

(8) 컨테이너 번호 및 봉인번호
   (9) 선박명 또는 항공기명, 선적일자 및 선적지명
   (10) 수출자 및 수입자의 주소, 성명(업체명)
   (11) 검역증명서 발급일자, 발급장소, 발급자의 소속, 직책, 성명 및 서명

제9조(운송) 가금육 등은 수출국 정부 수의관의 감독 하에 봉인되어 대한민국 도착 시까지 가축의 전염성 질병의 병원체에 오염되지 않고 변질, 부패 등 공중위생상 위해가 없도록 안전하게 수송되어야 하며, 수송 중에는 대한민국 정부가 가금 또는 가금육의 수입을 허용하지 않은 지역을 경유하여서는 아니 된다. 다만, 급유 등의 이유로 단순 기항(착)하는 것은 예외로 한다.

제10조(수출국내 질병발생시 조치) ① 수출국 정부는 자국내에 고병원성 조류인플루엔자가 발생되는 즉시 가금육 등(열처리된 제품은 제외)을 대한민국으로 선적하는 것을 중지함과 동시에 그 사실을 FAX 등을 통하여 대한민국 정부에 통보하여야 하며, 수출을 재개하고자 하는 경우 대한민국 농림축산식품부와 협의하여야 한다.

② 수출국 정부는 자국에서 실시하는 가금 전염병 방역 프로그램과 그 실시결과를 매년 대한민국 정부에 통보하여야 한다.

제11조(수출작업장 현지점검) ① 대한민국 정부 수의관은 승인된 수출작업장 또는 제조시설의 현지점검 및 기록원부를 조사할 권한을 가지며, 이 수입위생조건과 일치하지 않은 사항을 발견 시 대한민국으로 가금육 등의 수출을 중지시킬 수 있다. 이때 수출국 정부는 대한민국 정부 수의관의 현지점검 등에 적극 협조하여야 한다.

② 수출국 정부는 수출작업장 또는 제조시설이 파산, 영업장 폐쇄 등의 사유로 수출 작업을 중단한 경우 해당 수출작업장 또는 제조시설의 승인을 취소하고 즉시 이를 대한민국 정부에 통보하여야 한다.

③ 대한민국 정부는 수출작업장 또는 제조시설로 승인한 날 또는 최종 수출일로부터 3년 이상 대한민국으로 가금육 등의 수출 실적이 없는 수출작업장 또는 제조시설에 대하여는 그 승인을 취소할 수 있다. 대한민국 정부는 승인 취소 결정 전 수출국 정부에 이러한 사항을 통보하고 수출국 정부와 협의해야 한다.

④ 수출작업장에는 일일도축, 가공 및 보관에 대한 기록원본이 2년 이상 보관되어야 하며, 대한민국으로 수출된 가금육에 대한 원산농장 등 관련 자료를 구비하고 있어야 한다.

제12조(국가잔류물질 검사 프로그램 등) 수출국 정부는 가금육에 대한 유해잔류물질 검사 프로그램과 그 실시결과(검사기관의 시설, 인력, 연간검사계획, 검사방법, 검사결과 등을 명시할 것)를 영문으로 작성하여 매년 대한민국 정부에 제출하여야 한다.

제13조(불합격 조치 등) 대한민국 정부는 가금육 등에 대한 수입검역·검사 중 이 수입위생조건에 부적합한 사항이 발견되는 경우에는 해당 가금육 등에 대하여 반송 또는 폐기처분을 명할 수 있으며, 가금육 등에 대한 검역중단 또는 해당 수출작업장에 대해 수출중단 조치를 취할 수 있다.

부칙 〈제2015-122호, 2015. 9. 15.〉

제1조(시행일)이 고시는 2015. 10. 15일부터 시행한다.

제2조(재검토기한)농림축산식품부 장관은 이 고시에 대하여 2016년 1월 1일을 기준으로 매3년이 되는 시점(매 3년째의 12월 31까지를 말한다)마다 그 타당성을 검토하여 개선 등의 조치를 하여야 한다.

제3조(이 고시의 적용배제)이 고시에도 불구하고 개별 수입위생조건 또는 수입조건이 정해진 경우에는 이 고시를 적용하지 아니한다.

제4조 (경과조치)이 고시 시행 당시 「칠레산 가금육 및 가금생산물 수입위생조건」(농림축산식품부 고시 제2013-218호, 2013. 10. 07.)에 따라 수입된 가금육 등은 이 수입위생조건을 따른 것으로 본다.

칠레산 돼지고기 및 돼지생산물 수입위생조건

[시행 2015. 11. 1.] [농림축산식품부고시 제2015-73호, 2015. 7. 22., 제정.]

농림축산식품부(검역정책과), 044-201-2076

제1조(목적) 이 고시는 가축전염병 예방법 제34조제2항의 규정에 따라 칠레(이하 "수출국"이라 한다)에서 대한민국으로 수출하는 돼지고기 및 돼지생산물(이하 "돼지고기 등"이라 한다)에 대한 수출국의 검역 내용 및 위생 상황 등을 규정함을 목적으로 한다.

제2조(용어의 정의) 이 수입위생조건에서 사용하는 용어의 뜻은 다음과 같다.

1. "돼지고기"는 가축화된 사육돼지(domestic pigs)에서 유래한 식용을 목적으로 하는 신선, 냉장 또는 냉동 고기, 식육부산물 및 식육가공품을 말한다.
2. "식육부산물"은 내장, 머리 등 지육(枝肉), 정육(精肉) 이외의 부분을 말한다.
3. "식육가공품"이란 햄류, 소시지류, 베이컨류, 건조저장육류, 양념육류, 그 밖의 식육을 원료로 하여 가공한 것을 말한다.
4. "비식용 돼지생산물"은 식용을 목적으로 하지 않는 돼지 유래 생산물과 이를 원료로 하여 가공한 것을 말한다.
5. "수출국 정부"는 수출국의 동물·축산물 검역당국을 말한다.
6. "수출국 정부 수의관"은 "수출국 정부" 소속 수의사로서 검역관을 말한다.
7. "수출작업장"은 대한민국으로 수출되는 돼지고기 등을 생산, 가공, 포장 또는 보관하는 도축장, 식육포장처리장, 가공장 및 보관장을 말한다.

제3조(출생·사육조건) 돼지고기 등을 생산하기 위한 돼지는 수출국내에서 출생하여 사육되었거나, 대한민국 정부가 대한민국으로 돼지고기의 수출자격이 있는 것으로 인정한 국가에서 수출국으로 수입되어 도축 전 3개월 이상 사육된 것이어야 한다.

제4조(국가 질병 비발생 조건) ① 수출국은 수출 전 1년간 구제역, 수출 전 2년간 수포성구내염·돼지수포병·우역, 수출 전 3년간 아프리카돼지열병의 발생사실이 없어야 하며, 이들 질병에 대한 예방접종을 실시하지 않아야 한다. 다만, 수출국 정부가 효과적인 살처분정책을 수행하고 있다고 대한민국 농림축산식품부장관이 인정하는 질병에 대하여 그 기간을 세계동물보건기구(OIE) 기준에 따라 단축할 수 있다.

② 수출국은 수출 전 1년간 돼지열병(야생돼지의 발생은 제외한다)이 발생한 사실이 없거나 대한민국 정부가 청정 국가로 인정하여야 하며 이 질병에 대하여 예방접종을 실시하지 않아야 한다. 만일 수출국내에 돼지열병이 발생한 경우 돼지고기 등은 대한민국 정부가 인정한 돼지열병 청정 지역에서 유래하여야 한다.

제5조(농장 질병 비발생 조건) 돼지고기 등을 생산하기 위한 돼지가 출생·사육되어진 농장은 도축 전 3년간 브루셀라병, 도축 전 2년간 탄저, 도축 전 1년간 돼지오제스키병의 발생이 없는 곳이어야

하며, 또한 이들 질병과 관련하여 수출국 정부에 의한 방역상 제한조치를 받지 않고 있는 지역 내에 위치하여야 한다.

제6조(수출작업장 조건) ① 수출작업장 또는 제조시설은 수출국의 관련 규정에 의거하여 등록된 곳으로 수출국 정부에서 위생점검을 실시하여 적합한 작업장을 대한민국 정부에 통보하고 그 중 대한민국 정부가 현지점검 또는 기타 방법을 통하여 승인한 곳이어야 한다.

② 수출작업장은 수출국 정부의 위생 감독 하에 있어야 하며 수출국 정부가 실시하는 정기적인 위생점검 결과 이상이 없어야 한다.

③ 수출작업장은 제5조에 열거된 질병의 감염지역 내에 위치하여서는 아니 되며, 대한민국에 수출하기 위하여 작업을 실시하는 동안은 대한민국 정부가 우제류 동물 및 그 생산물의 수입을 허용하지 않는 국가 또는 지역을 경유한 동물 및 그 생산물을 취급하여서는 아니 된다.

제7조(돼지고기 등의 조건) ① 돼지고기 등은 수출작업장 내에서 수출국 정부 수의관이 실시하는 생체 및 해체검사 결과 건강한 돼지로부터 생산된 것으로 식용에 적합한 것이어야 한다.

② 식용을 목적으로 하는 돼지고기 등은 선모충증, 유구낭충증, 포충증에 대한 검사결과 이상이 없어야 한다.

③ 돼지고기 등을 생산하기 위하여 도축, 해체, 가공, 포장 및 보관 작업을 할 때에는 동일 장소에서 동등 이상의 위생 상태에 있지 아니한 동물 및 그 생산물을 취급하여서는 아니 되며 식육가공품의 원료육은 대한민국으로 수출이 가능한 것만 사용해야 한다.

④ 돼지고기 등은 공중위생상 위해를 일으키는 잔류물질(항균제·농약·호르몬제 등), 미생물, 방사선조사, 이온화처리 및 식품첨가물(보존료, 연육제 등) 등에 관한 대한민국 정부의 관련 규정에 적합해야 한다.

⑤ 돼지고기 등은 어떠한 가축의 전염성 질병의 병원체에도 오염되지 않는 방법으로 처리되어야 하며 돼지고기 등을 포장한 포장지는 위생적이고 인체에 무해한 것이어야 한다. 또한 내용물 또는 포장에는 작업장 번호가 표시되어야 하며 공중위생상 위해가 없는 방법으로 처리되었다는 합격표시를 받아야 한다. 이에 대한 합격표시는 사전에 대한민국 정부에 통보된 것이어야 한다.

제8조(수출검역증명서의 기재사항) 수출국 정부 수의관은 돼지고기 등의 선적 전 다음의 각 사항을 한글 또는 영문으로 상세히 기재한 수출검역증명서를 발급하여야 한다.

가. 돼지고기

1. 제3조, 제4조, 제5조, 제6조 및 제7조에서 명시된 사항
2. 품명, 포장형태, 포장수량 및 중량 (N/W) : 최종 식육포장 또는 가공작업장별로 기재
3. 도축장, 식육포장처리장, 가공장, 보관장의 명칭, 주소 및 승인번호
4. 도축기간(개시일자 및 종료일자), 식육포장처리기간 및/또는 가공기간(개시일자 및 종료일자)
5. 컨테이너 번호 및 봉인번호
6. 선박명 또는 항공기명, 선적일자 및 선적지명
7. 수출자 및 수입자의 주소, 성명(업체명)

8. 수출검역증명서 발급일자, 발급장소, 발급자의 소속, 직책, 성명 및 서명
　나. 비식용 돼지생산물
　　1. 제4조 및 제7조제1항에 명시된 사항
　　2. 품명, 포장형태, 포장수량 및 중량 (N/W) : 최종 제조시설별로 기재
　　3. 제조시설의 명칭 및 주소 (승인번호가 있을 경우 승인번호 기재)
　　4. 컨테이너 번호 및 봉인번호
　　5. 선박명 또는 항공기명, 선적일자 및 선적지명
　　6. 수출자 및 수입자의 주소, 성명(업체명)
　　7. 수출검역증명서 발급일자, 발급장소, 발급자의 소속, 직책, 성명 및 서명

제9조(운송) 돼지고기 등은 수출국 정부 수의관의 감독 하에 봉인되어 대한민국에 도착 시까지 가축의 전염성 질병의 병원체에 오염되지 않고 변질, 부패 등 공중위생상 위해가 없도록 안전하게 수송하여야 하며, 수송 중에는 대한민국 정부가 우제류 동물 및 그 생산물의 수입을 허용하지 않는 지역을 경유하여서는 아니 된다. 다만, 급유 등의 이유로 단순 기항(착)하는 것은 예외로 한다.

제10조(수출국내 질병발생시 조치) 수출국 정부는 수출국내에서 제4조에서 정한 질병 또는 신종 악성가축전염성 질병이 발생하거나 그 의사환축이 발생한 경우 또는 동 질병에 대한 예방접종을 실시키로 한 경우에는 대한민국으로 돼지고기 등의 수출을 중지함과 동시에 그 사실을 FAX 등을 통하여 대한민국 정부에 즉시 통보하여야 하며, 수출을 재개하고자 하는 경우 대한민국 정부와 협의하여야 한다.

제11조(수출작업장 현지점검) ① 대한민국 정부 수의관은 승인된 수출작업장 또는 제조시설의 현지점검 및 기록원부를 조사할 권한을 가지며, 이 수입위생조건과 일치하지 않은 사항을 발견 시 대한민국으로의 돼지고기 등의 수출을 중지시킬 수 있다. 이때 수출국 정부는 대한민국 정부 수의관의 현지점검 등에 적극 협조하여야 한다.

② 수출국 정부는 수출작업장 또는 제조시설이 파산, 영업장 폐쇄 등의 사유로 수출 작업을 중단한 경우 해당 수출작업장 또는 제조시설의 승인을 취소하고 즉시 이를 대한민국 정부에 통보하여야 한다.

③ 대한민국 정부는 수출작업장 또는 제조시설로 승인된 날로부터 또는 최종 수출일로부터 3년 이상 대한민국으로 돼지고기 등의 수출이 없는 수출작업장 또는 제조시설에 대하여는 그 승인을 취소할 수 있다. 대한민국 정부는 승인 취소 결정 전 수출국 정부에 이러한 사항을 통보하고 수출국 정부와 협의해야 한다.

④ 수출작업장에는 일일 도축, 가공 및 보관에 대한 기록원본이 2년 이상 보관되어야 하며, 대한민국으로 수출된 돼지고기의 생산농장 등 관련 자료를 구비하고 있어야 한다.

제12조(국가잔류물질 검사 프로그램 등) 수출국 정부는 식육(食肉)내 유해잔류물질 검사 프로그램과 그 실시결과(검사기관과 시설, 인력, 연간검사계획, 검사방법, 검사결과 등을 명시할 것)를 영문으로 작성하여 매년 대한민국 정부에 제출하여야 한다.

제13조(돼지고기 등의 불합격 조치 등) 대한민국 정부는 돼지고기 등에 대한 검역 중 이 수입위생조건에 부적합한 사항이 발견되는 경우에는 해당 돼지고기 등에 대하여 반송 또는 폐기처분을 명할 수 있으며, 돼지고기 등에 대한 검역중단 또는 해당 수출작업장에 대해 수출중단 조치를 취할 수 있다.

부칙 〈제2015-73호, 2015. 7. 22.〉

제1조(시행일)이 고시는 '15. 11. 01일부터 시행한다.

제2조(경과조치)이 고시 시행 당시 수입검역 신청이 접수된 수입 돼지고기 등에 대하여는 종전의 규정인「칠레산 돼지고기 수입위생조건」(농림축산식품부 고시 제2013-263호, 2013. 10. 07.)을 적용한다.

제3조(이 고시의 적용배제)이 고시에도 불구하고 우제류동물유래의 천연케이싱 등 개별 수입위생조건 또는 수입조건이 정해진 경우에는 이 고시를 적용하지 아니한다.

제4조(재검토기한)농림축산식품부 장관은 이 고시에 대하여 2016년 1월 1일을 기준으로 매3년이 되는 시점(매 3년째의 12월 31까지를 말한다)마다 그 타당성을 검토하여 개선 등의 조치를 하여야 한다.

칠레산 쇠고기 수입위생조건

[시행 2016. 10. 6.] [농림축산식품부고시 제2016-115호, 2016. 10. 6., 일부개정.]

농림축산식품부(검역정책과), 044-201-2076

이 수입위생조건은 칠레에서 대한민국(이하 "한국"이라 한다)으로 수출되는 쇠고기에 적용된다.

용어의 정의
1. 이 수입위생조건에서 사용하는 용어의 정의는 다음과 같다.
   (1) "소"는 칠레에서 출생하여 사육된 소과(科) 동물(Bos taurus 및 Bos indicus)을 말한다.
   (2) "쇠고기"는 식용을 목적으로 하는 소의 지육, 정육, 내장, 그 밖의 부분(식육가공품 제외)을 말한다.
   (3) "BSE"는 소해면상뇌증(Bovine Spongiform Encephalopathy)을 말한다.
   (4) "육류작업장"은 한국으로 수출되는 쇠고기를 생산 또는 보관하는 도축장, 식육포장처리장 및 축산물보관장을 말한다.

일반 요건
2. 쇠고기를 선적하기 전에
   (1) 칠레에서는 BSE가 발생한 사실이 없고, 과거 12개월간 구제역, 과거 24개월간 우역·우폐역, 과거 3년간 럼프스킨병 및 과거 4년간 리프트계곡열의 발생사실이 없으며,
   (2) 이들 질병에 대하여는 예방접종을 실시하지 않았어야 한다.
   상기에도 불구하고 칠레 정부가 그러한 특정 질병에 대하여 효과적인 살처분 정책을 수행하고 있다고 한국 정부가 인정하는 경우, 칠레를 해당 질병 비발생 상태로 인정하는데 필요한 기간은 한국 정부가 위험분석을 실시한 후 세계동물보건기구(OIE) 기준에 의거 단축할 수 있다.
3. 만일 상기 제2조에 규정된 질병이 칠레에서 발생한 경우, 칠레 정부는 즉시 쇠고기 수출을 중단하여야 하며, 한국 정부에 관련 정보를 제공하여야 한다. 칠레 정부가 쇠고기 수출을 재개하고자 하는 때에는 한국 정부와 사전에 협의하여야 한다.
4. 칠레 정부는 BSE의 유입과 확산을 효과적으로 탐색하고 방지하기 위한 사료금지 및 예찰 프로그램을 포함한 각종 조치들을 칠레의 법규에 따라 지속적으로 운영하여야 한다. 또한 칠레 정부가 BSE와 관련한 조치나 법규를 폐지하거나 제·개정하는 경우 사전에 한국 정부에 통보하여야 한다.

육류작업장에 대한 요건
5. 육류작업장은 이 위생조건에 적합한 쇠고기를 생산할 자격이 있다고 칠레 정부로부터 지정받아야 하고, 사전에 한국 정부에 통보되어야 하며, 한국 정부에 의한 현지 점검이나 기타의 방법에 따라

승인받아야 한다.
6. 육류작업장은 도축 소의 개체식별(원산 농장 및 월령 확인) 및 식육제품 이력관리 프로그램을 보유·운영하여야 하며, 자체위생관리기준(SSOP) 및 축산물위해요소중점관리기준(HACCP)을 적용실시하여야 한다. 육류작업장은 한국에 수출하기 위하여 작업을 실시하는 동안은 한국 정부가 우제류 동물 또는 그 생산물의 수입을 허용하지 않은 국가 또는 그와 같은 국가를 경유한 우제류 동물 또는 그 생산물을 취급하여서는 아니 된다.
7. 칠레 정부는 육류작업장이 이 수입위생조건과 칠레 규정을 준수하는지를 보장하기 위해 정기적인 감사와 점검 프로그램을 운영하여야 한다. 육류작업장은 칠레 정부의 정기적인 위생점검 결과 이상이 없어야 하며, 위생점검 결과에 대한 한국 정부의 자료요청이 있는 때에는 이를 제공하여야 한다. 이러한 조치의 결과 이 수입위생조건에 대한 위반이 발견된 경우, 칠레 정부는 즉시 해당 작업장의 한국으로의 쇠고기 수출을 중단하고, 한국 정부에 그 사안에 관한 사유와 관련 정보를 제공하여야 한다. 칠레 정부는 시정조치가 적절하다고 판단하는 경우에만 한국 수출을 위한 생산재개를 허용하여야 한다. 칠레 정부는 해당 작업장이 위반사항에 대한 시정조치를 완료한 경우 그 사실을 한국 정부에 통보하여야 한다.
8. 한국 정부는 육류작업장에 대해 현지점검을 실시하고 작업장의 기록원부를 조사할 수 있으며, 이 수입위생조건에 대한 위반이 발견된 경우 해당 작업장의 한국으로의 수출 중단 또는 승인 취소 등의 조치를 취할 수 있다. 칠레 정부가 해당 작업장이 위반사항에 대한 시정조치를 완료하였음을 한국 정부에 통보하면, 한국 정부는 현지점검 등의 방법을 통해 시정조치가 적절히 취해졌는지 여부를 확인한다. 한국 정부는 시정조치의 결과가 적절하다고 판단하는 경우, 수출 중단 또는 승인 취소 등의 조치를 해제할 수 있다.

쇠고기에 대한 요건
9. 수출용 쇠고기를 생산하기 위한 도축 소는 한국 정부가 승인한 육류작업장에서 도축되었고, 칠레 정부가 파견한 도축장 상주 수의관이 실시한 생체 및 해체검사에 합격하여야 한다.
10. 수출용 쇠고기는 도살 전 두개강 내에 가스나 압축공기를 주입하는 기구를 이용하여 기절시키는 과정이나 천자법(pithing process)을 사용하지 아니한 소에서 생산되어야 한다.
11. 수출용 쇠고기는 병원성 미생물과 공중위생상 위해가 되는 잔류물질(방사능, 합성항균제, 항생제, 중금속, 농약 및 홀몬제 등)이 한국 정부가 규정하고 있는 허용기준을 초과하지 않아야 하며, 이온화 방사선, 자외선 및 연육제로 처리할 경우 한국 규정에 따라야 한다.
12. 수출용 쇠고기는 청결하고 위생적인 포장 재료를 사용하여 포장되어야 한다. 수출용 쇠고기의 포장에는 공중위생상 위해가 없는 방법으로 처리되었다는 합격표시를 하여야 하며, 이러한 합격표시는 사전에 한국정부에 통보되어야 한다.
13. 수출용 쇠고기의 생산, 저장 및 운송은 가축전염병의 병원체에 의한 오염을 방지하는 방식으로 이루어져야 한다.

14. 수출용 쇠고기를 운송하는 선박 또는 항공기의 냉동·냉장실이나 컨테이너는 칠레 정부의 봉인(seal) 또는 칠레 정부가 인정한 봉인으로 봉인되어야 한다. 칠레 정부 수의관은 이를 검증하고 검역증명서를 발급하여야 한다.

15. 칠레 정부는 다음의 각 사항에 관한 내용을 기재한 수출검역증명서를 수출 선적 전에 발행하여 한국 검역당국에 제출되도록 하여야 한다.
    (1) 상기 2조, 6조, 9조, 10조 및 13조에서 명시한 사항
    (2) 품명(축종포함), 포장수량, 중량(N/W; 최종가공작업장별로 기재)
    (3) 육류작업장의 명칭, 주소 및 승인번호
    (4) 도축기간 및/또는 가공기간
    (5) 컨테이너 번호 및 봉인 번호
    (6) 선(기)명, 선적일자, 선적항명 및 목적지
    (7) 수출자 및 수입자의 주소와 성명
    (8) 검역증명서 발급일자, 발급자의 이름과 서명 및 소속기관

16. 한국 정부는 쇠고기에 대한 검역·검사중 이 수입위생조건을 위반한 사실을 발견한 경우 다음과 같은 조치를 취할 수 있다.
    (1) 이 수입위생조건을 위반한 경우 해당 쇠고기를 반송하거나 폐기처분 할 수 있다.
    (2) 한국 정부 수의당국은 쇠고기에 대한 검역중 한국 정부가 지정하는 잔류물질이 검출된 경우 칠레산 쇠고기에 대한 검역중단 또는 해당 작업장에 대해 수출중단 조치를 취할 수 있다. 검역중단의 경우 칠레 정부로부터 정보를 입수한 이후 해당 수출용 쇠고기가 한국 국민의 건강과 안전에 위협을 주지 않는다고 판단하는 경우 검역중단 조치를 해제하며, 해당 작업장의 수출중단의 경우 한국 정부는 칠레 정부로부터 해당 작업장에 대한 시정조치가 완료되었음을 통보 받은 후 한국 정부의 현지점검 또는 기타의 방법으로 수출중단 조치를 해제할 수 있다.

부칙 〈제2016-115호, 2016. 10. 6.〉

제1조(시행일)이 고시는 발령한 날부터 시행한다.

제2조(재검토기한)농림축산식품부장관은 이 고시에 대하여 2017년 1월 1일을 기준으로 매 3년이 되는 시점(매 3년째의 12월 31일까지를 말한다)마다 그 타당성을 검토하여 개선 등의 조치를 하여야 한다.

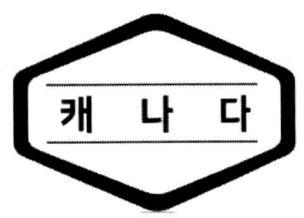

캐나다산 가금육 및 가금생산물 수입위생조건

[시행 2015. 10. 15.] [농림축산식품부고시 제2015-129호, 2015. 9. 15., 제정.]

농림축산식품부(검역정책과), 044-201-2076

제1조(목적) 이 고시는 가축전염병 예방법 제34조제2항의 규정에 따라 캐나다(이하 "수출국"이라 한다)에서 대한민국으로 수출하는 가금육 및 가금생산물(이하 "가금육 등"이라 한다)에 대한 수출국의 검역내용 및 위생상황 등을 규정함을 목적으로 한다.

제2조(정의) 이 수입위생조건에서 사용하는 용어의 뜻은 다음과 같다.
  1. "가금"은 닭·오리·거위·칠면조·메추리 및 꿩 등을 말한다.
  2. "가금육"은 가금에서 유래한 신선, 냉장 또는 냉동 고기, 열처리가금육, 식육부산물 및 식육가공품을 말한다.
  3. "열처리 가금육"은 중심부 온도를 기준으로 60℃에서 507초, 65℃에서 42초, 70℃에서 3.5초, 73.9℃에서 0.51초 이상 또는 이와 동등 이상의 효력이 있는 방법으로 처리된 가금육을 말한다.
  4. "식육부산물"은 지육, 정육 이외에 식용을 목적으로 하는 가금의 내장, 머리, 발 등의 부분을 말한다.
  5. "식육가공품"이란 햄류, 소시지류, 건조저장육류, 양념육류, 그 밖의 식육을 원료로 하여 가공한 것을 말한다.
  6. "비식용 가금생산물"은 식용을 목적으로 하지 않은 가금 유래 생산물과 이를 원료로 하여 가공한 것을 말한다.
  7. "수출국 정부"는 수출국의 동물·축산물 검역당국으로 말한다.
  8. "수출국 정부 수의관"은 수출국 정부 소속 수의사로서 검역관을 말한다.
  9. "수출작업장"은 대한민국으로 수출되는 가금육 등을 생산, 가공, 포장 또는 보관하는 도축장, 식육포장처리장, 가공장 또는 보관장을 말한다.
  10. "고병원성 조류인플루엔자"는 인플루엔자 A 바이러스에 의한 감염병 중 세계동물보건기구(OIE) 육상동물 위생규약에서 고병원성으로 분류하는 가금전염병을 말한다.
  11. "저병원성 조류인플루엔자"는 고병원성 조류인플루엔자를 제외한 H5 또는 H7 아형 인플루엔자 A 바이러스에 의한 가금전염병을 말한다.

12. "뉴캣슬병"은 뉴캣슬병 바이러스에 의한 감염병 중 세계동물보건기구 육상동물 위생규약에서 정의하는 가금전염병을 말한다.

제3조(출생·사육조건) 가금육 등을 생산하는데 사용된 가금은 수출국내에서 부화되어 사육된 것이어야 한다.

제4조(가축전염병 비발생 조건) ① 수출국은 가금육 등 수출 전 1년간 고병원성 조류인플루엔자의 발생이 없어야 한다. 다만, 수출국이 고병원성 조류인플루엔자에 대하여 효과적인 살처분 정책을 수행하고 있다고 대한민국 농림축산식품부장관이 인정하는 경우 그 기간을 세계동물보건기구 규정에 따라 단축할 수 있다.

② 가금육 등을 생산하는데 사용된 가금의 사육농장을 중심으로 반경 10km 이내의 지역은 가금 도축 전 3개월간 저병원성 조류인플루엔자 및 뉴캣슬병의 발생이 없어야 한다.

③ 가금육 등을 생산하는데 사용된 가금의 사육농장은 도축 전 1년간 가금콜레라, 추백리, 가금티푸스, 전염성F낭병, 마렉병, 오리바이러스성간염(오리육에 한함) 및 오리바이러스성장염(오리육에 한함)의 발생이 없어야 한다.

제5조(수출작업장 조건) ① 수출작업장 또는 제조시설은 수출국의 관련 규정에 따라 등록된 곳으로 수출국 정부가 위생점검을 실시하여 적합한 작업장을 대한민국 정부에 통보하고 그 중 대한민국 정부가 현지점검 또는 그 밖의 방법을 통하여 승인한 곳이어야 한다.

② 수출작업장은 수출국 정부의 감독 하에 있어야 하며 수출국 정부가 실시하는 정기적인 위생 점검 결과 이상이 없어야 한다.

③ 수출작업장은 자체위생관리기준(SSOP) 및 축산물안전관리인증기준(HACCP)을 적용하여야 하며, 살모넬라균 검사 등을 실시하여야 한다.

④ 수출작업장은 제4조에 열거된 가축전염병의 감염지역내에 위치하여서는 아니되며, 가금육을 생산하는 동안에는 대한민국 정부가 가금 또는 가금육의 수입을 허용하지 않은 국가에서 수입된 가금 또는 가금육을 취급하여서는 아니된다.

제6조(가금육 등의 조건) ① 가금육 등은 수출작업장 내에서 수출국 정부수의관이 실시하는 생체 및 해체검사 결과 건강한 가금으로부터 생산된 것이어야 한다.

② 가금육 등은 가축전염병의 병원체에 오염되지 않도록 처리되어야 한다.

③ 가금육 등은 공중위생상 위해를 일으킬 수 있는 잔류물질(항균제·농약·호르몬제·중금속 등), 미생물, 식품조사(food irradiation), 이온화처리 및 식품첨가물(보존료, 연육제 등) 등에 관한 대한민국 규정에 적합해야 한다.

④ 가금육 등을 포장하는 포장지는 위생적이고 인체에 무해한 것이어야 한다. 포장면에는 수출작업장 번호가 표시되어야 하며, 가금육 등이 공중위생상 위해가 없는 방법으로 처리되었다는 합격표시가 있어야 한다. 동 합격표시는 사전에 대한민국 정부에 통보되어야 한다.

제7조(수출검역증명서의 기재사항) 수출국 정부 수의관은 가금육 등의 선적 전 다음의 각 사항을 한글 또는 영문으로 상세히 기재한 수출검역증명서를 발급하여야 한다.

1. 가금육
    (1) 제3조, 제4조, 제5조제4항 및 제6조에 명시된 사항
    (2) 품명(축종포함), 포장형태, 포장수량 및 중량 (N/W) : 최종 식육포장 또는 가공작업장별로 기재
    (3) 도축장, 식육포장처리장, 가공장, 보관장의 명칭, 주소 및 승인번호
    (4) 도축기간, 식육포장처리기간 및/또는 가공기간 : 개시일자 및 종료일자
    (5) 컨테이너 번호 및 봉인번호
    (6) 선박명 또는 항공기명, 선적일자 및 선적지명
    (7) 수출자 및 수입자의 주소, 성명(업체명)
    (8) 수출검역증명서 발급일자, 발급장소, 발급자의 소속, 직책, 성명 및 서명
2. 비식용 가금생산물
    (1) 제3조 및 제4조에 명시된 사항. 다만, 열처리가금육의 온도조건 이상으로 처리된 제품에 대하여는 기재하지 않을 수 있다.
    (2) 제6조제1항에 명시된 사항
    (3) 품명(축종포함), 포장형태, 포장수량 및 중량 (N/W) : 제조시설별로 기재
    (4) 제조시설의 명칭 및 주소 (승인번호가 있을 경우 승인번호 기재)
    (5) 컨테이너 번호 및 봉인번호
    (6) 선박명 또는 항공기명, 선적일자 및 선적지명
    (7) 수출자 및 수입자의 주소, 성명(업체명)
    (8) 수출검역증명서 발급일자, 발급장소, 발급자의 소속, 직책, 성명 및 서명

제8조(열처리 가금육) ① 제4조제1항의 규정에도 불구하고, 열처리 가금육은 수출국내 고병원성 조류인플루엔자 발생과 무관하게 대한민국으로 수출할 수 있다.

② 수출국 정부수의관은 열처리 가금육 선적 전 제7조제1호의 규정에 의한 수출검역증명서 또는 다음 각 호의 사항을 기재한 수출검역증명서를 발급하여야 한다.
    (1) 제3조, 제4조제2항 및 제3항, 제5조제4항 및 제6조에 명시된 사항
    (2) 열처리가금육을 생산하는데 사용된 가금의 사육농장을 중심으로 반경 10km 이내의 지역은 가금 도축 전 3개월간 고병원성 조류인플루엔자의 발생이 없어야 한다.
    (3) 열처리가금육을 생산하는 수출작업장은 원료처리 등 가열처리전 시설, 가열처리·제품포장 등 가열처리 후 시설로 각각 구획되어야 하며, 오염을 방지하기 위해 각 시설별로 작업자가 구분·운영되어야 한다.
    (4) 열처리가금육에 처리된 열처리 온도 및 시간
    (5) 품명(축종포함), 포장형태, 포장수량 및 중량(N/W) : 최종 가공작업장별로 기재
    (6) 도축장, 식육포장처리장, 가공장, 보관장의 명칭, 주소 및 승인번호
    (7) 도축기간, 식육포장처리기간 및/또는 가공기간 : 개시일자 및 종료일자

(8) 컨테이너 번호 및 봉인번호
   (9) 선박명 또는 항공기명, 선적일자 및 선적지명
   (10) 수출자 및 수입자의 주소, 성명(업체명)
   (11) 검역증명서 발급일자, 발급장소, 발급자의 소속, 직책, 성명 및 서명

제9조(운송) 가금육 등은 수출국 정부 수의관의 감독 하에 봉인되어 대한민국 도착 시까지 가축의 전염성 질병의 병원체에 오염되지 않고 변질, 부패 등 공중위생상 위해가 없도록 안전하게 수송되어야 하며, 수송 중에는 대한민국 정부가 가금 또는 가금육의 수입을 허용하지 않은 지역을 경유하여서는 아니 된다. 다만, 급유 등의 이유로 단순 기항(착)하는 것은 예외로 한다.

제10조(수출국내 질병발생시 조치) ① 수출국 정부는 자국내에 고병원성 조류인플루엔자가 발생되는 즉시 가금육 등(열처리된 제품은 제외)을 대한민국으로 선적하는 것을 중지함과 동시에 그 사실을 FAX 등을 통하여 대한민국 정부에 통보하여야 하며, 수출을 재개하고자 하는 경우 대한민국 농림축산식품부와 협의하여야 한다.

② 수출국 정부는 자국에서 실시하는 가금 전염병 방역 프로그램과 그 실시결과를 매년 대한민국 정부에 통보하여야 한다.

제11조(수출작업장 현지점검) ① 대한민국 정부 수의관은 승인된 수출작업장 또는 제조시설의 현지점검 및 기록원부를 조사할 권한을 가지며, 이 수입위생조건과 일치하지 않은 사항을 발견 시 대한민국으로 가금육 등의 수출을 중지시킬 수 있다. 이때 수출국 정부는 대한민국 정부 수의관의 현지점검 등에 적극 협조하여야 한다.

② 수출국 정부는 수출작업장 또는 제조시설이 파산, 영업장 폐쇄 등의 사유로 수출 작업을 중단한 경우 해당 수출작업장 또는 제조시설의 승인을 취소하고 즉시 이를 대한민국 정부에 통보하여야 한다.

③ 대한민국 정부는 수출작업장 또는 제조시설로 승인한 날 또는 최종 수출일로부터 3년 이상 대한민국으로 가금육 등의 수출 실적이 없는 수출작업장 또는 제조시설에 대하여는 그 승인을 취소할 수 있다. 대한민국 정부는 승인 취소 결정 전 수출국 정부에 이러한 사항을 통보하고 수출국 정부와 협의해야 한다.

④ 수출작업장에는 일일도축, 가공 및 보관에 대한 기록원본이 2년 이상 보관되어야 하며, 대한민국으로 수출된 가금육에 대한 원산농장 등 관련 자료를 구비하고 있어야 한다.

제12조(국가잔류물질 검사 프로그램 등) 수출국 정부는 가금육에 대한 유해잔류물질 검사 프로그램과 그 실시결과(검사기관의 시설, 인력, 연간검사계획, 검사방법, 검사결과 등을 명시할 것)를 영문으로 작성하여 매년 대한민국 정부에 제출하여야 한다.

제13조(불합격 조치 등) 대한민국 정부는 가금육 등에 대한 수입검역·검사 중 이 수입위생조건에 부적합한 사항이 발견되는 경우에는 해당 가금육 등에 대하여 반송 또는 폐기처분을 명할 수 있으며, 가금육 등에 대한 검역중단 또는 해당 수출작업장에 대해 수출중단 조치를 취할 수 있다.

부칙 〈제2015-129호, 2015. 9. 15.〉

제1조(시행일)이 고시는 2015. 10. 15일부터 시행한다.

제2조(재검토기한)농림축산식품부 장관은 이 고시에 대하여 2016년 1월 1일을 기준으로 매3년이 되는 시점(매 3년째의 12월 31까지를 말한다)마다 그 타당성을 검토하여 개선 등의 조치를 하여야 한다.

제3조(종전 고시의 폐지)이 고시 시행과 함께 「캐나다산 가금육 수입위생조건」(농림축산식품부 고시 제2013-219호, 2013. 10. 07.)은 폐지한다.

제4조(이 고시의 적용배제)이 고시에도 불구하고 개별 수입위생조건 또는 수입조건이 정해진 경우에는 이 고시를 적용하지 아니한다.

제5조(경과조치)이 고시 시행 당시 「캐나다산 가금육 수입위생조건」(농림축산식품부 고시 제2013-219호, 2013. 10. 07.)에 따라 수입된 가금육 등은 이 수입위생조건을 따른 것으로 본다.

캐나다산 쇠고기 수입위생조건

[시행 2016. 10. 6.] [농림축산식품부고시 제2016-119호, 2016. 10. 6., 일부개정.]

농림축산식품부(검역정책과), 044-201-2076

이 수입위생조건은 캐나다에서 대한민국(이하 "한국"이라 한다)으로 수출되는 쇠고기에 적용된다.

용어의 정의
1. 이 수입위생조건에서 사용하는 용어의 정의는 다음과 같다.
   (1) "BSE"는 소해면상뇌증(Bovine Spongiform Encephalopathy)을 말한다.
   (2) "소"는 캐나다에서 출생·사육되거나, 한국정부가 한국으로 쇠고기 수출 자격이 있는 것으로 인정한 국가에서 캐나다로 합법적으로 수입되어 가축화된 소과(科) 동물(Bos taurus 및 Bos indicus)을 말한다.
   (3) "특정위험물질(specified risk materials, SRM)"은 다음을 말한다.
      (가) 모든 월령의 소의 편도(tonsils) 및 회장원위부(distal ileum)
      (나) 도축 당시 30개월령 이상된 소의 뇌(brain)·눈(eyes)·척수(spinal cord)·머리뼈(skull) 및 척주(vertebral column)
   (4) "수출용 쇠고기"는 도축 당시 30개월령 미만의 소로부터 생산된 모든 식용부위(뼈를 포함)를 포함한다. 다만, 특정위험물질, 도축 당시 30개월령 미만 소의 뇌눈척수머리뼈척주(다만, 꼬리뼈(vertebrae of the tail), 흉추·요추의 횡돌기(transverse processes of the thoracic and lumbar vertebrae) 및 천추의 날개(wings of the sacrum)는 제외한다), 모든 기계적 회수육(mechanically recovered meat, MRM)/기계적 분리육(mechanically separated meat, MSM), 선진 회수육(advanced meat recovery product, AMR), 십이지장부터 직장까지(from duodenum to rectum)의 내장(intestine), 분쇄육(ground meat) 및 쇠고기 가공육 제품(processed beef products)은 제외한다.
   (5) "식품 안전 위해"는 사람이 식품을 소비하기에 적합하지 않도록 할 수 있는 모든 생물학적, 화학적, 또는 물리적인 속성을 말한다.
   (6) "중대한 위반(serious non-compliance)"은 선적된 제품내에서 식품 안전 위해가 발견되거나 수출국에 대한 시스템 점검 중에 발견된 식품 안전 위해를 의미한다.
   (7) 동 조건 제5조의 "공중보건 위해(public health hazard)"는 캐나다에서 BSE 감염 소의 일부가 사람의 식품 공급 체인에 유입된 경우와 같이 사람의 건강과 안전에 위협을 주는 것을 의미한다.

일반 요건
2. 쇠고기를 선적하기 전에

(1) 캐나다에서는 과거 12개월간 구제역이, 과거 24개월간 우역, 우폐역, 럼프스킨병과 리프트계곡열이 발생하지 않았으며,

(2) 이들 질병에 대하여는 예방접종을 실시하지 않았어야 한다.

상기에도 불구하고 캐나다 정부가 그러한 특정 질병에 대하여 효과적인 살처분 정책을 수행하고 있다고 한국 정부가 인정하는 경우, 캐나다를 해당 질병 비발생 상태로 인정하는데 필요한 기간은 한국 정부가 위험분석을 실시한 후 세계동물보건기구(OIE) 기준에 의거 단축할 수 있다.

3. 만일 상기 제2조에 규정된 질병이 캐나다에서 발생한 경우, 캐나다 정부는 즉시 한국으로의 쇠고기 수출을 중단하여야 하며, 한국 정부에 관련 정보를 제공하여야 한다. 캐나다 정부가 한국으로의 쇠고기 수출을 재개하고자 하는 때에는 한국 정부와 사전에 협의하여야 한다.

4. 캐나다 정부는 BSE의 유입과 확산을 효과적으로 탐색하고 방지하기 위한 특정위험물질의 제거, 사료금지 및 예찰 프로그램을 포함한 각종 조치들을 캐나다의 법규에 따라 지속적으로 운영하여야 한다. 또한 캐나다 정부가 BSE와 관련한 조치나 법규를 폐지하거나 제개정하는 경우 사전에 한국 정부에 통보하여야 한다.

5. 캐나다에서 BSE가 추가로 발생하는 경우, 캐나다 정부는 즉시 그 사실을 한국 정부에 통보하고, 관련 역학정보를 포함한 관련 자료와 정보를 제공하여야 한다. 이 때 한국 정부는 캐나다에서의 BSE 추가 발생 사실을 인지하면 캐나다산 쇠고기에 대한 검역을 중단할 것이며, 캐나다 정부로부터 정보를 입수한 이후 해당 수출용 쇠고기가 가축전염병예방법에 따라 한국 국민에게 공중보건 위해를 주지 않는다고 판단하는 경우 지체없이 검역중단 조치를 해제할 것이다. 만일 한국 정부가 한국 국민에게 공중보건 위해가 된다고 판단하게 되면, 국민의 건강과 안전을 보호하기 위해 한국으로의 수출용 쇠고기의 수입을 중단시키는 조치를 취할 수 있다.

육류작업장에 대한 요건

6. 육류작업장(도축장, 가공장 및 보관장)은 한국에 대한 수출용 쇠고기를 생산할 자격이 있다고 캐나다 정부로부터 지정받아야 하고, 육류작업장은 사전에 한국 정부에 통보되어야 하며, 한국 정부에 의한 현지 점검이나 기타의 방법에 따라 승인받아야 한다.

7. 캐나다 정부는 한국으로의 수출용 쇠고기를 생산하는 육류작업장이 이 수입위생조건과 캐나다 규정을 준수하는지를 보장하기 위해 정기적인 감시와 점검 프로그램을 운영하여야 한다. 이러한 조치의 결과 수입위생조건에 대한 중대한 위반이 발견된 경우, 캐나다 정부는 즉시 수출검역증명서 발급을 중단하고, 한국 정부에 그 사안에 관한 사유와 관련 정보를 제공하여야 한다. 캐나다 정부는 시정조치가 적절하다고 판단하는 경우에만 생산재개가 허용될 것이다. 캐나다 정부는 해당 작업장이 위반사항에 대한 시정조치를 완료한 경우 그 사실을 한국 정부에 통보할 것이다.

8. 한국 정부는 한국으로 쇠고기를 수출하는 육류작업장에 대해 현지점검을 실시하고 작업장의 기록원부를 조사할 수 있으며, 이 수입위생조건에 대한 중대한 위반이 발견된 경우 해당 작업장의 수출 중단을 포함한 조치를 취할 수 있다. 캐나다 정부가 해당 작업장이 위반사항에 대한 시정조치를

완료하였음을 한국 정부에 통보하면, 한국 정부는 현지점검 등의 방법을 통해 시정조치가 적절히 취해졌는지 여부를 확인한다. 한국 정부는 시정조치의 결과가 적절하다고 판단하는 경우, 수출중단 조치를 해제할 수 있다. 한국 정부는 반복적으로 중대한 위반사실이 확인된 경우, 해당 작업장의 승인을 취소할 수 있다.

9. 한국으로 수출되는 쇠고기를 생산하는 육류작업장은 연령 확인, SRM 제거, 수출이 가능한 도체(carcass) 및 부산물(offal) 확인, 그리고 수출에 부적합한 부위 제거 등을 위한 적절한 위생관리 프로그램을 보유 및 운영하여야 한다.

쇠고기에 대한 요건

10. 수출용 쇠고기를 생산하기 위한 소(이하 "도축 소"라 한다)는 BSE가 의심되거나 확정된 경우 또는 BSE 감염 소의 확정된 후대(progenies)나 동거축인 경우가 아니어야 한다.

11. 도축 시점에서의 도축 대상 소의 연령은 캐나다 정부가 인정한 서류에 의해 30개월 미만으로 확인되어야 한다. 다만, 문서에 의한 확인이 가능하지 않은 경우 치아감별법에 의해 소의 연령이 확인되어야 한다.

12. 수출용 쇠고기는 한국 정부가 승인한 육류작업장에서 도축되었고, 캐나다 정부가 파견한 도축장 상주 수의관의 감독 하에 캐나다 식품검사청 검사관이 실시한 생체 및 해체검사에 합격한 소로부터 생산되어야 한다.

13. 수출용 쇠고기는 도살 전 두개강 내에 가스나 압축공기를 주입하는 기구를 이용하여 기절시키는 과정이나 천자법(pithing process)을 사용하지 아니한 소에서 생산되어야 한다.

14. 수출용 쇠고기는 SRM, 기계적 회수육/기계적 분리육 (MRM/MSM) 및 선진 회수육(AMR)이 혼입되지 않고 이들 제품에 의한 오염을 방지하는 방식으로 생산 및 취급되어야 한다.

15. 수출용 쇠고기는 병원성 미생물과 공중보건 위해가 되는 잔류물질(방사능, 합성항균제, 항생제, 중금속, 농약 및 홀몬제 등)을 한국 정부가 규정하고 있는 허용기준을 양적으로 초과하여 포함하지 않아야 하며, 이온화 방사선, 자외선 및 연육제로 처리할 경우 한국 규정에 따라야 한다.

16. 수출용 쇠고기는 청결하고 위생적인 포장 재료를 사용하여 포장되어야 한다.

17. 수출용 쇠고기의 생산, 저장 및 운송은 가축전염병의 병원체에 의한 오염을 방지하는 방식으로 이루어져야 한다.

18. 수출용 쇠고기를 운송하는 선박(항공기)의 냉동냉장실이나 컨테이너는 캐나다 정부의 봉인(seal) 또는 캐나다 정부가 인정한 봉인으로 봉인되어야 한다. 캐나다 정부 수의관은 이를 검증하고 검역증명서를 발급하여야 한다.

19. 캐나다 정부는 다음의 각 사항을 상세히 기재한 수출검역증명서를 발행하고 이를 한국 정부 수의당국에 제출하여야 한다.
    (1) 상기 2조 및 9조~18조에서 명시한 사항
    (2) 품명(축종포함), 포장수량, 중량(N/W; 최종가공작업장별로 기재)

(3) 도축장, 가공장, 보관장의 명칭, 주소 및 승인번호
   (4) 도축기간 및/또는 가공기간
   (5) 컨테이너 번호 및 봉인 번호
   (6) 선(기)명, 선적일자 및 선적항명
   (7) 수출자 및 수입자의 주소와 성명
   (8) 검역증명서 발급일자, 발급자의 이름과 서명 및 소속기관
20. 한국 정부는 수출용 쇠고기에 대한 검역·검사중 이 수입위생조건을 위반한 사실을 발견한 경우 다음과 같은 조치를 취할 수 있다.
   (1) 이 수입위생조건을 위반한 경우 해당 수출용 쇠고기를 반송하거나 폐기처분 할 수 있다.
   (2) 검역·검사중 SRM이 발견되거나 한국 정부가 지정하는 잔류물질이 검출된 경우, 해당 작업장에 대해 수출중단 조치를 취할 수 있으며, 이 경우 한국 정부는 캐나다 정부로부터 해당 작업장에 대한 시정조치가 완료되었음을 통보 받은 후 한국 정부의 현지점검 또는 기타의 방법으로 수출중단 조치를 해제할 수 있다.
   (3) 수입위생조건에 대한 중대한 위반의 경우, 한국 정부는 동일한 작업장에서 생산된 수출용 쇠고기에 대해 최소 5회 연속검사(위반 물량의 최소 5배 물량에 대하여)를 실시하고 그 결과 추가적인 위반이 발견되지 않을 경우, 정상적인 검사절차로 복귀한다.
   (4) 동일한 작업장에서 생산된 수출용 쇠고기에서 최소 2회의 중대한 위반이 발견되는 경우, 한국 정부는 시정조치가 완료될 때까지 해당 작업장에 대해 수출중단 조치를 할 수 있다. 이 경우 한국 정부는 캐나다 정부로부터 해당 작업장에 대한 시정조치가 완료되었음을 통보받은 후 한국 정부의 현지점검 또는 기타 방법으로 수출중단조치를 해제할 수 있다. 그리고
   (5) 육류작업장에 대한 수출 중단조치의 경우, 중단조치일 이전에 승인된 제품은 계속적으로 수입검역검사의 대상이 된다.
21. 중대한 위반이 반복되는 사태와 같은 시스템 전반의 장애가 발생할 경우에는 수입위생조건의 중단을 초래할 수 있다.

부칙 〈제2016-119호, 2016. 10. 6.〉

제1조(시행일)이 고시는 발령한 날부터 시행한다.

제2조(재검토기한)농림축산식품부장관은 이 고시에 대하여 2017년 1월 1일을 기준으로 매 3년이 되는 시점(매 3년째의 12월 31일까지를 말한다)마다 그 타당성을 검토하여 개선 등의 조치를 하여야 한다.

캐나다산 우제류동물 및 그 생산물 수입위생조건

[시행 2018. 3. 14.] [농림축산식품부고시 제2018-19호, 2018. 3. 14., 일부개정.]

농림축산식품부(검역정책과), 044-201-2076

Ⅰ. 우제류 동물 위생조건

대한민국(이하 "한국"이라 한다)으로 수출되는 소·돼지·산양·면양(이하 "수출동물"이라 한다)은 출생 이래 또는 과거 최소 6개월 이상 캐나다(이하 "수출국"이라 한다)에서 사육된 것으로서 수입위생조건은 다음과 같다.

1. 수출국에서는 수출 전 12개월간 구제역, 수출 전 24개월간 돼지수포병·우역·우폐역, 수출 전 3년간 가성우역(Peste des petits ruminants)·럼프스킨병·양두·아프리카돼지열병, 수출 전 4년간 리프트계곡열 그리고 과거 5년간 소해면상뇌증의 발생사실이 없어야 하며, 이들 질병에 대한 예방접종을 실시하지 않아야 한다(동 수입위생조건상의 질병 비발생조건 및 예방접종사항과 관련해서는 축종별 감수성에 따른다). 다만, 효과적인 살처분정책을 수행하고 있다고 한국 농림축산식품부장관이 인정하는 질병에 대하여는 그 기간을 세계동물보건기구(OIE) 기준에 따라 단축할 수 있다. 아울러, 수출국은 수출 전 12개월간 돼지열병(야생돼지의 발생은 제외한다)이 발생한 사실이 없거나 한국정부가 수출국을 청정국가로 인정하여야 하며 이 질병에 대하여 예방접종을 실시하지 않아야 한다. 만일 수출국내에 돼지열병이 발생한 경우에는 수출동물 및 그 생산물은 한국정부가 인정한 돼지열병 청정 지역에서 유래하여야 한다.
2. 수출국에서는 과거 2년간 블루텅병, 돼지테센병, 아나플라즈마병(Anaplasma marginale), 바베시아병(Babesia bigemina, B. bovis) 및 타일레리아병(Theileria parva, T. annulata)의 발생이 없어야 한다. 만일 수출국내에 이들 질병이 발생한 경우에는, 수출동물은 과거 2년간 동 질병이 임상적 또는 혈청학적 또는 병리학적으로 발생한 사실이 없는 생산농장에서 유래하고 제6항에 의한 검사결과 음성이라는 조건에 의한다.
3. 수출동물의 생산농장은 수출개시 전 아래에 해당하는 기간과 질병에 대하여 임상적 또는 혈청학적 또는 병리학적으로 발생된 사실이 없어야 한다.
   가. 5년간 비발생질병 : 요네병, 스크래피
   나. 3년간 비발생질병 : 돼지브루셀라병
   다. 2년간 비발생질병 : 소결핵병
   라. 1년간 비발생질병 : 광견병, 양브루셀라병, 돼지전염성위장염(TGE), 트리코모나스병, 산양 관절염/뇌염
   마. 6개월간 비발생질병 : 탄저, 출혈성패혈증, 소브루셀라병, 렙토스피라병, 소의 생식기 캠필로박터병, 소전염성비기관염/전염성농포성외음부질염, 돼지위축성비염, 돼지유행성설사(PED),

돼지델타코로나바이러스(PDCoV)
4. 수출동물은 출생 이래 블루텅병 및 돼지오제스키병에 대하여 예방접종을 하지 않은 것이어야 하며, 소전염성비기관염/전염성농포성외음부질염은 선적 전 10~60일 사이에 30일 간격으로 2회 예방접종이 실시되어야 한다. 또한 브루셀라병 큰 소 예방접종을 받은 소는 수출이 금지되어야 한다.
5. 수출동물은 선적 전에 수출국 정부당국이 가축방역상 안전하다고 인정한 시설에서 최소한 30일 이상 격리되어 정부수의관에 의해 수출검역을 받아야 하며, 수출검역 개시 후에는 해당 수출동물 이외의 다른 동물과 접촉되지 않아야 한다.
6. 수출동물은 제5항의 격리검역기간 중에 실시한 개체별 임상검사결과 건강한 동물이어야 하며, '별표 1의 검사방법 및 기준' 그리고 수출국내 제2항의 질병이 발생한 경우에는 해당질병에 대하여 '별표 2의 검사방법 및 기준'에 의한 검사결과 이상이 없어야 한다. 다만, 결핵병, Maedi-Visna, 소류코시스에 대하여는 다음에 규정하는 시기에 실시한 '별표 1의 검사방법 및 기준'에 의한 검사결과 이상이 없어야 한다.
가. 결핵병 : 선적 전 60~90일 사이에 검사 실시. 다만, 돼지의 경우에는 선적 전 30일 이내에 검사 실시
나. Maedi-Visna : 수출 전 2회 검사 실시(1회와 2회 검사는 21~30일 간격으로 실시하여야 하며, 최종검사는 격리검역 기간 중에 실시하여야 한다)
다. 소류코시스 : 수출 전 4개월 간격으로 2회의 검사 실시(최종검사는 격리검역 기간 중에 실시하여야한다)하거나 수출국정부가 검사간격 단축에 대한 과학적 근거 제공시 검사간격을 단축하되 3회 검사 실시(최종검사는 격리검역 기간 중에 실시하여야 한다)
7. 수출동물은 수출검역시설에서 선적 전 7일 이내에 외부기생충 및 흡혈곤충 등의 구제에 필요한 약제로 처치를 받아야 한다. 다만, 흡혈곤충 등의 활동시기가 아닌 경우에는 곤충구제를 위한 약제처치가 면제될 수 있으며, 이러한 경우에는 동 사항이 제12항에 의한 검역증명서에 기재되어야 한다.
8. 수출동물의 검역시설과 수출동물 운송에 사용되는 수송상자, 차량, 선박·항공기의 적재공간 등은 사용 전에 수출국정부가 인정한 소독약으로 소독되어야 하며 방역상 안전한 격리시설에 의해 수송되어야 한다.
9. 수출동물은 한국에 도착 시까지 한국정부가 지정하고 있는 수입금지지역을 경유하여서는 아니 된다. 다만, 급유 등의 이유로 기항(착)하는 것은 예외로 하되 가축전염병 병원체의 오염우려가 없어야 한다.
10. 수출검역기간과 수송 중에 사용하는 건초, 깔짚 및 사료 등은 전염성 질병의 병원체에 오염되지 아니한 위생적인 것으로서 수출검역개시 전에 격리시설에 저장되어 있어야 하며, 수송도중에 추가로 구입하여서는 아니 된다.
11. 수출국 정부당국은 자국 내에 제1항 질병의 발생이 확인되는 경우에는 즉시 한국으로의 수출을 중지하는 동시에 한국정부당국 앞으로 필요한 사항을 통보하여야 한다. 수출재개 시에는 위생조건

등에 관하여 한국정부와 협의하여야 한다.
12 수출국정부 수의당국은 다음의 각 사항을 상세히 기재한 수출검역증명서를 발행하여야 한다.
　가. 상기 제1항에서 제8항까지 및 제10항에서 명시한 사항(7항의 경우 처치 약제명, 처치방법, 처치횟수를 명기)
　나. 수출동물의 축종, 품종, 개체번호, 성별, 나이
　다. 제6항에 의한 질병별 검사와 관련한 검사기관명, 검사일자, 검사방법 및 결과.
　라. 백신 접종시는 예방약의 종류 및 접종년월일
　마. 수출동물 생산농장의 명칭 및 소재지
　바. 제5항에 의한 수출검역시설의 명칭, 주소 및 검역기간
　사. 선적일, 선적항명, 선(기)명
　아. 수출자 및 수입자의 주소, 성명
　자. 검역증명서 발행일자, 발행자 소속, 성명 및 서명
13. 한국정부 수의당국은 수출동물에 대한 검역 중 한국정부의 수입위생조건에 부적합한 사항이 발견되는 경우에는 반송 또는 폐기처분할 수 있다.

Ⅱ. 우제류동물의 생산물 위생조건
한국으로 수출되는 수출국산 소, 돼지, 산양, 면양의 생산물(이하 "수출축산물"이라 한다)에 대한 수입위생조건은 다음과 같다.

1. 수출축산물은 "Ⅰ. 우제류동물 위생조건 중 제1항"의 조건을 충족시키고, 수출국내에서 출생·사육되거나 수출 전 최소한 3개월 이상 수출국 내에서 사육되어진 소, 돼지, 산양, 면양에서 생산된 것이어야 한다. 아울러, 수출돼지고기를 생산하기 위하여 도축된 돼지가 출생·사육된 농장은 도축 전 1년 이상 돼지오제스키병의 발생이 없는 곳이어야 하며, 또한 이와 같은 질병과 관련하여 수출국정부 수의당국에 의한 방역상 제한조치를 받지 않고 있는 지역 내에 위치하여야 한다.
2. 한국에 수출하기 위한 육류(이하 "수출육류"라 한다)는 다음의 조건에 부합되는 것이어야 한다.
　가. 수출육류를 생산하는 육류작업장(도축장, 가공장 및 보관장)은 수출국 정부당국이 지정한 시설로서 한국정부에 사전 통보하고 그중 한국정부가 현지점검 또는 그 밖의 방법으로 승인한 작업장이어야 한다.
　나. 수출육류를 생산하기 위하여 도축된 동물은 수출국 정부수의관이 실시한 생체검사 및 해체검사 결과 이상이 없고 식용에 적합한 것이어야 한다.
　다. 수출육류의 포장은 청결하고 위생적인 용기를 사용하여야 한다.
　라. 수출육류에는 공중위생상 위해를 일으키는 잔류물질(방사능, 합성항균제, 항생제, 중금속, 농약, 호르몬제 등)과 병원성 미생물이 한국정부의 허용기준을 초과하지 않아야 하며, 이온화방사선 또는 자외선 처리 및 연육소 같은 육류의 구성 혹은 특성에 역효과를 미치는 성분이 투여되어서는 아니

된다.
3. 수출축산물은 수출국정부에서 승인한 도축장에서 도축되고 수출국 정부수의관이 실시한 생체검사 및 해체검사결과 이상이 없는 동물에서 생산된 것이어야 한다.
4. 수출축산물의 생산처리 및 수출국으로부터 한국내 도착 시까지의 저장·수송은 가축전염병의 병원체에 오염되지 않는 방법으로 안전하게 이루어져야 한다.
5. 수출축산물을 수송하는 선박의 냉동(냉장)실이나 컨테이너는 수출국 정부당국의 봉인(Seal)을 이용하여 선적 시에 봉인을 하여야 한다.
6. 수출국정부는 자국내에 "Ⅰ. 우제류동물 위생조건 중 제1항" 질병의 발생이 확인되는 경우에는 즉시 한국으로의 수출을 중지하는 동시에 한국정부당국 앞으로 필요한 사항을 통보하여야 하며, 수출재개를 원하는 경우 그 위생조건 등에 관하여 한국정부와 협의하여야 한다.
7. 수출국정부 수의당국은 다음의 각 사항을 상세히 기재한 수출검역증명서를 발행하여야 한다.
    가. 수출육류
    1) 상기 제1항, 제2항 및 제4항에서 명시한 사항
    2) 품명(축종포함), 포장수량, 중량(N/W; 최종가공작업장별로 기재)
    3) 도축장, 식육가공장, 보관장의 명칭, 주소 및 승인번호
    4) 도축기간 및 가공기간
    5) 컨테이너 번호 및 봉인 번호
    6) 선(기)명, 선적일자, 선적항명
    7) 수출자 및 수입자의 주소, 성명
    8) 검역증명서 발행일자, 발행자 소속, 성명 및 서명
    나. 수출육류이외의 수출축산물
    1) 상기 제1항, 제3항 및 제4항에서 명시한 사항
    2) 품명(축종포함), 포장수량, 중량
    3) 컨테이너번호 및 봉인번호
    4) 선(기)명, 선적일자, 선적항명
    5) 수출자 및 수입자의 주소 성명
    6) 검역증명서 발행일자, 발행자 소속, 성명 및 서명
8. 한국정부 수의당국은 한국수출용 육류작업장에 대한 현지 위생점검을 실시할 수 있으며, 위생점검 결과 부적합할 시 해당 작업장에서 생산된 육류의 한국수출을 금지할 수 있다.
9. 한국정부 수의당국은 수출축산물에 대한 검역 중 한국정부의 수입위생조건에 부적합한 사항이 발견되는 경우에는 당해 수출축산물을 반송 또는 폐기처분할 수 있다. 특히 수출육류의 경우에는 해당 수출육류의 생산작업장에 대하여 한국으로의 수출을 중지시킬 수 있다.

부칙 〈제2018-19호, 2018. 3. 14.〉

①(시행일) 이 고시는 발령한 날부터 시행한다.

②(재검토기한) 농림축산식품부장관은 이 고시에 대하여 2018년 7월 1일 기준으로 매 3년이 되는 시점(매 3년째의 6월 30일까지를 말한다)마다 그 타당성을 검토하여 개선 등의 조치를 하여야 한다.

태국산 가금육 수입위생조건

[시행 2016. 2. 1.] [농림축산식품부고시 제2015-178호, 2015. 12. 30., 제정.]

농림축산식품부(검역정책과), 044-201-2076

제1조(목적) 이 고시는 가축전염병 예방법 제34조제2항의 규정에 따라 태국(이하 "수출국"이라 한다)에서 대한민국으로 수출하는 가금육에 대한 수출국의 검역내용 및 위생상황 등을 규정함을 목적으로 한다.

제2조(정의) 이 고시에서 사용하는 용어의 뜻은 다음과 같다.
 1. "가금"은 닭·오리·거위·칠면조·메추리 및 꿩 등을 말한다.
 2. "가금육"은 가금에서 유래한 신선, 냉장 또는 냉동 고기, 열처리 가금육, 식육부산물 및 식육가공품을 말한다.
 3. "열처리 가금육"은 중심부 온도를 기준으로 60℃에서 507초, 65℃에서 42초, 70℃에서 3.5초, 73.9℃에서 0.51초 이상 또는 이와 동등 이상의 효력이 있는 방법으로 열처리된 가금육을 말한다.
 4. "식육부산물"은 지육, 정육 이외에 식용을 목적으로 하는 가금의 내장, 머리, 발 등의 부분을 말한다.
 5. "식육가공품"이란 햄류, 소시지류, 건조저장육류, 양념육류, 그 밖의 식육을 원료로 하여 가공한 것을 말한다.
 6. "수출국 정부"는 수출국의 동물·축산물 검역당국을 말한다.
 7. "수출국 정부 수의관"은 수출국 정부 소속 수의사로서 검역관을 말한다.
 8. "수출작업장"은 대한민국으로 수출되는 가금육을 생산, 가공, 포장 또는 보관하는 도축장, 식육포장처리장, 가공장 또는 보관장을 말한다.
 9. "고병원성 조류인플루엔자"는 인플루엔자 A 바이러스에 의한 감염병중 세계동물보건기구(OIE) 육상동물 위생규약에서 고병원성으로 분류하는 가금전염병을 말한다.
 10. "저병원성 조류인플루엔자"는 고병원성 조류인플루엔자를 제외한 H5 또는 H7 아형 인플루엔자 A 바이러스에 의한 가금전염병을 말한다.
 11. "뉴캣슬병"은 뉴캣슬병 바이러스에 의한 감염병 중 세계동물보건기구 육상동물 위생규약에서 정의하는 가금전염병을 말한다.

제3조(출생·사육조건) 가금육을 생산하는데 사용된 가금은 수출국내에서 부화되어 사육된 것이어야 한다.

제4조(가축전염병 비발생 조건) ① 수출국은 가금육 수출 전 1년간 고병원성 조류인플루엔자의 발생이 없어야 한다. 다만, 수출국이 고병원성 조류인플루엔자에 대하여 효과적인 살처분 정책을 수행하고 있다고 대한민국 농림축산식품부장관이 인정하는 경우 그 기간을 세계동물보건기구 규정에 따라 단축할 수 있다.

② 가금육을 생산하는데 사용된 가금의 사육농장을 중심으로 반경 10km 이내의 지역은 가금 도축 전 3개월간 저병원성 조류인플루엔자 및 뉴캣슬병의 발생이 없어야 한다.

③ 가금육을 생산하는데 사용된 가금의 사육농장은 도축 전 1년간 가금콜레라, 추백리, 가금티푸스, 전염성F낭병, 마렉병, 오리바이러스성간염(오리육에 한함) 및 오리바이러스성장염(오리육에 한함)의 발생이 없어야 한다.

④ 가금육을 생산하는데 사용된 가금의 사육농장은 수출국 정부로부터 가금육 수출농장으로 인증받은 곳이어야 한다.

제5조(수출작업장 조건) ① 수출작업장은 수출국의 관련 규정에 따라 등록된 곳으로 수출국 정부가 위생점검을 실시하여 적합한 작업장을 대한민국 정부에 통보하고 그 중 대한민국 정부가 현지점검 또는 그 밖의 방법을 통하여 승인한 곳이어야 한다.

② 수출작업장은 수출국 정부의 감독 하에 있어야 하며 수출국 정부가 실시하는 정기적인 위생 점검 결과 이상이 없어야 한다.

③ 수출작업장은 자체 위생관리기준(SSOP) 및 축산물안전관리인증기준(HACCP)을 적용하여야 하며, 살모넬라균 검사 등을 실시하여야 한다.

④ 수출작업장은 제4조에 열거된 가축전염병의 감염지역내에 위치하여서는 아니되며, 가금육을 생산하는 동안에는 대한민국 정부가 가금 또는 가금육의 수입을 허용하지 않은 국가에서 수입된 가금 또는 가금육을 취급하여서는 아니된다.

제6조(가금육의 조건) ① 가금육은 수출작업장 내에서 수출국 정부 수의관이 실시하는 생체 및 해체검사 결과 건강한 가금으로부터 생산되고 식용에 적합한 것이어야 한다.

② 가금육을 생산하기 위하여 가금을 출하하는 농장 중 최소 20% 농장을 대상으로 농장당 최소 60수 이상의 가금을 도축장에서 무작위 선별하여 수출국 정부가 실시하는 조류인플루엔자(H5 또는 H7 아형) 및 뉴캣슬병에 대한 항원검사 결과 음성이어야 한다.

③ 가금육은 가축전염병의 병원체에 오염되지 않도록 처리되어야 한다.

④ 가금육은 공중위생상 위해를 일으킬 수 있는 잔류물질(항균제·농약·호르몬제·중금속 등), 미생물, 식품조사(food irradiation), 이온화처리 및 식품첨가물(보존료, 연육제 등) 등에 관한 대한민국 규정에 적합해야 한다.

⑤ 가금육을 포장하는 포장지는 위생적이고 인체에 무해한 것이어야 한다. 포장면에는 수출작업장 번호가 표시되어야 하며, 가금육이 공중위생상 위해가 없는 방법으로 처리되었다는 합격표시가

있어야 한다. 동 합격표시는 사전에 대한민국 정부에 통보되어야 한다.

제7조(수출검역증명서의 기재사항) 수출국 정부 수의관은 가금육의 선적 전 다음의 각 사항을 한글 또는 영문으로 상세히 기재한 수출검역증명서를 발급하여야 한다.

   (1) 제3조, 제4조, 제5조제4항 및 제6조에 명시된 사항
   (2) 품명(축종포함), 포장형태, 포장수량 및 중량 (N/W) : 최종 식육포장 또는 가공작업장별로 기재
   (3) 도축장, 식육포장처리장, 가공장, 보관장의 명칭, 주소 및 승인번호
   (4) 도축기간, 식육포장처리기간 및/또는 가공기간 : 개시일자 및 종료일자
   (5) 컨테이너 번호 및 봉인번호
   (6) 선박명 또는 항공기명, 선적일자 및 선적지명
   (7) 수출자 및 수입자의 주소, 성명(업체명)
   (8) 수출검역증명서 발급일자, 발급장소, 발급자의 소속, 직책, 성명 및 서명

제8조(열처리 가금육) ① 제4조제1항의 규정에도 불구하고, 열처리 가금육은 수출국내 고병원성 조류인플루엔자 발생과 무관하게 대한민국으로 수출할 수 있다.

② 수출국 정부 수의관은 열처리 가금육 선적 전 제7조의 규정에 의한 수출검역증명서 또는 다음 각 호의 사항을 기재한 수출검역증명서를 발급하여야 한다.

   (1) 제3조, 제4조제2항 및 제3항, 제5조제4항 및 제6조에 명시된 사항
   (2) 열처리 가금육을 생산하는데 사용된 가금의 사육농장을 중심으로 반경 10km 이내의 지역은 가금 도축 전 3개월간 고병원성 조류인플루엔자의 발생이 없어야 한다.
   (3) 열처리 가금육을 생산하는 수출작업장은 원료처리 등 가열처리전 시설, 가열처리·제품포장 등 가열처리 후 시설로 각각 구획되어야 하며, 오염을 방지하기 위해 각 시설별로 작업자가 구분·운영되어야 한다.
   (4) 열처리 가금육에 처리된 열처리 온도 및 시간
   (5) 품명(축종포함), 포장형태, 포장수량 및 중량(N/W) : 최종 가공작업장별로 기재
   (6) 도축장, 식육포장처리장, 가공장, 보관장의 명칭, 주소 및 승인번호
   (7) 도축기간, 식육포장처리기간 및/또는 가공기간 : 개시일자 및 종료일자
   (8) 컨테이너 번호 및 봉인번호
   (9) 선박명 또는 항공기명, 선적일자 및 선적지명
   (10) 수출자 및 수입자의 주소, 성명(업체명)
   (11) 수출검역증명서 발급일자, 발급장소, 발급자의 소속, 직책, 성명 및 서명

제9조(운송) 가금육은 수출국 정부 수의관의 감독 하에 봉인되어 대한민국 도착 시까지 가축의 전염성 질병의 병원체에 오염되지 않고 변질, 부패 등 공중위생상 위해가 없도록 안전하게 수송되어야 하며, 수송 중에는 대한민국 정부가 가금 또는 가금육의 수입을 허용하지 않은 지역을 경유하여서는 아니된다. 다만, 급유 등의 이유로 단순 기항(착)하는 것은 예외로 한다.

제10조(수출국내 질병발생시 조치) ① 수출국 정부는 자국내에 고병원성 조류인플루엔자가 발생되는

즉시 가금육(열처리 가금육은 제외)을 대한민국으로 선적하는 것을 중지함과 동시에 그 사실을 FAX 등을 통하여 대한민국 정부에 통보하여야 하며, 수출을 재개하고자 하는 경우 대한민국 농림축산식품부와 협의하여야 한다.

② 수출국 정부는 자국에서 실시하는 가금 전염병 방역 프로그램과 그 실시결과를 매년 대한민국 정부에 통보하여야 한다.

③ 수출국 정부는 이 수입위생조건에 부합하는 가금육이 수출될 수 있도록 관리 및 확인할 수 있는 수출검증프로그램(export verification program)을 마련하여 운영하여야 하며, 이 프로그램은 가금육에 대한 잔류물질 및 병원성 미생물 검사프로그램을 포함하여야 하며 사전에 대한민국 정부와 협의하여야 한다.

제11조(수출작업장 현지점검) ① 대한민국 정부 수의관은 승인된 수출작업장에 대한 현지점검 및 기록원부를 조사할 권한을 가지며, 이 수입위생조건과 일치하지 않은 사항을 발견 시 대한민국으로 가금육의 수출을 중단시킬 수 있다. 이때 수출국 정부는 대한민국 정부 수의관의 현지점검 등에 적극 협조하여야 한다.

② 수출국 정부는 수출작업장이 파산, 영업장 폐쇄 등의 사유로 수출 작업을 중단한 경우 해당 수출작업장의 승인을 취소하고 즉시 이를 대한민국 정부에 통보하여야 한다.

③ 대한민국 정부는 수출작업장으로 승인한 날로부터 또는 최종 수출일로부터 3년 이상 대한민국으로 가금육의 수출 실적이 없을 경우 수출작업장에 대하여는 그 승인을 취소할 수 있다. 대한민국 정부는 승인 취소 결정 전 수출국 정부에 이러한 사항을 통보하고 수출국 정부와 협의해야 한다.

④ 수출작업장에는 일일도축, 가공 및 보관에 대한 기록원본이 2년 이상 보관되어야 하며, 대한민국으로 수출된 가금육에 대한 원산농장 등 관련 자료를 구비하고 있어야 한다.

제12조(국가잔류물질 검사 프로그램 등) 수출국 정부는 가금육에 대한 유해잔류물질 검사 프로그램과 그 실시결과(검사기관의 시설, 인력, 연간검사계획, 검사방법, 검사결과 등을 명시할 것)를 영문으로 작성하여 매년 대한민국 정부에 제출하여야 한다.

제13조(불합격 조치 등) 대한민국 정부는 가금육에 대한 수입검역·검사 중 이 수입위생조건에 부적합한 사항이 발견되는 경우에는 해당 가금육에 대하여 반송 또는 폐기처분을 명할 수 있으며, 가금육에 대한 검역중단 또는 해당 수출작업장에 대해 수출중단 조치를 취할 수 있다.

제14조(재검토기한) 농림축산식품부 장관은 이 고시에 대하여 2017년 1월 1일을 기준으로 매3년이 되는 시점(매 3년째의 12월 31까지를 말한다)마다 그 타당성을 검토하여 개선 등의 조치를 하여야 한다.

부칙 〈제2015-178호, 2015. 12. 30.〉

제1조(시행일)이 고시는 2016년 2월 1일부터 시행한다.

제2조(종전 고시의 폐지)이 고시 시행과 함께 「태국산 열처리된 가금육 제품 수입위생조건」(농림축산식품부 고시 제2013-223호, 2013. 10. 07.)은 폐지한다.

제3조(타 고시의 개정)이 고시 시행과 함께 「지정검역물의 수입금지지역」(농림축산식품부 고시 제2015-161호, 2015. 12. 01.) 별표1 지정검역물별 수입금지지역 중 2. 동물의 생산물중 육류(육가공품을 포함한다) 마. 가금육 ○ 신선·냉장·냉동 가금육의 수입금지 제외 지역에 "태국"을 추가한다.

제4조(경과조치)이 고시 시행 당시 「태국산 열처리된 가금육 제품 수입위생조건」(농림축산식품부 고시 제2013-223호, 2013. 10. 07.)에 따라 수입된 열처리 가금육은 이 고시를 따른 것으로 본다.

태국산 식용란 및 알가공품 수입위생요건

[시행 2019. 5. 22.] [식품의약품안전처고시 제2019-42호, 2019. 5. 22., 제정.]

식품의약품안전처(현지실사과), 043-719-6204

제1조(목적) 이 고시는 「수입식품안전관리 특별법」 제11조제2항에 따라 태국에서 대한민국으로 수출하는 식용란 및 알가공품에 대한 수입위생요건을 규정함을 목적으로 한다.

제2조(정의) 이 고시에서 사용하는 용어의 뜻은 다음과 같다.
 1. "해외작업장"이란 대한민국으로 수출하는 식용란을 수집·선별·포장하는 작업장과 알가공품을 생산하는 알가공장을 말한다.
 2. "식용란"이란 닭의 알, 메추리의 알, 오리의 알을 말한다.
 3. "알가공품"이란 전란액, 난백액, 난황액, 전란분, 난황분, 난백분, 알가열제품, 피단을 말한다.
 4. "수출국"이란 태국을 말한다.

제3조(적용범위) 이 고시는 대한민국의 「축산물의 수입허용국가(지역) 및 수입위생요건」에서 정하고 있는 수입위생요건에 우선하여 적용한다. 다만, 이 고시에서 정하고 있지 않은 사항은 대한민국의 「축산물의 수입허용국가(지역) 및 수입위생요건」에서 정하는 바를 따른다.

제4조(원산지 요건) ① 대한민국으로 수출하는 식용란은 수출국에서 부화되어 사육된 조류에서 생산된 것이어야 한다.
 ② 대한민국으로 수출하는 알가공품의 원료가 되는 알은 수출국에서 부화되어 사육된 조류에서 생산되거나, 대한민국에 수출이 허용된 국가에서 생산된 것이어야 한다.

제5조(식용란 요건) ① 대한민국으로 수출하는 식용란은 수출국 정부로부터 GAP(농산물우수관리, Good Agricultural Practice) 인증을 받은 농장에서 생산된 것이어야 한다.
 ② 대한민국으로 수출하는 식용란의 생산농장은 식용란을 수출하기 전 최소 90일간 Salmonella Enteritidis와 Salmonella Typhimurium에 의한 살모넬라증의 발생이 없어야 한다. 또한 대한민국으로 수출하는 식용란의 생산농장에 대하여 수출 전 60일 이내에 수출국 정부에서 실시한 Salmonella Enteritidis 검사 결과 음성이어야 한다.
 ③ 식용란을 수출하는 해외작업장에서는 식용란을 공급하는 농장별로 식용란에 대하여 3개월에 1회 이상 살모넬라에 대한 자체 검사를 실시하여야 한다.
 ④ 제2항 및 제3항에 따른 검사결과 살모넬라가 검출된 농장에서 생산되는 식용란은 대한민국 수출용으로 사용하여서는 안 된다. 다만, 해당 농장에서 개선조치를 완료하고, 재검사를 한 결과 살모넬라가 검출되지 않는 경우 대한민국 수출용으로 사용 할 수 있다. 이 경우 개선조치 결과와 살모넬라 검사결과에 대한 기록은 2년 이상 보관하여야 한다.
 ⑤ 수출 식용란은 공중위생 상 위해를 주거나 줄 수 있는 잔류화학물질, 병원성 미생물 등에 대하여 대한민국의 기준 및 규격에 적합하여야 한다.

⑥ 대한민국 수출용 원료란을 생산하는 농장은 대한민국의 관련 규정에서 사용이 금지된 동물용 의약품을 사용하여서는 안 된다.

⑦ 대한민국으로 수출하는 식용란은 대한민국의 표시기준에 적합하여야 한다.

제6조(알가공품 요건) ① 대한민국으로 수출하는 알가공품은 공중위생 상 위해를 주거나 줄 수 있는 잔류화학물질, 병원성 미생물 등에 대하여 대한민국의 기준 및 규격에 적합하여야 한다.

② 대한민국으로 수출하는 알가공품은 제품명, 제조사, 제조일(또는 유통기한) 등이 적절하게 표시되어 있어야 한다.

③ 대한민국으로 수출하는 알가공품은 다음 각 호의 유형별 열처리 조건을 충족하여야 한다.

1. 전란액 : 중심부 온도기준 64℃에서 2분 30초간 또는 동등 이상의 방법
2. 난백액 : 중심부 온도 기준 55.6℃에서 870초 또는 56.7℃에서 232초 또는 동등 이상의 방법
3. 난황액 : 중심부 온도 기준 62.2℃, 138초 또는 동등 이상의 방법
4. 전란분 : 중심부 온도 기준 60℃에서 188초 또는 동등 이상의 방법
5. 난백분 : 중심부 온도 기준 67℃에서 20시간 또는 54.4℃에서 513시간 또는 동등 이상의 방법
6. 난황분 : 중심부온도 기준 63.5℃에서 3.5분 또는 동등 이상의 방법

제7조(해외작업장 요건) ① 해외작업장은 수출국 규정에 따라 허가 또는 등록되고 수출국 정부가 정기적으로 점검·관리하는 곳으로 대한민국 정부가 현지실사 또는 그 밖의 방법을 통하여 적합하다고 인정·등록한 작업장이어야 한다.

② 해외작업장은 HACCP(안전관리인증기준, Hazard Analysis Critical Control Point) 또는 GMP(우수제조기준, Good Manufacturing Practice) 등 식품안전관리 프로그램을 문서로 작성하고 운영하여야 하며, 해당 프로그램에 따른 모니터링 등 기록을 문서로서 작성하여 최종 기록한 날부터 2년 이상 보관하여야 한다.

③ 해외작업장의 식품안전관리 프로그램에는 위생적이고 안전한 축산물을 생산하기 위한 원료의 입고부터 최종제품의 생산 및 출하까지 모든 과정에 대한 기준이 마련되어야 하고, 그 기준에 부적합한 경우 이에 대한 처리기준도 포함되어야 하며 이를 문서로 기록하고 2년 이상 보관하여야 한다. 또한, 알가공품의 식품안전관리 프로그램은 원료 알의 할란과 할란 후 알 내용물에 대한 냉각 기준 등에 대한 위생관리기준을 포함하여야 한다.

④ 해외작업장에서 식용란 및 알가공품의 처리·가공에 사용하는 물은 식용에 적합한 것으로서 수출국의 음용수 관리 기준에 적합하여야 한다.

⑤ 해외작업장은 생산하는 식용란 및 알가공품에 대해 회수와 관련한 절차와 방법 그리고 처리방법(폐기 포함) 등을 문서로 규정한 지침을 운영하여야 하며 원료부터 생산 그리고 최종 판매까지 이력추적이 가능하여야 한다.

제8조(취급, 보관 및 운송) ① 대한민국으로 수출하는 식용란과 알가공품의 포장 용기는 수출국 및 대한민국의 관련 규정에서 정하고 있는 기준 및 규격에 적합한 것으로서 이전에 사용한 적이 없는 깨끗한 것이어야 한다.

② 대한민국으로 수출하는 식용란 및 알가공품은 가공·수집·포장·유통·취급 및 보관의 전 과정에서 대한민국의 위생 관련 규정에서 정하고 있는 기준에 적합하도록 위생적으로 취급되어야 하고 대한민국으로 도착할 때까지 재오염의 우려가 없는 방법으로 운송·취급되어야 한다.

제9조(수출국의 관리) ① 수출국 정부는 해외작업장에 대하여 연 1회 이상 정기적인 위생점검을 실시하여야 하며, 위반사항이 있는 경우 해당 해외작업장은 개선조치를 시행하고 그 결과를 2년 이상 보관하여야 한다.

② 수출국 정부는 해외작업장에서 상기 위생요건에 대하여 위반사항이 있는 경우 해당 작업장에 대하여 수출위생증명서의 발급을 잠정 중단하고 그 사실을 대한민국 정부에 통보하여야 하며, 해당 작업장의 원인규명 및 개선조치 결과를 확인하고 대한민국 정부에 관련 사실을 통보 후 수출위생증명서의 발급을 재개하여야 한다.

제10조(수출위생증명서) 수출국 정부는 수출 시마다 해당 식용란 및 알가공품에 대해 다음 각 호의 사항을 확인하고, 영문 또는 영문과 수출국의 공식언어를 병기하여 수출국 정부와 대한민국 정부 간 협의한 수출위생증명서를 발급하여야 한다.

1. 제4조, 제5조제1항 및 제2항(식용란에 한한다.), 제6조제3항(알가공품에 한한다), 제7조제1항, 제8조제2항
2. 제품명, 포장형태, 포장수량 및 중량
3. 작업장 등록번호, 명칭, 소재지
4. 생산 또는 가공일자
5. 컨테이너 번호
6. 위생증명서 발행일자, 발행자의 소속·직책·성명 및 서명
7. 그 밖에 수출국 정부와 한국 정부 상호 간에 협의된 사항

제11조(재검토기한) 식품의약품안전처장은 이 고시에 대하여 2019년 7월 1일을 기준으로 매 3년이 되는 시점(매 3년째의 6월 30일까지를 말한다)마다 그 타당성을 검토하여 개선 등의 조치를 하여야 한다.

부칙 〈제2019-42호, 2019. 5. 22.〉

이 고시는 고시한 날부터 시행한다.

Import Sanitation Requirements
for Edible Eggs and Processed egg products from Thailand

Article 1 (Purpose) The purpose of these Import Sanitation Requirements is to regulate import sanitation requirements for edible eggs and processed egg products to be exported from Thailand to the Republic of Korea (hereinafter referred to as Korea) in accordance with Article 11. 2 of「Special Act on Imported Food Safety Control」.

Article 2 (Definitions) The terms used in these Import Sanitation Requirements shall be defined as follows:
1. "Export establishment(s)" is an establishment which collects, selects and packages edible eggs and an egg processing facility which produces processed egg products.
2. "Edible eggs" is eggs produced from chickens, quails and ducks.
3. "Processed egg products" is whole egg liquid, liquid white, liquid yolk, whole egg powder, yolk powder, egg white powder, heated egg products and pidan.
4. "The exporting country" is Thailand.

Article 3 (Scope) These import sanitation requirements have priority over the import sanitation requirements specified in「Countries (Regions) Allowed for Import of Livestock Products and Import Sanitation Requirements」. However, for others not specified in these import sanitation requirements, the requirements prescribed in「Countries (Regions) Allowed for Import of Livestock Products and Import Sanitation Requirements」shall be followed.

Article 4 (Requirements for country of origin) ① Edible eggs to be exported to the Korean market shall be produced by birds hatched and grown in the exporting country.
② Raw eggs used in manufacturing processed egg products to be exported to the Korean market shall be produced either by birds hatched and grown in the exporting country or from countries allowed for export to Korea.

Article 5 (Requirements for edible eggs) ① Raw eggs in production of edible eggs to be exported to the Korean market shall be produced in farms with GAP(Good Agricultural Practice) certified by the exporting country's government.

② Farms engaged in production of edible eggs shall not have Salmonellosis caused by Salmonella Enteritidis and Salmonella Typhimurium for at least 90 days before export. Moreover, layer farms engaged in production of edible eggs to be exported to the Korean market shall be tested for Salmonella Enteritidis by the exporting country's government within 60 days before export and found to be negative.

③ Foreign establishments engaged in export of edible eggs shall perform in-house testing of each farm's raw eggs for Salmonella more than one time in 3 months.

④ Eggs produced at a farm where Salmonella is detected in testing conducted by the exporting country's government or foreign establishments shall not be exported to the Korean market. However, if the relevant farm completes improvement actions and Salmonella is not detected in re-testing, eggs produced in such farm may be exported to the Korean market. In such instance, records on the improvement actions and salmonella test results shall be maintained for more than 2 years.

⑤ Edible eggs to be exported to the Korean market shall comply with Korean standards and specifications on chemical residues and pathogenic microorganisms that cause or potentially cause public health risks.

⑥ Farms engaged in production of raw eggs to be exported to the Korean market shall not use any veterinary drugs of which use is prohibited by the relevant Korean regulation.

⑦ Edible eggs to be exported to the Korean market shall comply with the labelling standards of Korea.

Article 6 (Requirements for processed egg products) ① Processed egg products to be exported to the Korean market shall comply with Korean standards and specifications on residual chemicals and pathogenic microorganisms which cause or potentially cause hazards to the public health.

② Processed egg products to be exported to the Korean market shall be suitably labeled to show product name, manufacturer, date of manufacture (or sell-by date) etc.

③ Core temperature in heat processing conditions by product type shall be as specified below or equivalent:

 1. Whole egg liquid: 64 °C for at least 2 minutes 30 seconds or equivalent heat treatment of core temperature basis
 2. Liquid white: 55.6°C for at least for at least 870 seconds or 56.7°C for 232 seconds

or equivalent heat treatment of core temperature basis

3. Liquid yolk: 62.2°C for at least 138 seconds or equivalent heat treatment of core temperature basis
4. Whole egg powder: 60°C for at least for 188 seconds or equivalent heat treatment of core temperature basis
5. Egg white powder: 67°C for at least 20 hours or 54.4°C for at least 513 hours or equivalent heat treatment of core temperature basis
6. Yolk powder: 63.5°C for at least 3.5 minutes or equivalent heat treatment of core temperature basis
7. Heated egg product: 90°C for at least 20 minutes or equivalent heat treatment of core temperature basis

Article 7 (Requirements for export establishments) ① A foreign establishment shall be an establishment approved or registered and periodically inspected or controlled by the exporting country's government in accordance with regulations of the exporting country's government, and also accepted by or registered with the Korean government through on-site inspection or other assessment methods.

② Foreign establishments shall establish written food safety control program such as HACCP(Hazard Analysis Critical Control Point) or GMP(Good Manufacturing Practice), and maintain monitoring records and other documents generated in the course of implementation of such program for more than 2 years.

③ Food safety control programs of foreign establishments shall have requirements and procedures for all operations, from receipt of raw materials to production and release of finished products, to assure production of sanitary and safe livestock products, specify actions to be taken when non-conformance is found, and maintain the relevant documents for more than 2 years. Furthermore, establishments for export of processed egg products to the Korean market shall contain sanitary control standards for raw egg breaking and cooling standards for whole eggs obtained from egg breaking in their food safety control programs.

④ The water used in processing and treatment of exported livestock products in a foreign establishment shall be suitable for human consumption and comply with drinking water regulations of the exporting country.

⑤ Foreign establishments shall have a document which describes procedures and methods for recall and disposal (including destruction) of its livestock products and assure traceability of exported products from raw materials and production to final sale.

Article 8 (Handling, storage and shipping) ① Containers used in packing edible eggs and processed egg products to be exported to the Korean market shall comply with specifications and standards prescribed in both the relevant Thai and Korean regulation. They shall not be re-used and they shall be clean.

② Throughout the process, collecting, packing, distribution, handling and storage of the exported edible eggs and processed egg products shall performed in compliance with sanitary regulations on livestock products enforced in Korea and these products have been handled and shipped to Korea in a manner avoiding re-contamination.

Article 9 (Control by the exporting country) ① The exporting country's government shall periodically perform sanitation check of foreign establishments (more than once a year). If any violation is observed, the relevant foreign establishment shall take improvement actions and related documents shall be maintained for more than 2 years.

② The exporting country's government shall temporarily suspend issuance of an export health certificate to the relevant establishment and shall notify such fact to the Korean government. The issuance of an export health certificate shall not be resumed until the exporting country's government notifies the fact of verification to the Korean government after verifying that such establishment identifies causes of violation and takes improvement actions.

Article 10(Export health certificate) The exporting country's government shall check livestock products for the following aspects at every time of export and issue an export health certificate written in English or both in English and the official language of the exporting country for the exported livestock products as agreed between the exporting country's government and the Korean government:

1. Compliance with requirements prescribed in Article 4, Article 5.1 and 5.2(limited to edible eggs), Article 6.3(limited to processed egg products), Article 7.1 and Article 8.2;
2. Product name, packaging type, packaging quantities and weights;
3. Establishment registration number, name and address;
4. Production or processing date;
5. Container number;
6. Issuance date of Health Certificate, and information on the person who issues the

certificate such as agency, title, name and signature; and

7. Other requirements mutually agreed upon by the exporting country's government and the Korean government

Article 11(Review date) The Minister of Food and Drug Safety shall review the validity of this notification every 3 years counting from Jul 1, 2019 and take actions, such as improvement in accordance with the「Regulations on Enforcement and Management of Directives and Established Rules」.

Addenda

These Import Sanitation Requirements shall enter into force from the date of notice.

포르투갈산 돼지고기 및 비식용 돼지생산물 수입위생조건

[시행 2018. 1. 1.] [농림축산식품부고시 제2017-99호, 2017. 10. 24., 제정.]

농림축산식품부(검역정책과), 044-201-2076

제1조(목적) 이 고시는 「가축전염병 예방법」 제34조제2항의 규정에 따라 포르투갈에서 대한민국으로 수출하는 돼지고기 및 비식용 돼지생산물에 대한 포르투갈의 검역 내용 및 가축전염병 비발생 상황 등을 규정함을 목적으로 한다.

제2조(용어의 정의) 이 고시에서 사용하는 용어의 뜻은 다음과 같다.
  1. "돼지고기"란 가축화된 사육돼지(domestic pigs)에서 유래한 식용을 목적으로 하는 신선, 냉장 또는 냉동 고기, 식육부산물 및 식육가공품을 말한다.
  2. "식육부산물"이란 내장, 머리 등 지육(枝肉), 정육(精肉) 이외의 부분을 말한다.
  3. "식육가공품"이란 햄류, 소시지류, 베이컨류, 건조저장육류, 양념육류, 그 밖에 식육을 원료로 하여 가공한 것을 말한다.
  4. "비식용 돼지생산물"이란 식용을 목적으로 하지 않는 돼지 유래 생산물과 이를 원료로 하여 가공한 것을 말한다.
  5. "수출국 정부"란 수출국의 동물·축산물 검역당국을 말한다.
  6. "수출국 정부 수의관"이란 "수출국 정부" 소속 수의사인 검역관을 말한다.
  7. "수출작업장"이란 대한민국으로 수출되는 돼지고기 등을 생산, 가공, 포장 또는 보관하는 도축장, 식육포장처리장, 가공장 및 보관장을 말한다.

제3조(출생·사육조건) 돼지고기 및 비식용 돼지생산물(이하 "돼지고기 등"이라 한다)을 생산하기 위한 돼지는 포르투갈(이하 '수출국'이라 한다) 내에서 출생하여 사육되었거나, 대한민국 정부가 대한민국으로 돼지고기의 수출자격이 있는 것으로 인정한 국가에서 수출국으로 수입되어 도축 전 3개월 이상 사육된 것이어야 한다.

제4조(국가 질병 비발생 조건) ① 수출국은 수출 전 1년간 구제역, 수출 전 2년간 돼지수포병·우역, 수출 전 3년간 아프리카돼지열병의 발생사실이 없어야 하며, 이들 질병에 대한 예방접종을 실시하지 않아야 한다. 다만, 수출국 정부가 효과적인 살처분정책을 수행하고 있다고 대한민국 농림축산식품부장관이 인정하는 질병에 대하여는 그 기간을 세계동물보건기구(OIE) 기준에 따라

단축할 수 있다.

② 수출국은 수출 전 1년간 돼지열병(야생돼지의 발생은 제외한다)이 발생한 사실이 없거나 대한민국 정부가 청정 국가로 인정하여야 하며 이 질병에 대하여 예방접종을 실시하지 않아야 한다. 만일 수출국 내에 돼지열병이 발생한 경우 돼지고기 등은 대한민국 정부가 인정한 돼지열병 청정 지역에서 유래하여야 한다.

제5조(농장 질병 비발생 조건) 돼지고기 등을 생산하기 위한 돼지가 출생·사육되어진 농장은 도축 전 3년간 브루셀라병, 도축 전 2년간 탄저병, 도축 전 1년간 돼지오제스키병의 발생이 없어야 하며, 이들 질병과 관련하여 수출국 정부에 의한 방역상 제한조치를 받지 않고 있는 지역 내에 위치하여야 한다.

제6조(수출작업장 조건) ① 수출작업장 또는 제조시설은 수출국의 관련 규정에 의거하여 등록된 곳으로 수출국 정부에서 위생점검을 실시하여 적합한 작업장을 대한민국 정부에 통보하고 그 중에서 대한민국 정부가 현지점검 또는 기타 방법을 통하여 승인한 곳이어야 한다.

② 수출작업장은 수출국 정부의 위생 감독 하에 있어야 하며 수출국 정부가 실시하는 정기적인 위생점검 결과 이상이 없어야 한다.

③ 수출작업장은 제5조에 열거된 질병과 관련하여 수출국 정부에 의한 방역상 제한조치를 받아서는 아니 되며, 대한민국에 수출하기 위하여 작업을 실시하는 동안은 대한민국 정부가 우제류 동물 및 그 생산물의 수입을 허용하지 않는 국가 또는 지역을 경유한 동물 및 그 생산물을 취급하여서는 아니 된다.

제7조(돼지고기 등의 조건) ① 돼지고기 등은 수출작업장 내에서 수출국 정부 수의관이 실시하는 생체 및 해체검사 결과 건강한 돼지로부터 생산된 것이어야 한다.

② 돼지고기 등을 생산하기 위하여 도축, 해체, 가공, 포장 및 보관 작업을 할 때에는 동일 장소에서 동등 이상의 위생 상태에 있지 아니한 동물 및 그 생산물을 취급하여서는 아니 된다.

③ 돼지고기 등은 어떠한 가축의 전염성 질병의 병원체에도 오염되지 않는 방법으로 처리되어야 한다. 또한 내용물 또는 포장에는 작업장 번호가 표시되어야 하며 공중위생상 위해가 없는 방법으로 처리되었다는 합격표시를 받아야 한다. 이에 대한 합격표시는 사전에 대한민국 정부에 통보된 것이어야 한다.

제8조(수출검역증명서의 기재사항) 수출국 정부 수의관은 돼지고기 등의 선적 전 다음의 각 사항을 한글 또는 영문으로 상세히 기재한 수출검역증명서를 발급하여야 한다.

가. 돼지고기
  1. 제3조, 제4조, 제5조, 제6조 및 제7조에서 명시된 사항
  2. 품명, 포장형태, 포장수량 및 중량 (N/W) : 최종 식육포장처리장 또는 가공장별로 기재
  3. 도축장, 식육포장처리장, 가공장, 보관장의 명칭, 주소 및 승인번호
  4. 도축기간(개시일자 및 종료일자), 식육포장처리기간 및/또는 가공기간(개시일자 및 종료일자)
  5. 컨테이너 번호 및 봉인번호

    6. 선박명 또는 항공기명, 선적일자 및 선적지명
    7. 수출자 및 수입자의 주소, 성명(업체명)
    8. 수출검역증명서 발급일자, 발급장소, 발급자의 소속, 직책, 성명 및 서명
  나. 비식용 돼지생산물
    1. 제4조 및 제7조제1항에 명시된 사항
    2. 품명, 포장형태, 포장수량 및 중량 (N/W) : 최종 제조시설별로 기재
    3. 제조시설의 명칭 및 주소 (승인번호가 있을 경우 승인번호 기재)
    4. 컨테이너 번호 및 봉인번호
    5. 선박명 또는 항공기명, 선적일자 및 선적지명
    6. 수출자 및 수입자의 주소, 성명(업체명)
    7. 수출검역증명서 발급일자, 발급장소, 발급자의 소속, 직책, 성명 및 서명
제9조(운송) 돼지고기 등은 수출국 정부 수의관의 감독 하에 봉인되어 대한민국에 도착 시까지 가축의 전염성 질병의 병원체에 오염되지 않고 변질, 부패 등 공중위생상 위해가 없도록 안전하게 운송하여야 하며, 운송 중에는 대한민국 정부가 우제류 동물 및 그 생산물의 수입을 허용하지 않는 지역을 경유하여서는 아니 된다. 다만, 급유 등의 이유로 단순 기항(착)하는 것은 예외로 한다.
제10조(수출국내 질병발생시 조치) 수출국 정부는 수출국내에서 제4조에서 정한 질병 또는 신종 악성가축전염성 질병이 발생하거나 그 의사환축이 발생한 경우 또는 동 질병에 대한 예방접종을 실시키로 한 경우에는 대한민국으로 돼지고기 등의 수출을 중지함과 동시에 그 사실을 FAX 등을 통하여 대한민국 정부에 즉시 통보하여야 하며, 수출을 재개하고자 하는 경우 대한민국 정부와 협의하여야 한다.
제11조(수출작업장 현지점검) ① 대한민국 정부 수의관은 승인된 수출작업장 또는 제조시설의 현지점검 및 기록원부를 조사할 권한을 가지며, 이 고시와 일치하지 않은 사항을 발견 시 대한민국으로의 돼지고기 등의 수출을 중지시킬 수 있다. 이때 수출국 정부는 대한민국 정부 수의관의 현지점검 등에 적극 협조하여야 한다.
② 수출국 정부는 수출작업장 또는 제조시설이 파산, 영업장 폐쇄 등의 사유로 수출 작업을 중단한 경우 해당 수출작업장 또는 제조시설의 승인을 취소하고 즉시 이를 대한민국 정부에 통보하여야 한다.
③ 대한민국 정부는 수출작업장 또는 제조시설로 승인된 날로부터 또는 최종 수출일로부터 3년 이상 대한민국으로 돼지고기 등의 수출이 없는 수출작업장 또는 제조시설에 대하여는 그 승인을 취소할 수 있다. 대한민국 정부는 승인 취소 결정 전 수출국 정부에 이러한 사항을 통보하고 수출국 정부와 협의해야 한다.
④ 수출작업장에는 일일 도축, 가공 및 보관에 대한 기록원본이 2년 이상 보관되어야 하며, 대한민국으로 수출된 돼지고기의 생산농장 등 관련 자료를 구비하고 있어야 한다.
제12조(돼지고기 등의 불합격 조치 등) 대한민국 정부는 돼지고기 등에 대한 검역 중 이 고시에

부적합한 사항이 발견되는 경우에는 해당 돼지고기 등에 대하여 반송 또는 폐기처분을 명할 수 있으며, 돼지고기 등에 대한 검역중단 또는 해당 수출작업장에 대해 수출중단 조치를 취할 수 있다.

제13조(재검토기한) 농림축산식품부 장관은 이 고시에 대하여 2018년 1월 1일을 기준으로 매 3년이 되는 시점(매 3년째의 12월 31까지를 말한다)마다 그 타당성을 검토하여 개선 등의 조치를 하여야 한다.

부칙 〈제2017-99호, 2017. 10. 24.〉

제1조(시행일)이 고시는 2018년 1월 1일부터 시행한다.

제2조(이 고시의 적용배제)개별 수입위생조건 또는 수입조건이 정해진 경우에는 이 고시를 적용하지 아니한다.

제3조(타 고시의 개정)「지정검역물의 수입금지지역」일부를 다음과 같이 개정한다.

[별표1]의 지정검역물별 수입금지지역 중 2. 동물의 생산물중 육류(육가공품을 포함한다) 중 나. 돼지고기에 "포르투갈"을 추가한다.

폴란드산 가금육 및 가금생산물 수입위생조건

[시행 2015. 10. 15.] [농림축산식품부고시 제2015-123호, 2015. 9. 15., 전부개정.]

농림축산식품부(검역정책과), 044-201-2076

제1조(목적) 이 고시는 가축전염병 예방법 제34조제2항의 규정에 따라 폴란드(이하 "수출국"이라 한다)에서 대한민국으로 수출하는 가금육 및 가금생산물(이하 "가금육 등"이라 한다)에 대한 수출국의 검역내용 및 위생상황 등을 규정함을 목적으로 한다.

제2조(정의) 이 수입위생조건에서 사용하는 용어의 뜻은 다음과 같다.
 1. "가금"은 닭·오리·거위·칠면조·메추리 및 꿩 등을 말한다.
 2. "가금육"은 가금에서 유래한 신선, 냉장 또는 냉동 고기, 열처리가금육, 식육부산물 및 식육가공품을 말한다.
 3. "열처리 가금육"은 중심부 온도를 기준으로 60℃에서 507초, 65℃에서 42초, 70℃에서 3.5초, 73.9℃에서 0.51초 이상 또는 이와 동등 이상의 효력이 있는 방법으로 처리된 가금육을 말한다.
 4. "식육부산물"은 지육, 정육 이외에 식용을 목적으로 하는 가금의 내장, 머리, 발 등의 부분을 말한다.
 5. "식육가공품"이란 햄류, 소시지류, 건조저장육류, 양념육류, 그 밖의 식육을 원료로 하여 가공한 것을 말한다.
 6. "비식용 가금생산물"은 식용을 목적으로 하지 않은 가금 유래 생산물과 이를 원료로 하여 가공한 것을 말한다.
 7. "수출국 정부"는 수출국의 동물·축산물 검역당국으로 말한다.
 8. "수출국 정부 수의관"은 수출국 정부 소속 수의사로서 검역관을 말한다.
 9. "수출작업장"은 대한민국으로 수출되는 가금육 등을 생산, 가공, 포장 또는 보관하는 도축장, 식육포장처리장, 가공장 또는 보관장을 말한다.
 10. "고병원성 조류인플루엔자"는 인플루엔자 A 바이러스에 의한 감염병 중 세계동물보건기구(OIE) 육상동물 위생규약에서 고병원성으로 분류하는 가금전염병을 말한다.
 11. "저병원성 조류인플루엔자"는 고병원성 조류인플루엔자를 제외한 H5 또는 H7 아형 인플루엔자 A 바이러스에 의한 가금전염병을 말한다.

12. "뉴캣슬병"은 뉴캣슬병 바이러스에 의한 감염병 중 세계동물보건기구 육상동물 위생규약에서 정의하는 가금전염병을 말한다.

제3조(출생·사육조건) 가금육 등을 생산하는데 사용된 가금은 수출국내에서 부화되어 사육된 것이어야 한다.

제4조(가축전염병 비발생 조건) ① 수출국은 가금육 등 수출 전 1년간 고병원성 조류인플루엔자의 발생이 없어야 한다. 다만, 수출국이 고병원성 조류인플루엔자에 대하여 효과적인 살처분 정책을 수행하고 있다고 대한민국 농림축산식품부장관이 인정하는 경우 그 기간을 세계동물보건기구 규정에 따라 단축할 수 있다.

② 가금육 등을 생산하는데 사용된 가금의 사육농장을 중심으로 반경 10km 이내의 지역은 가금 도축 전 3개월간 저병원성 조류인플루엔자 및 뉴캣슬병의 발생이 없어야 한다.

③ 가금육 등을 생산하는데 사용된 가금의 사육농장은 도축 전 1년간 가금콜레라, 추백리, 가금티푸스, 전염성F낭병, 마렉병, 오리바이러스성간염(오리육에 한함) 및 오리바이러스성장염(오리육에 한함)의 발생이 없어야 한다.

제5조(수출작업장 조건) ① 수출작업장 또는 제조시설은 수출국의 관련 규정에 따라 등록된 곳으로 수출국 정부가 위생점검을 실시하여 적합한 작업장을 대한민국 정부에 통보하고 그 중 대한민국 정부가 현지점검 또는 그 밖의 방법을 통하여 승인한 곳이어야 한다.

② 수출작업장은 수출국 정부의 감독 하에 있어야 하며 수출국 정부가 실시하는 정기적인 위생 점검 결과 이상이 없어야 한다.

③ 수출작업장은 자체위생관리기준(SSOP) 및 축산물안전관리인증기준(HACCP)을 적용하여야 하며, 살모넬라균 검사 등을 실시하여야 한다.

④ 수출작업장은 제4조에 열거된 가축전염병의 감염지역내에 위치하여서는 아니되며, 가금육을 생산하는 동안에는 대한민국 정부가 가금 또는 가금육의 수입을 허용하지 않은 국가에서 수입된 가금 또는 가금육을 취급하여서는 아니된다.

제6조(가금육 등의 조건) ① 가금육 등은 수출작업장 내에서 수출국 정부수의관이 실시하는 생체 및 해체검사 결과 건강한 가금으로부터 생산된 것이어야 한다.

② 가금육 등은 가축전염병의 병원체에 오염되지 않도록 처리되어야 한다.

③ 가금육 등은 공중위생상 위해를 일으킬 수 있는 잔류물질(항균제·농약·호르몬제·중금속 등), 미생물, 식품조사(food irradiation), 이온화처리 및 식품첨가물(보존료, 연육제 등) 등에 관한 대한민국 규정에 적합해야 한다.

④ 가금육 등을 포장하는 포장지는 위생적이고 인체에 무해한 것이어야 한다. 포장면에는 수출작업장 번호가 표시되어야 하며, 가금육 등이 공중위생상 위해가 없는 방법으로 처리되었다는 합격표시가 있어야 한다. 동 합격표시는 사전에 대한민국 정부에 통보되어야 한다.

제7조(수출검역증명서의 기재사항) 수출국 정부 수의관은 가금육 등의 선적 전 다음의 각 사항을 한글 또는 영문으로 상세히 기재한 수출검역증명서를 발급하여야 한다.

1. 가금육
   (1) 제3조, 제4조, 제5조제4항 및 제6조에 명시된 사항
   (2) 품명(축종포함), 포장형태, 포장수량 및 중량 (N/W) : 최종 식육포장 또는 가공작업장별로 기재
   (3) 도축장, 식육포장처리장, 가공장, 보관장의 명칭, 주소 및 승인번호
   (4) 도축기간, 식육포장처리기간 및/또는 가공기간 : 개시일자 및 종료일자
   (5) 컨테이너 번호 및 봉인번호
   (6) 선박명 또는 항공기명, 선적일자 및 선적지명
   (7) 수출자 및 수입자의 주소, 성명(업체명)
   (8) 수출검역증명서 발급일자, 발급장소, 발급자의 소속, 직책, 성명 및 서명
2. 비식용 가금생산물
   (1) 제3조 및 4조에 명시된 사항. 다만, 열처리가금육의 온도조건 이상으로 처리된 제품에 대하여는 기재하지 않을 수 있다.
   (2) 제6조제1항에 명시된 사항
   (3) 품명(축종포함), 포장형태, 포장수량 및 중량 (N/W) : 제조시설별로 기재
   (4) 제조시설의 명칭 및 주소 (승인번호가 있을 경우 승인번호 기재)
   (5) 컨테이너 번호 및 봉인번호
   (6) 선박명 또는 항공기명, 선적일자 및 선적지명
   (7) 수출자 및 수입자의 주소, 성명(업체명)
   (8) 수출검역증명서 발급일자, 발급장소, 발급자의 소속, 직책, 성명 및 서명

제8조(열처리 가금육) ① 제4조제1항의 규정에도 불구하고, 열처리 가금육은 수출국내 고병원성 조류인플루엔자 발생과 무관하게 대한민국으로 수출할 수 있다.

② 수출국 정부수의관은 열처리 가금육 선적 전 제7조제1호의 규정에 의한 수출검역증명서 또는 다음 각 호의 사항을 기재한 수출검역증명서를 발급하여야 한다.
   (1) 제3조, 제4조제2항 및 제3항, 제5조제4항 및 제6조에 명시된 사항
   (2) 열처리가금육을 생산하는데 사용된 가금의 사육농장을 중심으로 반경 10km 이내의 지역은 가금 도축 전 3개월간 고병원성 조류인플루엔자의 발생이 없어야 한다.
   (3) 열처리가금육을 생산하는 수출작업장은 원료처리 등 가열처리전 시설, 가열처리·제품포장 등 가열처리 후 시설로 각각 구획되어야 하며, 오염을 방지하기 위해 각 시설별로 작업자가 구분·운영되어야 한다.
   (4) 열처리가금육에 처리된 열처리 온도 및 시간
   (5) 품명(축종포함), 포장형태, 포장수량 및 중량(N/W) : 최종 가공작업장별로 기재
   (6) 도축장, 식육포장처리장, 가공장, 보관장의 명칭, 주소 및 승인번호
   (7) 도축기간, 식육포장처리기간 및/또는 가공기간 : 개시일자 및 종료일자

(8) 컨테이너 번호 및 봉인번호

(9) 선박명 또는 항공기명, 선적일자 및 선적지명

(10) 수출자 및 수입자의 주소, 성명(업체명)

(11) 검역증명서 발급일자, 발급장소, 발급자의 소속, 직책, 성명 및 서명

제9조(운송) 가금육 등은 수출국 정부 수의관의 감독 하에 봉인되어 대한민국 도착 시까지 가축의 전염성 질병의 병원체에 오염되지 않고 변질, 부패 등 공중위생상 위해가 없도록 안전하게 수송되어야 하며, 수송 중에는 대한민국 정부가 가금 또는 가금육의 수입을 허용하지 않은 지역을 경유하여서는 아니 된다. 다만, 급유 등의 이유로 단순 기항(착)하는 것은 예외로 한다.

제10조(수출국내 질병발생시 조치) ① 수출국 정부는 자국내에 고병원성 조류인플루엔자가 발생되는 즉시 가금육 등(열처리된 제품은 제외)을 대한민국으로 선적하는 것을 중지함과 동시에 그 사실을 FAX 등을 통하여 대한민국 정부에 통보하여야 하며, 수출을 재개하고자 하는 경우 대한민국 농림축산식품부와 협의하여야 한다.

② 수출국 정부는 자국에서 실시하는 가금 전염병 방역 프로그램과 그 실시결과를 매년 대한민국 정부에 통보하여야 한다.

제11조(수출작업장 현지점검) ① 대한민국 정부 수의관은 승인된 수출작업장 또는 제조시설의 현지점검 및 기록원부를 조사할 권한을 가지며, 이 수입위생조건과 일치하지 않은 사항을 발견 시 대한민국으로 가금육 등의 수출을 중지시킬 수 있다. 이때 수출국 정부는 대한민국 정부 수의관의 현지점검 등에 적극 협조하여야 한다.

② 수출국 정부는 수출작업장 또는 제조시설이 파산, 영업장 폐쇄 등의 사유로 수출 작업을 중단한 경우 해당 수출작업장 또는 제조시설의 승인을 취소하고 즉시 이를 대한민국 정부에 통보하여야 한다.

③ 대한민국 정부는 수출작업장 또는 제조시설로 승인한 날 또는 최종 수출일로부터 3년 이상 대한민국으로 가금육 등의 수출 실적이 없는 수출작업장 또는 제조시설에 대하여는 그 승인을 취소할 수 있다. 대한민국 정부는 승인 취소 결정 전 수출국 정부에 이러한 사항을 통보하고 수출국 정부와 협의해야 한다.

④ 수출작업장에는 일일도축, 가공 및 보관에 대한 기록원본이 2년 이상 보관되어야 하며, 대한민국으로 수출된 가금육에 대한 원산농장 등 관련 자료를 구비하고 있어야 한다.

제12조(국가잔류물질 검사 프로그램 등) 수출국 정부는 가금육에 대한 유해잔류물질 검사 프로그램과 그 실시결과(검사기관의 시설, 인력, 연간검사계획, 검사방법, 검사결과 등을 명시할 것)를 영문으로 작성하여 매년 대한민국 정부에 제출하여야 한다.

제13조(불합격 조치 등) 대한민국 정부는 가금육 등에 대한 수입검역·검사 중 이 수입위생조건에 부적합한 사항이 발견되는 경우에는 해당 가금육 등에 대하여 반송 또는 폐기처분을 명할 수 있으며, 가금육 등에 대한 검역중단 또는 해당 수출작업장에 대해 수출중단 조치를 취할 수 있다.

부칙 〈제2015-123호, 2015. 9. 15.〉

제1조(시행일)이 고시는 2015. 10. 15일부터 시행한다.

제2조(재검토기한)농림축산식품부 장관은 이 고시에 대하여 2016년 1월 1일을 기준으로 매3년이 되는 시점(매 3년째의 12월 31까지를 말한다)마다 그 타당성을 검토하여 개선 등의 조치를 하여야 한다.

제3조(이 고시의 적용배제)이 고시에도 불구하고 개별 수입위생조건 또는 수입조건이 정해진 경우에는 이 고시를 적용하지 아니한다.

제4조(경과조치)이 고시 시행 당시 「폴란드산 가금육 및 가금생산물 수입위생조건」(농림축산식품부 고시 제2013-227호, 2013. 10. 07.)에 따라 수입된 가금육 등은 이 수입위생조건을 따른 것으로 본다.

폴란드산 돼지고기 및 돼지생산물 수입위생조건

[시행 2015. 11. 1.] [농림축산식품부고시 제2015-74호, 2015. 7. 22., 제정.]

농림축산식품부(검역정책과), 044-201-2076

제1조(목적) 이 고시는 가축전염병 예방법 제34조제2항의 규정에 따라 폴란드(이하 "수출국"이라 한다)에서 대한민국으로 수출하는 돼지고기 및 돼지생산물(이하 "돼지고기 등"이라 한다)에 대한 수출국의 검역 내용 및 위생 상황 등을 규정함을 목적으로 한다.

제2조(용어의 정의) 이 수입위생조건에서 사용하는 용어의 뜻은 다음과 같다.

1. "돼지고기"는 가축화된 사육돼지(domestic pigs)에서 유래한 식용을 목적으로 하는 신선, 냉장 또는 냉동 고기, 식육부산물 및 식육가공품을 말한다.
2. "식육부산물"은 내장, 머리 등 지육(枝肉), 정육(精肉) 이외의 부분을 말한다.
3. "식육가공품"이란 햄류, 소시지류, 베이컨류, 건조저장육류, 양념육류, 그 밖의 식육을 원료로 하여 가공한 것을 말한다.
4. "비식용 돼지생산물"은 식용을 목적으로 하지 않는 돼지 유래 생산물과 이를 원료로 하여 가공한 것을 말한다.
5. "수출국 정부"는 수출국의 동물·축산물 검역당국을 말한다.
6. "수출국 정부 수의관"은 "수출국 정부" 소속 수의사로서 검역관을 말한다.
7. "수출작업장"은 대한민국으로 수출되는 돼지고기 등을 생산, 가공, 포장 또는 보관하는 도축장, 식육포장처리장, 가공장 및 보관장을 말한다.

제3조(출생·사육조건) 돼지고기 등을 생산하기 위한 돼지는 수출국내에서 출생하여 사육되었거나, 대한민국 정부가 대한민국으로 돼지고기의 수출자격이 있는 것으로 인정한 국가에서 수출국으로 수입되어 도축 전 3개월 이상 사육된 것이어야 한다.

제4조(국가 질병 비발생 조건) ① 수출국은 수출 전 1년간 구제역, 수출 전 2년간 수포성구내염·돼지수포병·우역, 수출 전 3년간 아프리카돼지열병의 발생사실이 없어야 하며, 이들 질병에 대한 예방접종을 실시하지 않아야 한다. 다만, 수출국 정부가 효과적인 살처분정책을 수행하고 있다고 대한민국 농림축산식품부장관이 인정하는 질병에 대하여 그 기간을 세계동물보건기구(OIE) 기준에 따라 단축할 수 있다.

② 수출국은 수출 전 1년간 돼지열병(야생돼지의 발생은 제외한다)이 발생한 사실이 없거나 대한민국 정부가 청정 국가로 인정하여야 하며 이 질병에 대하여 예방접종을 실시하지 않아야 한다. 만일 수출국내에 돼지열병이 발생한 경우 돼지고기 등은 대한민국 정부가 인정한 돼지열병 청정 지역에서 유래하여야 한다.

제5조(농장 질병 비발생 조건) 돼지고기 등을 생산하기 위한 돼지가 출생·사육되어진 농장은 도축 전 3년간 브루셀라병, 도축 전 2년간 탄저, 도축 전 1년간 돼지오제스키병의 발생이 없는 곳이어야

하며, 또한 이들 질병과 관련하여 수출국 정부에 의한 방역상 제한조치를 받지 않고 있는 지역 내에 위치하여야 한다.

제6조(수출작업장 조건) ① 수출작업장 또는 제조시설은 수출국의 관련 규정에 의거하여 등록된 곳으로 수출국 정부에서 위생점검을 실시하여 적합한 작업장을 대한민국 정부에 통보하고 그 중 대한민국 정부가 현지점검 또는 기타 방법을 통하여 승인한 곳이어야 한다.

② 수출작업장은 수출국 정부의 위생 감독 하에 있어야 하며 수출국 정부가 실시하는 정기적인 위생점검 결과 이상이 없어야 한다.

③ 수출작업장은 제5조에 열거된 질병의 감염지역 내에 위치하여서는 아니 되며, 대한민국에 수출하기 위하여 작업을 실시하는 동안은 대한민국 정부가 우제류 동물 및 그 생산물의 수입을 허용하지 않는 국가 또는 지역을 경유한 동물 및 그 생산물을 취급하여서는 아니 된다.

제7조(돼지고기 등의 조건) ① 돼지고기 등은 수출작업장 내에서 수출국 정부 수의관이 실시하는 생체 및 해체검사 결과 건강한 돼지로부터 생산된 것으로 식용에 적합한 것이어야 한다.

② 식용을 목적으로 하는 돼지고기 등은 선모충증, 유구낭충증, 포충증에 대한 검사결과 이상이 없어야 한다.

③ 돼지고기 등을 생산하기 위하여 도축, 해체, 가공, 포장 및 보관 작업을 할 때에는 동일 장소에서 동등 이상의 위생 상태에 있지 아니한 동물 및 그 생산물을 취급하여서는 아니 되며 식육가공품의 원료육은 대한민국으로 수출이 가능한 것만 사용해야 한다.

④ 돼지고기 등은 공중위생상 위해를 일으키는 잔류물질(항균제·농약·호르몬제 등), 미생물, 방사선조사, 이온화처리 및 식품첨가물(보존료, 연육제 등) 등에 관한 대한민국 정부의 관련 규정에 적합해야 한다.

⑤ 돼지고기 등은 어떠한 가축의 전염성 질병의 병원체에도 오염되지 않는 방법으로 처리되어야 하며 돼지고기 등을 포장한 포장지는 위생적이고 인체에 무해한 것이어야 한다. 또한 내용물 또는 포장에는 작업장 번호가 표시되어야 하며 공중위생상 위해가 없는 방법으로 처리되었다는 합격표시를 받아야 한다. 이에 대한 합격표시는 사전에 대한민국 정부에 통보된 것이어야 한다.

제8조(수출검역증명서의 기재사항) 수출국 정부 수의관은 돼지고기 등의 선적 전 다음의 각 사항을 한글 또는 영문으로 상세히 기재한 수출검역증명서를 발급하여야 한다.

  가. 돼지고기

    1. 제3조, 제4조, 제5조, 제6조 및 제7조에서 명시된 사항
    2. 품명, 포장형태, 포장수량 및 중량 (N/W) : 최종 식육포장 또는 가공작업장별로 기재
    3. 도축장, 식육포장처리장, 가공장, 보관장의 명칭, 주소 및 승인번호
    4. 도축기간(개시일자 및 종료일자), 식육포장처리기간 및/또는 가공기간(개시일자 및 종료일자)
    5. 컨테이너 번호 및 봉인번호
    6. 선박명 또는 항공기명, 선적일자 및 선적지명
    7. 수출자 및 수입자의 주소, 성명(업체명)

    8. 수출검역증명서 발급일자, 발급장소, 발급자의 소속, 직책, 성명 및 서명
  나. 비식용 돼지생산물
    1. 제4조 및 제7조제1항에 명시된 사항
    2. 품명, 포장형태, 포장수량 및 중량 (N/W) : 최종 제조시설별로 기재
    3. 제조시설의 명칭 및 주소 (승인번호가 있을 경우 승인번호 기재)
    4. 컨테이너 번호 및 봉인번호
    5. 선박명 또는 항공기명, 선적일자 및 선적지명
    6. 수출자 및 수입자의 주소, 성명(업체명)
    7. 수출검역증명서 발급일자, 발급장소, 발급자의 소속, 직책, 성명 및 서명

제9조(운송) 돼지고기 등은 수출국 정부 수의관의 감독 하에 봉인되어 대한민국에 도착 시까지 가축의 전염성 질병의 병원체에 오염되지 않고 변질, 부패 등 공중위생상 위해가 없도록 안전하게 수송하여야 하며, 수송 중에는 대한민국 정부가 우제류 동물 및 그 생산물의 수입을 허용하지 않는 지역을 경유하여서는 아니 된다. 다만, 급유 등의 이유로 단순 기항(착)하는 것은 예외로 한다.

제10조(수출국내 질병발생시 조치) 수출국 정부는 수출국내에서 제4조에서 정한 질병 또는 신종 악성가축전염성 질병이 발생하거나 그 의사환축이 발생한 경우 또는 동 질병에 대한 예방접종을 실시키로 한 경우에는 대한민국으로 돼지고기 등의 수출을 중지함과 동시에 그 사실을 FAX 등을 통하여 대한민국 정부에 즉시 통보하여야 하며, 수출을 재개하고자 하는 경우 대한민국 정부와 협의하여야 한다.

제11조(수출작업장 현지점검) ① 대한민국 정부 수의관은 승인된 수출작업장 또는 제조시설의 현지점검 및 기록원부를 조사할 권한을 가지며, 이 수입위생조건과 일치하지 않은 사항을 발견 시 대한민국으로의 돼지고기 등의 수출을 중지시킬 수 있다. 이때 수출국 정부는 대한민국 정부 수의관의 현지점검 등에 적극 협조하여야 한다.

② 수출국 정부는 수출작업장 또는 제조시설이 파산, 영업장 폐쇄 등의 사유로 수출 작업을 중단한 경우 해당 수출작업장 또는 제조시설의 승인을 취소하고 즉시 이를 대한민국 정부에 통보하여야 한다.

③ 대한민국 정부는 수출작업장 또는 제조시설로 승인된 날로부터 또는 최종 수출일로부터 3년 이상 대한민국으로 돼지고기 등의 수출이 없는 수출작업장 또는 제조시설에 대하여는 그 승인을 취소할 수 있다. 대한민국 정부는 승인 취소 결정 전 수출국 정부에 이러한 사항을 통보하고 수출국 정부와 협의해야 한다.

④ 수출작업장에는 일일 도축, 가공 및 보관에 대한 기록원본이 2년 이상 보관되어야 하며, 대한민국으로 수출된 돼지고기의 생산농장 등 관련 자료를 구비하고 있어야 한다.

제12조(국가잔류물질 검사 프로그램 등) 수출국 정부는 식육(食肉)내 유해잔류물질 검사 프로그램과 그 실시결과(검사기관과 시설, 인력, 연간검사계획, 검사방법, 검사결과 등을 명시할 것)를 영문으로 작성하여 매년 대한민국 정부에 제출하여야 한다.

제13조(돼지고기 등의 불합격 조치 등) 대한민국 정부는 돼지고기 등에 대한 검역 중 이 수입위생조건에 부적합한 사항이 발견되는 경우에는 해당 돼지고기 등에 대하여 반송 또는 폐기처분을 명할 수 있으며, 돼지고기 등에 대한 검역중단 또는 해당 수출작업장에 대해 수출중단 조치를 취할 수 있다.

부칙 <제2015-74호, 2015. 7. 22.>

제1조(시행일)이 고시는 '15. 11. 01일부터 시행한다.

제2조(경과조치)이 고시 시행 당시 수입검역 신청이 접수된 수입 돼지고기 등에 대하여는 종전의 규정인「폴란드산 돼지고기 수입위생조건」(농림축산식품부 고시 제2013-2호, 2013. 04. 04.)을 적용한다.

제3조(이 고시의 적용배제)이 고시에도 불구하고 우제류동물유래의 천연케이싱 등 개별 수입위생조건 또는 수입조건이 정해진 경우에는 이 고시를 적용하지 아니한다.

제4조(재검토기한)농림축산식품부 장관은 이 고시에 대하여 2016년 1월 1일을 기준으로 매3년이 되는 시점(매 3년째의 12월 31까지를 말한다)마다 그 타당성을 검토하여 개선 등의 조치를 하여야 한다.

프랑스산 가금육 및 가금생산물 수입위생조건

[시행 2015. 10. 15.] [농림축산식품부고시 제2015-130호, 2015. 9. 15., 제정.]

농림축산식품부(검역정책과), 044-201-2076

제1조(목적) 이 고시는 가축전염병 예방법 제34조제2항의 규정에 따라 프랑스(이하 "수출국"이라 한다)에서 대한민국으로 수출하는 가금육 및 가금생산물(이하 "가금육 등"이라 한다)에 대한 수출국의 검역내용 및 위생상황 등을 규정함을 목적으로 한다.

제2조(정의) 이 수입위생조건에서 사용하는 용어의 뜻은 다음과 같다.

1. "가금"은 닭·오리·거위·칠면조·메추리 및 꿩 등을 말한다.
2. "가금육"은 가금에서 유래한 신선, 냉장 또는 냉동 고기, 열처리가금육, 식육부산물 및 식육가공품을 말한다.
3. "열처리 가금육"은 중심부 온도를 기준으로 60℃에서 507초, 65℃에서 42초, 70℃에서 3.5초, 73.9℃에서 0.51초 이상 또는 이와 동등 이상의 효력이 있는 방법으로 처리된 가금육을 말한다.
4. "식육부산물"은 지육, 정육 이외에 식용을 목적으로 하는 가금의 내장, 머리, 발 등의 부분을 말한다.
5. "식육가공품"이란 햄류, 소시지류, 건조저장육류, 양념육류, 그 밖의 식육을 원료로 하여 가공한 것을 말한다.
6. "비식용 가금생산물"은 식용을 목적으로 하지 않은 가금 유래 생산물과 이를 원료로 하여 가공한 것을 말한다.
7. "수출국 정부"는 수출국의 동물·축산물 검역당국으로 말한다.
8. "수출국 정부 수의관"은 수출국 정부 소속 수의사로서 검역관을 말한다.
9. "수출작업장"은 대한민국으로 수출되는 가금육 등을 생산, 가공, 포장 또는 보관하는 도축장, 식육포장처리장, 가공장 또는 보관장을 말한다.
10. "고병원성 조류인플루엔자"는 인플루엔자 A 바이러스에 의한 감염병 중 세계동물보건기구(OIE) 육상동물 위생규약에서 고병원성으로 분류하는 가금전염병을 말한다.
11. "저병원성 조류인플루엔자"는 고병원성 조류인플루엔자를 제외한 H5 또는 H7 아형 인플루엔자 A 바이러스에 의한 가금전염병을 말한다.

12. "뉴캣슬병"은 뉴캣슬병 바이러스에 의한 감염병 중 세계동물보건기구 육상동물 위생규약에서 정의하는 가금전염병을 말한다.

제3조(출생·사육조건) 가금육 등을 생산하는데 사용된 가금은 수출국내에서 부화되어 사육된 것이어야 한다.

제4조(가축전염병 비발생 조건) ① 수출국은 가금육 등 수출 전 1년간 고병원성 조류인플루엔자의 발생이 없어야 한다. 다만, 수출국이 고병원성 조류인플루엔자에 대하여 효과적인 살처분 정책을 수행하고 있다고 대한민국 농림축산식품부장관이 인정하는 경우 그 기간을 세계동물보건기구 규정에 따라 단축할 수 있다.

② 가금육 등을 생산하는데 사용된 가금의 사육농장을 중심으로 반경 10km 이내의 지역은 가금 도축 전 3개월간 저병원성 조류인플루엔자 및 뉴캣슬병의 발생이 없어야 한다.

③ 가금육 등을 생산하는데 사용된 가금의 사육농장은 도축 전 1년간 가금콜레라, 추백리, 가금티푸스, 전염성F낭병, 마렉병, 오리바이러스성간염(오리육에 한함) 및 오리바이러스성장염(오리육에 한함)의 발생이 없어야 한다.

제5조(수출작업장 조건) ① 수출작업장 또는 제조시설은 수출국의 관련 규정에 따라 등록된 곳으로 수출국 정부가 위생점검을 실시하여 적합한 작업장을 대한민국 정부에 통보하고 그 중 대한민국 정부가 현지점검 또는 그 밖의 방법을 통하여 승인한 곳이어야 한다.

② 수출작업장은 수출국 정부의 감독 하에 있어야 하며 수출국 정부가 실시하는 정기적인 위생 점검 결과 이상이 없어야 한다.

③ 수출작업장은 자체위생관리기준(SSOP) 및 축산물안전관리인증기준(HACCP)을 적용하여야 하며, 살모넬라균 검사 등을 실시하여야 한다.

④ 수출작업장은 제4조에 열거된 가축전염병의 감염지역내에 위치하여서는 아니되며, 가금육을 생산하는 동안에는 대한민국 정부가 가금 또는 가금육의 수입을 허용하지 않은 국가에서 수입된 가금 또는 가금육을 취급하여서는 아니된다.

제6조(가금육 등의 조건) ① 가금육 등은 수출작업장 내에서 수출국 정부수의관이 실시하는 생체 및 해체검사 결과 건강한 가금으로부터 생산된 것이어야 한다.

② 가금육 등은 가축전염병의 병원체에 오염되지 않도록 처리되어야 한다.

③ 가금육 등은 공중위생상 위해를 일으킬 수 있는 잔류물질(항균제·농약·호르몬제·중금속 등), 미생물, 식품조사(food irradiation), 이온화처리 및 식품첨가물(보존료, 연육제 등) 등에 관한 대한민국 규정에 적합해야 한다.

④ 가금육 등을 포장하는 포장지는 위생적이고 인체에 무해한 것이어야 한다. 포장면에는 수출작업장 번호가 표시되어야 하며, 가금육 등이 공중위생상 위해가 없는 방법으로 처리되었다는 합격표시가 있어야 한다. 동 합격표시는 사전에 대한민국 정부에 통보되어야 한다.

제7조(수출검역증명서의 기재사항) 수출국 정부 수의관은 가금육 등의 선적 전 다음의 각 사항을 한글 또는 영문으로 상세히 기재한 수출검역증명서를 발급하여야 한다.

1. 가금육
    (1) 제3조, 제4조, 제5조제4항 및 제6조에 명시된 사항
    (2) 품명(축종포함), 포장형태, 포장수량 및 중량 (N/W) : 최종 식육포장 또는 가공작업장별로 기재
    (3) 도축장, 식육포장처리장, 가공장, 보관장의 명칭, 주소 및 승인번호
    (4) 도축기간, 식육포장처리기간 및/또는 가공기간 : 개시일자 및 종료일자
    (5) 컨테이너 번호 및 봉인번호
    (6) 선박명 또는 항공기명, 선적일자 및 선적지명
    (7) 수출자 및 수입자의 주소, 성명(업체명)
    (8) 수출검역증명서 발급일자, 발급장소, 발급자의 소속, 직책, 성명 및 서명
2. 비식용 가금생산물
    (1) 제3조 및 제4조에 명시된 사항. 다만, 열처리가금육의 온도조건 이상으로 처리된 제품에 대하여는 기재하지 않을 수 있다.
    (2) 제6조제1항에 명시된 사항
    (3) 품명(축종포함), 포장형태, 포장수량 및 중량 (N/W) : 제조시설별로 기재
    (4) 제조시설의 명칭 및 주소 (승인번호가 있을 경우 승인번호 기재)
    (5) 컨테이너 번호 및 봉인번호
    (6) 선박명 또는 항공기명, 선적일자 및 선적지명
    (7) 수출자 및 수입자의 주소, 성명(업체명)
    (8) 수출검역증명서 발급일자, 발급장소, 발급자의 소속, 직책, 성명 및 서명

제8조(열처리 가금육) ① 제4조제1항의 규정에도 불구하고, 열처리 가금육은 수출국내 고병원성 조류인플루엔자 발생과 무관하게 대한민국으로 수출할 수 있다.

② 수출국 정부수의관은 열처리 가금육 선적 전 제7조제1호의 규정에 의한 수출검역증명서 또는 다음 각 호의 사항을 기재한 수출검역증명서를 발급하여야 한다.
    (1) 제3조, 제4조제2항 및 제3항, 제5조제4항 및 제6조에 명시된 사항
    (2) 열처리가금육을 생산하는데 사용된 가금의 사육농장을 중심으로 반경 10km 이내의 지역은 가금 도축 전 3개월간 고병원성 조류인플루엔자의 발생이 없어야 한다.
    (3) 열처리가금육을 생산하는 수출작업장은 원료처리 등 가열처리전 시설, 가열처리·제품포장 등 가열처리 후 시설로 각각 구획되어야 하며, 오염을 방지하기 위해 각 시설별로 작업자가 구분·운영되어야 한다.
    (4) 열처리가금육에 처리된 열처리 온도 및 시간
    (5) 품명(축종포함), 포장형태, 포장수량 및 중량(N/W) : 최종 가공작업장별로 기재
    (6) 도축장, 식육포장처리장, 가공장, 보관장의 명칭, 주소 및 승인번호
    (7) 도축기간, 식육포장처리기간 및/또는 가공기간 : 개시일자 및 종료일자

(8) 컨테이너 번호 및 봉인번호
(9) 선박명 또는 항공기명, 선적일자 및 선적지명
(10) 수출자 및 수입자의 주소, 성명(업체명)
(11) 검역증명서 발급일자, 발급장소, 발급자의 소속, 직책, 성명 및 서명

제9조(운송) 가금육 등은 수출국 정부 수의관의 감독 하에 봉인되어 대한민국 도착 시까지 가축의 전염성 질병의 병원체에 오염되지 않고 변질, 부패 등 공중위생상 위해가 없도록 안전하게 수송되어야 하며, 수송 중에는 대한민국 정부가 가금 또는 가금육의 수입을 허용하지 않은 지역을 경유하여서는 아니 된다. 다만, 급유 등의 이유로 단순 기항(착)하는 것은 예외로 한다.

제10조(수출국내 질병발생시 조치) ① 수출국 정부는 자국내에 고병원성 조류인플루엔자가 발생되는 즉시 가금육 등(열처리된 제품은 제외)을 대한민국으로 선적하는 것을 중지함과 동시에 그 사실을 FAX 등을 통하여 대한민국 정부에 통보하여야 하며, 수출을 재개하고자 하는 경우 대한민국 농림축산식품부와 협의하여야 한다.

② 수출국 정부는 자국에서 실시하는 가금 전염병 방역 프로그램과 그 실시결과를 매년 대한민국 정부에 통보하여야 한다.

제11조(수출작업장 현지점검) ① 대한민국 정부 수의관은 승인된 수출작업장 또는 제조시설의 현지점검 및 기록원부를 조사할 권한을 가지며, 이 수입위생조건과 일치하지 않은 사항을 발견 시 대한민국으로 가금육 등의 수출을 중지시킬 수 있다. 이때 수출국 정부는 대한민국 정부 수의관의 현지점검 등에 적극 협조하여야 한다.

② 수출국 정부는 수출작업장 또는 제조시설이 파산, 영업장 폐쇄 등의 사유로 수출 작업을 중단한 경우 해당 수출작업장 또는 제조시설의 승인을 취소하고 즉시 이를 대한민국 정부에 통보하여야 한다.

③ 대한민국 정부는 수출작업장 또는 제조시설로 승인한 날 또는 최종 수출일로부터 3년 이상 대한민국으로 가금육 등의 수출 실적이 없는 수출작업장 또는 제조시설에 대하여는 그 승인을 취소할 수 있다. 대한민국 정부는 승인 취소 결정 전 수출국 정부에 이러한 사항을 통보하고 수출국 정부와 협의해야 한다.

④ 수출작업장에는 일일도축, 가공 및 보관에 대한 기록원본이 2년 이상 보관되어야 하며, 대한민국으로 수출된 가금육에 대한 원산농장 등 관련 자료를 구비하고 있어야 한다.

제12조(국가잔류물질 검사 프로그램 등) 수출국 정부는 가금육에 대한 유해잔류물질 검사 프로그램과 그 실시결과(검사기관의 시설, 인력, 연간검사계획, 검사방법, 검사결과 등을 명시할 것)를 영문으로 작성하여 매년 대한민국 정부에 제출하여야 한다.

제13조(불합격 조치 등) 대한민국 정부는 가금육 등에 대한 수입검역·검사 중 이 수입위생조건에 부적합한 사항이 발견되는 경우에는 해당 가금육 등에 대하여 반송 또는 폐기처분을 명할 수 있으며, 가금육 등에 대한 검역중단 또는 해당 수출작업장에 대해 수출중단 조치를 취할 수 있다.

부칙 〈제2015-130호, 2015. 9. 15.〉

제1조(시행일)이 고시는 2015. 10. 15일부터 시행한다.

제2조(재검토기한)농림축산식품부 장관은 이 고시에 대하여 2016년 1월 1일을 기준으로 매3년이 되는 시점(매 3년째의 12월 31까지를 말한다)마다 그 타당성을 검토하여 개선 등의 조치를 하여야 한다.

제3조(종전 고시의 폐지)이 고시 시행과 함께 「프랑스산 가금육 수입위생조건」(농림축산식품부 고시 제2013-224호, 2013. 10. 07.)은 폐지한다.

제4조(이 고시의 적용배제)이 고시에도 불구하고 개별 수입위생조건 또는 수입조건이 정해진 경우에는 이 고시를 적용하지 아니한다.

제5조(경과조치)이 고시 시행 당시 「프랑스산 가금육 수입위생조건」(농림축산식품부 고시 제2013-224호, 2013. 10. 07.)에 따라 수입된 가금육 등은 이 수입위생조건을 따른 것으로 본다.

프랑스산 돼지고기 및 돼지생산물 수입위생조건

[시행 2015. 11. 1.] [농림축산식품부고시 제2015-75호, 2015. 7. 22., 제정.]

농림축산식품부(검역정책과), 044-201-2076

제1조(목적) 이 고시는 가축전염병 예방법 제34조제2항의 규정에 따라 프랑스(이하 "수출국"이라 한다)에서 대한민국으로 수출하는 돼지고기 및 돼지생산물(이하 "돼지고기 등"이라 한다)에 대한 수출국의 검역 내용 및 위생 상황 등을 규정함을 목적으로 한다.

제2조(용어의 정의) 이 수입위생조건에서 사용하는 용어의 뜻은 다음과 같다.
 1. "돼지고기"는 가축화된 사육돼지(domestic pigs)에서 유래한 식용을 목적으로 하는 신선, 냉장 또는 냉동 고기, 식육부산물 및 식육가공품을 말한다.
 2. "식육부산물"은 내장, 머리 등 지육(枝肉), 정육(精肉) 이외의 부분을 말한다.
 3. "식육가공품"이란 햄류, 소시지류, 베이컨류, 건조저장육류, 양념육류, 그 밖의 식육을 원료로 하여 가공한 것을 말한다.
 4. "비식용 돼지생산물"은 식용을 목적으로 하지 않는 돼지 유래 생산물과 이를 원료로 하여 가공한 것을 말한다.
 5. "수출국 정부"는 수출국의 동물·축산물 검역당국을 말한다.
 6. "수출국 정부 수의관"은 "수출국 정부" 소속 수의사로서 검역관을 말한다.
 7. "수출작업장"은 대한민국으로 수출되는 돼지고기 등을 생산, 가공, 포장 또는 보관하는 도축장, 식육포장처리장, 가공장 및 보관장을 말한다.

제3조(출생·사육조건) 돼지고기 등을 생산하기 위한 돼지는 수출국내에서 출생하여 사육되었거나, 대한민국 정부가 대한민국으로 돼지고기의 수출자격이 있는 것으로 인정한 국가에서 수출국으로 수입되어 도축 전 3개월 이상 사육된 것이어야 한다.

제4조(국가 질병 비발생 조건) ① 수출국은 수출 전 1년간 구제역, 수출 전 2년간 수포성구내염·돼지수포병·우역, 수출 전 3년간 아프리카돼지열병의 발생사실이 없어야 하며, 이들 질병에 대한 예방접종을 실시하지 않아야 한다. 다만, 수출국 정부가 효과적인 살처분정책을 수행하고 있다고 대한민국 농림축산식품부장관이 인정하는 질병에 대하여 그 기간을 세계동물보건기구(OIE) 기준에 따라 단축할 수 있다.

② 수출국은 수출 전 1년간 돼지열병(야생돼지의 발생은 제외한다)이 발생한 사실이 없거나 대한민국 정부가 청정 국가로 인정하여야 하며 이 질병에 대하여 예방접종을 실시하지 않아야 한다. 만일 수출국내에 돼지열병이 발생한 경우 돼지고기 등은 대한민국 정부가 인정한 돼지열병 청정 지역에서 유래하여야 한다.

제5조(농장 질병 비발생 조건) 돼지고기 등을 생산하기 위한 돼지가 출생·사육되어진 농장은 도축 전 3년간 브루셀라병, 도축 전 2년간 탄저, 도축 전 1년간 돼지오제스키병의 발생이 없는 곳이어야

하며, 또한 이들 질병과 관련하여 수출국 정부에 의한 방역상 제한조치를 받지 않고 있는 지역 내에 위치하여야 한다.

제6조(수출작업장 조건) ① 수출작업장 또는 제조시설은 수출국의 관련 규정에 의거하여 등록된 곳으로 수출국 정부에서 위생점검을 실시하여 적합한 작업장을 대한민국 정부에 통보하고 그 중 대한민국 정부가 현지점검 또는 기타 방법을 통하여 승인한 곳이어야 한다.

② 수출작업장은 수출국 정부의 위생 감독 하에 있어야 하며 수출국 정부가 실시하는 정기적인 위생점검 결과 이상이 없어야 한다.

③ 수출작업장은 제5조에 열거된 질병의 감염지역 내에 위치하여서는 아니 되며, 대한민국에 수출하기 위하여 작업을 실시하는 동안은 대한민국 정부가 우제류 동물 및 그 생산물의 수입을 허용하지 않는 국가 또는 지역을 경유한 동물 및 그 생산물을 취급하여서는 아니 된다.

제7조(돼지고기 등의 조건) ① 돼지고기 등은 수출작업장 내에서 수출국 정부 수의관이 실시하는 생체 및 해체검사 결과 건강한 돼지로부터 생산된 것으로 식용에 적합한 것이어야 한다.

② 식용을 목적으로 하는 돼지고기 등은 선모충증, 유구낭충증, 포충증에 대한 검사결과 이상이 없어야 한다.

③ 돼지고기 등을 생산하기 위하여 도축, 해체, 가공, 포장 및 보관 작업을 할 때에는 동일 장소에서 동등 이상의 위생 상태에 있지 아니한 동물 및 그 생산물을 취급하여서는 아니 되며 식육가공품의 원료육은 대한민국으로 수출이 가능한 것만 사용해야 한다.

④ 돼지고기 등은 공중위생상 위해를 일으키는 잔류물질(항균제·농약·호르몬제 등), 미생물, 방사선조사, 이온화처리 및 식품첨가물(보존료, 연육제 등) 등에 관한 대한민국 정부의 관련 규정에 적합해야 한다.

⑤ 돼지고기 등은 어떠한 가축의 전염성 질병의 병원체에도 오염되지 않는 방법으로 처리되어야 하며 돼지고기 등을 포장한 포장지는 위생적이고 인체에 무해한 것이어야 한다. 또한 내용물 또는 포장에는 작업장 번호가 표시되어야 하며 공중위생상 위해가 없는 방법으로 처리되었다는 합격표시를 받아야 한다. 이에 대한 합격표시는 사전에 대한민국 정부에 통보된 것이어야 한다.

제8조(수출검역증명서의 기재사항) 수출국 정부 수의관은 돼지고기 등의 선적 전 다음의 각 사항을 한글 또는 영문으로 상세히 기재한 수출검역증명서를 발급하여야 한다.

가. 돼지고기
  1. 제3조, 제4조, 제5조, 제6조 및 제7조에서 명시된 사항
  2. 품명, 포장형태, 포장수량 및 중량 (N/W) : 최종 식육포장 또는 가공작업장별로 기재
  3. 도축장, 식육포장처리장, 가공장, 보관장의 명칭, 주소 및 승인번호
  4. 도축기간(개시일자 및 종료일자), 식육포장처리기간 및/또는 가공기간(개시일자 및 종료일자)
  5. 컨테이너 번호 및 봉인번호
  6. 선박명 또는 항공기명, 선적일자 및 선적지명
  7. 수출자 및 수입자의 주소, 성명(업체명)

8. 수출검역증명서 발급일자, 발급장소, 발급자의 소속, 직책, 성명 및 서명
　나. 비식용 돼지생산물
　　1. 제4조 및 제7조제1항에 명시된 사항
　　2. 품명, 포장형태, 포장수량 및 중량 (N/W) : 최종 제조시설별로 기재
　　3. 제조시설의 명칭 및 주소 (승인번호가 있을 경우 승인번호 기재)
　　4. 컨테이너 번호 및 봉인번호
　　5. 선박명 또는 항공기명, 선적일자 및 선적지명
　　6. 수출자 및 수입자의 주소, 성명(업체명)
　　7. 수출검역증명서 발급일자, 발급장소, 발급자의 소속, 직책, 성명 및 서명

제9조(운송) 돼지고기 등은 수출국 정부 수의관의 감독 하에 봉인되어 대한민국에 도착 시까지 가축의 전염성 질병의 병원체에 오염되지 않고 변질, 부패 등 공중위생상 위해가 없도록 안전하게 수송하여야 하며, 수송 중에는 대한민국 정부가 우제류 동물 및 그 생산물의 수입을 허용하지 않는 지역을 경유하여서는 아니 된다. 다만, 급유 등의 이유로 단순 기항(착)하는 것은 예외로 한다.

제10조(수출국내 질병발생시 조치) 수출국 정부는 수출국내에서 제4조에서 정한 질병 또는 신종 악성가축전염성 질병이 발생하거나 그 의사환축이 발생한 경우 또는 동 질병에 대한 예방접종을 실시키로 한 경우에는 대한민국으로 돼지고기 등의 수출을 중지함과 동시에 그 사실을 FAX 등을 통하여 대한민국 정부에 즉시 통보하여야 하며, 수출을 재개하고자 하는 경우 대한민국 정부와 협의하여야 한다.

제11조(수출작업장 현지점검) ① 대한민국 정부 수의관은 승인된 수출작업장 또는 제조시설의 현지점검 및 기록원부를 조사할 권한을 가지며, 이 수입위생조건과 일치하지 않은 사항을 발견 시 대한민국으로의 돼지고기 등의 수출을 중지시킬 수 있다. 이때 수출국 정부는 대한민국 정부 수의관의 현지점검 등에 적극 협조하여야 한다.

② 수출국 정부는 수출작업장 또는 제조시설이 파산, 영업장 폐쇄 등의 사유로 수출 작업을 중단한 경우 해당 수출작업장 또는 제조시설의 승인을 취소하고 즉시 이를 대한민국 정부에 통보하여야 한다.

③ 대한민국 정부는 수출작업장 또는 제조시설로 승인된 날로부터 또는 최종 수출일로부터 3년 이상 대한민국으로 돼지고기 등의 수출이 없는 수출작업장 또는 제조시설에 대하여는 그 승인을 취소할 수 있다. 대한민국 정부는 승인 취소 결정 전 수출국 정부에 이러한 사항을 통보하고 수출국 정부와 협의해야 한다.

④ 수출작업장에는 일일 도축, 가공 및 보관에 대한 기록원본이 2년 이상 보관되어야 하며, 대한민국으로 수출된 돼지고기의 생산농장 등 관련 자료를 구비하고 있어야 한다.

제12조(국가잔류물질 검사 프로그램 등) 수출국 정부는 식육(食肉)내 유해잔류물질 검사 프로그램과 그 실시결과(검사기관과 시설, 인력, 연간검사계획, 검사방법, 검사결과 등을 명시할 것)를 영문으로 작성하여 매년 대한민국 정부에 제출하여야 한다.

제13조(돼지고기 등의 불합격 조치 등) 대한민국 정부는 돼지고기 등에 대한 검역 중 이 수입위생조건에 부적합한 사항이 발견되는 경우에는 해당 돼지고기 등에 대하여 반송 또는 폐기처분을 명할 수 있으며, 돼지고기 등에 대한 검역중단 또는 해당 수출작업장에 대해 수출중단 조치를 취할 수 있다.

부칙 〈제2015-75호, 2015. 7. 22.〉

제1조(시행일)이 고시는 '15. 11. 01일부터 시행한다.

제2조(경과조치)이 고시 시행 당시 수입검역 신청이 접수된 수입 돼지고기 등에 대하여는 종전의 규정인「프랑스산 돼지고기 수입위생조건」(농림축산식품부 고시 제2014-93호, 2014. 10. 21.)을 적용한다.

제3조(이 고시의 적용배제)이 고시에도 불구하고 우제류동물유래의 천연케이싱 등 개별 수입위생조건 또는 수입조건이 정해진 경우에는 이 고시를 적용하지 아니한다.

제4조(재검토기한)농림축산식품부 장관은 이 고시에 대하여 2016년 1월 1일을 기준으로 매3년이 되는 시점(매 3년째의 12월 31까지를 말한다)마다 그 타당성을 검토하여 개선 등의 조치를 하여야 한다.

핀란드산 가금육, 식용란 및 알가공품 수입위생요건

[시행 2020. 4. 7.] [식품의약품안전처고시 제2020-22호, 2020. 4. 7., 제정.]

식품의약품안전처(현지실사과), 043-719-6204

제1조(목적) 이 고시는 「수입식품안전관리 특별법」 제11조제2항의 규정에 따라 핀란드에서 대한민국으로 수출하는 가금육, 식용란 및 알가공품에 대한 수입위생요건을 규정함을 목적으로 한다.

제2조(정의) 이 고시에서 사용하는 용어의 뜻은 다음과 같다.
 1. "가금"이란 닭·오리·거위·칠면조·메추리 및 꿩을 말한다.
 2. "가금육"이란 가금에서 유래한 신선, 냉장 및 냉동고기(단순 분쇄육, 기계발골육(MSM)을 포함한다), 식육부산물(닭발을 포함한다)을 말한다.
 3. "식용란"이란 식용을 목적으로 하는 가축의 알로써 닭·오리 및 메추리의 알을 말한다.
 4. "알가공품"이란 식용란을 원료로 하여 가공한 것으로 전란액, 난황액, 난백액, 전란분, 난황분, 난백분, 알가열제품, 피단을 말한다.
 5. "수출국"이란 핀란드를 말한다.
 6. "해외작업장"이란 대한민국으로 수출되는 가금육, 식용란 및 알가공품을 생산, 포장, 보관하는 수출국의 도축장, 식육포장처리장, 식육보관장, 식용란포장처리장, 알가공장을 말한다.
 7. "수출축산물"이란 식품의약품안전처장이 등록한 해외작업장에서 생산되어 대한민국으로 수입이 허용된 가금육, 식용란 및 알가공품을 말한다.
 8. "정부검사관"이란 수출국 정부 소속의 수의사를 말한다.

제3조(다른 규정과의 관계) 이 고시는 「축산물의 수입허용국가(지역) 및 수입위생요건」에서 정하고 있는 수입위생요건에 우선하여 적용한다. 다만, 이 고시에서 규정하고 있지 아니한 사항은 「축산물의 수입허용국가(지역) 및 수입위생요건」에서 정하는 바에 따른다.

제4조(원산지 요건) ① 대한민국으로 수출하는 가금육(이하 "수출 가금육"이라 한다)과 식용란(이하 "수출 식용란"이라 한다)은 수출국에서 부화되어 사육된 가금에서 생산된 것이어야 한다.

② 대한민국으로 수출하는 알가공품(이하 "수출 알가공품"이란 한다)의 원료가 되는 알은 수출국에서 부화되어 사육된 가금에서 생산되거나, 대한민국에 식용란 수출이 허용된 국가에서 생산된 것이어야 한다.

제5조(수출 가금육의 요건) ① 수출 가금육은 정부검사관이 실시하는 생체검사 및 정부검사관 또는 정부검사관의 감독을 받는 검사원이 실시하는 해체검사 결과 식용에 적합하여야 한다.

② 수출 가금육은 공중위생상 위해를 주거나 줄 수 있는 잔류화학물질 및 병원성 미생물 등에 대하여 대한민국의 기준 및 규격에 적합하여야 한다.

제6조(수출 가금육 해외작업장의 요건) ① 대한민국으로 가금육을 수출하는 해외작업장(이하 "가금육 해외작업장"이라 한다. 이하 이 조에서 같다)은 수출국 규정에 따라 허가 또는 등록되고 수출국 정부가 정기적으로 점검·관리하는 곳으로 대한민국 정부의 현지실사 또는 그 밖의 방법을 통하여 적합하다고 인정·등록된 작업장이어야 한다.

② 가금육 해외작업장의 영업자는 안전관리인증기준계획(HACCP Plan) 등 식품안전관리 프로그램을 문서로 작성하고 운영하여야 하며, 해당 프로그램에 따른 모니터링 등 기록을 문서로써 작성하여 최종 기록한 날부터 2년 이상 보관하여야 한다.

③ 가금육 해외작업장의 영업자가 운영하는 식품안전관리 프로그램은 원료의 입고부터 최종 제품의 생산 및 출고까지 모든 과정에 대해 위생관리 기준을 포함하여야 한다.

④ 가금육 해외작업장에서 수출축산물의 처리·가공에 사용하는 물은 식용에 적합한 것으로써 대한민국 또는 수출국의 음용수 관리 기준에 적합하여야 한다.

⑤ 수출 가금육 도축장에는 정부검사관이 상주하여 도축검사 및 위생관리를 하여야 하며, 수출국 정부는 가금육 해외작업장에 대하여 연 1회 이상 정기적으로 위생 점검을 실시하여야 한다.

⑥ 수출 가금육 도축장은 살모넬라와 캠필로박터에 대하여 정기적인 모니터링 프로그램을 운영하고 그 기록을 2년간 보관하여야 한다. 또한, 검사 결과 EU 규정에 따른 기준을 초과하는 경우 수출 가금육 도축장의 영업자는 해당 작업장의 위생을 개선하고 그 기록을 2년간 보관하여야 한다.

제7조(수출 식용란 및 알가공품의 요건) ① 수출 식용란 및 알가공품의 생산에 사용하는 원료 알은 건강한 가금에서 유래하고 식용에 적합하여야 한다.

② 수출 식용란 및 알가공품은 공중위생상 위해를 주거나 줄 수 있는 잔류화학물질 및 병원성 미생물 등에 대하여 대한민국의 기준 및 규격에 적합하여야 한다.

③ 수출 식용란은 표면에 분변·혈액·알내용물·깃털 등 사람의 건강에 위해를 야기할 수 있는 이물질이 없어야하며 변질되거나 부패되지 않아야 한다.

④ 수출 식용란은 식용란을 수출하기 전 최소 90일간 Salmonella Enteritidis와 Salmonella Typhimurium에 의한 살모넬라증의 발생이 없는 농장에서 생산되어야 한다. 또한 수출 식용란을 생산하는 산란 가금농장은 핀란드 정부의 살모넬라 검사프로그램에 참여하여 최소 매 15주마다 살모넬라를 검사하여야 한다.

⑤ 수출 알가공품은 다음 각 호의 유형별 열처리 조건을 충족하여야 한다.

1. 전란액 : 중심부 온도기준 64℃에서 2분 30초간 또는 동등 이상의 방법
2. 난백액 : 중심부 온도기준 55.6℃에서 870초 또는 56.7℃에서 232초 또는 동등 이상의 방법
3. 난황액 : 중심부 온도기준 62.2℃, 138초 또는 동등 이상의 방법

4. 전란분 : 중심부 온도기준 60℃에서 188초 또는 동등 이상의 방법
5. 난백분 : 중심부 온도기준 67℃에서 20시간 또는 54.4℃에서 513시간 또는 동등 이상의 방법
6. 난황분 : 중심부 온도 기준 63.5℃에서 3.5분 또는 동등 이상의 방법

제8조(수출 식용란 및 알가공품 해외작업장의 요건) ① 대한민국으로 식용란 및 알가공품을 수출하는 해외작업장(이하 "식용란 등 해외작업장"이라 한다. 이하 이 조에서 같다)은 수출국 규정에 따라 허가 또는 등록되고 수출국 정부가 정기적으로 점검·관리하는 곳으로 대한민국 정부의 현지실사 또는 그 밖의 방법을 통하여 적합하다고 인정·등록된 작업장이어야 한다.

② 수출국 정부는 대한민국 정부에 등록된 식용란 등 해외작업장에 대해 연 1회 이상의 정기적인 위생점검을 실시하여야 한다.

③ 식용란 등 해외작업장의 영업자는 안전관리인증기준계획(HACCP Plan) 등 식품안전관리 프로그램을 문서로 작성하고 운영하여야 하며, 해당 프로그램에 따른 모니터링 등 기록을 문서로써 작성하여 최종 기록한 날부터 2년 이상 보관하여야 한다.

④ 식용란 등 해외작업장의 영업자가 운영하는 식품안전관리 프로그램은 에는 원료의 입고부터 최종 제품의 생산 및 출고까지 모든 과정에 대해 위생관리 기준이 포함되어야 한다.

⑤ 식용란 등 해외작업장에서 수출축산물의 처리·가공에 사용하는 물은 식용에 적합한 것으로써 대한민국 또는 수출국의 음용수 관리 기준에 적합하여야 한다.

⑥ 수출 식용란포장처리장의 영업자는 원료 알 또는 최종 제품에 대하여 정기적인 살모넬라 모니터링 프로그램을 운영하고 그 기록을 2년간 보관하여야 한다.

⑦ 제7조제4항 및 제8조제6항에 따라 살모넬라(Salmonella Enteritidis와 Salmonella Typhimurium)가 검출된 농장의 식용란은 대한민국으로 수출하는 식용란으로 사용하여서는 안 된다. 다만, 해당 농장에서 개선조치를 완료하고 수출국의 규정에 따른 재검사를 한 결과 살모넬라가 검출되지 않는 경우 대한민국 수출용으로 사용 할 수 있다.

⑧ 수출 알가공품 해외작업장의 영업자는 수출 알가공품에 대하여 살모넬라, 장내세균총, 리스테리아 모노사이토제네스(그대로 섭취하는 제품에 한함)에 대한 자체 검사 프로그램을 운영하고 그 기록을 2년간 보관하여야 한다. 또한, 자체 검사 결과 EU 규정에 따른 기준을 초과하는 경우 해당 해외작업장의 영업자는 작업장의 위생을 개선하고 그 기록을 2년간 보관하여야 한다.

제9조(잔류물질 관리) ① 수출 가금육 및 식용란을 생산하는 해외작업장은 대한민국 정부가 통보하는 동물용의약품, 농약, 중금속 등 잔류물질에 대하여 EU 기준에 따른 자체 모니터링 계획을 수립·운영하고 해당 잔류물질의 검사결과는 대한민국의 잔류허용기준에 적합하여야 하며, 그 기록을 2년간 보관하여야 한다. 이 경우 검사대상이 되는 잔류물질의 종류는 대한민국 정부와 수출국 정부가 협의하여 조정할 수 있다.

② 수출국 정부는 가금육, 식용란 및 알가공품의 원료 알에 대해 잔류물질 관리프로그램을 구축·운영하여야 하며 매년 6월까지 대한민국 정부에 전년도 실적 및 당해년도 계획을 영문으로 작성하여 송부하여야 한다.

③ 대한민국 정부는 수출축산물에서 잔류물질과 관련한 중대한 식품안전사고가 발생하거나 발생할 우려가 있는 경우 또는 수출국의 금지물질 등 잔류물질 관련 기준의 제·개정으로 인하여 필요하다고 판단되는 경우 수출국 정부와 협의하여 해당 물질에 대한 검사 등 필요한 조치를 요구할 수 있다.

제10조(시험·검사기관) 수출축산물에 대하여 검사를 하는 시험·검사기관은 수출국 정부에서 인증한 기관으로써 관련 정보가 대한민국 정부에 사전 통보되어야 한다.

제11조(회수 및 이력관리) 해외작업장은 수출축산물에 대한 회수와 관련한 절차와 방법 그리고 처리방법 등에 대하여 문서로 규정한 지침을 운영하여야 하며 원료부터 생산, 최종 판매까지 이력추적이 가능하여야 한다.

제12조(취급, 보관 및 운송) ① 수출축산물의 포장용기는 수출국 및 대한민국의 관련규정에서 정하고 있는 기준 및 규격에 적합한 것으로서 이전에 사용한 적이 없는 깨끗한 것이어야 한다.

② 수출축산물은 대한민국에 도착할 때까지 위생적인 방법으로 취급·포장·보관·관리하여야 하고 재오염의 우려가 없는 방법으로 운송·취급되어야 한다.

③ 수출축산물은 대한민국의 보관·유통기준을 준수하여야 한다.

제13조(표시) 수출축산물은 대한민국의 표시규정에 적합하게 표시되어야 한다.

제14조(위생요건 위반) 수출국 정부는 해외작업장에서 제4조부터 제13조까지의 위생요건에 대하여 위반사항이 있는 경우 해당 작업장에 대하여 수출위생증명서의 발급을 잠정 중단하고 그 사실을 대한민국 정부에 통보하여야 하며, 해당 작업장의 원인규명 및 개선조치 결과를 확인하고 대한민국 정부에 관련 사실을 통보 후 수출위생증명서를 발급하여야 한다.

제15조(수출위생증명서) 수출국 정부는 수출 시마다 수출축산물에 대해 다음의 각 호의 사항을 확인하고, 영문 또는 영문과 수출국의 공식언어를 병기하여 수출국 정부와 대한민국 식품의약품안전처 간 협의한 위생증명서를 발급하여야 한다.

1. 가금육
   가. 제4조제1항, 제5조제1항, 제6조제1항, 제6조제6항, 제9조제1항 및 제12조제2항에서 명시한 사항
   나. 제품명, 포장형태, 포장수량 및 중량
   다. 작업장 등록번호, 명칭, 소재지
   라. 생산 또는 가공일자
   마. 컨테이너 번호
   바. 위생증명서 발행일자, 발행자의 소속·직책·성명 및 서명
   사. 그 밖에 수출국 정부와 대한민국 정부 간에 수출축산물 위생관리를 위해 상호간에 협의된 사항

2. 식용란 및 알가공품
   가. 제4조제1항, 제7조제4항 및 제9조제1항에서 명시한 사항. 이 경우 식용란에만 해당한다.
   나. 제4조제2항 및 제7조제5항에서 명시한 사항. 이 경우 알가공품에만 해당한다.
   다. 제8조제1항 및 제12조제2항에서 명시한 사항

라. 제품명, 포장형태, 포장수량 및 중량
　　마. 작업장 등록번호, 명칭, 소재지
　　바. 생산 또는 가공일자 및 유통기한(상미일자 등 제품의 품질유지기한)
　　사. 컨테이너 번호
　　아. 위생증명서 발행일자, 발행자의 소속·직책·성명 및 서명
　　자. 그 밖에 수출국 정부와 대한민국 정부 간에 수출축산물 위생관리를 위해 상호간에 협의된 사항
제16조(재검토기한) 식품의약품안전처장은 「훈령·예규 등의 발령 및 관리에 관한 규정」에 따라 이 고시에 대하여 2020년 7월 1일을 기준으로 매 3년이 되는 시점(매 3년째의 6월 30일까지를 말한다)마다 그 타당성을 검토하여 개선 등의 조치를 하여야 한다.

부칙 〈제2020-22호, 2020. 4. 7.〉

이 고시는 고시한 날부터 시행한다.

Import Sanitation Requirements on Poultry Meat, Edible Eggs and Processed Egg Products from Finland

Article 1 (Purpose) The purpose of these Import sanitation Requirements is to regulate import sanitation requirements of the exporting country for poultry meat, edible eggs and processed egg products to be exported from Finland to the Republic of Korea (hereinafter referred to as Korea) in accordance with Article 11. 2 of「Special Act on Imported Food Safety Control」.

Article 2 (Definitions) The terms used in these Import Sanitation Requirements shall be defined as follows:
1. "Poultry" is chickens, ducks, geese, turkeys, quails and pheasants.
2. "Poultry meat" is fresh meat, chilled or frozen meat(including ground meat and MSM) and viscera(including feet) originated from poultry.
3. "Edible eggs" is eggs from chickens, ducks and quails for human consumption.
4. "Processed egg products" is liquid yolk, liquid white, whole egg powder, whole egg liquid, yolk powder, egg white powder, heated egg products and pidan.
5. "The exporting country" is Finland.
6. "Export establishment(s)" is slaughterhouses, meat cutting plants, egg packaging plants, shell egg processing plants or meat storage warehouses that are used for producing, cutting, packaging or storing poultry meat, edible eggs and processed egg products exported to the Korean market.
7. "Livestock products for export" is poultry meat, edible eggs and processed egg products produced from the export establishments registered by the Minister of Food and Drug Safety and exported to the Korean market.
8. "Government inspection officials" is official veterinarians of the government of the exporting country.

Article 3 (Relationship with other regulations) These import sanitation requirements have priority over the import sanitation requirements specified in 「Countries (Regions) Allowed for Import of Livestock Products and Import Sanitation Requirements」. However, for others not specified in these import sanitation requirements, the requirements prescribed in「Countries (Regions) Allowed for Import of Livestock Products and Import Sanitation Requirements」shall be followed.

Article 4 (Requirements for country of origin) ①Poultry meat and edible eggs for export to the Korean market(hereinafter referred to as poultry meat and edible eggs for export) shall be produced by poultry hatched and grown in the exporting country
② Raw eggs for processed egg products for export to the Korean market(hereinafter referred to as processed egg products for export) shall be produced by poultry hatched and grown in the exporting country or in another country allowed for export of its livestock products to the Korean market.

Article 5 (Requirements for poultry meat for export) ① Poultry meat for export to the Korean market shall be found to be suitable for human consumption after ante-mortem inspection conducted by the exporting country's government inspection officials (official veterinarians) and post-mortem inspection conducted by the exporting country's government inspection officials or inspectors (official auxiliaries/meat inspection assistants) under control of such government inspection officials.
② Poultry meat for export shall meet the Korean standards and specifications for chemical residues, pathogenic microorganisms and other substances that pose or are likely to pose any risks to public health.

Article 6 (Requirements for export establishments of poultry meat) ① Establishments exporting poultry meat to the Korean market(hereinafter referred to as export establishments for poultry meat) shall be approved or registered in accordance with the exporting country's regulations, periodically inspected and controlled by the exporting country's government and certified and registered through the Korean government's on-site inspection or other relevant assessment methods.
② Business operators of export establishments for poultry meat shall establish a written food safety control program, such as HACCP plan, and maintain its monitoring records and other relevant records under such programs for more than 2 years from the date of documentation.
③ The Food safety control programs operated by the business operators of export establishments for poultry meat shall include sanitary control requirements applicable to all operations of the food chain from receipt of raw materials to production and release

of finished products.

④ Water used in processing and treating livestock products at export establishments for poultry meat shall be suitable for human consumption and shall meet the requirements for drinking water of the exporting country or Korea.

⑤ Poultry slaughterhouses for export to the Korean market shall have standing government official veterinarians to perform slaughter inspections and sanitary controls and the exporting country's government shall periodically perform sanitary inspection in establishments intended for export of poultry meat to the Korean market more than once a year.

⑥ Poultry slaughterhouses for export to the Korean market shall regularly perform microbiological monitoring for Salmonella and Campylobacter and maintain relevant monitoring records for 2 years. In addition, if test results exceed limits in accordance with the relevant EU regulations, appropriate actions shall be taken to improve sanitary conditions of such establishment for poultry slaughter and relevant records shall be maintained for 2 years.

Article 7 (Requirements for edible eggs and processed egg products) ① Edible eggs and raw eggs used for producing processed egg products to be exported to the Korean market shall be originated from healthy poultry and shall be suitable for human consumption.

② Edible eggs and processed egg products for export shall comply with Korean standards and specifications on residual chemicals, pathogenic microorganisms and others that pose or are likely to pose any risks to public health.

③ Edible eggs for export shall not have foreign substances on their shells such as feces, blood, egg contents, feather etc. which may pose any risks to human health and shall not be spoiled or decomposed.

④ Edible eggs for export shall be produced at a farm not affected by Salmonellosis posed by Salmonella enteritidis and Salmonella typhimurium for at least 90 days before their export. In addition, the layer farms engaged in production of edible eggs for export shall participate in a Salmonella control program of the exporting country's government at least every 15 weeks for detection of Salmonella.

⑤ Core temperature in heat processing conditions by product type shall be as specified below or equivalent:

1. Whole egg liquid: 64 °C for at least 2 minutes and 30 seconds or equivalent heat treatment of core temperature basis

2. Liquid white: 55.6°C for at least for at least 870 seconds or 56.7°C for 232 seconds or equivalent heat treatment of core temperature basis
3. Liquid yolk: 62.2°C for at least 138 seconds or equivalent heat treatment of core temperature basis
4. Whole egg powder: 60°C for at least for 188 seconds or equivalent heat treatment of core temperature basis
5. Egg white powder: 67°C for at least 20 hours or 54.4°C for at least 513 hours or equivalent heat treatment of core temperature basis
6. Yolk powder: 63.5°C for at least 3.5 minutes or equivalent heat treatment of core temperature basis

Article 8 (Requirements of export establishments for edible eggs and processed egg products) ① Establishments exporting edible eggs and processed egg products to the Korean market (hereinafter referred to as export establishments for edible eggs etc.) shall be approved or registered and periodically inspected or controlled by the exporting country's government in accordance with regulations of the exporting country's government, and also certified or registered with the Korean government through on-site inspection or other assessment methods.
② The exporting country's government shall periodically perform sanitary inspection on export establishments for edible eggs etc. registered in the Korean government's system more than once a year.
③ Business operators of export establishments for edible eggs etc. shall establish a written food safety control program such as HACCP plan and maintain its monitoring records and other relevant records under such programs for more than 2 years from the date of documentation.
④ The food safety control programs operated by business operators of export establishments for edible eggs etc. shall include sanitary control requirements applicable to all operations of the food chain from receipt of raw materials to production and release of finished products.
⑤ Water used in processing and treating livestock products at export establishments for edible eggs etc. shall be suitable for human consumption and shall meet the requirements for drinking water of the exporting country or Korea.
⑥ Business operators of export establishments for packaging edible eggs shall regularly perform monitoring for Salmonella in raw eggs and finished products and maintain

relevant records for 2 years.

⑦ In accordance with Article 7④ and 8⑥, edible eggs produced at a farm where Salmonella(either Salmonella Enteritidis or Salmonella Typhimurium) is detected shall not be exported to the Korean market. However, if the relevant farm completes improvement actions and Salmonella is not detected in re-testing carried out in compliance with the exporting country's regulations, eggs produced in such farm may be exported to the Korean market.

⑧ Business operators of export establishments for processed egg products shall operate its own test program for Salmonella, Enterobacteriaceae and Listeria monocytogenes(applicable only to RTE) in processed egg products for export and maintain relevant test records for 2 years. In addition, if test results exceed limits set in accordance with relevant EU regulations, appropriate actions shall be taken to improve such establishment's sanitary conditions and relevant records shall be maintained for 2 years.

Article 9 (Residue control program) ① Export establishments engaged in production of poultry meat and edible eggs shall establish and operate an in-house monitoring program in order to control residues in products such as veterinary medicines, pesticides, heavy metals etc.; the results of the monitoring program shall comply with the Korean standards for residues; and maintain relevant monitoring records with other relevant documents generated in the course of implementation of such program for more than 2 years. In this case, the type of residues subject to the monitoring program will be adjusted under discussion between the exporting country's government and the Korean government.

② The exporting country's government shall establish and operate a residue control program for poultry meat, edible eggs and raw eggs for producing processed egg products and submit its results of previous year and a plan for year to date in English to the Korean government by June 30 of every year.

③ If there is a concern that any significant food safety related accidents in relation to residues in livestock products for export will happen or will be likely to happen or if required due to establishment or amendment of any applicable regulations for residues including prohibited substances made by the exporting country's government, the Korean government under consultation with the exporting country's government will request necessary actions, such as testing on relevant substances etc. to be taken.

Article10 (Control for testing and inspection laboratories) Testing and inspection laboratories responsible for testing on products for export to the Korean market shall be certified by the exporting country's government and the list of certified testing and inspection laboratories shall be provided to the Korean government in advance.

Article 11 (Control of recall and traceability) Export establishments shall have documented instructions specifying procedures and methods for recall of livestock products for export and all relevant information of such products shall be traceable throughout all operations of the food chain from receipt of raw materials to production and release of finished products.

Article 12 (Control for packaging, handling and shipping) ① Containers used in packing livestock products to be exported to the Korean market shall comply with relevant specifications and standards of both exporting country and Korea. They shall not be re-used and they shall be clean.
② Livestock products for export shall be handled, packaged, stored and controlled in a sanitary manner until such products are shipped for export to the Korean market. Transporting and handling of such products shall be conducted in a manner of avoiding re-contamination.
③ Livestock products for export shall comply with standards for storage and distribution of Korea.

Article 13 (Labelling) Livestock products for export shall be appropriately labelled in compliance with labelling standards of Korea.

Article 14 (Violation of sanitary requirements) If the exporting country's government detects any violation of an export establishment for the sanitary requirements specified from Article 4 to Article 13 above, it shall temporarily stop issuance of export health certificates and notify such fact to the Korean government. The exporting country's government shall verify that such establishment identifies causes of the violation and takes corrective actions. After notifying the fact of verification to the Korean government, the exporting country's government will issue the export health certificate.

Article 15 (Export health certificate) The exporting country's government shall check the following items for the relevant livestock products at the time of each export and issue the export health certificate agreed between the exporting country's government and the Korean government in English or in both English and the exporting country's official language.

1. Poultry meat
    a. Compliance with requirements prescribed in Articles 4, 6①, 6⑥, 9①, and 12②
    b. Product name, packaging type, quantity and weight
    c. Establishment registration number, name, and address
    d. Slaughtering date or processing date
    e. Container number
    f. Health certificate issuance date and information on the issuer (organization, title, name and signature)
    g. Others agreed between the exporting country's government and the Korean government
2. Edible eggs and processed egg products
    a. Compliance with requirements prescribed in Article 4①, 7④ and 9① and these are applicable only to edible eggs.
    b. Compliance with requirements prescribed in Article 4② and 7⑤ and these are applicable only to processed egg products.
    c. Compliance with requirements prescribed in Article 8① and 12②
    d. Product name, packaging type, quantity and weight
    e. Establishment registration number, name and address
    f. Production date, Processing date or expiry date(such as sell-by date or best before date which enables a product to maintain its quality)
    g. Container number
    h. Health certificate's issuance date, information on the issuer (organization, title, name and signature)
    i. Others agreed between the exporting country's government and the Korean government

Article 16 (Review Date) The Minister of Food and Drug Safety shall review the validity of this notification every 3 years counting from Jul 1, 2020 and take actions, such as improvement in accordance with the「Regulations on Enforcement and Management of Directives and Established Rules」.

Addenda

These Import Sanitation Requirements shall enter into force from the date of notice.

핀란드산 가금육 및 가금제품 수입위생조건

[시행 2020. 4. 27.] [농림축산식품부고시 제2020-34호, 2020. 4. 27., 제정.]

농림축산식품부(검역정책과), 044-201-2076

제1조(목적) 이 고시는 「가축전염병 예방법」 제34조제2항에 따라 핀란드(이하 "수출국"이라 한다)에서 대한민국으로 수출하는 가금육 및 비식용 가금제품(이하 "가금육 등"이라 한다)에 대한 수출국의 검역내용 및 위생상황 등을 규정함을 목적으로 한다.

제2조(정의) 이 수입위생조건에서 사용하는 용어의 뜻은 다음과 같다.
1. "가금"은 닭·오리·거위·칠면조·메추리 및 꿩 등을 말한다.
2. "가금육"은 가금에서 유래한 신선, 냉장 또는 냉동 고기, 열처리 가금육, 식육부산물 및 식육가공품을 말한다.
3. "열처리 가금육"은 중심부 온도를 기준으로 60℃에서 507초, 65℃에서 42초, 70℃에서 3.5초, 73.9℃에서 0.51초 이상 또는 이와 동등 이상의 효력이 있는 방법으로 처리된 가금육을 말한다.
4. "식육부산물"은 지육, 정육 이외에 식용을 목적으로 하는 가금의 내장, 머리, 발 등의 부분을 말한다.
5. "식육가공품"이란 햄류, 소시지류, 건조저장육류, 양념육류, 그 밖의 식육을 원료로 하여 가공한 것을 말한다.
6. "비식용 가금제품"은 식용을 목적으로 하지 않은 가금 유래 제품을 말한다.
7. "수출국 정부"는 수출국의 동물·축산물 검역당국을 말한다.
8. "수출국 정부 수의관"은 수출국 정부 소속 수의사로서 검역관을 말한다.
9. "수출작업장"은 대한민국으로 수출되는 가금육 등을 생산, 가공, 포장 또는 보관하는 도축장, 식육포장처리장, 가공장 또는 보관장을 말한다.
10. "고병원성 조류인플루엔자"는 인플루엔자 A 바이러스에 의한 감염병 중 세계동물보건기구(OIE) 육상동물 위생규약에서 고병원성으로 분류하는 가금전염병을 말한다.
11. "저병원성 조류인플루엔자"는 고병원성 조류인플루엔자를 제외한 H5 또는 H7 아형 인플루엔자 A 바이러스에 의한 가금전염병을 말한다.
12. "뉴캣슬병"은 뉴캣슬병 바이러스에 의한 감염병 중 세계동물보건기구 육상동물 위생규약에서 정의하는 가금전염병을 말한다.

제3조(출생·사육조건) 가금육 등을 생산하는데 사용된 가금은 수출국 내에서 부화되어 사육된 것이어야 한다.

제4조(가축전염병 비발생 조건) ① 수출국은 가금육 등 수출 전 12개월간 고병원성 조류인플루엔자의 발생이 없어야 한다. 다만, 수출국이 고병원성 조류인플루엔자에 대하여 효과적인 살처분 정책을 수행하고 있다고 대한민국 농림축산식품부장관이 인정하는 경우 그 기간을 세계동물보건기구 규정에

따라 단축할 수 있다.

② 가금육 등을 생산하는데 사용된 가금의 사육농장을 중심으로 반경 10km 이내의 지역은 가금 도축 전 3개월간 저병원성 조류인플루엔자 및 뉴캣슬병의 발생이 없어야 한다.

③ 가금육 등을 생산하는데 사용된 가금의 사육농장은 도축 전 12개월간 가금콜레라, 추백리, 가금티푸스, 전염성F낭병, 마렉병, 오리바이러스성간염(오리육에 한함) 및 오리바이러스성장염(오리육에 한함)의 발생이 없어야 한다.

제5조(수출작업장 조건) ① 수출작업장 또는 제조시설은 수출국의 관련 규정에 따라 등록된 곳으로 수출국 정부가 위생점검을 실시하여 적합한 작업장을 대한민국 정부에 통보하고 그 중 대한민국 정부가 현지점검 또는 그 밖의 방법을 통하여 승인한 곳이어야 한다.

② 수출작업장은 수출국 정부의 감독 하에 있어야 하며 수출국 정부가 실시하는 정기적인 위생 점검 결과 이상이 없어야 한다.

③ 수출작업장은 자체위생관리기준(SSOP) 및 축산물안전관리인증기준(HACCP)을 적용하여야 하며, 살모넬라균 검사 등을 실시하여야 한다.

④ 수출작업장은 제4조에 열거된 가축전염병의 감염지역내에 위치하여서는 아니되며, 가금육을 생산하는 동안에는 대한민국 정부가 가금 또는 가금육의 수입을 허용하지 않은 국가에서 수입된 가금 또는 가금육을 취급하여서는 아니된다.

제6조(가금육 등의 조건) ① 가금육 등은 수출작업장 내에서 수출국 정부수의관이 실시하는 생체검사 및 정부 수의관 또는 정부 수의관의 감독하에 검사원이 실시하는 해체검사 결과 건강한 가금으로부터 생산된 것이어야 한다.

② 가금육 등은 가축전염병의 병원체에 오염되지 않도록 처리되어야 한다.

③ 가금육 등을 포장하는 포장지는 위생적이고 인체에 무해한 것이어야 한다. 포장면에는 수출작업장 번호가 표시되어야 하며, 가금육 등이 공중위생상 위해가 없는 방법으로 처리되었다는 합격표시가 있어야 한다. 동 합격표시는 사전에 대한민국 정부에 통보되어야 한다.

제7조(수출검역증명서의 기재사항) 수출국 정부 수의관은 가금육 등의 선적 전 다음 각 호의 사항을 한글 또는 영문으로 상세히 기재한 수출검역증명서를 발급하여야 한다.

1. 가금육

가. 제3조, 제4조, 제5조제4항 및 제6조에 명시된 사항

나. 품명(축종포함), 포장형태, 포장수량 및 중량 (N/W) : 최종 식육포장 또는 가공작업장별로 기재

다. 도축장, 식육포장처리장, 가공장, 보관장의 명칭, 주소 및 승인번호

라. 도축기간, 식육포장처리기간 및/또는 가공기간 : 개시일자 및 종료일자

마. 컨테이너 번호 및 봉인번호

바. 선박명 또는 항공기명, 선적일자 및 선적지명

사. 수출자 및 수입자의 주소, 성명(업체명)

아. 수출검역증명서 발급일자, 발급장소, 발급자의 소속, 직책, 성명 및 서명

2. 비식용 가금제품
　　가. 제3조 및 제4조에 명시된 사항. 다만, 열처리가금육의 온도조건 이상으로 처리된 제품에 대하여는 기재하지 않을 수 있다.
　　나. 제6조제1항에 명시된 사항
　　다. 품명(축종포함), 포장형태, 포장수량 및 중량 (N/W) : 제조시설별로 기재
　　라. 제조시설의 명칭 및 주소 (승인번호가 있을 경우 승인번호 기재)
　　마. 컨테이너 번호 및 봉인번호
　　바. 선박명 또는 항공기명, 선적일자 및 선적지명
　　사. 수출자 및 수입자의 주소, 성명(업체명)
　　아. 수출검역증명서 발급일자, 발급장소, 발급자의 소속, 직책, 성명 및 서명

제8조(열처리 가금육) ① 제4조제1항에도 불구하고, 열처리 가금육은 수출국내 고병원성 조류인플루엔자 발생과 무관하게 대한민국으로 수출할 수 있다.

② 수출국 정부수의관은 열처리 가금육 선적 전 제7조제1호에 따른 수출검역증명서 또는 다음 각 호의 사항을 기재한 수출검역증명서를 발급하여야 한다.

　1. 제3조, 제4조제2항 및 제3항, 제5조제4항 및 제6조에 명시된 사항
　2. 열처리가금육을 생산하는데 사용된 가금의 사육농장을 중심으로 반경 10km 이내의 지역은 가금 도축 전 3개월간 고병원성 조류인플루엔자의 발생이 없어야 한다.
　3. 열처리가금육을 생산하는 수출작업장은 원료처리 등 가열처리전 시설, 가열처리·제품포장 등 가열처리 후 시설로 각각 구획되어야 하며, 오염을 방지하기 위해 각 시설별로 작업자가 구분·운영되어야 한다.
　4. 열처리가금육에 처리된 열처리 온도 및 시간
　5. 품명(축종포함), 포장형태, 포장수량 및 중량(N/W) : 최종 가공작업장별로 기재
　6. 도축장, 식육포장처리장, 가공장, 보관장의 명칭, 주소 및 승인번호
　7. 도축기간, 식육포장처리기간 및/또는 가공기간 : 개시일자 및 종료일자
　8. 컨테이너 번호 및 봉인번호
　9. 선박명 또는 항공기명, 선적일자 및 선적지명
　10. 수출자 및 수입자의 주소, 성명(업체명)
　11. 검역증명서 발급일자, 발급장소, 발급자의 소속, 직책, 성명 및 서명

제9조(운송) 가금육 등은 수출국 정부 수의관의 감독 하에 봉인되어 대한민국 도착 시까지 가축의 전염성 질병의 병원체에 오염되지 않고 변질, 부패 등 공중위생상 위해가 없도록 안전하게 수송되어야 하며, 수송 중에는 대한민국 정부가 가금 또는 가금육의 수입을 허용하지 않은 지역을 경유하여서는 아니 된다. 다만, 급유 등의 이유로 단순 기항(착)하는 것은 예외로 한다.

제10조(수출국내 질병발생시 조치) ① 수출국 정부는 자국내에 고병원성 조류인플루엔자가 발생되는 즉시 가금육 등(열처리된 제품은 제외)을 대한민국으로 선적하는 것을 중지함과 동시에 그 사실을

FAX 등을 통하여 대한민국 정부에 통보하여야 하며, 수출을 재개하고자 하는 경우 대한민국 농림축산식품부와 협의하여야 한다.

② 수출국 정부는 자국에서 실시하는 가금 전염병 방역 프로그램과 그 실시결과를 매년 대한민국 정부에 통보하여야 한다.

제11조(수출작업장 현지점검) ① 대한민국 정부 수의관은 승인된 수출작업장 또는 제조시설의 현지점검 및 기록원부를 조사할 권한을 가지며, 이 수입위생조건과 일치하지 않은 사항을 발견 시 대한민국으로 가금육 등의 수출을 중지시킬 수 있다. 이때 수출국 정부는 대한민국 정부 수의관의 현지점검 등에 적극 협조하여야 한다.

② 수출국 정부는 수출작업장 또는 제조시설이 파산, 영업장 폐쇄 등의 사유로 수출 작업을 중단한 경우 해당 수출작업장 또는 제조시설의 등록을 취소하고 즉시 이를 대한민국 정부에 통보하여야 한다.

③ 대한민국 정부는 수출작업장 또는 제조시설로 승인한 날 또는 최종 수출일로부터 3년 이상 대한민국으로 가금육 등의 수출 실적이 없는 수출작업장 또는 제조시설에 대하여는 그 승인을 취소할 수 있다. 이 경우 대한민국 정부는 승인 취소 결정 전 수출국 정부에 이러한 사항을 통보하고 수출국 정부와 협의해야 한다.

④ 수출작업장에는 일일도축, 가공 및 보관에 대한 기록원본이 2년 이상 보관되어야 하며, 대한민국으로 수출된 가금육에 대한 원산농장 등 관련 자료를 구비하고 있어야 한다.

제12조(불합격 조치 등) 대한민국 정부는 가금육 등에 대한 수입검역·검사 중 이 수입위생조건에 부적합한 사항이 발견되는 경우에는 해당 가금육 등에 대하여 반송 또는 폐기처분을 명할 수 있으며, 가금육 등에 대한 검역중단 또는 해당 수출작업장에 대해 수출중단 조치를 취할 수 있다.

제13조(재검토기한) 농림축산식품부장관은 이 고시에 대하여 2020년 7월 1일을 기준으로 매 3년이 되는 시점(매 3년째의 6월 30일까지를 말한다)마다 그 타당성을 검토하여 개선 등의 조치를 하여야 한다.

부칙 〈제2020-34호, 2020. 4. 27.〉

제1조(시행일) 이 고시는 발령한 날부터 시행한다.

제2조(이 고시의 적용배제) 이 고시에도 불구하고 개별 수입위생조건 또는 수입조건이 정해진 경우에는 이 고시를 적용하지 아니한다.

핀란드산 돼지고기 및 돼지생산물 수입위생조건

[시행 2015. 11. 1.] [농림축산식품부고시 제2015-76호, 2015. 7. 22., 제정.]

농림축산식품부(검역정책과), 044-201-2076

제1조(목적) 이 고시는 가축전염병 예방법 제34조제2항의 규정에 따라 핀란드(이하 "수출국"이라 한다)에서 대한민국으로 수출하는 돼지고기 및 돼지생산물(이하 "돼지고기 등"이라 한다)에 대한 수출국의 검역 내용 및 위생 상황 등을 규정함을 목적으로 한다.

제2조(용어의 정의) 이 수입위생조건에서 사용하는 용어의 뜻은 다음과 같다.
  1. "돼지고기"는 가축화된 사육돼지(domestic pigs)에서 유래한 식용을 목적으로 하는 신선, 냉장 또는 냉동 고기, 식육부산물 및 식육가공품을 말한다.
  2. "식육부산물"은 내장, 머리 등 지육(枝肉), 정육(精肉) 이외의 부분을 말한다.
  3. "식육가공품"이란 햄류, 소시지류, 베이컨류, 건조저장육류, 양념육류, 그 밖의 식육을 원료로 하여 가공한 것을 말한다.
  4. "비식용 돼지생산물"은 식용을 목적으로 하지 않는 돼지 유래 생산물과 이를 원료로 하여 가공한 것을 말한다.
  5. "수출국 정부"는 수출국의 동물·축산물 검역당국을 말한다.
  6. "수출국 정부 수의관"은 "수출국 정부" 소속 수의사로서 검역관을 말한다.
  7. "수출작업장"은 대한민국으로 수출되는 돼지고기 등을 생산, 가공, 포장 또는 보관하는 도축장, 식육포장처리장, 가공장 및 보관장을 말한다.

제3조(출생·사육조건) 돼지고기 등을 생산하기 위한 돼지는 수출국내에서 출생하여 사육되었거나, 대한민국 정부가 대한민국으로 돼지고기의 수출자격이 있는 것으로 인정한 국가에서 수출국으로 수입되어 도축 전 3개월 이상 사육된 것이어야 한다.

제4조(국가 질병 비발생 조건) ① 수출국은 수출 전 1년간 구제역, 수출 전 2년간 수포성구내염·돼지수포병·우역, 수출 전 3년간 아프리카돼지열병의 발생사실이 없어야 하며, 이들 질병에 대한 예방접종을 실시하지 않아야 한다. 다만, 수출국 정부가 효과적인 살처분정책을 수행하고 있다고 대한민국 농림축산식품부장관이 인정하는 질병에 대하여 그 기간을 세계동물보건기구(OIE) 기준에 따라 단축할 수 있다.

② 수출국은 수출 전 1년간 돼지열병(야생돼지의 발생은 제외한다)이 발생한 사실이 없거나 대한민국 정부가 청정 국가로 인정하여야 하며 이 질병에 대하여 예방접종을 실시하지 않아야 한다. 만일 수출국내에 돼지열병이 발생한 경우 돼지고기 등은 대한민국 정부가 인정한 돼지열병 청정 지역에서 유래하여야 한다.

제5조(농장 질병 비발생 조건) 돼지고기 등을 생산하기 위한 돼지가 출생·사육되어진 농장은 도축 전 3년간 브루셀라병, 도축 전 2년간 탄저, 도축 전 1년간 돼지오제스키병의 발생이 없는 곳이어야

하며, 또한 이들 질병과 관련하여 수출국 정부에 의한 방역상 제한조치를 받지 않고 있는 지역 내에 위치하여야 한다.

제6조(수출작업장 조건) ① 수출작업장 또는 제조시설은 수출국의 관련 규정에 의거하여 등록된 곳으로 수출국 정부에서 위생점검을 실시하여 적합한 작업장을 대한민국 정부에 통보하고 그 중 대한민국 정부가 현지점검 또는 기타 방법을 통하여 승인한 곳이어야 한다.

② 수출작업장은 수출국 정부의 위생 감독 하에 있어야 하며 수출국 정부가 실시하는 정기적인 위생점검 결과 이상이 없어야 한다.

③ 수출작업장은 제5조에 열거된 질병의 감염지역 내에 위치하여서는 아니 되며, 대한민국에 수출하기 위하여 작업을 실시하는 동안은 대한민국 정부가 우제류 동물 및 그 생산물의 수입을 허용하지 않는 국가 또는 지역을 경유한 동물 및 그 생산물을 취급하여서는 아니 된다.

제7조(돼지고기 등의 조건) ① 돼지고기 등은 수출작업장 내에서 수출국 정부 수의관이 실시하는 생체 및 해체검사 결과 건강한 돼지로부터 생산된 것으로 식용에 적합한 것이어야 한다.

② 식용을 목적으로 하는 돼지고기 등은 선모충증, 유구낭충증, 포충증에 대한 검사결과 이상이 없어야 한다.

③ 돼지고기 등을 생산하기 위하여 도축, 해체, 가공, 포장 및 보관 작업을 할 때에는 동일 장소에서 동등 이상의 위생 상태에 있지 아니한 동물 및 그 생산물을 취급하여서는 아니 되며 식육가공품의 원료육은 대한민국으로 수출이 가능한 것만 사용해야 한다.

④ 돼지고기 등은 공중위생상 위해를 일으키는 잔류물질(항균제·농약·호르몬제 등), 미생물, 방사선조사, 이온화처리 및 식품첨가물(보존료, 연육제 등) 등에 관한 대한민국 정부의 관련 규정에 적합해야 한다.

⑤ 돼지고기 등은 어떠한 가축의 전염성 질병의 병원체에도 오염되지 않는 방법으로 처리되어야 하며 돼지고기 등을 포장한 포장지는 위생적이고 인체에 무해한 것이어야 한다. 또한 내용물 또는 포장에는 작업장 번호가 표시되어야 하며 공중위생상 위해가 없는 방법으로 처리되었다는 합격표시를 받아야 한다. 이에 대한 합격표시는 사전에 대한민국 정부에 통보된 것이어야 한다.

제8조(수출검역증명서의 기재사항) 수출국 정부 수의관은 돼지고기 등의 선적 전 다음의 각 사항을 한글 또는 영문으로 상세히 기재한 수출검역증명서를 발급하여야 한다.

가. 돼지고기
  1. 제3조, 제4조, 제5조, 제6조 및 제7조에서 명시된 사항
  2. 품명, 포장형태, 포장수량 및 중량 (N/W) : 최종 식육포장 또는 가공작업장별로 기재
  3. 도축장, 식육포장처리장, 가공장, 보관장의 명칭, 주소 및 승인번호
  4. 도축기간(개시일자 및 종료일자), 식육포장처리기간 및/또는 가공기간(개시일자 및 종료일자)
  5. 컨테이너 번호 및 봉인번호
  6. 선박명 또는 항공기명, 선적일자 및 선적지명
  7. 수출자 및 수입자의 주소, 성명(업체명)

8. 수출검역증명서 발급일자, 발급장소, 발급자의 소속, 직책, 성명 및 서명
　나. 비식용 돼지생산물
　　1. 제4조 및 제7조제1항에 명시된 사항
　　2. 품명, 포장형태, 포장수량 및 중량 (N/W) : 최종 제조시설별로 기재
　　3. 제조시설의 명칭 및 주소 (승인번호가 있을 경우 승인번호 기재)
　　4. 컨테이너 번호 및 봉인번호
　　5. 선박명 또는 항공기명, 선적일자 및 선적지명
　　6. 수출자 및 수입자의 주소, 성명(업체명)
　　7. 수출검역증명서 발급일자, 발급장소, 발급자의 소속, 직책, 성명 및 서명

제9조(운송) 돼지고기 등은 수출국 정부 수의관의 감독 하에 봉인되어 대한민국에 도착 시까지 가축의 전염성 질병의 병원체에 오염되지 않고 변질, 부패 등 공중위생상 위해가 없도록 안전하게 수송하여야 하며, 수송 중에는 대한민국 정부가 우제류 동물 및 그 생산물의 수입을 허용하지 않는 지역을 경유하여서는 아니 된다. 다만, 급유 등의 이유로 단순 기항(착)하는 것은 예외로 한다.

제10조(수출국내 질병발생시 조치) 수출국 정부는 수출국내에서 제4조에서 정한 질병 또는 신종 악성가축전염성 질병이 발생하거나 그 의사환축이 발생한 경우 또는 동 질병에 대한 예방접종을 실시키로 한 경우에는 대한민국으로 돼지고기 등의 수출을 중지함과 동시에 그 사실을 FAX 등을 통하여 대한민국 정부에 즉시 통보하여야 하며, 수출을 재개하고자 하는 경우 대한민국 정부와 협의하여야 한다.

제11조(수출작업장 현지점검) ① 대한민국 정부 수의관은 승인된 수출작업장 또는 제조시설의 현지점검 및 기록원부를 조사할 권한을 가지며, 이 수입위생조건과 일치하지 않은 사항을 발견 시 대한민국으로의 돼지고기 등의 수출을 중지시킬 수 있다. 이때 수출국 정부는 대한민국 정부 수의관의 현지점검 등에 적극 협조하여야 한다.

② 수출국 정부는 수출작업장 또는 제조시설이 파산, 영업장 폐쇄 등의 사유로 수출 작업을 중단한 경우 해당 수출작업장 또는 제조시설의 승인을 취소하고 즉시 이를 대한민국 정부에 통보하여야 한다.

③ 대한민국 정부는 수출작업장 또는 제조시설로 승인된 날로부터 또는 최종 수출일로부터 3년 이상 대한민국으로 돼지고기 등의 수출이 없는 수출작업장 또는 제조시설에 대하여는 그 승인을 취소할 수 있다. 대한민국 정부는 승인 취소 결정 전 수출국 정부에 이러한 사항을 통보하고 수출국 정부와 협의해야 한다.

④ 수출작업장에는 일일 도축, 가공 및 보관에 대한 기록원본이 2년 이상 보관되어야 하며, 대한민국으로 수출된 돼지고기의 생산농장 등 관련 자료를 구비하고 있어야 한다.

제12조(국가잔류물질 검사 프로그램 등) 수출국 정부는 식육(食肉)내 유해잔류물질 검사 프로그램과 그 실시결과(검사기관과 시설, 인력, 연간검사계획, 검사방법, 검사결과 등을 명시할 것)를 영문으로 작성하여 매년 대한민국 정부에 제출하여야 한다.

제13조(돼지고기 등의 불합격 조치 등) 대한민국 정부는 돼지고기 등에 대한 검역 중 이 수입위생조건에 부적합한 사항이 발견되는 경우에는 해당 돼지고기 등에 대하여 반송 또는 폐기처분을 명할 수 있으며, 돼지고기 등에 대한 검역중단 또는 해당 수출작업장에 대해 수출중단 조치를 취할 수 있다.

부칙 〈제2015-76호, 2015. 7. 22.〉

제1조(시행일) 이 고시는 '15. 11. 01일부터 시행한다.

제2조(경과조치) 이 고시 시행 당시 수입검역 신청이 접수된 수입 돼지고기 등에 대하여는 종전의 규정인「핀란드산 돼지 및 그 생산물 수입위생조건」(농림축산식품부 고시 제2013-266호, 2013. 10. 07.)을 적용한다.

제3조(이 고시의 적용배제) 이 고시에도 불구하고 우제류동물유래의 천연케이싱 등 개별 수입위생조건 또는 수입조건이 정해진 경우에는 이 고시를 적용하지 아니한다.

제4조(재검토기한) 농림축산식품부 장관은 이 고시에 대하여 2016년 1월 1일을 기준으로 매3년이 되는 시점(매 3년째의 12월 31까지를 말한다)마다 그 타당성을 검토하여 개선 등의 조치를 하여야 한다.

필리핀산 닭고기 수입위생조건

[시행 2016. 10. 6.] [농림축산식품부고시 제2016-127호, 2016. 10. 6., 일부개정.]

농림축산식품부(검역정책과), 044-201-2076

필리핀(이하 "수출국"이라 한다)에서 대한민국(이하 "한국"이라 한다)으로 수출하는 닭의 냉장 또는 냉동고기(이하 "수출축산물"이라 한다)에 대한 수입위생조건은 다음과 같다.

1. 이 수입위생조건에서 사용하는 용어의 정의는 다음과 같다.
   (1) "고병원성조류인플루엔자(Highly Pathogenic Avian Influenza, HPAI)"는 세계동물보건기구(OIE) 육상동물 위생규약에서 정의하는 HPAI의 인플루엔자 A 바이러스 감염에 의한 가금전염병을 말한다.
   (2) "뉴캣슬병(ND)"은 중간독 이상의 뉴캣슬병 바이러스(바이러스의 뇌내 병원성지수(ICPI)가 0.7이상 이거나 병원성과 관련이 있는 에프(F) 단백질 분절부위가 다염기성 아미노산 배열 특성이 있는 바이러스를 포함한다)의 감염에 의한 가금전염병을 말한다.
   (3) "수출축산물"은 수출국에서 부화되어 사육된 닭의 고기(meat), 뼈(bone), 지방(fat), 껍질(skin) 및 건(tendon)의 냉장 또는 냉동 상태의 것을 말한다.
   (4) "육류작업장"은 한국으로 수출되는 닭고기를 생산 또는 보관하는 도축장, 식육포장처리장 및 축산물보관장을 말한다.
   (5) "올인올아웃 시스템(all-in all-out system)"은 단일 계사안에 병아리를 일시에 입식하여 일시에 출하하는 방법을 말한다.
   (6) "수출검증프로그램(export verification program)"은 수출국 정부가 한국으로 수출이 가능한 육류작업장이 이 수입위생조건을 충족하는 것을 보증하기 위해 육류작업장을 관리 및 확인할 목적으로 작성한 프로그램을 말한다.
2. 가금전염병에 대한 비발생 조건은 다음과 같다.
   가. 수출국에는 수출축산물의 선적전 과거 12개월간 HPAI의 발생이 없어야 한다. 다만, HPAI에 대한 효과적인 살처분 정책이 실시되고 있다고 한국 농림축산식품부 장관이 인정하는 경우에는 OIE 규정에 따라 그 기간을 단축할 수 있다.

나. 수출축산물이 유래한 닭의 사육농장과 그 사육농장을 중심으로 반경 10km 이내의 지역에는 도축 전 과거 12개월간 뉴캣슬병의 발생이 없어야 한다.

다. 수출축산물이 유래한 닭의 사육농장은 올인올아웃 시스템을 적용하여야 하며, 사육농장이 하나 이상의 계사로 이루어진 경우 모든 계사(sheds)는 동일한 올인올아웃 시스템하에 독립적으로 운영되어야 한다. 수출축산물을 생산하기 위하여 도축되는 계군(flock)은 수출국 정부가 실시하는 HPAI 및 뉴캣슬병에 대한 항원검사를 받고 그 결과 음성이어야 한다. 검사수수는 사육농장의 계군에서 최소 60수 이상 이어야 한다.

라. 수출축산물이 유래한 닭의 사육농장에는 도축 전 과거 12개월간 가금콜레라추백리가금티푸스 전염성에프(F)낭병 및 그 밖의 주요 가금 전염성 질병의 발생이 없어야 하며, Salmonella enteritidis가 분리된 사실이 없어야 한다.

3. 수출국 정부는 HPAI가 발생한 때에는 즉시 수출을 중지하고, 그 사실을 모사전송우편전자메일 등을 이용하여 한국 정부에 통보하여야 하며, 수출재개를 희망하는 경우에는 한국 정부와 사전에 협의하여야 한다.

4. 육류작업장은 다음의 조건에 부합되어야 한다.

가. 육류작업장은 수출국의 관련규정에 의거하여 등록된 곳으로 수출국 정부기관이 위생점검을 실시하여 적합한 작업장을 한국 정부에 통보하고, 이들 중 한국 정부가 현지점검 또는 그 밖의 방법으로 확인하여 승인한 작업장이어야 한다. 다만, 한국 정부는 육류작업장으로 승인한 날로부터 또는 최종 수출일로부터 2년 이상 한국으로의 수출축산물의 수출이 없는 경우 그 승인을 취소할 수 있다.

나. 육류작업장은 "2."조에 열거된 질병의 감염지역 내에 위치하여서는 아니 되며, 수출축산물을 생산하는 동안에는 한국 정부가 가금 및 가금생산물의 수입을 허용하지 않는 국가에서 수입된 가금 및 가금 생산물을 취급하여서는 아니 된다.

다. 육류작업장은 자체위생관리기준(SSOP) 및 축산물위해요소중점관리기준(HACCP)을 적용하여야 하며, 수출국 정부의 정기적인(최소 년 1회) 위생점검 결과 이상이 없어야 한다. 또한, 위생점검 결과에 대한 한국 정부의 자료요청이 있는 때에는 이를 지체없이 제공하여야 한다.

라. 육류작업장은 한국으로 수출하는 생산로트별 이력추적이 가능하도록 일일도축, 가공 및 보관에 대한 기록원본을 2년 이상 보관하여야 하며, 한국으로 수출된 수출축산물의 원산농장과 해당 농장의 상기 "2.다"의 HPAI와 ND 검사결과서 등 관련 자료를 구비하고 있어야 한다.

마. 육류작업장은 한국 수출용 생산로트가 명확하게 경계가 표시되고 분리상태가 유지될 수 있도록 하기위해 한국 수출용 닭과 그 밖의 닭의 도축 및 가공 작업간에 작업휴식 또는 휴지기간을 두어야 한다.

5. 수출축산물은 다음의 조건에 부합하여야 한다.

가. 수출축산물은 한국 정부가 승인한 도축장에서 도축된 닭에서 생산되어야 하며, 해당 닭은 수출국 정부가 파견한 도축장 상주 수의관이 실시한 생체 및 해체검사에 합격하여야 한다.

나. 수출축산물의 내용물 또는 포장에는 공중위생상 위해가 없는 방법으로 처리되었다는 합격표시를 하여야 하며, 이러한 합격표시는 사전에 한국 정부에 통보되어야 한다.

다. 수출축산물은 공중위생상 위해를 일으키는 잔류물질(항생제․합성항균제․농약․홀몬제․중금속 및 방사능 등) 또는 병원성미생물이 허용기준(한국 정부의 관련규정을 원칙으로 한다.)을 초과하지 않아야 하며, 이온화 방사선, 자외선 및 연육제로 처리할 경우 한국 규정에 따라야 한다.

라. 수출축산물은 머리․발․모이주머니․허파․식도․기도․내장․외모 및 잔모 등이 깨끗이 제거되어야 하고, 도체에 상처가 없어야 한다.

마. 수출축산물은 도축, 가공 및 보관 기간중 한국 수출용이 아닌 기타 가금육 또는 가금제품과 분리되어야 한다.

6. 수출국 정부는 가금전염병 방역조치사항, 잔류물질 검사사항 및 가금용 동물의약품 판매 등에 대하여 한국 정부의 자료제출 요청이 있는 때에는 이를 영문으로 작성하여 지체없이 제공하여야 한다.

7. 수출축산물은 청결하고 위생적인 포장 재료(한국 정부의 관련 규정을 원칙으로 한다)를 사용하여 포장되어야 한다. 수출축산물은 외부 포장상자에 한국 수출용 "For Export to the Republic of Korea"으로 표시하여야 한다.

8. 수출축산물은 한국 도착시까지 전염성 질병의 병원체에 오염되지 않고, 변질과 부패 등 공중위생상 위해가 없도록 컨테이너 등 밀폐된 용기에 넣어 봉인된 원형대로 안전하게 수송되어야 한다.

9. 수출국 정부는 수출축산물의 수송 선박 또는 항공기의 냉장실 또는 냉동실 또는 수송 컨테이너를 봉인하여야 한다.

10. 수출국 수의당국은 수출축산물의 수출시 다음의 각 사항을 영문으로 기재한 수출검역증명서를 수출 선적 전에 발행하여 한국 검역당국에 제출되도록 하여야 한다. 수출국 수의당국은 수출 전 수출검역증명서 서식에 대해 한국 정부와 협의하여야 한다.

    (1) 상기 2., 4.가., 나. 및 다., 5.가. 및 라., 7. 및 8.에 명시된 사항
    (2) 품명, 포장형태, 포장수량 및 순중량(N/W)
    (3) 도축장, 식육포장처리장 및 축산물보관장의 명칭, 주소 및 승인번호
    (4) 도축기간 및 포장기간
    (5) 컨테이너 번호 및 컨테이너에 부착된 봉인번호
    (6) 선박명 또는 항공기명, 선적일자, 선적항명 및 목적지
    (7) 수출자 및 수입자의 주소, 성명 및 회사명
    (8) 검역증명서 발급일자 및 발급장소, 발급자 소속, 성명 및 서명

11. 한국 정부는 육류작업장에 대한 현지위생점검과 생산기록을 조사할 권한이 있으며, 이 수입위생조건에 대한 위반이 발견된 경우에는 해당 작업장의 수출 중단 또는 승인취소 등의 조치를 취할 수 있다. 수출국 정부가 해당 작업장의 위반사항에 대한 시정조치를 완료하였음을 한국 정부에 통보하면, 한국 정부는 현지점검 등의 방법을 통해 시정조치가 적절히 취해졌는지 여부를 확인하고

시정조치가 적절하다고 판단하는 경우에는 수출중단 또는 승인취소 등의 조치를 해제할 수 있다.

12. 한국 정부는 수출축산물에 대한 수입검역·검사중 이 수입위생조건을 위반한 사실을 발견한 경우 다음과 같은 조치를 취할 수 있다.

    (1) 이 수입위생조건을 위반한 경우 해당 수출축산물을 반송하거나 폐기처분 할 수 있다.

    (2) 한국 정부 수의당국은 수출축산물에 대한 검역중 한국 정부가 지정하는 잔류물질이 검출된 경우 수출축산물에 대한 검역중단 또는 해당 작업장에 대해 수출중단 조치를 취할 수 있다. 검역중단의 경우 한국 정부는 수출국 정부로부터 정보를 입수한 이후 해당 수출축산물이 한국 국민의 건강과 안전에 위협을 주지 않는다고 판단하는 경우 검역중단 조치를 해제하며, 해당 작업장의 수출중단의 경우 한국 정부는 수출국 정부로부터 해당 작업장에 대한 시정조치가 완료되었음을 통보 받은 후 한국 정부의 현지점검 또는 기타의 방법으로 수출중단 조치를 해제할 수 있다.

13. 수출국 정부는 이 수입위생조건에 부합하는 닭고기가 수출될 수 있도록 관리 및 확인할 수 있는 수출검증프로그램(export verification program)을 마련하여 운영하여야 하며, 수출검증프로그램은 사전에 한국 정부와 협의하여야 한다.

부칙 〈제2016-127호, 2016. 10. 6.〉

제1조(시행일) 이 고시는 발령한 날부터 시행한다.

제2조(재검토기한) 농림축산식품부장관은 이 고시에 대하여 2017년 1월 1일을 기준으로 매 3년이 되는 시점(매 3년째의 12월 31일까지를 말한다)마다 그 타당성을 검토하여 개선 등의 조치를 하여야 한다.

헝가리산 가금육 및 가금생산물 수입위생조건

[시행 2015. 10. 15.] [농림축산식품부고시 제2015-124호, 2015. 9. 15., 전부개정.]

농림축산식품부(검역정책과), 044-201-2076

제1조(목적) 이 고시는 가축전염병 예방법 제34조제2항의 규정에 따라 헝가리(이하 "수출국"이라 한다)에서 대한민국으로 수출하는 가금육 및 가금생산물(이하 "가금육 등"이라 한다)에 대한 수출국의 검역내용 및 위생상황 등을 규정함을 목적으로 한다.

제2조(정의) 이 수입위생조건에서 사용하는 용어의 뜻은 다음과 같다.
 1. "가금"은 닭·오리·거위·칠면조·메추리 및 꿩 등을 말한다.
 2. "가금육"은 가금에서 유래한 신선, 냉장 또는 냉동 고기, 열처리가금육, 식육부산물 및 식육가공품을 말한다.
 3. "열처리 가금육"은 중심부 온도를 기준으로 60℃에서 507초, 65℃에서 42초, 70℃에서 3.5초, 73.9℃에서 0.51초 이상 또는 이와 동등 이상의 효력이 있는 방법으로 처리된 가금육을 말한다.
 4. "식육부산물"은 지육, 정육 이외에 식용을 목적으로 하는 가금의 내장, 머리, 발 등의 부분을 말한다.
 5. "식육가공품"이란 햄류, 소시지류, 건조저장육류, 양념육류, 그 밖의 식육을 원료로 하여 가공한 것을 말한다.
 6. "비식용 가금생산물"은 식용을 목적으로 하지 않은 가금 유래 생산물과 이를 원료로 하여 가공한 것을 말한다.
 7. "수출국 정부"는 수출국의 동물·축산물 검역당국으로 말한다.
 8. "수출국 정부 수의관"은 수출국 정부 소속 수의사로서 검역관을 말한다.
 9. "수출작업장"은 대한민국으로 수출되는 가금육 등을 생산, 가공, 포장 또는 보관하는 도축장, 식육포장처리장, 가공장 또는 보관장을 말한다.
 10. "고병원성 조류인플루엔자"는 인플루엔자 A 바이러스에 의한 감염병 중 세계동물보건기구(OIE) 육상동물 위생규약에서 고병원성으로 분류하는 가금전염병을 말한다.
 11. "저병원성 조류인플루엔자"는 고병원성 조류인플루엔자를 제외한 H5 또는 H7 아형 인플루엔자 A 바이러스에 의한 가금전염병을 말한다.

12. "뉴캐슬병"은 뉴캐슬병 바이러스에 의한 감염병 중 세계동물보건기구 육상동물 위생규약에서 정의하는 가금전염병을 말한다.

제3조(출생·사육조건) 가금육 등을 생산하는데 사용된 가금은 수출국내에서 부화되어 사육된 것이어야 한다.

제4조(가축전염병 비발생 조건) ① 수출국은 가금육 등 수출 전 1년간 고병원성 조류인플루엔자의 발생이 없어야 한다. 다만, 수출국이 고병원성 조류인플루엔자에 대하여 효과적인 살처분 정책을 수행하고 있다고 대한민국 농림축산식품부장관이 인정하는 경우 그 기간을 세계동물보건기구 규정에 따라 단축할 수 있다.

② 가금육 등을 생산하는데 사용된 가금의 사육농장을 중심으로 반경 10km 이내의 지역은 가금 도축 전 3개월간 저병원성 조류인플루엔자 및 뉴캐슬병의 발생이 없어야 한다.

③ 가금육 등을 생산하는데 사용된 가금의 사육농장은 도축 전 1년간 가금콜레라, 추백리, 가금티푸스, 전염성F낭병, 마렉병, 오리바이러스성간염(오리육에 한함) 및 오리바이러스성장염(오리육에 한함)의 발생이 없어야 한다.

제5조(수출작업장 조건) ① 수출작업장 또는 제조시설은 수출국의 관련 규정에 따라 등록된 곳으로 수출국 정부가 위생점검을 실시하여 적합한 작업장을 대한민국 정부에 통보하고 그 중 대한민국 정부가 현지점검 또는 그 밖의 방법을 통하여 승인한 곳이어야 한다.

② 수출작업장은 수출국 정부의 감독 하에 있어야 하며 수출국 정부가 실시하는 정기적인 위생 점검 결과 이상이 없어야 한다.

③ 수출작업장은 자체위생관리기준(SSOP) 및 축산물안전관리인증기준(HACCP)을 적용하여야 하며, 살모넬라균 검사 등을 실시하여야 한다.

④ 수출작업장은 제4조에 열거된 가축전염병의 감염지역내에 위치하여서는 아니되며, 가금육을 생산하는 동안에는 대한민국 정부가 가금 또는 가금육의 수입을 허용하지 않은 국가에서 수입된 가금 또는 가금육을 취급하여서는 아니된다.

제6조(가금육 등의 조건) ① 가금육 등은 수출작업장 내에서 수출국 정부수의관이 실시하는 생체 및 해체검사 결과 건강한 가금으로부터 생산된 것이어야 한다.

② 가금육 등은 가축전염병의 병원체에 오염되지 않도록 처리되어야 한다.

③ 가금육 등은 공중위생상 위해를 일으킬 수 있는 잔류물질(항균제·농약·호르몬제·중금속 등), 미생물, 식품조사(food irradiation), 이온화처리 및 식품첨가물(보존료, 연육제 등) 등에 관한 대한민국 규정에 적합해야 한다.

④ 가금육 등을 포장하는 포장지는 위생적이고 인체에 무해한 것이어야 한다. 포장면에는 수출작업장 번호가 표시되어야 하며, 가금육 등이 공중위생상 위해가 없는 방법으로 처리되었다는 합격표시가 있어야 한다. 동 합격표시는 사전에 대한민국 정부에 통보되어야 한다.

제7조(수출검역증명서의 기재사항) 수출국 정부 수의관은 가금육 등의 선적 전 다음의 각 사항을 한글 또는 영문으로 상세히 기재한 수출검역증명서를 발급하여야 한다.

1. 가금육
    (1) 제3조, 제4조, 제5조제4항 및 제6조에 명시된 사항
    (2) 품명(축종포함), 포장형태, 포장수량 및 중량 (N/W) : 최종 식육포장 또는 가공작업장별로 기재
    (3) 도축장, 식육포장처리장, 가공장, 보관장의 명칭, 주소 및 승인번호
    (4) 도축기간, 식육포장처리기간 및/또는 가공기간 : 개시일자 및 종료일자
    (5) 컨테이너 번호 및 봉인번호
    (6) 선박명 또는 항공기명, 선적일자 및 선적지명
    (7) 수출자 및 수입자의 주소, 성명(업체명)
    (8) 수출검역증명서 발급일자, 발급장소, 발급자의 소속, 직책, 성명 및 서명
2. 비식용 가금생산물
    (1) 제3조 및 4조에 명시된 사항. 다만, 열처리가금육의 온도조건 이상으로 처리된 제품에 대하여는 기재하지 않을 수 있다.
    (2) 제6조제1항에 명시된 사항
    (3) 품명(축종포함), 포장형태, 포장수량 및 중량 (N/W) : 제조시설별로 기재
    (4) 제조시설의 명칭 및 주소 (승인번호가 있을 경우 승인번호 기재)
    (5) 컨테이너 번호 및 봉인번호
    (6) 선박명 또는 항공기명, 선적일자 및 선적지명
    (7) 수출자 및 수입자의 주소, 성명(업체명)
    (8) 수출검역증명서 발급일자, 발급장소, 발급자의 소속, 직책, 성명 및 서명

제8조(열처리 가금육) ① 제4조제1항의 규정에도 불구하고, 열처리 가금육은 수출국내 고병원성 조류인플루엔자 발생과 무관하게 대한민국으로 수출할 수 있다.

② 수출국 정부수의관은 열처리 가금육 선적 전 제7조제1호의 규정에 의한 수출검역증명서 또는 다음 각 호의 사항을 기재한 수출검역증명서를 발급하여야 한다.
    (1) 제3조, 제4조제2항 및 제3항, 제5조제4항 및 제6조에 명시된 사항
    (2) 열처리가금육을 생산하는데 사용된 가금의 사육농장을 중심으로 반경 10km 이내의 지역은 가금 도축 전 3개월간 고병원성 조류인플루엔자의 발생이 없어야 한다.
    (3) 열처리가금육을 생산하는 수출작업장은 원료처리 등 가열처리전 시설, 가열처리·제품포장 등 가열처리 후 시설로 각각 구획되어야 하며, 오염을 방지하기 위해 각 시설별로 작업자가 구분·운영되어야 한다.
    (4) 열처리가금육에 처리된 열처리 온도 및 시간
    (5) 품명(축종포함), 포장형태, 포장수량 및 중량(N/W) : 최종 가공작업장별로 기재
    (6) 도축장, 식육포장처리장, 가공장, 보관장의 명칭, 주소 및 승인번호
    (7) 도축기간, 식육포장처리기간 및/또는 가공기간 : 개시일자 및 종료일자

(8) 컨테이너 번호 및 봉인번호
　　(9) 선박명 또는 항공기명, 선적일자 및 선적지명
　　(10) 수출자 및 수입자의 주소, 성명(업체명)
　　(11) 검역증명서 발급일자, 발급장소, 발급자의 소속, 직책, 성명 및 서명

제9조(운송) 가금육 등은 수출국 정부 수의관의 감독 하에 봉인되어 대한민국 도착 시까지 가축의 전염성 질병의 병원체에 오염되지 않고 변질, 부패 등 공중위생상 위해가 없도록 안전하게 수송되어야 하며, 수송 중에는 대한민국 정부가 가금 또는 가금육의 수입을 허용하지 않은 지역을 경유하여서는 아니 된다. 다만, 급유 등의 이유로 단순 기항(착)하는 것은 예외로 한다.

제10조(수출국내 질병발생시 조치) ① 수출국 정부는 자국내에 고병원성 조류인플루엔자가 발생되는 즉시 가금육 등(열처리된 제품은 제외)을 대한민국으로 선적하는 것을 중지함과 동시에 그 사실을 FAX 등을 통하여 대한민국 정부에 통보하여야 하며, 수출을 재개하고자 하는 경우 대한민국 농림축산식품부와 협의하여야 한다.

② 수출국 정부는 자국에서 실시하는 가금 전염병 방역 프로그램과 그 실시결과를 매년 대한민국 정부에 통보하여야 한다.

제11조(수출작업장 현지점검) ① 대한민국 정부 수의관은 승인된 수출작업장 또는 제조시설의 현지점검 및 기록원부를 조사할 권한을 가지며, 이 수입위생조건과 일치하지 않은 사항을 발견 시 대한민국으로 가금육 등의 수출을 중지시킬 수 있다. 이때 수출국 정부는 대한민국 정부 수의관의 현지점검 등에 적극 협조하여야 한다.

② 수출국 정부는 수출작업장 또는 제조시설이 파산, 영업장 폐쇄 등의 사유로 수출 작업을 중단한 경우 해당 수출작업장 또는 제조시설의 승인을 취소하고 즉시 이를 대한민국 정부에 통보하여야 한다.

③ 대한민국 정부는 수출작업장 또는 제조시설로 승인한 날 또는 최종 수출일로부터 3년 이상 대한민국으로 가금육 등의 수출 실적이 없는 수출작업장 또는 제조시설에 대하여는 그 승인을 취소할 수 있다. 대한민국 정부는 승인 취소 결정 전 수출국 정부에 이러한 사항을 통보하고 수출국 정부와 협의해야 한다.

④ 수출작업장에는 일일도축, 가공 및 보관에 대한 기록원본이 2년 이상 보관되어야 하며, 대한민국으로 수출된 가금육에 대한 원산농장 등 관련 자료를 구비하고 있어야 한다.

제12조(국가잔류물질 검사 프로그램 등) 수출국 정부는 가금육에 대한 유해잔류물질 검사 프로그램과 그 실시결과(검사기관의 시설, 인력, 연간검사계획, 검사방법, 검사결과 등을 명시할 것)를 영문으로 작성하여 매년 대한민국 정부에 제출하여야 한다.

제13조(불합격 조치 등) 대한민국 정부는 가금육 등에 대한 수입검역·검사 중 이 수입위생조건에 부적합한 사항이 발견되는 경우에는 해당 가금육 등에 대하여 반송 또는 폐기처분을 명할 수 있으며, 가금육 등에 대한 검역중단 또는 해당 수출작업장에 대해 수출중단 조치를 취할 수 있다.

부칙 〈제2015-124호, 2015. 9. 15.〉

제1조(시행일)이 고시는 2015. 10. 15일부터 시행한다.

제2조(재검토기한)농림축산식품부 장관은 이 고시에 대하여 2016년 1월 1일을 기준으로 매3년이 되는 시 점(매 3년째의 12월 31까지를 말한다)마다 그 타당성을 검토하여 개선 등의 조치를 하여야 한다.

제3조(이 고시의 적용배제)이 고시에도 불구하고 개별 수입위생조건 또는 수입조건이 정해진 경우에는 이 고시를 적용하지 아니한다.

제4조(경과조치)이 고시 시행 당시「헝가리산 가금육 및 가금생산물 수입위생조건」(농림축산식품부 고시 제2013-232호, 2013. 10. 07.)에 따라 수입된 가금육 등은 이 수입위생조건을 따른 것으로 본다.

헝가리산 돼지고기 및 돼지생산물 수입위생조건

[시행 2015. 11. 1.] [농림축산식품부고시 제2015-77호, 2015. 7. 22., 제정.]

농림축산식품부(검역정책과), 044-201-2076

제1조(목적) 이 고시는 가축전염병 예방법 제34조제2항의 규정에 따라 헝가리(이하 "수출국"이라 한다)에서 대한민국으로 수출하는 돼지고기 및 돼지생산물(이하 "돼지고기 등"이라 한다)에 대한 수출국의 검역 내용 및 위생 상황 등을 규정함을 목적으로 한다.

제2조(용어의 정의) 이 수입위생조건에서 사용하는 용어의 뜻은 다음과 같다.
   1. "돼지고기"는 가축화된 사육돼지(domestic pigs)에서 유래한 식용을 목적으로 하는 신선, 냉장 또는 냉동 고기, 식육부산물 및 식육가공품을 말한다.
   2. "식육부산물"은 내장, 머리 등 지육(枝肉), 정육(精肉) 이외의 부분을 말한다.
   3. "식육가공품"이란 햄류, 소시지류, 베이컨류, 건조저장육류, 양념육류, 그 밖의 식육을 원료로 하여 가공한 것을 말한다.
   4. "비식용 돼지생산물"은 식용을 목적으로 하지 않는 돼지 유래 생산물과 이를 원료로 하여 가공한 것을 말한다.
   5. "수출국 정부"는 수출국의 동물·축산물 검역당국을 말한다.
   6. "수출국 정부 수의관"은 "수출국 정부" 소속 수의사로서 검역관을 말한다.
   7. "수출작업장"은 대한민국으로 수출되는 돼지고기 등을 생산, 가공, 포장 또는 보관하는 도축장, 식육포장처리장, 가공장 및 보관장을 말한다.

제3조(출생·사육조건) 돼지고기 등을 생산하기 위한 돼지는 수출국내에서 출생하여 사육되었거나, 대한민국 정부가 대한민국으로 돼지고기의 수출자격이 있는 것으로 인정한 국가에서 수출국으로 수입되어 도축 전 3개월 이상 사육된 것이어야 한다.

제4조(국가 질병 비발생 조건) ① 수출국은 수출 전 1년간 구제역, 수출 전 2년간 수포성구내염·돼지수포병·우역, 수출 전 3년간 아프리카돼지열병의 발생사실이 없어야 하며, 이들 질병에 대한 예방접종을 실시하지 않아야 한다. 다만, 수출국 정부가 효과적인 살처분정책을 수행하고 있다고 대한민국 농림축산식품부장관이 인정하는 질병에 대하여 그 기간을 세계동물보건기구(OIE) 기준에 따라 단축할 수 있다.

② 수출국은 수출 전 1년간 돼지열병(야생돼지의 발생은 제외한다)이 발생한 사실이 없거나 대한민국 정부가 청정 국가로 인정하여야 하며 이 질병에 대하여 예방접종을 실시하지 않아야 한다. 만일 수출국내에 돼지열병이 발생한 경우 돼지고기 등은 대한민국 정부가 인정한 돼지열병 청정 지역에서 유래하여야 한다.

제5조(농장 질병 비발생 조건) 돼지고기 등을 생산하기 위한 돼지가 출생·사육되어진 농장은 도축 전 3년간 브루셀라병, 도축 전 2년간 탄저, 도축 전 1년간 돼지오제스키병의 발생이 없는 곳이어야

하며, 또한 이들 질병과 관련하여 수출국 정부에 의한 방역상 제한조치를 받지 않고 있는 지역 내에 위치하여야 한다.

제6조(수출작업장 조건) ① 수출작업장 또는 제조시설은 수출국의 관련 규정에 의거하여 등록된 곳으로 수출국 정부에서 위생점검을 실시하여 적합한 작업장을 대한민국 정부에 통보하고 그 중 대한민국 정부가 현지점검 또는 기타 방법을 통하여 승인한 곳이어야 한다.

② 수출작업장은 수출국 정부의 위생 감독 하에 있어야 하며 수출국 정부가 실시하는 정기적인 위생점검 결과 이상이 없어야 한다.

③ 수출작업장은 제5조에 열거된 질병의 감염지역 내에 위치하여서는 아니 되며, 대한민국에 수출하기 위하여 작업을 실시하는 동안은 대한민국 정부가 우제류 동물 및 그 생산물의 수입을 허용하지 않는 국가 또는 지역을 경유한 동물 및 그 생산물을 취급하여서는 아니 된다.

제7조(돼지고기 등의 조건) ① 돼지고기 등은 수출작업장 내에서 수출국 정부 수의관이 실시하는 생체 및 해체검사 결과 건강한 돼지로부터 생산된 것으로 식용에 적합한 것이어야 한다.

② 식용을 목적으로 하는 돼지고기 등은 선모충증, 유구낭충증, 포충증에 대한 검사결과 이상이 없어야 한다.

③ 돼지고기 등을 생산하기 위하여 도축, 해체, 가공, 포장 및 보관 작업을 할 때에는 동일 장소에서 동등 이상의 위생 상태에 있지 아니한 동물 및 그 생산물을 취급하여서는 아니 되며 식육가공품의 원료육은 대한민국으로 수출이 가능한 것만 사용해야 한다.

④ 돼지고기 등은 공중위생상 위해를 일으키는 잔류물질(항균제·농약·호르몬제 등), 미생물, 방사선조사, 이온화처리 및 식품첨가물(보존료, 연육제 등) 등에 관한 대한민국 정부의 관련 규정에 적합해야 한다.

⑤ 돼지고기 등은 어떠한 가축의 전염성 질병의 병원체에도 오염되지 않는 방법으로 처리되어야 하며 돼지고기 등을 포장한 포장지는 위생적이고 인체에 무해한 것이어야 한다. 또한 내용물 또는 포장에는 작업장 번호가 표시되어야 하며 공중위생상 위해가 없는 방법으로 처리되었다는 합격표시를 받아야 한다. 이에 대한 합격표시는 사전에 대한민국 정부에 통보된 것이어야 한다.

제8조(수출검역증명서의 기재사항) 수출국 정부 수의관은 돼지고기 등의 선적 전 다음의 각 사항을 한글 또는 영문으로 상세히 기재한 수출검역증명서를 발급하여야 한다.

가. 돼지고기
  1. 제3조, 제4조, 제5조, 제6조 및 제7조에서 명시된 사항
  2. 품명, 포장형태, 포장수량 및 중량 (N/W) : 최종 식육포장 또는 가공작업장별로 기재
  3. 도축장, 식육포장처리장, 가공장, 보관장의 명칭, 주소 및 승인번호
  4. 도축기간(개시일자 및 종료일자), 식육포장처리기간 및/또는 가공기간(개시일자 및 종료일자)
  5. 컨테이너 번호 및 봉인번호
  6. 선박명 또는 항공기명, 선적일자 및 선적지명
  7. 수출자 및 수입자의 주소, 성명(업체명)

       8. 수출검역증명서 발급일자, 발급장소, 발급자의 소속, 직책, 성명 및 서명
    나. 비식용 돼지생산물
       1. 제4조 및 제7조제1항에 명시된 사항
       2. 품명, 포장형태, 포장수량 및 중량 (N/W) : 최종 제조시설별로 기재
       3. 제조시설의 명칭 및 주소 (승인번호가 있을 경우 승인번호 기재)
       4. 컨테이너 번호 및 봉인번호
       5. 선박명 또는 항공기명, 선적일자 및 선적지명
       6. 수출자 및 수입자의 주소, 성명(업체명)
       7. 수출검역증명서 발급일자, 발급장소, 발급자의 소속, 직책, 성명 및 서명

제9조(운송) 돼지고기 등은 수출국 정부 수의관의 감독 하에 봉인되어 대한민국에 도착 시까지 가축의 전염성 질병의 병원체에 오염되지 않고 변질, 부패 등 공중위생상 위해가 없도록 안전하게 수송하여야 하며, 수송 중에는 대한민국 정부가 우제류 동물 및 그 생산물의 수입을 허용하지 않는 지역을 경유하여서는 아니 된다. 다만, 급유 등의 이유로 단순 기항(착)하는 것은 예외로 한다.

제10조(수출국내 질병발생시 조치) 수출국 정부는 수출국내에서 제4조에서 정한 질병 또는 신종 악성가축전염성 질병이 발생하거나 그 의사환축이 발생한 경우 또는 동 질병에 대한 예방접종을 실시키로 한 경우에는 대한민국으로 돼지고기 등의 수출을 중지함과 동시에 그 사실을 FAX 등을 통하여 대한민국 정부에 즉시 통보하여야 하며, 수출을 재개하고자 하는 경우 대한민국 정부와 협의하여야 한다.

제11조(수출작업장 현지점검) ① 대한민국 정부 수의관은 승인된 수출작업장 또는 제조시설의 현지점검 및 기록원부를 조사할 권한을 가지며, 이 수입위생조건과 일치하지 않은 사항을 발견 시 대한민국으로의 돼지고기 등의 수출을 중지시킬 수 있다. 이때 수출국 정부는 대한민국 정부 수의관의 현지점검 등에 적극 협조하여야 한다.

② 수출국 정부는 수출작업장 또는 제조시설이 파산, 영업장 폐쇄 등의 사유로 수출 작업을 중단한 경우 해당 수출작업장 또는 제조시설의 승인을 취소하고 즉시 이를 대한민국 정부에 통보하여야 한다.

③ 대한민국 정부는 수출작업장 또는 제조시설로 승인된 날로부터 또는 최종 수출일로부터 3년 이상 대한민국으로 돼지고기 등의 수출이 없는 수출작업장 또는 제조시설에 대하여는 그 승인을 취소할 수 있다. 대한민국 정부는 승인 취소 결정 전 수출국 정부에 이러한 사항을 통보하고 수출국 정부와 협의해야 한다.

④ 수출작업장에는 일일 도축, 가공 및 보관에 대한 기록원본이 2년 이상 보관되어야 하며, 대한민국으로 수출된 돼지고기의 생산농장 등 관련 자료를 구비하고 있어야 한다.

제12조(국가잔류물질 검사 프로그램 등) 수출국 정부는 식육(食肉)내 유해잔류물질 검사 프로그램과 그 실시결과(검사기관과 시설, 인력, 연간검사계획, 검사방법, 검사결과 등을 명시할 것)를 영문으로 작성하여 매년 대한민국 정부에 제출하여야 한다.

제13조(돼지고기 등의 불합격 조치 등) 대한민국 정부는 돼지고기 등에 대한 검역 중 이 수입위생조건에 부적합한 사항이 발견되는 경우에는 해당 돼지고기 등에 대하여 반송 또는 폐기처분을 명할 수 있으며, 돼지고기 등에 대한 검역중단 또는 해당 수출작업장에 대해 수출중단 조치를 취할 수 있다.

부칙 〈제2015-77호, 2015. 7. 22.〉

제1조(시행일)이 고시는 '15. 11. 01일부터 시행한다.

제2조(경과조치)이 고시 시행 당시 수입검역 신청이 접수된 수입 돼지고기는 종전의 규정인「헝가리산 돼지고기 수입위생조건」(농림축산식품부 고시 제2013-267호, 2013. 10. 07.)을 적용하고 수입 돈육가공품은 「헝가리산 돈육가공품 수입위생조건」(농림축산식품부 고시 제2013-233호, 2013. 10. 07.)을 적용한다.

제3조(이 고시의 적용배제)이 고시에도 불구하고 우제류동물유래의 천연케이싱 등 개별 수입위생조건 또는 수입조건이 정해진 경우에는 이 고시를 적용하지 아니한다.

제4조(재검토기한)농림축산식품부 장관은 이 고시에 대하여 2016년 1월 1일을 기준으로 매3년이 되는 시점(매 3년째의 12월 31까지를 말한다)마다 그 타당성을 검토하여 개선 등의 조치를 하여야 한다.

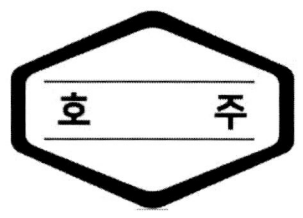

호주산 가금육 및 가금생산물 수입위생조건

[시행 2015. 10. 15.] [농림축산식품부고시 제2015-131호, 2015. 9. 15., 제정.]

농림축산식품부(검역정책과), 044-201-2076

제1조(목적) 이 고시는 가축전염병 예방법 제34조제2항의 규정에 따라 호주(이하 "수출국"이라 한다)에서 대한민국으로 수출하는 가금육 및 가금생산물(이하 "가금육 등"이라 한다)에 대한 수출국의 검역내용 및 위생상황 등을 규정함을 목적으로 한다.

제2조(정의) 이 수입위생조건에서 사용하는 용어의 뜻은 다음과 같다.

1. "가금"은 닭·오리·거위·칠면조·메추리 및 꿩 등을 말한다.
2. "가금육"은 가금에서 유래한 신선, 냉장 또는 냉동 고기, 열처리가금육, 식육부산물 및 식육가공품을 말한다.
3. "열처리 가금육"은 중심부 온도를 기준으로 60℃에서 507초, 65℃에서 42초, 70℃에서 3.5초, 73.9℃에서 0.51초 이상 또는 이와 동등 이상의 효력이 있는 방법으로 처리된 가금육을 말한다.
4. "식육부산물"은 지육, 정육 이외에 식용을 목적으로 하는 가금의 내장, 머리, 발 등의 부분을 말한다.
5. "식육가공품"이란 햄류, 소시지류, 건조저장육류, 양념육류, 그 밖의 식육을 원료로 하여 가공한 것을 말한다.
6. "비식용 가금생산물"은 식용을 목적으로 하지 않은 가금 유래 생산물과 이를 원료로 하여 가공한 것을 말한다.
7. "수출국 정부"는 수출국의 동물·축산물 검역당국으로 말한다.
8. "수출국 정부 수의관"은 수출국 정부 소속 수의사로서 검역관을 말한다.
9. "수출작업장"은 대한민국으로 수출되는 가금육 등을 생산, 가공, 포장 또는 보관하는 도축장, 식육포장처리장, 가공장 또는 보관장을 말한다.
10. "고병원성 조류인플루엔자"는 인플루엔자 A 바이러스에 의한 감염병 중 세계동물보건기구(OIE) 육상동물 위생규약에서 고병원성으로 분류하는 가금전염병을 말한다.
11. "저병원성 조류인플루엔자"는 고병원성 조류인플루엔자를 제외한 H5 또는 H7 아형 인플루엔자 A 바이러스에 의한 가금전염병을 말한다.

12. "뉴캣슬병"은 뉴캣슬병 바이러스에 의한 감염병 중 세계동물보건기구 육상동물 위생규약에서 정의하는 가금전염병을 말한다.

제3조(출생·사육조건) 가금육 등을 생산하는데 사용된 가금은 수출국내에서 부화되어 사육된 것이어야 한다.

제4조(가축전염병 비발생 조건) ① 수출국은 가금육 등 수출 전 1년간 고병원성 조류인플루엔자의 발생이 없어야 한다. 다만, 수출국이 고병원성 조류인플루엔자에 대하여 효과적인 살처분 정책을 수행하고 있다고 대한민국 농림축산식품부장관이 인정하는 경우 그 기간을 세계동물보건기구 규정에 따라 단축할 수 있다.

② 가금육 등을 생산하는데 사용된 가금의 사육농장을 중심으로 반경 10km 이내의 지역은 가금 도축 전 3개월간 저병원성 조류인플루엔자 및 뉴캣슬병의 발생이 없어야 한다.

③ 가금육 등을 생산하는데 사용된 가금의 사육농장은 도축 전 1년간 가금콜레라, 추백리, 가금티푸스, 전염성F낭병, 마렉병, 오리바이러스성간염(오리육에 한함) 및 오리바이러스성장염(오리육에 한함)의 발생이 없어야 한다.

제5조(수출작업장 조건) ① 수출작업장 또는 제조시설은 수출국의 관련 규정에 따라 등록된 곳으로 수출국 정부가 위생점검을 실시하여 적합한 작업장을 대한민국 정부에 통보하고 그 중 대한민국 정부가 현지점검 또는 그 밖의 방법을 통하여 승인한 곳이어야 한다.

② 수출작업장은 수출국 정부의 감독 하에 있어야 하며 수출국 정부가 실시하는 정기적인 위생 점검 결과 이상이 없어야 한다.

③ 수출작업장은 자체위생관리기준(SSOP) 및 축산물안전관리인증기준(HACCP)을 적용하여야 하며, 살모넬라균 검사 등을 실시하여야 한다.

④ 수출작업장은 제4조에 열거된 가축전염병의 감염지역내에 위치하여서는 아니되며, 가금육을 생산하는 동안에는 대한민국 정부가 가금 또는 가금육의 수입을 허용하지 않은 국가에서 수입된 가금 또는 가금육을 취급하여서는 아니된다.

제6조(가금육 등의 조건) ① 가금육 등은 수출작업장 내에서 수출국 정부수의관이 실시하는 생체 및 해체검사 결과 건강한 가금으로부터 생산된 것이어야 한다.

② 가금육 등은 가축전염병의 병원체에 오염되지 않도록 처리되어야 한다.

③ 가금육 등은 공중위생상 위해를 일으킬 수 있는 잔류물질(항균제·농약·호르몬제·중금속 등), 미생물, 식품조사(food irradiation), 이온화처리 및 식품첨가물(보존료, 연육제 등) 등에 관한 대한민국 규정에 적합해야 한다.

④ 가금육 등을 포장하는 포장지는 위생적이고 인체에 무해한 것이어야 한다. 포장면에는 수출작업장 번호가 표시되어야 하며, 가금육 등이 공중위생상 위해가 없는 방법으로 처리되었다는 합격표시가 있어야 한다. 동 합격표시는 사전에 대한민국 정부에 통보되어야 한다.

제7조(수출검역증명서의 기재사항) 수출국 정부 수의관은 가금육 등의 선적 전 다음의 각 사항을 한글 또는 영문으로 상세히 기재한 수출검역증명서를 발급하여야 한다.

1. 가금육
    (1) 제3조, 제4조, 제5조제4항 및 제6조에 명시된 사항
    (2) 품명(축종포함), 포장형태, 포장수량 및 중량 (N/W) : 최종 식육포장 또는 가공작업장별로 기재
    (3) 도축장, 식육포장처리장, 가공장, 보관장의 명칭, 주소 및 승인번호
    (4) 도축기간, 식육포장처리기간 및/또는 가공기간 : 개시일자 및 종료일자
    (5) 컨테이너 번호 및 봉인번호
    (6) 선박명 또는 항공기명, 선적일자 및 선적지명
    (7) 수출자 및 수입자의 주소, 성명(업체명)
    (8) 수출검역증명서 발급일자, 발급장소, 발급자의 소속, 직책, 성명 및 서명
2. 비식용 가금생산물
    (1) 제3조 및 제4조에 명시된 사항. 다만, 열처리가금육의 온도조건 이상으로 처리된 제품에 대하여는 기재하지 않을 수 있다.
    (2) 제6조제1항에 명시된 사항
    (3) 품명(축종포함), 포장형태, 포장수량 및 중량 (N/W) : 제조시설별로 기재
    (4) 제조시설의 명칭 및 주소 (승인번호가 있을 경우 승인번호 기재)
    (5) 컨테이너 번호 및 봉인번호
    (6) 선박명 또는 항공기명, 선적일자 및 선적지명
    (7) 수출자 및 수입자의 주소, 성명(업체명)
    (8) 수출검역증명서 발급일자, 발급장소, 발급자의 소속, 직책, 성명 및 서명

제8조(열처리 가금육) ① 제4조제1항의 규정에도 불구하고, 열처리 가금육은 수출국내 고병원성 조류인플루엔자 발생과 무관하게 대한민국으로 수출할 수 있다.

② 수출국 정부수의관은 열처리 가금육 선적 전 제7조제1호의 규정에 의한 수출검역증명서 또는 다음 각 호의 사항을 기재한 수출검역증명서를 발급하여야 한다.
    (1) 제3조, 제4조제2항 및 제3항, 제5조제4항 및 제6조에 명시된 사항
    (2) 열처리가금육을 생산하는데 사용된 가금의 사육농장을 중심으로 반경 10km 이내의 지역은 가금 도축 전 3개월간 고병원성 조류인플루엔자의 발생이 없어야 한다.
    (3) 열처리가금육을 생산하는 수출작업장은 원료처리 등 가열처리전 시설, 가열처리·제품포장 등 가열처리 후 시설로 각각 구획되어야 하며, 오염을 방지하기 위해 각 시설별로 작업자가 구분·운영되어야 한다.
    (4) 열처리가금육에 처리된 열처리 온도 및 시간
    (5) 품명(축종포함), 포장형태, 포장수량 및 중량(N/W) : 최종 가공작업장별로 기재
    (6) 도축장, 식육포장처리장, 가공장, 보관장의 명칭, 주소 및 승인번호
    (7) 도축기간, 식육포장처리기간 및/또는 가공기간 : 개시일자 및 종료일자

(8) 컨테이너 번호 및 봉인번호

(9) 선박명 또는 항공기명, 선적일자 및 선적지명

(10) 수출자 및 수입자의 주소, 성명(업체명)

(11) 검역증명서 발급일자, 발급장소, 발급자의 소속, 직책, 성명 및 서명

제9조(운송) 가금육 등은 수출국 정부 수의관의 감독 하에 봉인되어 대한민국 도착 시까지 가축의 전염성 질병의 병원체에 오염되지 않고 변질, 부패 등 공중위생상 위해가 없도록 안전하게 수송되어야 하며, 수송 중에는 대한민국 정부가 가금 또는 가금육의 수입을 허용하지 않은 지역을 경유하여서는 아니 된다. 다만, 급유 등의 이유로 단순 기항(착)하는 것은 예외로 한다.

제10조(수출국내 질병발생시 조치) ① 수출국 정부는 자국내에 고병원성 조류인플루엔자가 발생되는 즉시 가금육 등(열처리된 제품은 제외)을 대한민국으로 선적하는 것을 중지함과 동시에 그 사실을 FAX 등을 통하여 대한민국 정부에 통보하여야 하며, 수출을 재개하고자 하는 경우 대한민국 농림축산식품부와 협의하여야 한다.

② 수출국 정부는 자국에서 실시하는 가금 전염병 방역 프로그램과 그 실시결과를 매년 대한민국 정부에 통보하여야 한다.

제11조(수출작업장 현지점검) ① 대한민국 정부 수의관은 승인된 수출작업장 또는 제조시설의 현지점검 및 기록원부를 조사할 권한을 가지며, 이 수입위생조건과 일치하지 않은 사항을 발견 시 대한민국으로 가금육 등의 수출을 중지시킬 수 있다. 이때 수출국 정부는 대한민국 정부 수의관의 현지점검 등에 적극 협조하여야 한다.

② 수출국 정부는 수출작업장 또는 제조시설이 파산, 영업장 폐쇄 등의 사유로 수출 작업을 중단한 경우 해당 수출작업장 또는 제조시설의 승인을 취소하고 즉시 이를 대한민국 정부에 통보하여야 한다.

③ 대한민국 정부는 수출작업장 또는 제조시설로 승인한 날 또는 최종 수출일로부터 3년 이상 대한민국으로 가금육 등의 수출 실적이 없는 수출작업장 또는 제조시설에 대하여는 그 승인을 취소할 수 있다. 대한민국 정부는 승인 취소 결정 전 수출국 정부에 이러한 사항을 통보하고 수출국 정부와 협의해야 한다.

④ 수출작업장에는 일일도축, 가공 및 보관에 대한 기록원본이 2년 이상 보관되어야 하며, 대한민국으로 수출된 가금육에 대한 원산농장 등 관련 자료를 구비하고 있어야 한다.

제12조(국가잔류물질 검사 프로그램 등) 수출국 정부는 가금육에 대한 유해잔류물질 검사 프로그램과 그 실시결과(검사기관의 시설, 인력, 연간검사계획, 검사방법, 검사결과 등을 명시할 것)를 영문으로 작성하여 매년 대한민국 정부에 제출하여야 한다.

제13조(불합격 조치 등) 대한민국 정부는 가금육 등에 대한 수입검역·검사 중 이 수입위생조건에 부적합한 사항이 발견되는 경우에는 해당 가금육 등에 대하여 반송 또는 폐기처분을 명할 수 있으며, 가금육 등에 대한 검역중단 또는 해당 수출작업장에 대해 수출중단 조치를 취할 수 있다.

부칙 〈제2015-131호, 2015. 9. 15.〉

제1조(시행일)이 고시는 2015. 10. 15일부터 시행한다.

제2조(재검토기한)농림축산식품부 장관은 이 고시에 대하여 2016년 1월 1일을 기준으로 매3년이 되는 시점(매 3년째의 12월 31까지를 말한다)마다 그 타당성을 검토하여 개선 등의 조치를 하여야 한다.

제3조(종전 고시의 폐지)이 고시 시행과 함께 「호주산 가금육 수입위생조건」(농림축산식품부 고시 제2013-228호, 2013. 10. 07.)은 폐지한다.

제4조(이 고시의 적용배제)이 고시에도 불구하고 개별 수입위생조건 또는 수입조건이 정해진 경우에는 이 고시를 적용하지 아니한다.

제5조(경과조치)이 고시 시행 당시 「호주산 가금육 수입위생조건」(농림축산식품부 고시 제2013-228호, 2013. 10. 07.)에 따라 수입된 가금육 등은 이 수입위생조건을 따른 것으로 본다.

호주산 우제류 동물 및 그 생산물 수입위생조건

[시행 2016. 4. 1.] [농림축산식품부고시 제2016-21호, 2016. 4. 1., 일부개정.]

농림축산식품부(검역정책과), 044-201-2076

Ⅰ. 우제류 동물 위생조건

대한민국(이하 "한국"이라 한다)으로 수출되는 소·돼지·산양·면양(이하 "수출동물"이라 한다)은 출생이래 또는 과거 최소 6개월 이상 호주(이하 "수출국"이라 한다)에서 사육된 것으로서 수입위생조건은 다음과 같다.

1. 수출국에서는 수출 전 12개월간 구제역, 수출 전 24개월간 수포성구내염·돼지수포병·우역·우폐역, 수출 전 3년간 가성우역(Peste des petits ruminants)·럼프스킨병·양두·아프리카돼지열병, 수출 전 4년간 리프트계곡열 그리고 과거 5년간 소해면상뇌증의 발생사실이 없어야 하며, 이들 질병에 대한 예방접종을 실시하지 않아야 한다(동 수입위생조건상의 질병 비발생조건 및 예방접종사항과 관련하여는 축종별 감수성에 따른다). 다만, 효과적인 살처분정책을 수행하고 있다고 한국 농림축산식품부장관이 인정하는 질병에 대하여는 그 기간을 세계동물보건기구(OIE)기준에 의거 단축할 수 있다. 아울러, 수출국은 수출 전 12개월간 돼지열병(야생돼지의 발생은 제외한다)이 발생한 사실이 없거나 한국 정부가 청정국가로 인정하여야 하며 이 질병에 대하여 예방접종을 실시하지 않아야 한다. 만일 수출국내에 돼지열병이 발생한 경우에는 수출 동물 및 그 생산물은 한국 정부가 인정한 돼지열병 청정 지역에서 유래하여야 한다.

2. 수출국에서는 수출 전 2년간 소브루셀라병, 타일레리아병(Theileira parva, T. annulata), 돼지오제스키병, 돼지테센병, Maedi-Visna, 암양의 유행성유산증, 돼지생식기호흡기증후군 및 돼지전염성위장염(TGE), 그리고 5년간 스크래피의 발생이 없어야 한다. 만일 수출국내에 이들 질병이 발생한 경우에는, 수출동물은 과거 2년간(스크래피의 경우 5년간) 동 질병이 임상적 또는 혈청학적 또는 병리학적으로 발생한 사실이 없는 생산농장에서 유래하고 제6항에 의한 검사결과 음성이라는 조건에 의한다.

3. 수출동물의 생산농장은 수출개시 전 아래에 해당하는 기간과 질병에 대하여 임상적 또는 혈청학적 또는 병리학적으로 발생된 사실이 없어야 한다.

  가. 5년간 비발생질병 : 요네병
  나. 3년간 비발생질병 : 돼지브루셀라병
  다. 2년간 비발생질병 : 소결핵병
  라. 1년간 비발생질병 : 광견병, 돼지오제스키병, 트리코모나스병, 산양 관절염/뇌염
  마. 6개월간 비발생질병 : 탄저, 출혈성패혈증, 렙토스피라병, 소의 생식기 캠필로박터병, 소전염성비기관염/전염성농포성외음부질염, 돼지위축성비염

4. 수출동물은 출생이래 블루텅병, 부루셀라병 돼지오제스키병에 대하여 예방접종을 하지 않은 것이어야 한다.
5. 수출동물은 선적 전에 수출국 정부기관이 가축방역상 안전하다고 인정한 시설에서 최소한 30일 이상 격리되어 정부수의관에 의해 수출검역을 받아야 하며, 수출검역 개시 후에는 당해 수출동물 이외의 다른 동물과 접촉되지 않아야 한다.
6. 수출동물은 제5항의 격리검역기간 중에 실시한 개체별 임상검사결과 건강한 동물이어야 하며, '별표1의 검사방법 및 기준' 그리고 수출국내 제2항의 질병이 발생한 경우에는 당해질병에 대하여 '별표2의 검사방법 및 기준'에 의한 검사 결과 이상이 없어야 한다. 다만, 결핵병, 블루텅병, 소류코시스에 대하여는 다음에 규정하는 시기에 실시한 '별표1의 검사방법 및 기준'에 의한 검사결과 이상이 없어야 한다.
   가. 결핵병 : 선적 전 60~90일 사이에 검사실시. 다만, 돼지의 경우에는 선적 전 30일 이내에 검사 실시
   나. 블루텅병 : Western Australia주중 남위26° 이남지역, New South Wales주중 Culidoides spp. 미분포지역, Victoria, South Australia, Tasmania주에서 격리검역개시 전 40일 이상 사육된 동물인 경우에는 1회의 검사 실시. 그 이외의 지역에서 생산된 동물인 경우에는 2회의 검사 실시(최초 검사는 격리검역개시 전 30일 이내에 실시하고 2차 검사는 최초검사일로부터 40일 이상의 간격이 되도록 격리검역기간 중에 실시)
   다. 소류코시스 : 수출 전 4개월 간격으로 2회의 검사 실시(최종검사는 격리검역기간 중에 실시하여야한다)하거나 수출국에서 검사간격 단축에 대한 과학적 근거를 제공시 검사간격을 단축하되 3회 검사 실시(최종검사는 격리검역 기간 중에 실시하여야 한다)
7. 수출동물은 수출검역시설에서 선적 전 7일 이내에 외부기생충 및 흡혈곤충 등의 구제에 필요한 약제로 처치하여야 한다. 다만, 흡혈곤충 등의 활동시기가 아닌 경우에는 곤충구제를 위한 약제처치를 면제할 수 있으며, 이러한 경우에는 동 사항을 제12항에 의한 검역증명서에 기재하여야 한다.
8. 수출동물의 검역시설과 수출동물 운송에 사용되는 수송상자, 차량, 선박·항공기의 적재공간 등은 사용 전에 수출국정부가 인정한 소독약으로 소독하여야 하며 방역상 안전한 격리시설에 의해 수송되어져야 한다.
9. 수출동물은 한국에 도착 시 까지 한국이 지정하고 있는 수입금지지역을 경유하여서는 아니 된다. 다만, 급유 등의 이유로 기항(착)하는 것은 예외로 하되 가축전염병 병원체의 오염우려가 없어야 한다.
10. 수출검역기간과 수송 중에 사용하는 건초, 깔짚 및 사료 등은 전염성 질병의 병원체에 오염되지 아니한 위생적인 것으로서 수출검역 개시 전에 격리시설에 저장되어 있어야 하며, 수송도중에 추가로 구입하여서는 아니 된다.
11. 수출국 정부기관은 자국 내에 제1항 질병의 발생이 확인되는 경우에는 즉시 한국으로의 수출을

중지하는 동시에 한국정부기관 앞으로 필요한 사항을 통보하여야 한다. 수출재개 시에는 위생조건 등에 관하여 한국정부와 협의하여야 한다.

12. 수출국정부 수의당국은 다음의 각 사항을 상세히 기재한 수출검역증명서를 발행하여야 한다.

    가. 상기 제1항 내지 제8항 및 제10항에서 명시한 사항(7항의 경우 처치 약제명, 처치방법, 처치횟수를 명기)
    나. 수출동물의 축종, 품종, 개체번호, 성별, 나이
    다. 제6항에 의한 질병별 검사와 관련한 검사기관명, 검사일자, 검사방법 및 결과
    라. 백신 접종시는 예방약의 종류 및 접종년월일
    마. 수출동물 생산농장의 명칭 및 소재지
    바. 제5항에 의한 수출검역시설의 명칭, 주소 및 검역기간
    사. 선적일, 선적항명, 선(기)명
    아. 수출자 및 수입자의 주소, 성명
    자. 검역증명서 발행일자, 발행자 소속, 성명 및 서명

13. 한국 정부 수의당국은 수출동물에 대한 검역 중 한국 정부의 수입위생조건에 부적합한 사항이 발견되는 경우에는 반송 또는 폐기처분할 수 있다.

Ⅱ. 우제류동물의 생산물 위생조건

한국으로 수출되는 수출국산 소, 돼지, 산양, 면양의 생산물(이하 "수출축산물"이라 한다)에 대한 수입위생조건은 다음과 같다.

1. 수출축산물은 "Ⅰ. 우제류동물 위생조건 중 제1항"의 조건을 충족시키고, 수출국내에서 출생·사육되거나 수출 전 최소한 3개월 이상 수출국내에서 사육되어진 소, 돼지, 산양, 면양에서 생산된 것이어야 한다. 아울러, 수출돼지고기를 생산하기 위하여 도축된 돼지가 출생·사육되어진 농장은 도축 전 1년 이상 돼지오제스키병의 발생이 없는 곳이어야 하며, 또한 이와 같은 질병과 관련하여 수출국정부 수의당국에 의한 방역상 제한조치를 받지 않고 있는 지역 내에 위치하여야 한다.

2. 한국에 수출하기 위한 육류(이하 "수출육류"라 한다)는 다음의 조건에 부합되는 것이어야 한다.
    가. 수출육류를 생산하는 육류작업장(도축장, 가공장 및 보관장)은 수출국 정부기관이 지정한 시설로서 한국정부에 사전통보하고 그 중 한국정부가 현지점검 또는 기타의 방법으로 승인한 작업장이어야 한다.
    나. 수출육류를 생산하기 위하여 도축한 동물은 수출국 정부수의관이 실시한 생체검사 및 해체검사 결과 이상이 없고 식용에 적합한 것이어야 한다.
    다. 수출육류의 포장은 청결하고 위생적인 용기를 사용하여야 한다.
    라. 수출육류에는 공중위생상 위해를 일으키는 잔류물질(방사능, 합성항균제, 항생제, 중금속, 농약,

호르몬제 등)과 병원성 미생물이 한국정부의 허용기준을 초과하지 않아야 하며, 이온화방사선 또는 자외선 처리 및 연육소 같은 육류의 구성 혹은 특성에 역효과를 미치는 성분이 투여되어서는 아니 된다.

3. 수출축산물은 수출국정부에서 승인한 도축장에서 도축되고 수출국 정부 수의관이 실시한 생체검사 및 해체검사결과 이상이 없는 동물에서 생산된 것이어야 한다.
4. 수출축산물의 생산처리 및 수출국으로부터 한국내 도착 시까지의 저장·수송은 가축전염병의 병원체에 오염되지 않는 방법으로 안전하게 이루어져야 한다.
5. 수출축산물을 수송하는 선박의 냉동(냉장)실이나 컨테이너는 수출국 정부당국의 봉인지를 이용하여 선적 시에 봉인을 하여야 한다.
6. 수출국정부는 자국 내에 "Ⅰ. 우제류동물 위생조건 중 제1항" 질병의 발생이 확인되는 경우에는 즉시 한국으로의 수출을 중지하는 동시에 한국정부기관 앞으로 필요한 사항을 통보하여야 하며, 수출재개를 원하는 경우 그 위생조건 등에 관하여 한국정부와 협의하여야 한다.
7. 수출국정부 수의당국은 다음의 각 사항을 상세히 기재한 수출검역증명서를 발행하여야 한다.
    가. 수출육류
    1) 상기 제1항, 제2항 및 제4항에서 명시한 사항
    2) 품명(축종포함), 포장수량, 중량(N/W ; 최종가공작업장별로 기재)
    3) 도축장, 식육가공장, 보관장의 명칭, 주소 및 승인번호
    4) 도축기간 및 / 또는 가공기간
    5) 컨테이너 번호 및 봉인 번호
    6) 선(기)명, 선적일자, 선적항명
    7) 수출자 및 수입자의 주소, 성명
    8) 검역증명서 발행일자, 발행자 소속, 성명 및 서명
    나. 수출육류이외의 수출축산물
    1) 상기 제1항, 제3항 및 제4항에서 명시한 사항
    2) 품명(축종포함), 포장수량, 중량
    3) 컨테이너번호 및 봉인번호
    4) 선(기)명, 선적일자, 선적항명
    5) 수출자 및 수입자의 주소 성명
    6) 검역증명서 발행일자, 발행자 소속, 성명 및 서명
8. 한국정부 수의당국은 한국수출용 육류작업장에 대한 현지 위생점검을 실시할 수 있으며, 위생점검 결과 부적합할시 해당 작업장산 육류의 한국수출을 금지할 수 있다.
9. 한국정부 수의당국은 수출축산물에 대한 검역 중 한국정부의 수입위생조건에 부적합한 사항이 발견되는 경우에는 당해 수출축산물을 반송 또는 폐기처분할 수 있다. 특히 수출육류의 경우에는 해당 수출육류의 생산작업장에 대하여 한국으로의 수출을 중지시킬 수 있다.

부칙 〈제2016-21호, 2016. 4. 1.〉

①(시행일) 이 고시는 고시한 날로부터 시행한다.
②(재검토기한) 농림축산식품부 장관은 「훈령·예규 등의 발령 및 관리에 관한 규정」에 따라 이 고시에 대하여 2016년 7월 1일을 기준으로 매3년이 되는 시점(매 3년째의 6월 30일까지를 말한다)마다 그 타당성을 검토하여 개선 등의 조치를 하여야 한다.

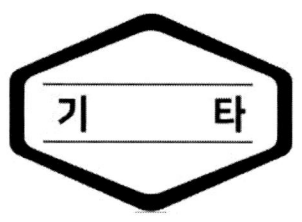

말고기, 비식용 말 생산물 및 농장 채취 말 태반 수입위생조건

[시행 2017. 10. 27.] [농림축산식품부고시 제2017-63호, 2017. 7. 26., 제정.]

농림축산식품부(검역정책과), 044-201-2076

제1조(목적) 이 고시는 「가축전염병 예방법」 제34조제2항의 규정에 따라 대한민국으로 수출되는 말고기, 비식용 말 생산물 및 농장 채취 말 태반에 대한 수출국의 검역 내용, 가축전염병 비발생 조건 등을 규정함을 목적으로 한다.

제2조(용어의 정의) 이 고시에서 사용하는 용어의 뜻은 다음과 같다.

 1. "말고기"란 사육된 마속동물(말, 당나귀 등)에서 유래한 식육 및 식육가공품으로서 「축산물위생관리법」 제2조제2호의 축산물에 해당하는 것을 말한다. (다만, 농장 채취 말 태반은 제외한다)

 2. "비식용 말 생산물"이란 식용을 목적으로 하지 않은 마속동물 유래 생산물과 이를 원료로 하여 가공한 것을 말한다. (다만, 농장 채취 말 태반은 제외한다)

 3. "농장 채취 말 태반"이란 농장에서 채취·수집된 마속동물 태반 및 그 가공품을 말한다.

 4. "수출국 정부 검역관"이란 "수출국 정부" 소속으로 축산물 검사 또는 검역업무에 관한 권한을 부여받은 자를 말한다.

제3조(출생·사육조건) 말고기 및 농장 채취 말 태반을 생산하기 위한 말은 수출국 내에서 출생하여 사육되었거나 말 도축 또는 말 태반 채취 전 최소 60일 동안 수출국에서 사육된 것이어야 한다.

제4조(지역 질병 비발생 조건) 말고기, 비식용 말 생산물 및 농장 채취 말 태반을 생산하기 위한 말이 사육된 지역(수출국의 최상위 지방행정 단위인 주(state) 또는 지방(province)을 말한다)은 말 도축 또는 말 태반 채취 전 2년간 아프리카마역의 발생사실이 없어야 하며, 이에 대한 예방접종을 실시하지 않아야 한다.

제5조(농장 질병 비발생 조건) ① 말고기를 생산하기 위한 말이 출생·사육된 농장은 말 도축 전 6개월간 탄저·비저의 발생이 없어야 한다.

 ② 농장 채취 말 태반을 생산하기 위한 말이 출생·사육된 농장은 말 태반 채취 전 6개월간 탄저·비저·구역·슈라·말전염성빈혈·말바이러스성동맥염·말전염성자궁염·말파이로플라즈마병 및 말비강폐렴의 발생이 없어야 한다.

제6조(수출작업장 등의 조건) ① 말고기를 생산하는 '수출작업장(도축장, 축산물가공장,

식육포장처리장 및 축산물 보관장을 말한다)', 비식용 말 생산물을 생산하는 '제조시설', 농장 채취 말 태반을 세척·포장·보관하는 '말 태반 수집시설' 및 말 태반 수집시설에서 반입된 말 태반을 이화학적 방법으로 처리하는'말 태반 가공시설'은 수출국의 관련 규정에 의거 등록된 곳이어야 한다.

② 수출작업장과 말 태반 가공시설은 수출국 정부에서 점검을 실시하여 적합한 작업장을 대한민국 정부에 통보하고 대한민국 정부가 현지점검 또는 그 밖의 방법을 통하여 승인한 곳이어야 한다.

③ 수출작업장은 수출국 정부의 감독 하에 있어야 하며 수출국 정부가 실시하는 정기적인 위생점검 결과 이상이 없어야 한다.

④ 수출작업장, 제조시설, 말 태반 수집시설 및 말 태반 가공시설은 제5조에 열거된 질병과 관련하여 수출국 정부가 설정한 방역지역 내에 위치하여서는 아니된다.

제7조(말고기 및 비식용 말 생산물의 조건) ① 말고기 및 비식용 말 생산물은 수출작업장 내에서 수출국 정부 검역관이 실시하는 생체 및 해체검사를 통과한 말로부터 생산된 것이어야 한다.

② 말고기를 생산하기 위하여 도축, 가공, 포장 및 보관작업을 할 때에는 동일 장소에서 동등 이상의 위생 상태에 있지 아니한 동물 및 그 생산물을 취급하여서는 아니 된다.

③ 말고기는 가축전염병 병원체에 오염되지 않도록 취급되어야 한다. 또한 내용물 또는 포장에는 작업장 번호가 표시되어야 하며 공중위생상 위해가 없는 방법으로 처리되었다는 합격표시를 받아야 한다. 합격표시는 사전에 한국정부에 통보하여야 한다.

제8조(농장 채취 말 태반의 조건) ① 농장 채취 말 태반은 채취일에 수출국 정부 검역관 또는 수출국 정부에서 인정한 수의사가 실시한 임상검사 결과 건강한 말에서 채취하여야 한다.

② 농장 채취 말 태반은 가축전염병 병원체에 오염되지 않도록 세척·포장·보관하여야 한다.

제9조(수출검역증명서 기재사항) 수출국 정부 검역관은 말고기, 비식용 말 생산물 및 농장 채취 말 태반을 선적하기 전 다음의 각 사항을 한글 또는 영문으로 상세히 기재한 수출검역증명서를 발급하여야 한다.

　가. 말고기
　　1. 제3조, 제4조, 제5조제1항, 제6조 및 제7조에 명시된 사항
　　2. 품명, 포장형태, 포장수량 및 중량(N/W) : 최종 식육포장처리장 또는 축산물가공장별로 기재
　　3. 도축장, 식육포장처리장, 축산물가공장, 축산물보관장의 명칭, 주소 및 승인번호
　　4. 도축기간(개시일자 및 종료일자), 식육포장처리기간 및/또는 가공기간(개시일자 및 종료일자)
　　5. 컨테이너 번호 및 봉인번호
　　6. 선박명 또는 항공기명, 선적일자 및 선적지
　　7. 수출자 및 수입자의 주소와 성명(업체명)
　　8. 수출검역증명서 발급일자, 발급장소, 발급자의 소속, 직책, 성명 및 서명

　나. 비식용 말 생산물
　　1. 제4조 및 제7조제1항에 명시된 사항
　　2. 품명, 포장형태, 포장수량 및 중량(N/W): 최종 제조시설별로 기재

3. 제조시설의 명칭, 주소 및 등록번호
   4. 컨테이너 번호 및 봉인번호
   5. 선박명 또는 항공기명, 선적일자 및 선적지
   6. 수출자 및 수입자의 주소와 성명(업체명)
   7. 수출검역증명서 발급일자, 발급장소, 발급자의 소속, 직책, 성명 및 서명
 다. 농장 채취 말 태반
   1. 제3조(가공품 제외), 제4조, 제5조제2항, 제6조제2항 및 제8조에서 명시한 사항
   2. 품명, 포장형태, 포장수량 및 중량(N/W): 최종 가공시설별로 기재
   3. 말 태반 채취농장의 명칭 및 주소(가공품 제외)
   4. 말 태반 수집시설 명칭, 주소 및 수출국 등록번호(가공품 제외)
   5. 말 태반 가공시설 명칭, 주소 및 수출국 등록번호(또는 승인번호)
   6. 컨테이너 번호 및 봉인번호
   7. 선박명 또는 항공기명, 선적일자, 선적지
   8. 수출자 및 수입자의 주소, 성명(업체명)
   9. 수출검역증명서 발급일자, 발급장소, 발급자의 소속, 직책, 성명 및 서명

제10조(수출작업장 등 현지점검) ① 대한민국 정부 검역관은 수출작업장, 말 태반 가공시설의 현지점검 및 기록원부를 조사할 권한을 가지며, 이 고시와 일치하지 않은 사항을 발견하면 대한민국으로의 말고기, 비식용 말 생산물 및 농장 채취 말 태반의 수출을 중지시킬 수 있다. 수출국 정부는 대한민국 정부 검역관의 현지점검 등에 적극 협조하여야 한다.

② 수출국 정부는 수출작업장 및 말 태반 가공시설이 파산, 영업장 폐쇄 등의 사유로 수출 작업을 중단한 경우 해당 수출작업장 및 말 태반 가공시설의 등록을 취소하고 즉시 이를 대한민국 정부에 통보하여야 한다.

③ 대한민국 정부는 수출작업장 및 말 태반 가공시설로 승인된 날로부터 또는 최종 수출일로부터 3년 이상 대한민국으로 말고기 및 농장 채취 말 태반 수출이 없는 수출작업장 및 말 태반 가공시설에 대하여는 그 승인을 취소할 수 있다. 대한민국 정부는 승인 취소 결정 전 수출국 정부에 이러한 사항을 통보하고 수출국 정부와 협의해야 한다.

④ 수출작업장에는 일일 도축, 가공 및 보관에 대한 기록원본이 1년 이상 보관되어야 하며, 대한민국으로 수출된 말고기의 생산농장 등 관련 자료를 구비하고 있어야 한다.

제11조(운송) 말고기, 비식용 말 생산물 및 농장 채취 말 태반은 대한민국에 도착 시까지 가축전염병의 병원체에 오염되지 않도록 안전하게 운송되어야 한다.

제12조(불합격 조치 등) 대한민국 정부는 말고기, 비식용 말 생산물 및 농장 채취 말 태반에 대한 검역 중 이 고시에 부적합한 사항이 발견되는 경우에는 해당 말고기, 비식용 말 생산물 및 농장 채취 말 태반 등에 대하여 반송 또는 폐기처분을 명할 수 있으며, 말고기, 비식용 말 생산물 및 농장 채취 말 태반에 대한 검역중단 또는 해당 수출작업장, 제조시설, 말 태반 수집시설 및 말 태반 가공시설에

대해 수출중단 조치를 취할 수 있다.

제13조(재검토기한) 농림축산식품부 장관은 이 고시에 대하여 2018년 1월 1일을 기준으로 매 3년이 되는 시점(매 3년째의 12월 31까지를 말한다)마다 그 타당성을 검토하여 개선 등의 조치를 하여야 한다.

제14조(다른 수입위생조건 등과의 관계) 말고기, 비식용 말 생산물 및 농장 채취 말 태반에 대하여 개별 수입위생조건 또는 수입조건이 정해진 경우에는 이 고시를 적용하지 아니한다.

부칙 〈제2017-63호, 2017. 7. 26.〉

이 고시는 발령 후 3월이 경과한 날부터 시행한다.

사슴 및 그 생산물 수입위생조건

[시행 2016. 10. 6.] [농림축산식품부고시 제2016-101호, 2016. 10. 6., 일부개정.]

농림축산식품부(검역정책과), 044-201-2076

Ⅰ. 사슴의 수입위생조건
1. 미국, 캐나다, 일본, 뉴질랜드, 호주(남위 22° 이남지역에 한함), 영국, 아일랜드, 스웨덴, 덴마크 및 핀란드(이하 "수출국"이라 한다.)에서 한국으로 수출하는 사슴(이하 "수출사슴"이라 한다.)은 수출국내에서 출산 사육되어진 것이어야 한다
2. 수출국내에는 구제역, 우역, 우폐역의 발생이 없어야 한다.
3. 수출 사슴은 수출국의 수출검사 개시전 수출 사육농장을 중심으로 반경 20Km 이내 지역에서 5년간 Scrapie, 요네병, 결핵병, 부루세라병 및 BSE가 임상적, 미생물학적 또는 혈청학적으로 발견되지 아니한 사슴군 또는 농장에서 출산 및 사육된 것이어야 한다.
4. 수출사슴은 수출국의 수출검사 개시전 수출 사육농장을 중심으로 반경 20km 이내 지역에서 2년간 블루텅, 광견병, 수포성구내염, 출혈성패혈증, 아나프라즈마, 전염성농포성 피부염, 렙토스파이라병(L. canicola, L. pomona, L. icterohaemorrhagiae, L. hardjo), 캄피로박터병(C. fetus), 리스테리아증, 도약병, 록키산열, Q열, 야토병, 타이레리아, 바베시아, 악성 카탈열, 탄저, 라임병, 유행성출혈열, 트리파노소마, 에페리트조온병, 양두, 톡소프라스마, 럼프스킨병, Screw-worm 및 전염성 비기관염이 임상적, 미생물학적 또는 혈청학적으로 발견되지 아니한 사슴군 또는 농장에서 생산, 사육된 것이어야 한다.
5. 수출사슴은 구제역, 우역, 우폐역, 부루세라, 수포성 구내염, 럼프스킨병, 블루텅 예방접종을 받지 않은 것이어야 한다.
6. 수출사슴은 한국으로 선적직전에 수출국 정부기관에서 가축방역상 안전하다고 인정한 시설에서 최소한 45일 이상 격리되어 정부수의관에 의한 수출검역을 받고, 수출검역 개시후는 당해 수출 사슴이외의 다른 동물과 접촉하지 않아야 한다.
7. 수출사슴은 동조건 제6항의 격리검사 기간중(결핵, 요네병에 대해서는 한국 도착전 45~60일)에 <별표>의 질병별 검사방법 및 기준에 의한 검사와 개체별로 임상검사를 받고 그 결과 이상이 없고 건강한 사슴이어야 한다.
8. 수출사슴의 검역시설과 수출동물운송에 사용되는 수송상자, 차량, 항공기는 사용전에 수출국 정부가 인정한 소독약으로 소독되어야 한다.
9. 수출사슴의 수송중에는 수출국들 이외의 지역을 경유하여서는 아니된다. 다만, 급유 등의 이유로 기항(착)하는 것은 예외로 하되 전염병의 병원체에 오염우려가 없어야 한다.
10. 수출검역기간중 및 수송중에 사용하는 건초, 깔짚 및 사료 등은 당해 동물이 사양된 지역에서 생산되고 가축전염병의 병원체에 오염되지 아니하도록 위생적으로 처리된 것이어야 하며,

기항(착)하는 지역에서 추가로 구입하여서는 아니된다.
11. 수출사슴은 수출검역시설에서 선적전에 다음의 처치를 하여야 한다.
12. 수출국 정부기관은 수출국내의 가축전염병 발생상황을 발생월보 등에 의해 정기적으로 한국정부기관에 통보하고, 만일 수출국에 동조건중 제2항의 질병 또는 그 의사환축이 발생되었을 경우에는 즉시 한국에 수출을 중지하는 동시에 한국정부기관 앞으로 필요한 사항을 통보하여야 한다. 또한 수출중지로 부터 재개시는 한국정부와 협의함을 원칙으로 한다.
13. 수출국 정부기관(수의관)은 다음의 각 사항을 영문으로 상세히 기재한 수출검역 증명서를 발행하여야 한다.
　가. 상기 1, 2, 3, 4, 5, 6, 7, 8항에서 명시한 사항
　나. 수출검역시설의 명칭, 주소 및 검역기간
　다. 수출동물의 생산 및 사양농장의 명칭, 소재지
　라. 별표에 명시된 각 질병의 검사방법, 검사일자 및 결과
　마. 예방주사 접종시는 예방약의 종류, 제조회사, 제조 lot 번호 및 접종년월일
　바. 기생충 구제 등 유효약제 처치시는 종류, 투여량, 투여방법 및 처치년월일
　사. 선적일, 선적지, 선(기)명
　아. 수출자 및 수입자 주소 성명
　자. 검역증명서 발급일자
14. 상기에 명시한 바와는 관계없이 한국에서의 검역기간동안 전염성 질병이 발견되면 수출사슴은 한국동물검역소에 의해 반송 또는 도살할 것이다.
15. 수출사슴의 한국 도착항은 김포공항 및 인천항에 한한다. 다만 제주도에서 사육할 사슴에 대하여는 제주공항으로 수입할 수 있다.

II. 사슴의 생산물 수입위생조건
1. 사슴의 고기, 내장, 뼈, 가죽, 피, 혈분, 지방 족, 굽, 뿔, 털, 힘줄, 뇌, 골수 및 그 추출물(이하 "수출축산물"이라 한다.)은 수출국에서 구제역, 우역, 우폐역의 발생이 없으며 도착전 최소한 6개월 이상 수출국내에서 사육되어진 사슴으로부터 생산한 것이어야 한다.
2. 수출축산물은 수출국내에서 한국에 도착시까지 수출국들 이외의 지역을 경유하여서는 아니된다. 다만, 급유 등의 이유로 기항(착)하는 것은 예외로 하되, 가축질병의 병원체에 오염되지 않고 변질, 변패 등 공중위생상 위해가 없도록 안전하게 수송되어져야 한다.
3. 수출국 정부기관은 수출국의 가축전염병 발생상황을 발생월보 등에 의해 정기적으로 한국정부기관에 통보하고 만일 수출국에 "사슴의 수입위생조건중 제2항의 질병 또는 그 의사환축이 발생되었을 경우에는 즉시 한국으로의 수출을 중지하는 동시에 한국정부기관 앞으로 필요한 사항을 통보하여야 하며, 수출중지로부터 재개시는 한국정부와 협의함을 원칙으로 한다.
4. 수출축산물중 식용육류(신선육, 냉동육, 냉장육)는 다음의 기준을 충족시켜야 한다.

가. 수출국 정부기관에서 수출국내의 육류처리장(도축장, 식육가공장, 보관장)중 위생점검을 실시, 우수한 업체를 한국정부에 통보하고, 그 중 한국정부가 승인한 업체에서 도축·해체·가공·생산·포장 및 보관하여야 한다.

나. 수출국 정부 수의담당관이 실시하는 생체 및 해체검사결과 건강한 동물로부터 생산되어 식용에 적합한 것이어야 하며, 또한 내용물 및 포장처리시 공중위생상 위해가 없는 방법으로 처리되었다는 합격표시를 받아야 한다.

다. 식용육류에는 공중위생상 위해를 일으키는 잔류물질(방사능, 합성항균제, 항생제, 중금속, 농약, 홀몬제 등)이 허용기준(한국정부 관련규정에 따른다.)을 초과하지 않아야 되며, 이온화 또는 자외선 처리 및 연육소 같은 육류의 구성 혹은 특성에 역효과를 미치는 성분이 투여되어서는 아니된다.

5. 수출국의 정부기관(수의관)은 다음의 각 사항을 영문으로 상세히 기재한 수출검역 증명서를 발행하여야 한다.

　가. 식용축산물
　　(1) 상기 1,4,항에 명시된 사항
　　(2) 도축장, 식육가공장, 보관장의 명칭, 주소 및 승인번호
　　(3) 도축일자 및 가공기간
　　(4) 콘테이너 번호 및 콘테이너 등에 부착한 봉인지 번호
　　(5) 선(기)명, 선적일자, 선적항명
　　(6) 수출자 및 수입자
　　(7) 검역증명서 발급일자

　나. 상기 "가"항 이외의 축산물
　　(1) 상기 1항에 명시한 사항
　　(2) 선(기)명, 선적일, 선적항명
　　(3) 수출자 및 수입자
　　(4) 검역증명서 발급일자

부칙 〈제2016-101호, 2016. 10. 6.〉

제1조(시행일)이 고시는 발령한 날부터 시행한다.

제2조(재검토기한)농림축산식품부장관은 이 고시에 대하여 2017년 1월 1일을 기준으로 매 3년이 되는 시점(매 3년째의 12월 31일까지를 말한다)마다 그 타당성을 검토하여 개선 등의 조치를 하여야 한다.

식품용란 수입위생조건

[시행 2017. 1. 8.] [농림축산식품부고시 제2017-1호, 2017. 1. 8., 일부개정.]

농림축산식품부(검역정책과), 044-201-2076

대한민국으로 수출하는 식품용란(닭, 오리, 거위, 칠면조, 메추리 및 꿩 등 조류에서 생산되어 식품용으로 사용하는 조란, 난황 및 난백 등을 말한다.)은 수출하는 국가(이하 '수출국'이라 한다.)에서 부화되어 사육된 조류에서 생산된 것이어야 하며, 식품용란은 다음의 각 조건을 만족시키는 것이어야 한다. 다만, 가축전염병 병원체의 오염이나 전파우려가 없도록 열처리 등 방법으로 살균처리하였음을 수출국 정부가 증명한 것에 대하여는 본 고시의 적용을 제외한다.

1. 수출국은 지난 1년간 고병원성 조류인플루엔자(HPAI)의 발생이 없어야 한다. 다만, 수출국내에서 고병원성 조류인플루엔자(HPAI)에 대한 살처분 정책이 효과적으로 시행되고 있다고 한국 농림축산식품부장관이 인정하는 경우에는 세계동물보건기구(OIE) 규정에 따라 그 기간을 단축할 수 있다.
2. 만일 수출국내에서 고병원성 조류인플루엔자의 발생 또는 그 의사환축이 발생한 경우 수출국은 식품용란의 수출을 중지하여야 하며, 수출을 재개하고자 희망하는 경우 대한민국 정부 앞으로 필요한 사항을 통보하고 수출재개에 대하여 대한민국 정부와 사전에 협의하여야 한다.
3. 식품용란의 생산농장(보관장소를 포함한다. 이하 같다)을 중심으로 반경 10km이내에서 식품용란의 수출전 최소 2개월간 뉴캣슬병의 발생이 보고된 바 없고, 당해농장은 식품용란의 수출전 60일이내에 수출국 정부 수의당국이 실시한 임상적 또는 혈청학적 검사 결과 뉴캣슬병의 징후가 없어야 한다. 다만, 수출국내에 뉴캣슬병이 발생되지 않음을 대한민국 농림축산식품부장관이 인정하는 경우에는 그 검사를 면제할 수 있다.
4. 식품용란의 생산농장에서는 식품용란의 수출전 최소 90일간 Salmonella typhimurium에 의한 살모넬라증의 발생이 없어야 한다.
5. 식품용란의 생산농장은 조류를 사육 또는 수용하고 있는 다른 시설과 물리적으로 분리되어 있어야 하며, 수출전 최소 60일이내에 수출국 정부 수의당국의 수의검사를 받고 그 결과 조류의 전염성 질병의 징후가 없는 곳이어야 한다.
5의2. 식품용란의 생산농장이 수출국 정부가 운영하는 가금질병 관리 프로그램에 참가하고 있으며, 대한민국 농림축산식품부장관이 해당 프로그램이 가금질병 관리에 적절하다고 인정한 경우에는 상기 4와 5의 조건을 면제할 수 있다.
6. 식품용란의 포장용기는 이전에 사용한 적이 없는 깨끗한 것이어야 하며 검역증명서에 서명한 담당관이 수출국 정부의 봉인지에 봉인하여야 한다.
7. 식품용란은 수출국내 및 대한민국으로의 수송 중에 식품용란 이외의 란, 조류 및 가금 생산물과

접촉이 이루어지지 않도록 하여야 하며, 가금전염병 병원체의 오염을 방지할 수 있는 방법으로 수송되어야 한다.

8. 수출국 정부 담당관은 다음의 사항을 영문으로 구체적으로 기재한 수출검역증명서를 발급하여야 한다.

　가. 상기 1, 3, 4 및 5에 명시된 사항

　가의2. 5의2의 규정에 따라 대한민국 농림축산식품부장관이 해당 프로그램이 가금질병 관리에 적절하다고 인정한 경우, 5의2의 전단을 기재하고, 4와 5는 기재하지 않을 수 있다.

　나. 식품용란의 품종 및 수량

　다. 식품용란의 생산농장 명칭 및 주소

　라. 선적일, 선적지 및 선(기)명

　마. 수출자 및 수입자의 주소와 성명

　바. 검역증명서 발급일자, 발급장소, 발급자의 직책 및 성명과 서명

9. 상기 위생조건에도 불구하고 대한민국정부가 실시하는 수입검역 결과 이상이 발견될 경우 당해 식품용란의 전 Lot를 반송 또는 폐기할 수 있다.

부칙 〈제2017-1호, 2017. 1. 8.〉

이 고시는 발령한 날부터 시행한다.

우제류 동물 유래 천연케이싱 수입위생조건

[시행 2019. 6. 1.] [농림축산식품부고시 제2018-89호, 2018. 11. 8., 일부개정.]

농림축산식품부(검역정책과), 044-201-2076

대한민국으로 수출되는 우제류 동물 유래 천연케이싱(소, 돼지, 면양 및 산양에서 생산된 것으로 이하 "케이싱"이라 한다)은 대한민국(이하 "한국"이라 한다)으로 수출하려는 국가(이하 "수출국"이라 한다)에서 다음 조건을 충족시키는 것이어야 한다.

1. 이 고시에서 사용하는 용어의 뜻은 다음과 같다.
    가. "우제류 동물"이란 소, 면양, 산양 및 돼지를 말한다.
    나. "반추동물"이란 소, 면양, 산양을 말한다.
    다. "케이싱"이란 점막층, 장막층 및 근육층 등이 제거되고, 점막하층(submucosa)만 남은 동물의 식도, 위, 방광, 장관(소의 회장은 제외)을 건조 소금 또는 포화 소금물 또는 인산 첨가 건조 소금으로 염장 처리한 것을 말한다.
    라. "수출국"이란 「지정검역물의 수입금지지역(이하 "수입금지지역고시"라 한다)」(농림축산식품부고시)에서 정한 반추동물 또는 돼지고기의 수입이 허용된 국가를 말한다. 다만, 수입금지지역고시에 따라 수입이 금지된 지역에서 돼지유래 케이싱을 수출하거나 수입이 허용된 국가산 면양 또는 산양유래 케이싱을 단순 가공하여 수출하고자 하는 경우는 수입 이후 이 고시 제7조에 따른 소독조치를 받아야 한다.
2. 케이싱을 생산하기 위한 동물은 다음의 조건에 부합되어야 한다.
    가. 반추동물 유래 케이싱은 수출국에서 출생·사육되었거나, 수출국이 수입금지지역고시에서 정한 반추동물의 수입이 허용된 국가에서 출생·사육한 동물을 수입하여 사육한 동물에서 유래한 것이어야 한다.
    나. 케이싱을 생산하기 위하여 도축된 동물은 수출국 정부 수의관이 실시한 생체 및 해체검사 결과 케이싱을 통해 전파될 수 있는 전염성 및 감염성 질병이 없어야 한다. 다만, 케이싱을 생산하기 위한 원료가 수출국 이외에서 유래할 경우 수출국 정부는 해당 원료 수출국의 생체 및 해체검사 결과 케이싱을 통해 전파될 수 있는 전염성 및 감염성 질병이 없음을 확인하여야 한다.
    다. 수입금지지역고시에서 정하는 돼지고기 수입금지지역에서 생산된 돼지 유래 케이싱은 건조 소금 또는 포화 소금물(수분활성도 < 0.80) 또는 인산 첨가 건조 소금(NaCl 86.5%, Na2HPO4 10.7%, Na3PO4 2.8%)을 이용하여 12℃ 이상의 온도에서 30일이상 처리하여야 한다.
3. 케이싱을 생산하는 수출작업장(가공장 및 보관장을 말하며, 이하 "수출작업장"이라 한다)은 다음의 조건에 부합되어야 한다.
    가. 수출작업장은 수출국 정부기관이 한국 수출작업장으로 지정하여, 한국정부에 사전통보(명칭,

소재지 및 승인번호를 포함한다)하고 그 중 한국정부가 현지점검 또는 기타의 방법으로 승인한 시설이어야 한다.

나. 케이싱은 수출작업장에서만 가공 및 보관되어야 하며, 수출작업장은 케이싱 생산기록 원부(원료의 원산지 또는 생산 작업장, 원료 구매, 생산·판매 기록 등)를 최소 2년간 보관하여야 한다.

다. 수출작업장은 수출국 정부의 위생 감독 하에 있어야 하며, 수출국 정부가 실시하는 정기적인 위생검사결과 이상이 없어야 한다.

라. 수출작업장은 수입금지지역고시에서 정한 반추동물의 수입이 금지된 국가의 반추동물 유래 원료를 취급하여서는 아니 된다.

마. 한국정부는 이 고시의 준수 여부에 대해 필요하다고 판단되는 경우 수출작업장 등에 대하여 현지점검 및 기록원부 조사를 실시할 수 있으며, 수출국 정부는 이에 적극 협조하여야 한다.

바. 현지 점검결과, 이 고시에 대한 중대한 위반이 발견된 경우, 한국정부는 해당 작업장에 대한 수출중단 조치를 취할 수 있다. 한국 정부는 반복적으로 중대한 위반이 확인된 경우, 해당 작업장의 승인을 취소할 수 있다.

4. 케이싱은 다음의 기준을 충족시켜야 한다.

가. 케이싱(원료를 포함한다)은 전염성 질병의 병원체에 오염되지 않는 방법과 공중위생상 위해가 없는 위생적인 방법으로 취급·생산·운반·보관 되어야 한다.

나. 각각의 케이싱의 용기는 단일 축종의 동물에서 유래한 케이싱만을 포함하도록 포장되어야 한다.

다. 케이싱의 용기 및 포장은 공중위생상 위해가 없는 인체에 무해한 것이어야 하며 포장에는 작업장 번호와 가공기간 등이 표시되어야 한다.

5. 케이싱은 선적 전에 봉인된 컨테이너 또는 용기에 저장하여 수송되어야 하며, 수출국에서 출발하여 한국에 도착 시까지 가축전염병의 병원체에 오염되지 않는 방법으로 저장되어 수송되어야 한다.

6. 수출국 정부는 수출국내 BSE 및 구제역 등 우제류 동물의 전염성 질병 발생 등 식품안전 및 동물위생상 위해가 발생된 경우 한국정부로부터 관련 자료의 요청이 있을 때에는 이를 지체 없이 제공하여야 한다.

7. 수입 검역검사

가. 한국정부의 검역기관(농림축산검역본부)은 케이싱에 대한 검역 중 이 고시에 부적합한 사항이 발견되는 경우 당해 케이싱을 반송 또는 폐기처분할 수 있다. 특히 해당 케이싱의 수출작업장에 대하여 한국으로의 수출을 중지시킬 수 있다.

나. 수입금지지역고시가 정하는 면양, 산양 또는 돼지고기 수입금지지역에서 유래된 케이싱은 도착지 검역창고 또는 검역시행장에 직송하여 소독 등 질병의 불활화 처리 등을 위한 수입검역을 받아야 한다.

다. 이 고시에서 정하지 아니한 케이싱의 검역절차 및 소독방법 등은 농림축산검역본부장이 따로 정할 수 있다.

8. 수출국의 정부 수의관은 다음 각 사항을 한글 또는 영문으로 상세히 기재한 수출 검역증명서를

발행하여야 한다. 수출국 이외에서 케이싱의 원료가 유래한 경우, 수출국 정부는 해당 원료의 수출국 정부가 발행한 다음 가호 ~ 다호에 대한 정보를 기재한 증명서 사본을 한국정부에 제공하여야 한다.

가. 상기 제2조 가호, 나호, 다호(해당되는 경우에 한함), 제3조 다호, 제4조 가호, 나호 및 제5조에 명시된 사항
나. 원산국명(케이싱 유래 동물이 출생·사육된 국가명), 동물 축종
다. 수출작업장(가공장, 보관장)의 명칭, 소재지 및 승인 번호
라. 품명, 포장수량, 중량(총 중량, 순 준량), 개수(hank)
마. 수출자 및 수입자의 주소 및 성명
바. 케이싱 보관 용기에 부착된 봉인지의 번호 또는 컨테이너 번호 컨테이너에 부착된 봉인지의 번호
사. 수출 검역증명서 발행일자, 발행자의 소속, 직, 성명 및 서명
아. 선적일자, 선적지, 선(기)명, 운송수단 및 목적지

부칙 〈제2018-89호, 2018. 11. 8.〉

이 고시는 2019년 6월 1일부터 시행한다.

토끼육 수입위생조건

[시행 2016. 10. 6.] [농림축산식품부고시 제2016-121호, 2016. 10. 6., 일부개정.]

농림축산식품부(검역정책과), 044-201-2076

한국으로 수출되는 신선·냉동 또는 냉동 토끼육(이하 "토끼육"이라 한다.)은 수출국내에서 태어나 사육된 토끼로부터 생산된 것으로써 다음의 조건을 만족시키는 것이어야 함.

1. 한국으로 토끼육을 수출하기 위하여 토끼를 생산 사육한 농장에서는 지난 12개월간 점액종증과 야토병의 발생이 없어야 한다.
2. 토끼육을 생산하기 위하여 토끼를 사육하는 농장에서 지난 60일간 토끼출혈병의 발생이 없어야 한다.
3. 수출국 정부는 자국의 가축전염병 발생상황을 영문으로 작성하여 정기적으로 한국정부에 통보하고 만일 수출국의 해당농장에 야토병, 점액종증, 토끼출혈병 또는 그 의사환축이 발생되었을 경우에는 즉시 한국정부에 통보하여야 하며, 토끼출혈병이 발생한 경우에는 한국으로 수출을 중지하는 동시에 한국정부 앞으로 필요한 사항을 통보하여야 하고 수출중지로부터 재개시는 한국정부와 사전에 협의하여야 한다.
4. 수출국 정부기관은 한국으로 토끼육 수출을 희망하는 작업장(도축장, 가공장, 보관장)에 대하여 위생점검을 실시하여 적합한 작업장을 한국정부에 통보하고 그중 한국정부가 현지점검 또는 기타 방법을 통해 승인한 작업장에서 토끼의 도축, 해체, 가공, 포장 및 보관이 이루어져야 한다.
5. 수출국 정부수의관이 실시하는 생체 및 해체검사결과 건강한 토끼로부터 생산된 식용에 적합한 것이어야 하며, 또한 내용물 또는 포장에 공중위생상 위해가 없는 방법으로 처리되었다는 합격표시를 하여야 한다. 이에 대한 합격표시는 사전에 한국정부에 통보하여야 한다.
6. 토끼육에는 공중위생상 위해를 일으키는 잔류물질(항생제, 합성항균제, 농약, 홀몬제, 중금속, 방사능)이 함유되지 않아야 하며, 토끼육의 구성 또는 특성에 역효과를 미치는 이온화 또는 자외선 처리 및 연육소와 같은 성분이 투여되어서는 아니되고 또한 위생표식에 사용되는 착색제 이외의 것이 있어서는 아니된다.
7. 토끼육을 포장한 포장지는 수출국 정부가 허가한 것으로써 인체에 무해하여야 하며, 환경오염을 유발하지 아니하는 재질로 생산된 것이어야 한다.
8. 수출국 정부는 잔류물질 검사기관과 검사실적에 대한 세부자료를 영문으로 작성하여 매년 한국정부에 제출하여야 한다.
9. 토끼육은 털, 가죽, 머리, 발, 고리, 허파, 식도, 기도, 내장 및 콩팥 등이 완전히 제거된 육류이어야 한다.
10. 토끼육은 한국에 도착시까지 수송중에는 가축전염성 질병의 병원체에 오염되지 않고 변질, 변패

등 공중위생상 위해가 없도록 안전하게 수송되어져야 한다.
11. 수출국 정부(수의관)는 다음의 각 사항을 영문으로 상세히 기재한 수출검역 증명서를 발행하여야 한다.
    (1) 상기 1, 2, 5, 6항에 명시된 사항
    (2) 품명, 포장형태, 포장수량 및 중량
    (3) 도축장, 가공장, 보관장의 명칭, 주소 및 승인번호
    (4) 지육·정육 : 도축(가공)기간
    (5) 콘테이너 번호 및 콘테이너에 부착한 봉인번호
    (6) 선(기)명, 선적일자, 선적항명
    (7) 수출자 및 수입자의 주소와 성명 및 회사명
    (8) 검역증명서 발급일자, 발급장소, 발급자 직책 및 성명과 서명

부칙 〈제2016-121호, 2016. 10. 6.〉

제1조(시행일)이 고시는 발령한 날부터 시행한다.
제2조(재검토기한)농림축산식품부장관은 이 고시에 대하여 2017년 1월 1일을 기준으로 매 3년이 되는 시점(매 3년째의 12월 31일까지를 말한다)마다 그 타당성을 검토하여 개선 등의 조치를 하여야 한다.

축산물의 수입허용국가(지역) 및 수입위생요건

[시행 2020. 4. 29.] [식품의약품안전처고시 제2020-28호, 2020. 4. 29., 일부개정.]

식품의약품안전처(현지실사과), 043-719-6204

제1조(목적) 「수입식품안전관리 특별법」(이하 '법'이라 한다) 제11조에 따라 수입이 허용되는 국가(지역)의 축산물 및 그 축산물의 수입위생요건 등을 정함을 목적으로 한다.

제2조(정의) 이 고시에서 사용하는 용어의 정의는 다음과 같다.

1. "축산물"이란 식육·포장육·원유·식용란·식육가공품·유가공품·알가공품을 말한다.
2. "식육"이라 함은 식용을 목적으로 하는 가축의 지육, 정육, 내장, 그 밖의 부분을 말하며, '지육'은 머리, 꼬리, 발 및 내장 등을 제거한 도체(carcass)를, '정육'은 지육으로부터 뼈를 분리한 고기를, '내장'은 식용을 목적으로 처리된 간, 폐, 심장, 위, 췌장, 비장, 신장, 소장 및 대장 등을, '그 밖의 부분'은 식용을 목적으로 도축된 가축으로부터 채취, 생산된 가축의 머리, 꼬리, 발, 껍질, 혈액 등 식용이 가능한 부분을 말한다.
3. "원유"란 착유 상태의 우유와 양유(산양유를 포함한다)를 말한다.
4. "식용란"이란 식용을 목적으로 하는 가축의 알로서 닭·오리 및 메추리의 알을 말한다.
5. "식육가공품"이란 식육을 원료로 가공한 것으로 햄류, 소시지류, 베이컨류, 건조저장육류, 양념육류(양념육, 천연케이싱, 분쇄가공육제품, 갈비가공품), 식육추출가공품, 동물성유지류(식용우지, 식용돈지)를 말한다.
6. "유가공품"이란 원유 등을 원료로 하여 가공한 것으로서 우유류(저지방우유류 및 무지방우유류를 포함), 분유류, 발효유류, 버터류, 치즈류, 유당분해우유, 가공유류, 산양유, 버터유류(버터유를 말함), 농축유류, 유크림류, 유청류, 유당, 유단백 가수분해 식품, 조제유류, 아이스크림류, 아이스크림믹스류(아이스크림분말류 포함)를 말한다.
7. "알가공품"이란 식용란을 원료로 하여 가공한 것으로 난황액, 난백액, 전란분, 전란액, 난황분, 난백분, 알가열제품(알가열성형제품, 염지란을 포함), 피단을 말한다.
8. "수출국"이란 축산물을 생산하여 한국으로 수입이 허용된 국가를 말한다.
9. "수출축산물"이란 식품의약품안전처장이 등록한 해외작업장에서 생산되어 한국으로 수입이 허용된 축산물을 말한다.
10. "해외작업장"이란 수출축산물의 도축·집유·제조·가공·보관 등을 하는 작업장으로서 수출국에 소재하고 「수입식품안전관리 특별법」에 따라 한국정부에 등록된 것을 말한다.

제3조(수입허용 축산물) 「수입식품안전관리 특별법」제11조제3항에 따라 한국으로 수입이 허용되는 국가(지역)별 축산물은 별표와 같다.

제4조(수출축산물·해외작업장 요건 등) 수출국은 수출축산물과 해외작업장에 대하여 다음 각 호의 사항을 준수하여야 한다.

1. 수출축산물은 위생적인 방법으로 도축 또는 집유·제조·가공·포장·운송·취급·보관·관리하여야 하고 재오염의 우려가 없는 방법으로 운송·취급되어야 한다.
2. 수출축산물은 건강한 동물로부터 생산되며 수출국 정부 위생검사 결과 식용에 적합하여야 한다.
3. 수출축산물은 공중위생 상 위해를 주거나 줄 수 있는 잔류물질(항균제·농약·홀몬제·중금속 및 방사능 등), 병원성 미생물(살모넬라·황색포도상구균·클로스트리디움 퍼프린젠스·리스테리아 모노사이토제네스·장출혈성대장균 등), 식품의 조사처리 등에 대해서는 한국의 위생 관련 규정에서 정하고 있는 기준 및 규격에 적합하여야 한다.
4. 수출축산물을 포장한 용기 또는 포장지는 한국의 위생 관련 규정에서 정하고 있는 기준 및 규격에 적합한 것으로서 인체에 무해한 것이어야 한다.
5. 수출축산물은 제품명, 제조사, 제조일(또는 유통기한) 등이 적절하게 표시 되어 있어야 한다.
6. 해외작업장은 수출국 규정에 따라 허가 또는 등록되고 수출국 정부가 정기적으로 점검·관리하는 곳으로 한국정부의 현지실사 또는 그 밖의 방법을 통하여 적합하다고 인정·등록된 작업장이어야 한다.
7. 해외작업장은 HACCP(Hazard Analysis Critical Control Point) 또는 GMP(Good Manufacturing Practice) 등 식품안전관리 프로그램을 문서로 작성하고 운영하여야 하며, 해당 프로그램에 따른 모니터링 등 기록을 문서로서 작성하여 최종 기록한 날부터 2년 이상 보관하여야 한다.
8. 해외작업장의 식품안전관리 프로그램에는 위생적이고 안전한 축산물을 생산하기 위한 원료의 입고부터 최종 제품의 생산 및 출하까지 모든 과정에 대해 기준이 마련되어야 하고, 그 기준에 부적합한 경우 이에 대한 처리기준도 포함되어야 하며 이를 문서로 기록하고 2년 이상 보관하여야 한다.
9. 해외작업장에서 수출축산물의 처리·가공에 사용하는 물은 식용으로 관리된 것으로서 한국 또는 수출국의 음용수 관리 기준에 적합하여야 한다.
10. 해외작업장은 생산하는 축산물에 대해 회수와 관련한 절차와 방법 그리고 처리방법(폐기 포함) 등을 문서로 규정한 지침을 운영하여야 하며 원료부터 생산 그리고 최종 판매까지 이력추적이 가능하여야 한다.

제5조(수출위생증명서) ① 수출국 정부는 수출 시마다 해당 축산물에 대해 다음의 각 호의 사항을 확인하고, 영문 또는 영문과 수출국의 공식언어를 병기하여 수출국 정부와 한국 정부 간 협의한 수출위생증명서를 발급하여야 한다.
   1. 제4조제1호부터 제2호까지 준수여부
   2. 제품명, 포장형태, 포장수량 및 중량
   3. 작업장 등록번호, 명칭, 소재지
   4. 생산 또는 가공일자, 유통기한(또는 상미기한 등 제품의 품질보증 기간)
   5. 컨테이너 번호(필요 시)

6. 위생증명서 발행일자, 발행자의 소속·직책·성명 및 서명

7. 그 밖에 수출국 정부와 한국 정부 간에 수출축산물 위생관리를 위해 상호간에 협의된 사항

② 제1항에도 불구하고, 수출국 외의 국가에서 선적하는 축산물에 대하여는 선적 국가가 한국 정부와 협의된 수출위생증명서식에 따라 수출제품이 「수입식품안전관리 특별법」에 따른 수입위생요건을 준수하였음을 증명하는 수출위생증명서를 발급할 수 있다.

제6조(통보 등) 수출국 정부는 한국 정부에 다음 각 호의 사항을 반드시 통보하고 협조하여야 한다.

1. 수출국 또는 그 외의 장소에서 수출축산물이 다음 각 목에 해당하는 경우 그 사실을 안 날로부터 24시간 이내 그 사실을 전자문서, 모사전송, 전자우편 등을 통하여 통보하여야 한다.

　가. 잔류물질 또는 병원성미생물 오염 등 식품안전과 관련한 위해사고가 발생하였거나 발생이 의심되는 경우 또는 관련정보가 있는 경우

　나. 가목에 따라 수출축산물을 회수를 하거나 회수계획이 있는 경우 또는 관련정보가 있는 경우

2. 수출축산물에 대한 도축·집유·제조·가공·포장·운송·취급·보관 등 양국 간에 합의된 수입위생요건에 변화가 있을 경우 해당 변경 사항을 사전(한국에 수출하기 전)에 통보·합의하여야 한다.

3. 한국정부는 제1호 또는 2호에 따른 통보를 받은 경우 필요 시 수출국에 위생검사관을 파견하여 관련 자료 요청 및 현지실사를 실시할 수 있으며 수출국 정부와 해외작업장의 설치·운영자는 이에 협조하여야 한다.

4. 수출국 정부는 한국정부의 요청이 있을 경우 기 발급된 수출 위생증명서의 정보(전자정보를 포함한다.)를 제공하여야 한다.

제7조(잔류물질 관리프로그램 운영 등) 식육 및 식용란을 수출하는 수출국은 수출축산물의 원료 또는 최종 제품에 대해 잔류 물질(검사기관, 연간 검사계획, 검사방법, 검사결과 등) 통제를 위한 관리프로그램을 구축·운영하여야 하며 매년 6월까지 한국 정부에 전년도 실적 및 당해 년도 계획을 영문으로 작성하여 송부하여야 한다.

제8조(해외작업장 관리) 수출국 정부는 한국 정부에 등록된 해외작업장에 대해 정기적인 위생점검을 실시하여야 한다.

제9조(현지실사) ① 수출국 정부 및 해외작업장의 설치·운영자는 「수입식품안전관리 특별법」 제11조 및 12조에 따른 한국 정부의 현지실사 요구에 응하고 협조하여야 한다.

② 제1항에 따른 현지실사와 관련하여 한국 정부의 위생검사관은 수출국 정부 방문 및 관계관의 인터뷰를 요청할 수 있고, 해외작업장의 위생관련 규정 및 생산기록, 작업장 시설 점검, 종사자와의 인터뷰 및 작업장의 위생관리와 관련된 자료의 열람을 요구할 수 있다.

③ 제4조를 위반한 때 또는 제6조의 통보사항에 대한 확인이 필요할 때, 기타 식품의약품안전처장이 수출축산물의 위생과 안전을 확보하기 위하여 필요하다고 판단되는 때에는 현지실사를 실시할 수 있다.

제10조(검사기관 관리) 수출국 정부는 수출축산물 위생 관련 시험·검사를 담당하는 정부 또는 민간 검사기관에 대하여 숙련도 평가, 품질관리 기준 평가 등 정기적인 검사능력 관리 체계를 갖추고

운영하여야 한다.

제11조(기타 수입위생요건) 제3조부터 제10조까지의 규정에 따른 축산물의 수입위생요건에 대하여 한국 정부와 수출국 정부 간에 상호 협의하여 별도 고시하는 경우 그에 따를 수 있다.

제12조(재검토기한) 식품의약품안전처장은 「훈령·예규 등의 발령 및 관리에 관한 규정」에 따라 이 고시에 대하여 2016년 7월 1일을 기준으로 매 3년이 되는 시점(매 3년째의 6월 30일까지를 말한다)마다 그 타당성을 검토하여 개선 등의 조치를 하여야 한다.

부칙 〈제2020-28호, 2020. 4. 29.〉

이 고시는 고시한 날부터 시행한다.

If there is any difference between Korean and English version, the Korean version will prevail.

Countries (Regions) Allowed for Import of Livestock Products and Import Sanitation Requirements

Article 1 (Purpose) The purpose of this Notice is to prescribe countries (regions) allowed for import of livestock products into the Korean market, and import sanitation requirements for such imported livestock products in accordance with Article 11 of the Special Act on Imported Food Safety Control (hereinafter referred to as "the Act").

Article 2 (Definitions) The terms used in this Notice shall be defined as follows:
1. The term "livestock products" means edible meat, packaged meat, processed edible meat products, raw milk, milk products, edible eggs and processed egg products.
2. The term "edible meat" means carcass meat, dressed meat, viscera and other parts intended for human consumption. The term "carcass meat" means the carcass from which head, tail, foot, viscera and other parts are removed. The term "dressed meat" means meat produced from carcass meat through removal of bones. The term "viscera" includes liver, lung, heart, stomach, pancreas, spleen, kidney, small intestine, large intestine and other parts processed for human consumption. The term "other parts" includes head, tail, foot, skin, blood and others collected from animal carcass and processed for human consumption.
3. The term "raw milk" means cow milk and sheep milk (including goat milk) collected from animals.
4. The term "edible eggs" means eggs collected from domestic animals, such as hens, ducks or quails, for human consumption.
5. The term "processed edible meat products" means products produced with edible meat, such as ham, sausage, bacon, dried stored meat products, seasoned meat products (seasoned meat, natural casing, ground meat products and rib products), meat extracted products and edible animal oil and fat (beef tallow and pork tallow).
6. The term "processed milk products" means products produced with raw milk and other

ingredients, such as milk products (including low-fat milk and non-fat milk), fermented milk, butter, cheese, hydrolyzed lactose milk, processed milk, goat milk, buttermilk products (meaning butter milk), concentrated milk, milk cream, whey, lactose, hydrolyzed milk protein products, milk formulas, ice cream and ice cream mix (including ice cream powder type).

7. The term "processed egg products" means products produced with edible eggs, such as liquid yolk, liquid white, whole egg powder, whole egg liquid, yolk powder, egg white powder, heat-processed egg products (including heat-formed egg products and salted eggs) and pidan.

8. The term "exporting country" means a country allowed to produce and export livestock products to the Korean market.

9. The term "exported livestock products" means a livestock product produced in an export establishment registered by the Minister of Food and Drug Safety and allowed to be exported to the Korean market.

10. The term "export establishment" means an establishment that is located in an exporting country where slaughter, milk collection, manufacture, processing, storage, and so forth is carried out to produce exported livestock products and that is registered with the government of the Republic of Korea in accordance with the Special Act on Imported Food Safety Management.

Article 3 (Livestock Products Allowed for Import) Livestock products allowed for import into the Korean market in accordance with Article 11.3 of the Act are listed by country (region) in the Annex.

Article 4 (Requirements for Exported Livestock Products & Export Establishments) An exporting country shall control exported livestock products and export establishments to assure the following requirements are satisfied:

1. For exported livestock products destined for importation into the Korean market, slaughter, milk collection, manufacture, processing, packaging, shipping, handling, storage and control of them shall be performed in a sanitary manner and shipping and handling of them shall be conducted in a manner to avoid re-contamination.

2. Exported livestock products shall be derived from healthy animals and they shall be demonstrated to be suitable for human consumption in sanitary examinations conducted by the government of the exporting country.

3. Exported livestock products shall comply with standards and specifications prescribed in sanitary regulations of the Republic of Korea regarding chemical residues (antimicrobial agents, agricultural chemicals, hormones, heavy metals and radioactive materials), pathogenic microorganisms (Salmonella, Staphylococcus aureus, Clostridium perfringens, Listeria monocytogenes, Enterohemorrhagic Escherichia coli and other relevant pathogenic microorganisms) and food processing conditions that cause or are likely to cause risks to humans.

4. Containers or packaging materials for exported livestock products shall comply with the standards and specifications prescribed in the sanitary regulations of the Republic of Korea, and they shall be made of materials that are harmless to humans.

5. Exported livestock products shall be suitably labeled to show product name, manufacturer and date of manufacture (or sell-by date).

6. An export establishment shall be approved or registered and periodically inspected / controlled by the exporting country's government in accordance with the exporting country's regulations, and also shall be accepted by or registered with the government of the Republic of Korea through on-site inspection or other appropriate assessment process.

7. The export establishment shall have a written food-safety control program, such as HACCP (Hazard Analysis Critical Control Point) and GMP (Good Manufacturing Practice), and maintain relevant records, such as monitoring records generated under such program, for more than two years.

8. Food safety control programs operated by the export establishment shall prescribe any requirements and procedures for all operations of the establishment, from receipt of raw materials to production and release of finished products, in order to assure production of sanitary and safe livestock products, shall specify actions to be taken in case any non-conformance is found, and the establishment shall maintain all relevant documents and records for more than two years.

9. The water used in processing and treatment of exported livestock products in an export establishment shall be suitable for human consumption and shall comply with regulations for drinking water of the Republic of Korea and exporting countries.

10. The export establishment shall have a document which describes procedures and methods for recall and disposal (including destruction) of its livestock products and assure traceability of exported products from the stage of raw materials and production to final sale of finished products.

Article 5 (Health Certificate) ① The exporting country's government shall check livestock products for the following aspects at the time of export and issue a Health Certificate for the exported livestock products as agreed between the government of the exporting country and the government of the Republic of Korea, and written in English or in both English and the exporting country's official language:
1. Compliance with requirements prescribed in sub-paragraphs 1 to 3, Article 4;
2. Product name, packaging type, packaging quantities and weights;
3. Establishment registration number, name and address;
4. Production or processing date and sell-by date (or best-before date or others established for the purpose of quality assurance of products);
5. Container number (if applicable);
6. Issuance date of Health Certificate, and information on the person who issues the certificate such as agency, title, name and signature; and
7. Other requirements mutually agreed upon by the exporting country's government and the government of the Republic of Korea for the purpose of sanitary control of exported livestock products.

② Notwithstanding the provision of the Paragraph ① above, for livestock products shipped from countries other than the exporting country, such relevant shipping country may issue an Export Health Certificate using the form as agreed with the government of the Republic of Korea, to certify that such exported products comply with import sanitation requirements prescribed in the Act.

Article 6 (Notification) The exporting country's government shall notify the government of the Republic of Korea of following information to and shall provide necessary cooperation:
1. When an exported livestock product falls into one of the following categories in the exporting country or other places, such fact shall be notified within 24 hours from the time and date of coming to know of it, via electronic document, fax, e-mail or other reasonable means:
   A. If food-safety-related events, such as detection of residues or pathogenic microorganisms, occur or are suspected to occur or if there is any related information on such events;
   B. If an exported livestock product is recalled or its recall is planned because of the reason described in A above or if there is any related information.

2. If there any changes are needed in import sanitation requirements for slaughter, milk collection, manufacture, processing, packaging, shipping, handling, storage and other related process mutually agreed upon by two countries for an exported livestock product, such changes shall be notified and agreed in advance (prior to export to the Korean market).

3. The government of the Republic of Korea may, on receipt of notifications in the above sub-paragraphs 1 or 2, dispatch sanitary inspectors to the exporting country to review the relevant documents and perform on-site inspection, as needed, and the exporting country's government and applicable export establishment's founder and/or operator shall actively provide cooperation.

4. The exporting country's government shall, on receipt of a request from the government of the Republic of Korea, provide information (including electronic information) on the health certificate previously issued to the government of the Republic of Korea.

Article 7 (National Residue Control Program) The exporting country that exports livestock products shall establish and operate a program for control of residues in raw materials used in manufacture of exported livestock products or in finished products (including the test organization, annual test plan, test method and test results) and shall provide the government of the Republic of Korea with a document written in English that summarizes results of the previous year and shall submit a plan of the year by June of every year.

Article 8 (Control of Foreign Establishments) The exporting country's government shall periodically conduct a sanitary inspection on export establishments registered with the government of the Republic of Korea.

Article 9 (On-site Inspection) ① The exporting country's government and an export establishment's founder/operator shall respond to a request for on-site inspection made by the Republic of Korea and provide cooperation thereof in accordance with Article 11 and 12 of the Act.

② In connection with the on-site inspection of the paragraph ① above, a sanitary inspector of the government of the Republic of Korea may demand visit to the exporting country's government and interview with the relevant government employees, and require examination on sanitary procedures and production records of the applicable export establishment, inspection of the establishment, interview with operators and review of documents in regard to sanitary control status of the establishment.

③ If the provision of Article 4 is violated or if it is necessary to verify the notification made pursuant to Article 6, or if the Minister of Food and Drug Safety considers that it is necessary to conduct on-site inspection in order to assure safety and sanitary conditions of exported livestock products, the on-site inspection will be performed.

Article 10 (Control of Testing Organizations) The exporting country's government shall establish and operate a system to perform periodic assessments of the government or private organizations responsible for sanitary testing/inspection of exported livestock products, such as assessment on proficiency tests and quality control system of them.

Article 11 (Other Import Sanitation Requirements) With regard to the import sanitation requirements for livestock products as prescribed in Article 3 to 10, if import sanitation requirements are separately agreed to by and between the government of the Republic of Korea and the exporting country's government and they are officially notified to the counterpart, such import sanitation requirements can be applied.

Article 12 (Review Date) The Minister of Food and Drug Safety shall review this Notice for appropriateness at the 3rd anniversary date after July 1, 2016 (meaning by June 30 every three years) in accordance with the "Regulation on Enforcement and Management of Orders, Rules, etc." and take appropriate corrective actions.

Addenda

Article 1 (Enforcement Date) This Notice shall enter into force from the date of notice.

Article 2 (Application) This Notice shall apply to the livestock products exported to the Korean market after enforcement of this Notice (based on shipping date).

Article 3 (Interim measures for operation of the National Residue Program) An exporting country that does not establish a National Residue Control Program specified in Article 7 as of the enforcement date of this Notice shall establish a relevant program by January 1, 2022 and operate it.

특별위생관리식품의 수입위생요건 등에 관한 고시

[시행 2020. 11. 23.] [식품의약품안전처고시 제2020-112호, 2020. 11. 23., 일부개정.]

식품의약품안전처(현지실사과), 043-719-6214

제1조(목적) 「수입식품안전관리 특별법」제10조의2 및 같은법 시행령 제1조의2, 같은법 시행규칙 제10조의2에 따라 특별위생관리식품의 구체적인 범위, 수입허용국가 및 수입위생요건 등을 정함을 목적으로 한다.

제2조(정의) 이 고시에서 사용하는 용어의 정의는 다음과 같다.
1. "어류머리"라 함은 식용을 목적으로 어류의 머리를 가슴지느러미와 배지느러미가 붙어 있는 상태로 절단한 것을 말한다.
2. "어류머리 가식부"라 함은 어류머리 중 가식부를 분리해 낸 것을 말한다.
3. "어류내장"이라 함은 식용을 목적으로 어류의 몸 안에 있는 심장, 간, 위, 생식소 등을 분리한 것을 말한다.
4. "연체류내장"이라 함은 식용을 목적으로 연체류의 몸 안에 있는 심장, 위, 생식소 등을 분리한 것을 말한다.
5. "창난"이라 함은 명태의 위(밥통)와 내장을 말한다.
6. "이리(곤이)"라 함은 어류의 내장에 속해 있는 정소를 말한다.
7. "오징어 난포선"이라 함은 오징어 몸 안의 소화관을 중심으로 좌우에 대칭적으로 존재하는 생식기(부속선 포함)를 말한다.

제3조(대상) 「수입식품안전관리 특별법 시행령」제1조의2제2항에 따라 특별위생관리식품으로 관리되는 구체적인 품목은 다음 각 호와 같다.
1. 냉동식용어류머리[대구(Gadus morhua, Gadus ogac, Gadus macrocephalus), 은민대구(Merluccius australis), 다랑어류 및 이빨고기(Dissostichus eleginoides, Dissostichus mawsoni)에 한함]
2. 냉동식용어류머리 가식부[모든 어종(복어류 제외)]
3. 냉동식용어류내장[모든 어종의 간과 알(복어 간과 알 제외), 창난, 이리(곤이)에 한함]
4. 냉동식용연체류내장[오징어 난포선에 한함]

제4조(수입허용된 특별위생관리식품) 대한민국으로 수입이 허용(수입식품안전관리 특별법 법률 제15940호 부칙 제2조에 따라 수입위생평가가 적합한 경우 포함)된 국가별, 품목은 별표와 같다.

제5조(위생평가 세부절차) ① 식품의약품안전처장은 「수입식품안전관리 특별법 시행규칙」(이하 "시행규칙"이라 한다)[별표 5] 제4호에 따라 수출국 정부에서 우리 측의 설문서에 대한 답변서를 제출한 순서에 따라 수입위생평가를 하여야 한다. 다만, 식품의약품안전처장이 국내 특별위생관리식품의 수급 안정 등 타당한 사유가 있다고 인정하는 경우 수입위생평가 절차를 우선하여 진행하거나 절차를 일부 생략할 수 있다.

② 시행규칙 [별표 5] 제7호에 따라 수출국 정부의 답변자료 제출이 우리 측의 설문서 송부 후 1년 이상 제출하지 않은 경우 수입위생평가 절차의 진행을 잠정 중단할 수 있다.

제6조(수입위생요건) 제4조에 따라 수입이 허용된 수출국은 특별위생관리식품에 대하여 다음 각호의 사항을 준수하여야 한다.

1. 특별위생관리식품의 처리 시에는 다음의 조건을 충족하여야 한다.
   가. 어류머리는 가슴지느러미와 배지느러미 기저부위가 손상되지 않도록 절단하여야 하며, 인위적으로 어류머리 가식부위를 제거하여서는 아니 된다.
   나. 어류머리 가식부는 다른 가식부위가 혼입되어서는 아니 된다.
   다. 어류내장은 위생적으로 분리·처리 되어야한다. 이 경우 창난은 위와 내장 내에 내용물을 세척·제거한 위생적인 것이어야 한다.
   라. 어류의 알은 난막이 제거되지 않아야 한다.
   마. 가목에서 라목까지 특별위생관리식품의 가공처리 중 아가미, 혈액, 담낭 등 그 밖에 다른 내장 및 이물 등이 혼입되어서는 아니 된다.

2. 특별위생관리식품은 식용을 목적으로 품질과 선도가 양호하고, 부패변질 되었거나 유해물질 등에 오염 되지 않게 생산된 것으로 수출국 정부 위생검사 결과가 대한민국의 위생 관련 규정에서 정하고 있는 기준 및 규격에 적합하도록 제조·가공되어야 한다.

3. 특별위생관리식품은 인체에 무해한 위생적인 방법으로 취급·포장·보관·관리되어야 하며, 오염의 우려가 없는 방법으로 운송되어야 한다.

4. 특별위생관리식품 해외제조업소는 수출국 규정에 따라 허가 또는 등록되고 수출국 정부가 정기적으로 점검·관리하는 곳으로 대한민국 정부의 현지실사 또는 그 밖의 방법을 통하여 인정·등록된 해외제조업소여야 한다.

5. 특별위생관리식품 해외제조업소는 식품안전관리 프로그램을 운영하여야 하고, 해당 프로그램은 원료의 입고부터 최종 제품의 생산·출하까지 모든 과정에 대해 위생적이고 안전한 특별위생관리식품을 생산하기 위한 기준이 마련되어야 하며, 이와 관련된 기록 문서를 기록한 날부터 2년 이상 보관하여야 한다.

6. 특별위생관리식품 해외제조업소는 부적합한 특별위생관리식품에 대한 처리기준과 회수절차 및 방법 등의 규정을 운영하여야 하며, 이와 관련된 기록 문서를 2년 이상 보관하여야 한다.

제7조(수출위생증명서) 수출국 정부는 수출 시마다 해당 특별위생관리식품에 대해 다음 각 호의 사항을 확인하고, 수출국 정부와 대한민국 정부 간 협의한 영문 또는 영문과 수출국의 공식언어를 병기하여 수출위생증명서를 발급하여야 한다.
1. 제품명, 포장수량 및 중량
2. 해외제조업소 등록번호, 명칭, 소재지
3. 생산 또는 제조일자(유통기한 등)
4. 세계관세기구(WCO)의 통일상품명 및 부호체계에 관한 국제협약상 식용(HS 03류)으로 분류
5. 컨테이너 및 봉인번호(필요 시)
6. 위생증명서 발행일자, 발행자의 소속·직책·성명 및 서명
7. 제6조 각 호의 준수여부
8. 그 밖에 수출국 정부와 대한민국 정부 간에 특별위생관리식품의 위생관리를 위해 상호간에 협의된 사항

제8조(통보 등) 수출국 정부는 대한민국 정부에 다음 각 호의 사항을 반드시 통보하고 협조하여야 한다.
1. 수출국 또는 그 외의 장소에서 특별위생관리식품이 다음 각 목에 해당하는 경우 그 사실을 안 날로부터 24시간 이내 그 사실을 전자문서, 모사전송, 전자우편 등을 이용하여 통보하여야 한다.
   가. 잔류물질 또는 병원성미생물 오염 등 식품안전과 관련한 위해사고가 발생하였거나 발생이 의심되는 경우 또는 관련정보가 있는 경우
   나. 가목에 따라 특별위생관리식품을 회수를 하거나 회수계획이 있는 경우 또는 관련정보가 있는 경우
2. 특별위생관리식품에 대한 제조·가공·포장·운송·취급·보관 등 수입위생요건에 변화가 있을 경우 해당 변경 사항을 사전(대한민국에 수출하기 전)에 통보·합의하여야 한다.
3. 수출국 정부는 대한민국 정부의 요청이 있을 경우 기 발급된 수출 위생증명서의 정보(전자정보를 포함)를 확인·제공하여야 한다.

제9조(특별위생관리식품 해외제조업소 등록 및 관리) ① 식품의약품안전처장은 수출국의 특별위생관리식품 수입위생평가를 통하여 수출국 정부가 대한민국 수출 해외제조업소로 승인한 목록을 통보한 경우 이를 등록할 수 있다.
② 수출국 정부는 대한민국 정부에 등록된 특별위생관리식품 해외제조업소에 대하여 정기적인 위생점검을 실시하여야 한다.

제10조(현지실사) ① 수출국 정부 및 특별위생관리식품 해외제조업소의 설치·운영자는 법 제6조에 따라 대한민국 정부의 현지실사 요구에 응하고 적극 협조하여야 한다.
② 제1항에 따른 현지실사와 관련하여 대한민국 정부의 점검관은 수출국 정부 방문 및 관계관의 인터뷰를 요청할 수 있고, 특별위생관리식품의 위생관련 규정 및 생산기록, 해외제조업소 위생 점검, 종사자와의 인터뷰 및 해외제조업소의 위생관리와 관련된 자료의 열람을 요구할 수 있다.
③ 식품의약품안전처장은 제6조를 위반한 때, 제8조의 통보사항에 대한 확인이 필요한 때 또는

특별위생관리식품의 위생과 안전을 확보하기 위하여 필요하다고 판단되는 때에는 현지실사를 실시할 수 있다.

제11조(자문) 식품의약품안전처장은 시행규칙 [별표 5] 제15호에 따라 수입허용여부 결정 등을 위하여 다음 각 호의 경우 관련 부처, 관련 전문가 또는 이해당사자에게 자문 또는 의견을 요청할 수 있다. 이 경우 예산 범위 내에서 수당과 여비를 지급할 수 있다

1. 국내외에서 안전성 우려가 제기된 국가/품목의 수입허용여부
2. 식품의약품안전처장이 식품위생심의위원회 자문이 필요하다고 인정하는 경우

제12조(검사기관 관리) 수출국 정부는 수출 특별위생관리식품에 대한 위생관련 시험·검사를 담당하는 정부 또는 민간검사기관에 대하여 정기적으로 검사능력 관리체계를 점검하고 운영하여야 한다.

제13조(재검토 기한) 식품의약품안전처장은 「훈령·예규 등의 발령 및 관리에 관한 규정」에 따라 이 고시에 대하여 2019년 7월 1일을 기준으로 매 3년이 되는 시점(매 3년째의 6월 30일까지를 말한다)마다 그 타당성을 검토하여 개선 등의 조치를 하여야 한다.

부칙 〈제2020-112호, 2020. 11. 23.〉

이 고시는 고시한 날부터 시행한다.

[별표]

특별위생관리식품의 수입허용국가 및 품목(제4조 관련)

연번	국가명	어류머리주[1]	어류머리 가식부주[2]	어류내장주[3]	연체류내장주[4]
1	프랑스		O		
2	일본		O	O	O
3	페루		O	O	O
4	필리핀		O	O	O
5	칠레	O	O	O	O
6	우루과이	O	O		
7	아이슬랜드		O	O	O
8	에콰도르	O	O	O	
9	싱가포르		O		
10	러시아	O	O	O	O
11	마크로네시아		O		
12	미국	O	O	O	O
13	모리셔스		O	O	O
14	뉴질랜드		O	O	O
15	노르웨이	O	O	O	O
16	태국		O	O	O
17	인도네시아	O	O	O	O
18	베트남	O	O		
19	중국		O	O	O
20	남아프리카공화국		O	O	O
21	영국		O	O	O
22	우크라이나		O		
23	파나마		O	O	O
24	아르헨티나		O	O	O
25	피지		O		
26	포크랜드군도		O	O	O
27	스페인		O	O	O
28	스리랑카	O	O	O	O

주 1) 냉동식용어류머리[대구(Gadus morhua, Gadus ogac, Gadus macrocephalus), 은민대구(Merluccius australis), 다랑어류 및 이빨고기(Dissostichus eleginoides, Dissostichus mawsoni)에 한함]
 2) 냉동식용어류머리 가식부[모든 어종(복어류 제외)]
 3) 냉동식용어류내장[모든 어종의 간과 알(복어 간과 알 제외), 창난, 이리(곤이)에 한함]
 4) 냉동식용연체류내장[오징어 난포선에 한함]

**축산물 및 특별위생관리식품
수입위생요건 모음집**

초판 인쇄 2021년 01월 08일
초판 발행 2021년 01월 18일

저 자 식품의약품안전처
발행인 김갑용

발행처 진한엠앤비
주소 서울시 서대문구 독립문로 14길 66 205호(냉천동 260)
전화 02) 364 - 8491(대) / 팩스 02) 319 - 3537
홈페이지주소 http://www.jinhanbook.co.kr
등록번호 제25100-2016-000019호 (등록일자 : 1993년 05월 25일)
ⓒ2021 jinhan M&B INC, Printed in Korea

ISBN 979-11-290-1984-4 (93310)   [정가 30,000원]

☞ 이 책에 담긴 내용의 무단 전재 및 복제 행위를 금합니다.
☞ 잘못 만들어진 책자는 구입처에서 교환해 드립니다.
☞ 본 도서는 [공공데이터 제공 및 이용 활성화에 관한 법률]을 근거로 출판되었습니다.